을에게는 창이 되고, 갑에게는 방패가 되는

하도급 분쟁 심플한 정리법

고지훈 · 김용우 · 여지윤

목차

제2장 계약을 이행할 때

제5장 공정거래위원회의 사건 처리

프롤로그

1. 억울한 하도급?

『A사는 B사에게 물품 제작을 위탁했다. B사는 C사에게 물품에 들어가는 부품의 제작을 위탁했다. C사는 그 부품을 완성해 B사에 납품했다.
그런데 A사는 B사에 물품 대금을 주지 않고 있다. 그래서 B사도 C사에게 부품 대금을 지급하지 않으려고 한다.』

B사는 부품 대금을 지급하지 않아도 괜찮을까요? 만약 그렇다고 생각한다면, 반드시 이 책을 읽어 보시기 바랍니다.

결론을 알아보기에 앞서 C사와 B사의 입장에서 한번 생각해 봅시다. 먼저 C사는 B사와 체결한 계약에 따라 열심히 부품을 만들어서 납품했습니다. 그런데 자신과는 아무런 계약 관계도 없는 A사의 사정 때문에 부품 대금을 받지 못하는 상황이 발생한다면, 무척 억울할 것입니다.

그런데, 알고 보니 C사가 납품한 부품에 문제가 있었다면 어떨까요? B사는 물품의 하자 때문에 A사로부터 물품 대금을 받지 못했는데, 무조건 C사에게 부품 대금을 지급해야 한다면 자신이 모든 손해를 부담해야 하는 상황이 발생할 수 있습니다. 이번에는 B사 입장에서는 이런 상황이 무척 억울할 것입니다.

B사와 C사는 어떻게 해야 할까요?

2. 억울하다면, 하도급법을 보자.

우리의 일상은 하도급과 밀접하게 연관되어 있습니다. 간단한 예로, 아파트 건설공사를 생각해 보면, 유명한 대형 건설회사가 모든 공사를 직접 시공하지 않습니다. 대형 건설회사는 아파트 건설공사를 세분화해서 중소형 건설회사에 하도급 합니다.

이런 하도급 구조는 건설 산업에 국한되는 것이 아닙니다. 자동차, 전자, 조선 산업과 같은 제조업은 물론이고, 영화나 드라마 제작, 소프트웨어 개발과 같은 산업에서도 마찬가지입니다. 이처럼 우리가 소비하는 대부분의 상품이나 서비스는 앞의 사례와 같이 A→B→C와 유사한 하도급을 거쳐서 최종 결과물이 만들어지는 것이 일반적입니다.

우리의 일상은 하도급과 밀접하게 연결되어 있지만, 우리는 정작 이런 하도급 관계를 규율하는 「하도급거래 공정화에 관한 법률」(약칭: 하도급법)에 대해서는 잘 알지 못합니다. 하도급법을 알면 어떤 점이 좋을까요?

법률은 회계만큼 중요하다.

회사의 성적표는 숫자로 매겨집니다. 재무제표에 빼곡하게 적혀 있는 숫자들은 회사의 살림살이에 관한 중요한 정보를 담고 있습니다. 그래서 '회사는 곧 숫자다.'라고 표현하기도 합니다. 이처럼 회사를 운영할 때 회계는 매우 중요합니다.

하지만 회계만으로 회사를 보는 것은 반쪽만 아는 것입니다. 회사를 제대로 이해하기 위해서는 법률지식이 필수적입니다. 회사의 대부분의 행위는 법률에 의해 규제되고 있습니다. 주변에서 쉽게 접할 수 있는 많은 사례에서 알 수 있듯이 법률 리스크를 가볍게 여기는 순간, 회사는 회복하기 어려운 수준으로 무너질 수 있습니다. 따라서 '회사는 법률로 이루어져 있다'고 설명하여도 무방합니다. 회사는 살아남기 위해서 필수적인 법률을 꼭 알아야 합니다.

하도급법은 가성비가 좋다.

그런데 회사와 관련된 법률은 매우 많습니다. 그 중에서도 실무적인 유용함을 고려한다면, 하도급법의 활용도는 매우 높습니다. 앞서 설명한 것처럼 우리가 소비하는 대부분의 상품과 서비스는 하도급의 단계를 거쳐서 만들어지기 때문입니다. 하도급법은 이러한 산업 구조에서 회사가 생존하는데 가성비가 높은 도구입니다. 조금만 시간을 투자해서 기본적인 내용만 알아도 다양하게 활용할 수 있습니다.

협상 이론만큼 유용하다.

그렇다면, 하도급법을 어떻게 활용할 수 있을까요? 그 방법 중 하나로 '협상'을 생각해 볼 수 있습니다. 자동차 부품을 납품하는 계약을 체결한다고 가정해 봅시다. 원사업자가 납품 단가를 지나치게 인하해 달라고 요구를 한다면 어떻게 해야 할까요? 협상 이론에 관한 책에서는 다음과 같이 설명하고 있습니다.

「우선 현재 진행 중인 협상이 실패할 경우 당신이 가진 최선의 대안을 평가해 보라. 이를 바탕으로 당신이 협상 테이블에서 협상 결렬을 선언하고 일어나야 할 지점을 계산하라. 그런 다음 상대방이 가진 최선의 대안을 평가해 보고, 상대방이 협상 결렬을 선언하고 일어날 수 있는 지점을 계산하라. 이를 바탕으로 합의 가능한 지대를 도출하고, 양 당사자가 모두 만족할 수 있는 합의를 이끌어 내라.」

수급사업자가 이렇게 협상할 수 있을까요? 쉽지 않을 것입니다. 수급사업자는 소위 계약상 '을'이므로 원사업자의 요구사항을 어쩔 수 없이 수용하는 경우가 많습니다.

하도급법은 기본적으로 수급사업자의 지위를 보강하기 위해 만들어진 법입니다. 하도급법 제1조는 이렇게 규정하고 있습니다.

제1조(목적) 이 법은 공정한 하도급거래 질서를 확립하여 원사업자와 수급사업자가 대등한 지위에서 상호 보완하며 균형 있게 발전할 수 있도록 함으로써 국민경제의 건전한 발전에 이바지함을 목적으로 한다.

나아가 공정거래위원회는 심사지침을 만들어 하도급법에 위반되는 행동을 구체적인 예시와 함께 자세히 설명하고 있습니다. 앞으로 살펴볼 구체적인 예시와 사례들은 수급사업자에게 강력한 협상의 무기가 될 수 있습니다.

수급사업자에게는 최후의 보루이다.

어떤 사람은 하도급법은 무용지물이라고 말하기도 합니다. 맞는 말입니다. 하도급법이 현실적으로 한계를 가지고 있는 것은 사실입니다. 원사업자와 수급사업자가 시장에서 차지하는 위상이 다르고, 관행적으로 이루어지는 계약 조건이 있다는 점도 무시할 수 없기 때문입니다. 하지만 이렇게 생각해 볼 수도 있지 않을까요?

"문제를 삼지 않으면 문제가 되지 않지만, 문제를 삼으면 문제가 된다."

유명한 영화에 이런 대사가 있습니다. 하도급법 위반의 소지가 있는 상황에 딱 맞는 말입니다. 원사업자가 하도급법을 위반한 경우 수급사업자가 문제를 삼지 않으면 문제가 되지 않지만, 언젠가 어떤 이유로든 문제를 삼으면 문제가 될 수 있습니다. 따라서 수급사업자의 입장에서 하도급법은 당장은 사용할 수 없을지 몰라도 언젠가는 사용할 수 있는 최후의 보루라고 할 수 있습니다.

원사업자에게도 최적의 가이드라인이다.

그렇다면 원사업자의 입장에서 하도급법은 항상 불리하게 작용하기만 할까요? 하도급법은 원사업자를 감독하고 옥죄기 위해서 만들어진 법일까요? 이는 하도급법에 대한 오해입니다. 하도급법은 원사업자의 비즈니스 의사결정에 훌륭한 가이드라인이 될 수 있습니다. 하도급법은 원사업자가 하지 말아야 하는 행동들을 구체적으로 규정하고 있기 때문입니다. 원사업자는 하도급법의 핵심적인 내용만 알아도 법률적 리스크를 상당 부분 예방할 수 있는 것입니다. 따라서 하도급법은 오히려 원사업자가 사업을 하는데 있어서 반드시 알아야 할 필수적이고 유용한 법입니다.

3. 이 책의 활용 방법

하도급계약은 크게 ① 계약을 체결하는 단계, ② 계약을 이행하는 단계, ③ 대금을 지급하는 단계로 구분할 수 있습니다. 이 책에서는 각 단계별로 발생할 수 있는 상황을 하도급법 조문 및 실제 사례를 중심으로 정리했습니다. 특히 실제 발생했던 사례를 풍부하게 언급하려고 노력했습니다. 이 책은 처음부터 끝까지 순서대로 읽는 것도 좋지만, 필요할 때마다 각 단계별 해당 부분을 찾아보면서 읽는 것도 유용한 방법일 것입니다.

'Ⅰ. 억울할 때 찾아보는 하도급법' 활용법

'Ⅰ. 억울할 때 찾아보는 하도급법'에서는 하도급법 규정의 가장 핵심적인 내용을 설명했습니다. 대표적인 사례를 통해서 최대한 간결하게 설명하려고 했습니다. 법률의 내용이 다소 어렵다고 생각된다면 각 Case와 그에 대한 Solution만 보아도 하도급법의 핵심적인 내용을 빠르게 확인할 수 있을 것입니다.

'Ⅱ. 심플한 정리' 활용법

'Ⅱ. 심플한 정리'부분에서는 실무적으로 주로 문제가 되는 상황과 이에 대한 해결책을 설명했습니다. 이 내용은 공정거래위원회의 심결례와 법원의 판례를 분석하여 정리한 것입니다. 여러 사건에서 쟁점이 되었던 것이므로 하도급법 위반인지 아닌지 애매한 경우 이 부분을 찾아보면 심플한 해결책을 찾을 수 있습니다.

'Ⅲ. 억울할 때 찾아보는 구체적인 사례들' 활용법

'Ⅲ. 억울할 때 찾아보는 구체적인 사례들'은 법원의 판례와 공정거래위원회의 심결례 중 구체적인 사건 해결에 도움이 될 수 있는 사례 위주로 정리했습니다. 원사업자와 수급사업자에게 각각 도움이 될 수 있는 사례를 구분했습니다. 특히 서울고등법원과 대법원 판결 중 의미 있는 판례를 기준으로 사건명 등을 구체적으로 표시하고 판결 이유 중 의미 있는 부분을 요약해서 간결하게 정리했습니다. 공정거래위원회 결정도 하도급법 위반정도에 따른 불이익 처분(시정명령, 과징금, 고발)까지 함께 기재했습니다. 실제 분쟁이 발생한 경우 위 사례에서 사건 해결의 실마리를 찾기를 바랍니다.

부록.

이 책의 부록에서는 하도급법에서 가장 많이 참고가 되는, 5가지의 최신 지침(「하도급거래공정화지침」, 「부당특약 심사지침」, 「부당한 하도급대금 결정 및 감액행위에 대한 심사지침」,「부당한 위탁취소, 수령거부 및 반품행위에 대한 심사지침」,「기술자료 제공 요구유용행위 심사지침」)을 하도급법 및 하도급법 시행령과 연계하여 보기 쉽게 표로 정리했습니다. 위 지침들은 단편적으로 기술되어 있어 초보자 입장에서는 접근하기 어렵습니다. 하지만 위 부록을 통하면 보다 쉽게 매핑하실 수 있습니다. 본문 각 세션에서 하도급법에 대한 큰 흐름을 읽고 어느 정도 이해했다면, 업무 중 맞닥뜨리는 고민들은 부록의 구체적인 판단기준과 다양한 예시를 참고해 어느 정도 해결할 수 있을 것입니다.

§ 개념정리 §

1. 발주자, 원사업자, 수급사업자

하도급법을 처음 접할 때 혼란스러운 부분 중 하나가 계약 당사자들의 명칭입니다. 실무적으로 발주자, 발주처, 원청, 원도급사, 수급인, 하청, 하도급사, 하수급인 등 다양한 표현이 상황에 따라 사용되고 있어서 더욱 그러합니다.

앞의 사례와 같이 A→B→C의 하도급 구조를 기본으로 정리해 보면 다음과 같습니다. 하도급법은 A사는 발주자, B사는 원사업자, C사는 수급사업자라고 정의하고 있습니다. 참고로, 건설산업기본법[1)]은 하도급법과 차이가 있는데, A사는 발주자, B사는 수급인, C사는 하수급인이라고 정의하고 있습니다.

이 책에서는 하도급법의 정의에 따라서 발주자, 원사업자, 수급사업자라고 표현하겠습니다.

2. 하도급법에서 말하는 하도급거래의 범위

하도급법이 적용되는 하도급거래는 무엇일까요. 일단 공장을 운영하는 중소기업 사장님들이 거래처에 납품하고 수금하는 일련의 과정들이 떠오릅니다. 하도급은 한자로 아래 하(下)에 도급(都給)이 합쳐진 말입니다. 따라서 하도급은 아래로 도급을 한다는 뜻입니다. 그런데 도급은 무슨 의미일까요.

도급의 개념은 민법에 있습니다. 민법 제664조는 도급은 '당사자 일방이 어느 일을 완성할 것을 약정하고 상대방이 그 일의 결과에 대하여 보수를 지급할 것을 약정하는 것'이라고 정의합니다. '일을 완성한다.'는 것은 유무형을 막론하고 결과물 또는 성과를 내야 한다는 것이고, '보수를 지급한다.'는 것은 대가를 지급한다는 것입니다. 즉, 당사자 일방이 결과를 낼 것을 요구하고 그 결과를 취하며 대가를 지급하는 것을 말합니다.

그러면 백화점에서 기성복을 사는 것도 도급일까요. 아닙니다. 결과적으로 기성복을 얻을 수는 있지만 기성복을 만들 것을 요구한 적이 없기 때문입니다. 단지 완성된 기성복을 샀을 뿐입니다. 그것은 매매입니다. 한편 양복점에서 맞춤복을 사는 것은 어떨까요. 도급이 맞습니다. 양복치수를 재면서 '내 신체사이즈에 맞는 양복을 만들어 주세요.'라고 요구했기 때문입니다.

그럼 이제 하도급법이 정의하는 '하도급거래'의 개념을 살펴보겠습니다. 하도급법 제2조 제1항은 다음과 같이 규정하고 있습니다.

---

1) 건설산업기본법 제2조 제12호 "하도급"은 도급받은 건설공사의 전부 또는 일부를 다시 도급하기 위하여 수급인이 제3자와 체결하는 계약을 말합니다. 즉 원사업자(B)가 수급사업자(C)에게 위탁하는 경우(수급사업자가 다시 제3자에게 위탁하는 경우도 포함)를 의미하고, 발주자(A)가 원사업자(B)에게 위탁하는 경우는 하도급에 해당하지 않습니다. 이 점에서 하도급법과 차이가 있습니다.

법 제2조(정의) ① 이 법에서 "하도급거래"란 원사업자가 수급사업자에게 제조위탁·수리위탁·건설위탁 또는 용역위탁을 하거나 원사업자가 다른 사업자로부터 제조위탁·수리위탁·건설위탁 또는 용역위탁을 받은 것을 수급사업자에게 다시 위탁한 경우, 그 위탁을 받은 수급사업자가 위탁 받은 것을 제조·수리·시공하거나 용역수행하여 원사업자에게 납품·인도 또는 제공하고 그 대가를 받는 행위를 말한다.

복잡하게 표현되어 있지만 찬찬히 살펴보면 그리 어렵지 않습니다. 하도급거래란 원사업자(B)가 (그것이 본래 자신이 해야 할 일이든 원사업자도 누군가로부터 받은 일이든) 수급사업자(C)에게 일을 맡기고(위탁하고), 수급사업자(C)는 그 일을 완성한 후 원사업자(B)로부터 대가를 받는 것입니다. 도급의 개념과 같습니다. 주의해야 할 부분은 발주자(A)가 원사업자에게 일을 위탁하는 경우에도 하도급법이 적용될 수 있다는 것입니다(대법원 2013. 5. 16. 선고 2001다27470 판결).

한편, 원사업자는 수급사업자에게 어떤 일을 위탁해야 할까요? 하도급법은 제조위탁, 수리위탁, 건설위탁, 용역위탁을 하는 경우에 적용된다고 규정하고 있습니다. 이 개념에 대한 구체적인 내용은 제5장에서 살펴볼 예정입니다. 일단 여기서는 하도급법이 적용되는 하도급이란 ① 원사업자가 수급사업자에게 어떤 일을 위탁하고, 그 일이 완성되면 대가를 지급하는 것인데, ② 그 일은 물건을 만들거나 수리하는 경우, 건설공사를 하는 경우, 용역을 수행하는 경우 등이 있다는 정도의 이해만 하고 넘어가도 충분합니다.

제1장

계약을 체결할 때

제1장
계약을 체결할 때

제1절 계약서를 쓰지 않는다? (§3)

CASE

수급사업자는 원사업자로부터 건축공사를 하도급 받았습니다. 원사업자는 수급사업자에게 계약서를 발급하여 주었는데, '계약 금액'을 정확히 기재하지 않고, '단가계약 (실투입정산), 부가가치세 포함'이라고만 기재하였습니다.

I 억울할 때 읽어 보는 하도급법

1. 서면 발급 의무

원사업자가 수급사업자에게 업무를 지시하면서 계약서를 작성하지 않으면 어떨까요. 물론 일이 잘 마무리되고 대가도 제때에 잘 지급되면 아무런 문제가 없을 것입니다. 문제는 그렇지 않을 때입니다. 계약서를 미리 작성하지 않으면 거래조건이 명확하지 않으므로 분쟁이 발생할 경우 결국 수급사업자가 불이익을 입을 가능성이 높습니다. 반면, 서면을 명확하게 작성해 놓으면 분쟁을 사전에 예방할 수 있을 뿐 아니라, 분쟁이 발생할 경우에도 보다 쉽게 이견을 좁힐 수 있습니다.[2)]

2) 서울고등법원 2004. 10. 7. 선고 2003누17773 판결 시정명령취소, 심리불속행기각

하지만 소위 '을'의 지위에 있는 수급사업자가 '갑'인 원사업자에게 계약서를 달라고 요구하기 쉽지 않은 것이 현실입니다. 그래서 하도급법은 작업을 시작하기 전에 원사업자에게 계약서[3]를 의무적으로 발급하도록 하고 있습니다(하도급법 제3조 제1항).

2. 서면에 꼭 들어가야 할 내용

더 나아가 하도급법은 원사업자가 계약서에 기재해야 할 사항들을 정해두고 있습니다. 이를 '법정기재사항'이라고 합니다. 만약 원사업자가 법정기재사항 중 어느 하나라도 기재하지 않는다면, 원칙적으로 하도급법을 위반한 것입니다.

법정기재사항(하도급법 제3조 제2항, 하도급법 시행령 제3조)

① 위탁일
② 수급사업자가 위임받은 것(목적물 등)의 내용
③ 목적물 등을 원사업자에게 납품·인도 또는 제공하는 시기 및 장소
④ 목적물 등의 검사의 방법 및 시기
⑤ 하도급대금(선급금, 기성금 및 설계변경 등에 따른 하도급대금을 조정한 경우에는 그 조정된 금액 포함)
⑥ 하도급대금의 지급방법
⑦ 하도급대금의 지급기일
⑧ 원사업자가 수급사업자에게 목적물 등의 제조·수리·시공 또는 용역수행행위에 필요한 원재료 등을 제공하려는 경우에는 그 원재료 등의 품명·수량·제공일·대가 및 대가의 지급방법과 지급기일
⑨ 목적물 등의 제조·수리·시공 또는 용역수행행위를 위탁한 후 목적물 등의 공급원가 변동에 따른 하도급대금 조정의 요건, 방법 및 절차

원사업자와 수급사업자는 법정기재사항이 모두 포함된 계약서에 서명[3] 또는 기명·날인해야 합니다. 따라서 원사업자나 수급사업자 중 어느 한 명이라도 계약서에 서명 또는 기명·날인하지 않았다면 서면을 교부하지 않은 것이 됩니다.[4]

3) 공인인증서에 기초한 공인전자서명도 포함됩니다(전자서명법 제2조 제3호).
4) 「하도급거래공정화지침」Ⅲ.3.(7)

3. 언제까지 발급해야 할까?

하도급법은 계약서를 발급해야 하는 시점도 정해두고 있습니다. 원사업자는 수급사업자가 위탁 받은 하도급 업무에 착수하기 전에 미리 계약서를 발급해야 합니다. 각 위탁유형별 발급기한은 다음과 같습니다.

발급기한(하도급법 제3조 제1항)

① 제조위탁: 수급사업자가 물품 납품 작업을 시작하기 전
② 수리위탁: 수급사업자가 수리를 시작하기 전
③ 건설위탁: 수급사업자가 공사에 착공하기 전
④ 용역위탁: 수급사업자가 용역수행행위를 시작하기 전

원사업자가 추가공사를 지시하는 경우에는 어떻게 해야 할까요. 이 경우에도 원사업자는 추가공사를 시작하기 전 수급사업자에게 처음 발급한 계약서 외에 별도로 변경계약서를 발급해야 합니다.

4. 계약할 때 정하기 어려운 사항이 있다면?

원사업자 입장에서도 위탁업무 착수 전에 법정기재사항을 미리 확정하기 곤란한 경우가 있습니다. 따라서 하도급법은 '정당한 사유'가 있다면 예외적으로 법정기재사항을 생략한 계약서를 발급할 수 있다고 정하고 있습니다(하도급법 제3조 제3항). '정당한 사유'가 인정되는 경우를 예로 들면, 사고로 인한 긴급복구공사를 하는 경우 등이 있는데, 이러한 사정은 원사업자가 주장·입증해야 합니다.[5] 사후에 정당한 사유가 있었는지가 문제가 될 때 원사업자가 제대로 주장·입증하지 못하면 정당한 사유가 인정될 수 없습니다.

주의해야 할 점은 이 경우에도 원사업자는 해당 사항을 확정할 수 없는 이유와 그 사항을 언제쯤 정할지(예정기일)를 계약서에 적어야 하고, 해당 사항이 확정되면 지체 없이 그 사항을 기재한 새로운 계약서를 발급해야 한다는 점입니다(하도급법 제3조 제3항, 4항).

5) 서울고등법원 2009. 11. 12. 선고 2008누11237 판결 시정명령등취소, 심리불속행기각

5. 그래도 잘 모르겠다면, '표준하도급계약서'

공정거래위원회는 하도급법의 적용 대상이 되는 사업자 또는 사업자단체에 대한 표준하도급계약서를 작성하고 그 사용을 권장하고 있습니다(하도급법 제3조의2). 따라서 원사업자와 수급사업자는 공정거래위원회가 미리 작성한 표준하도급계약서를 이용한다면 용이하게 계약을 체결할 수 있습니다.[6)]

표준하도급계약서의 사용은 공정거래위원회 권장사항입니다. 따라서 표준하도급계약서를 사용하지 않는다고 해서 하도급법을 위반하는 것은 아닙니다. 하지만 표준하도급계약서를 사용할 경우 공정거래위원회로부터 일정한 인센티브를 받을 수 있습니다.[7)]

6. 서류는 얼마나 보관해야 할까?

원사업자와 수급사업자는 하도급거래에 관한 서류를 보존해야 합니다(하도급법 제3조 제9항). 보존해야 할 서류는 원사업자가 발급해야 하는 서면과 목적물의 납품 등에 따라 발생하는 수령, 검사, 하도급대금 결정과 지급과 관련한 모든 서류라고 생각하면 됩니다.

이 때의 서류는 컴퓨터 등 정보처리능력을 가진 장치에 의하여 전자적인 형태로 작성, 송수신 또는 저장된 것도 포함되므로, 반드시 Hard copy의 형태로 보존할 필요는 없습니다.

보존기간은 거래가 끝난 날로부터 3년입니다.[8)] 다만, 원사업자가 수급사업자에게 기술자료의 제공을 요구하면서 교부한 서류(하도급법 제12조의3 제1항 단서)는 7년간 보존해야 합니다(하도급법 시행령 제6조).

---

6) 공정개래위원회는 2019년까지 총 46개의 세부 업종에 관한 표준하도급계약서를 미리 마련해 공개하고 있습니다(공정거래위원회 홈페이지 -> 정보공개 -> 표준계약서 -> 표준하도급계약서)

7) 예를 들어, 입찰참가자격 제한에 있어서의 벌점 경감 사유에 해당합니다(하도급법 시행령 제17조 별표 3 벌점의 부과기준 제3.가.1)).

8) 거래가 끝난 날은, 제조위탁·수리위탁 및 용역위탁 중 지식·정보성과물의 작성위탁의 경우에는 수급사업자가 원사업자에게 위탁 받은 목적물을 납품 또는 인도한 날을, 용역위탁 중 역무의 공급위탁의 경우에는 원사업자가 수급사업자에게 위탁한 역무공급을 완료한 날을, 건설위탁의 경우에는 원사업자가 수급사업자에게 건설위탁한 공사가 완공된 날을 각각 의미합니다.

7. 계약 내용을 확인해 달라고 하자, '하도급계약 추정제도'

만약, 원사업자가 계약서를 발급해 주지 않거나, 계약서를 발급해 주기는 했지만 내용이 부실한 경우 수급사업자는 원사업자에게 위탁 업무 내용을 확인해 달라고 요청할 수 있습니다.

즉 원사업자가 제조 등의 위탁을 하면서 위와 같은 서면을 발급하지 않는다면, 수급사업자는 위탁 받은 작업의 내용, 하도급대금 등을 원사업자에게 서면으로 통지하여 위탁내용의 확인을 요청할 수 있습니다(하도급법 제3조 제5항). 하도급법 시행령은 수급사업자가 위와 같이 서면으로 통지할 사항으로 원사업자로부터 위탁 받은 작업과 내용, 하도급대금, 원사업자로부터 위탁 받은 일시, 원사업자와 수급사업자의 사업자명과 주소 등을 규정하고 있습니다(하도급법 시행령 제4조).

원사업자는 이러한 통지를 받은 다음 15일 이내에 수급사업자에게 서면으로 인정 여부에 대한 회신을 발송해야 합니다. 만약 이러한 회신을 발송하지 않는다면, 수급사업자가 통지한 내용대로 위탁이 있는 것으로 추정되는 효과가 발생합니다. 추정된다는 것은 특별한 사정이 없는 한 수급사업자가 통지한 내용대로 위탁이 있었던 것으로 인정된다는 의미입니다. 다만 천재 지변 등의 사유로 원사업자가 회신이 불가능한 경우에는 그러하지 않습니다.

이를 '하도급계약 추정제도'라고 하는데 원사업자가 서면계약서 없이 구두로만 업무를 지시하여 계약 내용을 둘러싸고 많은 분쟁이 발생하였던 불합리한 관행을 개선하고자 도입된 제도입니다.

공정거래위원회도, '수급사업자가 공사위탁 내용 및 대금지급 요청에 대한 사항이 기재된 서면을 통지하였으나, 원사업자가 15일 이내에 회신하지 않은 사안'에서, 수급사업자가 통지한 내용대로 건설위탁사실이 추정된다고 보고, 원사업자가 해당 통지한 내용상의 금액을 공사완료일로부터 60일 이내에 미지급했다는 사유로 하도급법 제13조 제1항의 하도급대금 미지급행위에 해당한다고 판단했습니다(공정거래위원회 2013. 5. 17. 의결 2012서건3227 과징금).

이와 관련하여 하급심 판결 중에는 하도급법 제3조 제5항, 제6항이 정한 서면은 '계약 내용의 확정을 위해 발행한 서면'으로서 하도급법 시행령 제4조에서 정한대로 계약의 구체적 조건을 명시하여 사전에 통지되어야 하고, 그와 달리 '공사 진행 중 또는 완료 후 현황이나 실적을 보고하는 서면'은 위 규정에 따른 서면으로 볼 수 없다고 본 사안이 있습니다(서울중앙지방법원 2016. 9. 21. 선고 2015가합518435 판결).

Solution

하도급법 위반에 해당할 가능성이 높습니다.

원사업자는 법정기재사항 중에 하나인 하도급대금을 명확하게 기재하지 않았기 때문입니다(공정거래위원회 2014. 10. 7. 의결 2013광사2952 시정명령).

원사업자가 수급사업자에게 공사를 위탁할 시점에 이미 공사 물량을 산정할 수 있는 도면과 공정별 내역, 공사단가가 존재한다면 하도급대금을 산정할 수 있으므로 그 금액을 정확히 기재해야 합니다. 만약 공사를 하는 도중에 물량변동이 명백히 예상되어서 금액을 정할 수 없다면, 원사업자는 계약서에 물량변동이 예상되는 이유와 언제쯤 하도급대금을 정할 것인지는 기재해야 합니다.

Ⅱ 심플한 정리법

1. 계약조건이 일부 기재된 선작업 지시 공문을 보냈다는 주장

원사업자는 수급사업자에게 선작업 지시 공문을 보내면서 해당 공문에 공사명, 공사 분야, 공사 기간, 위치, 정산 조건 등을 명기하였고, 수급사업자도 계약체결 전 공사착수에 동의하였으므로, 하도급법의 취지에 어긋나지 않게 계약서 등 서류를 발급하였다고 주장한다.

하도급법 위반 가능성이 높습니다. 하도급법상 반드시 기재하도록 되어 있는 사항(법정기재사항)들이 누락되어 있기 때문입니다.

공정거래위원회도 유사한 사안에서, 원사업자가 보냈다는 선착수 지시 공문에는 하도급법 시행령 제3조에 규정된 서면 기재사항 중 하도급대금과 그 지급방법 및 지급기일, 목적물 등의 검사의 방법 및 시기 등 중요사항이 누락되어 있고, 이를 양 당사자가 서명 또는 기명날인한 형태로 발급하지도 아니하였으므로 적법한 서면이 아니라고 판단했습니다(공정거래위원회 2019. 2. 18. 의결 2015서건3787 시정명령).

2. 계약의 특성상 일부 사항을 정하기 어려웠다는 주장(1)

SI[9] 용역 위탁계약의 원가는 주로 인건비로 구성되어 있다. 그래서 원사업자는 수급사업자에게 '원재료'를 지급할 필요가 없었다. 원사업자는 "SI 용역계약의 이런 특성을 고려하면, 하도급계약서에 법정기재사항 중 하나인 '원재료의 가격이 변동될 때 하도급대금을 조정하는 방법'을 기재하지 않아도 법위반이 아니다."라고 주장한다

하도급법 제3조 제2항 및 같은 법 시행령 제3조 제6호[10]에서 규정하고 있는 '원재료 등의 가격변동'은 예시적 사항으로서 '원재료'의 가격변동과 함께 원재료 외 비용 및 하도급대금 등에 영향을 미칠 수 있는 요인의 변동을 포함합니다. 따라서 인건비가 원가의 주된 요소가 되는 계약이라면 필요인력의 자격요건, 자격에 따른 노임의 단가, 단가(인건비)의 변동에 따른 하도급대금 조정의 요건, 방법 및 절차 등을 기재하여야 합니다(공정거래위원회 2014. 5. 9. 의결 2013건하2004 과징금).

9) SI(System Integration, 시스템 통합·구축) 산업이란 각종 시스템 자원(소프트웨어, 하드웨어, 네트워크 등)을 개발·조달하여 기업 등이 필요로 하는 시스템을 구축해 주는 것을 의미합니다.

10) 2013. 7. 22. 대통령령 제24673호로 개정되기 전의 하도급법 시행령에 따른 결정입니다.

3. 계약의 특성상 일부 사항을 정하기 어려웠다는 주장(2)

SI 용역은 여러 수급사업자들이 세부업무(모듈) 및 프로그램을 나누어서 작업을 수행하는 형태로 진행된다. 그래서 원사업자는 각 수급사업자들의 작업부분이 모두 완성되어 서로 결합된 이후에야 전체 프로그램의 정상 작동 여부를 검사할 수 있다. 따라서 원사업자는 SI 용역의 이런 특성을 고려하면 계약서를 작성할 때 '검사 방법 및 시기'를 구체적으로 정할 수 없다고 주장한다.

SI용역의 특성상 구체적인 과업내용, 검사 방법과 시기를 위탁시점에 확정하기 곤란하다고 하더라도, 그와 같이 미리 확정하기 곤란한 이유와 검사의 방법 및 시기 등의 사항을 정하게 되는 예정기일은 기재할 수 있을 것입니다. 따라서 이를 기재하지 않은 원사업자의 행위는 하도급법 위반으로 판단될 가능성이 높습니다(공정거래위원회 2014. 5. 9. 의결 2013건하2004 과징금).

4. 연장계약을 체결하지 않았지만 인수인계 확인서는 교부했다는 주장

원사업자는 수급사업자에게 차량탁송업무를 위탁했다. 이후 계약기간이 만료되었지만 연장 계약을 체결하지 않고, 기존 계약과 동일한 조건으로 전산시스템을 통해서 업무를 발주하면서 차량인수인계 확인서만 교부했다. 차량인수인계 확인서는 탁송 대상 차량의 차종, 차대번호, 구매 고객명 등의 사항이 기재되어 있다.

하도급법에 위반될 가능성이 있습니다. 계약기간이 끝나기 전에 새로운 연장계약서를 발급하지 않았기 때문입니다. 물론 원사업자는 '차량인수인계 확인서'를 교부했습니다. 하지만 이 서류에는 탁송 대상 차량의 차종, 차대번호, 구매 고객명 등의 사항만 기재되어 있고, 하도급법의 법정기재사항인 하도급대금과 그 지급방법 등이 기재되어 있지 않았습니다. 따라서 하도급법이 요구하는 서면교부의무를 이행하지 않은 것입니다.

공정거래위원회도 유사한 사안에서 계약기간이 연장될 경우에는, 납기일만 변경되는 것이 아니라 검수시기, 하도급대금 및 지급시기 등도 변경될 수 있고, 위와 같은 사항들은 하도급 계약의 중요한 변경사항이므로, 이러한 내용을 기재한 서면을 교부하지 아니한 행위는 하도급법 제3조 위반이라고 결정했습니다(공정거래위원회 2018. 12. 21. 의결 2017건하2789 과징금, 공정거래위원회 2014. 6. 2. 의결 2014서제0531 시정명령).

5. 계약 조건을 협의 중이었다는 주장

원사업자는 계약 체결을 위해 수급사업자와 계약조건을 협의하고 있었는데, 계약 기간에 대하여 의견 차이가 있어, 최종 합의를 할 수 없었다. 그런데 일정이 촉박해서 일단 먼저 업무를 시작할 것을 지시했다.

하도급법 위반 가능성이 높습니다. 원사업자가 수급사업자와 계약내용을 협의 중이었지만 확정되지 아니한 사항이 있었다면, 먼저 용역수행행위 시작 전에 해당 사항이 미확정된 이유와 그 사항을 정하게 되는 예정기일이라도 기재한 서면을 발급해야 하기 때문입니다. 공정거래위원회도 유사한 사안에서 하도급법 제3조 위반이라고 결정했습니다(공정거래위원회 2014. 6. 2. 의결 2014서제0531 시정명령).

6. 계약금액을 나중에 정하는 것이 관행이라는 주장

원사업자는 발주자로부터 금형제작에 관한 개발착수지시서를 받았는데, 그 개발착수지시서에는 '개발품목 및 일정'만 기재되어 있었다. '원계약금액'은 나중에 정하는 것이 거래 업계의 관행이었기 때문이다. 원사업자는 업무를 시작하면서 수급사업자에게 금형제작을 하도급하고, 작업지시서를 교부했다. 하도급계약 금액도 관행에 따라 추후에 '원계약금액'이 정해지면 그에 따라 정하기로 했고, 수급사업자도 이런 관행이 있다는 것을 잘 알고 있었다.

원사업자의 행위는 하도급법 위반 가능성이 높습니다. 하도급대금 등 하도급법에서 정한 법정기재사항이 기재된 서면을 발급하지 않았기 때문입니다.

작업지시서로 금형 제작을 위탁하고 추후에 발주자와 원사업자 사이에 정해지는 원계약금액에 따라 하도급금액을 정하는 관행이 있었다는 사실만으로 서면계약서를 교부하지 아니한 것을 정당하다고 할 수는 없습니다(서울고등법원 2004. 10. 7. 선고 2003누17773 판결 시정명령취소, 심리불속행기각).

Ⅲ 억울할 때 찾아보는 구체적인 사례들

1. 수급사업자를 위한 사례

1) 공정거래위원회 2018. 12. 21. 의결 2017건하2789 (시정명령, 과징금)

가) 원사업자는 25개 수급사업자에게 '이알피 아이유(ERP iU[11]) 기반 구매포탈시스템 개발' 등 42건의 용역을 위탁하면서, 아래 수급사업자가 용역수행행위를 시작한 날 이후에 하도급계약에 관한 서면을 발급하였다. 또한, 원사업자는 23개 수급사업자에게 38건의 용역을 위탁하면서, 계약기간 연장 및 계약금액의 변경 등 하도급계약 내용의 변경에 대한 서면을 당초 계약기간이 종료된 이후에 발급하였다.

나) 원사업자는 최초 계약서면의 발급과 관련하여 이 사건에서의 '계약시작일'은 수급사업자가 '용역수행에 착수한 날'이 아닌 '용역기간의 시작일'을 의미할 뿐이고[12], 이 사건과 같은 소프트웨어 개발 용역 등의 경우에는 용역시작 이후에 발주자, 원사업자, 수급사업자간에 별도로 '기술협의'를 걸친 후에 수급사업자가 실제 용역수행에 착수하기 때문에 각 수급사업자가 언제 용역수행에 착수하였는지에 대한 별도의 조사·증빙 없이 계약서상에 기재된 '용역기간 시작일'을 '용역수행행위 착수일'로 보아 위법성을 판단할 수는 없으므로 원사업자의 행위는 위법하다고 볼 수 없다고 주장한다.

살피건대, 다음과 같은 점들을 종합적으로 고려할 때 원사업자의 주장은 이유 없다.

첫째, 원사업자는 자신이 작성하여 제출한 '확인서'에서 "25개 수급사업자에 대한 42건의 하도급계약에 대하여 수급사업자가 위탁에 따른 용역수행행위를 시작하기 전에 하도급 법령에서 정한 하도급계약의 기재사항을 적은 서면을 발급하지 않은 사실이 있습니다.", "수급사업자가 위탁받은 용역수행행위를 시작한 이후에 하도급계약서를 교부한 내용이 사실과 같음을 확인합니다."라고 진술하여 계약시작일이

11) ERP(Enterprise Resource Planning)란 기업 내 생산, 물류, 재무, 회계, 영업, 재고 등 경영활동 프로세스들을 통합적으로 연계·관리하고 정보들을 공유하는 전사적자원관리시스템 또는 전사적통합시스템을 의미합니다.

12) 원사업자는 용역기간의 시작일자에 하도급계약을 체결했습니다.

용역수행행위 시작일로서 수급사업자가 용역수행행위를 시작한 이후에 하도급계약서면을 발급한 사실을 이미 인정하고 있었던 점

둘째, 원사업자가 주장하는 '기술협의'의 경우에도 용역수행을 위한 수급사업자의 인력이 투입되므로 이러한 기술협의의 시작일을 용역수행행위의 시작일로 보아야 한다는 점

셋째, 특별한 사정이 없는 한 계약체결과 동시에 용역수행에 착수하는 것이 일반적인 상거래의 관행이고, 특히 이 사건과 같은 소프트웨어 개발 등의 경우에는 계약체결 전에 용역수행자로부터 견적서 등을 통하여 어떤 기술 등급의 인원을 어느 시기에 투입할 것인지를 제출받고, 양당사자간의 협의 하에 계약체결일을 정하고 있으므로 용역수행자는 특별한 사전준비 없이 계약체결일에 바로 인력을 투입하여 용역을 수행하는 것이 일반적이라는 점

넷째, 실제로도 원사업자가 작성한 '개발자 투입현황 및 검수보고서' 자료를 살펴보면, 인력의 투입일이 계약체결일과 같은 날로 되어 있는 점

다) 또한 원사업자는 변경계약서면의 발급과 관련하여 단순히 계약기간만이 연장된 것은 용역의 내용 및 하도급대금 등 계약의 본질적인 내용이 변경된 것이 아니므로 변경계약 서면의 발급의무가 발생하지 아니하고, 계약금액이 변경된 6건은 경미하고 빈번한 추가작업의 경우로서 위탁 종료 후 즉시 정산합의서를 제공하였으므로 위법하지 않다고 주장한다.

살피건대, 다음과 같은 점들을 종합적으로 고려할 때 원사업자의 주장은 이유 없다.

첫째, 법 시행령 제3조 제2호에서는 '목적물의 납품·인도 또는 제공하는 시기'를 법정기재사항으로 규정하고 있는 바, 계약기간의 연장은 법정기재사항인 '목적물의 납품시기'가 변동된 것이므로 원사업자는 관련 법 규정에 따라 변경서면을 발급해줄 의무가 발생한다는 점

둘째, 계약기간의 연장은 납기일뿐만 아니라 목적물의 검수시기, 공사 연장에 따른 하도급대금 및 그 지급시기 등도 변경될 수 있으므로 하도급계약의 중요한 변경사항이라는 점

셋째, 원사업자도 자신의 계약일반 거래조건 제2조(계약내용 및 효력발생)에서 계약의 내용, 기간, 용역대금 등을 계약의 내용으로 규정하고, '계약의 내용을 변경하고자 할 경우 상호 합의하여 기명날인한 서면에 의하여야 한다'고 규정하고 있는 바, 원사업자의 계약일반조건에 따르더라도 '기간'이 변경된 경우에는 변경 서면을 발급하여 주어야 한다는 점

넷째, 원사업자는 계약금액이 변경된 6건은 경미하고 빈번한 추가 작업이므로 정산합의서를 통하여 계약서면을 갈음할 수 있다고 주장하나, 정산합의서로 대체 가능한 경우는 이미 단가가 정해진 상태에서 경미하고 빈번한 추가작업으로 인한 물량변동은 매번 서면을 교부하는 것이 현실적으로 어렵고 하도급대금도 기존 단가에 물량 변동분을 곱하여 산정하면 되므로 정산합의서로의 대체를 인정하는 것이나, 이 사건에서의 소프트웨어 개발 및 시스템 구축 등은 변경금액이 상당하고, 이 사건 용역작업의 특성상 동일한 작업들이 빈번히 일어나는 것이 아니라 진행경과에 따라 상이한 작업들이 이루어지므로 변경된 위탁내용의 대가가 얼마인지에 대한 기준이 없어 변경위탁시 그에 대한 하도급대금을 확정·기재한 서면을 발급하여 교부할 필요성이 있다는 점

2) 공정거래위원회 2016. 9. 1. 의결 2015부사3854 (시정명령)

위탁일과 목적물 등의 납품 인도 또는 제공하는 시기 및 장소, 목적물 등의 검사의 방법 및 시기, 하도급대금과 그 지급방법 및 기일만을 기재한 서면을 발급한 것은 법 시행령 제3조에서 규정하는 법정기재사항이 일부 누락된 서면을 발급한 것이므로 법 제3조 제1항에 위반되어 위법하다.

3) 공정거래위원회 2016. 4. 12. 의결 2015서제0318 (시정명령)

서면발급의무의 주체는 수급사업자가 아닌 원사업자라는 점, 수급사업자의 주문확인내역에는 양당사자가 기명날인한 사실이 없다는 점에 비추어 보면 수급사업자의 주문확인내역을 하도급법 제3조의 서면으로 볼 수 없다.

4) 공정거래위원회 2014. 10. 7. 의결 2013광사2952 (시정명령)

원사업자는 이 사건 공사의 경우 추가공사 진행으로 물량 견적이 불가능하였고, 양 당사자가 이 사건 공사 단가계약을 체결하고 계약 서면에 '단가계약(실투입정산), 부가세포함'이라고 기재하였으므로 부당한 행위가 아니라고 주장한다.

살피건대, 추가작업으로 인한 물량변동이 명백히 예상된다고 할지라도 변경계약서를 작성하거나, 시공완료 후 즉시 정산합의서로 계약서를 대체할 수 있다는 점과 수급사업자가 계약공사를 착수한 후 하도급대금을 결정하고 있어 하도급대금이 부당하게 낮게 결정되더라도 이미 공사에 착수한 상태에서 수급사업자가 이를 받아들일 수밖에 없다는 점을 감안할 때 원사업자의 행위를 정당하다고 볼 수는 없으므로 원사업자의 주장은 이유 없다.

5) 공정거래위원회 2014. 5. 28. 의결 2013부사1534 (시정명령)

원사업자가 발주자와 변경계약을 체결한 사실이 없고 수급사업자가 원사업자에게 변경계약 체결을 요청하지 않았다고 하더라도, 원사업자는 발주자와 변경계약을 체결하였는지와 관계없이, 수급사업자에게 서면을 발급할 의무가 있다.

6) 공정거래위원회 2011. 1. 21. 의결 2009부사2246 (과징금)

가) 원사업자는 수급사업자들에게 이 사건 공사를 제조위탁하면서 수급사업자가 물품 납품을 위한 작업에 착수한 후에 하도급법 제3조 및 같은 법 시행령 제2조에서 정하고 있는 서면을 교부하였다.

나) 원사업자는 일부 건에 대하여는 수급사업자들이 제출한 '작업일보'상의 작업내용 등이 해당 계약서상의 계약내용과 일치하는지를 알 수 없어 '작업일보'상의 작업 착수일자를 근거로 위법여부를 판단하는 것은 인정하기 어렵다고 주장한다.

그러나 다음과 같은 점들을 볼 때 원사업자의 주장은 받아들이기 어렵다. 첫째, 작업일보는 수급사업자들이 그때 그때 작업한 내역에 대하여 직접 작성한 것으로서 작업 착수일 특정과 관련하여 작업일보 이외에는 직접적인 자료가 없고 현재로서는 작업일보가 가장 직접적이면서도 신뢰할 수 있는 자료인 점, 둘째, 작업일보상의 '선번' 및 '작업내용' 등이 해당 계약서상의 계약내용에 부합하고 있고 이에 반하는 직접적인 증거가 없는 점, 셋째, 원사업자가 인정하는 지연교부 건도 원사업자가 인정하지 않는 나머지 건과 유사하거나 동일한 건으로서 달리하여 판단할 이유가 없는 점

다) 아울러, 원사업자는 추가공사와 관련하여 선행공정에서 발생된 미도장 부분을 한시라도 빨리 수행하여야 후행공사가 가능하기 때문에 도장작업의 특성상 '공사의 시급성'이 있고, 수급사업자들은 이러한 추가공사와 관련하여 단위당 면적과 단가를 알고 있고 이를 기준으로 사후정산을 하므로 서면 지연교부로 손해를 보는 것이 아니며, 추가공사 공종은 경미하고 빈번한 추가작업으로 인해 물량변동이 명백히 예상되는 공종으로 서면교부가 지연되는 경우가 불가피하게 발생된다고 주장한다.

그러나 다음과 같은 점들을 볼 때 원사업자의 주장은 이유 없다. 첫째, 원사업자는 수급사업자들이 면적당 단가를 알고 있어 서면 지연교부로 인하여 수급사업자들이 손해를 보는 경우는 없다고 주장하나 단가 등 서면에 기재되는 사항은 상호간 계약이 확정되기 전까지는 불확정한 것이므로 지연교부의 정당성을 인정하기는 어렵다는 점, 둘째, 일반적으로 추가공사는 본공사에 부가하여 발생되는 공사로서 본공사를 수행하는 동일 수급사업자가 선주의 요구 등에 따라 현장에서 수시로 작업하는 공사로 하도급대금이 대부분 1천만 원 이하의 소액이며, 작업 또한 빈번하여 지연교부의 정당한 사유가 있을 수 있으나, 이 사건 관련 추가공사는 본공사의 수급사업자와 다른 수급사업자가 수행한 것으로 본공사와 추가공사의 수급사업자가 다른 경우에 해당되어 수급사업자들로서는 새로운 도장공사로 인식할 수밖에 없어 이를 경미하거나 빈번한 추가작업으로 보기는 어려운 점, 셋째, 이 사건 공사의 하도급대금도 1천만 원 이상으로서 본공사와 비교할 때 적은 규모가 아닌 점

2. 원사업자를 위한 사례

1) 서울고등법원 2006. 6. 21. 선고 2005누22540 판결 (시정명령취소, 심리불속행기각)

원사업자와 수급사업자 사이에 이 사건 계약을 체결하기 위하여 공급대금 등에 대한 협의를 하던 중 이 사건 계약의 체결과 관련된 부서인 법무팀, 재무팀 등과의 협의를 추진하는데 사용할 것을 전제로 수급사업자에게 공급대금은 11억 원으로 하되, 그 중 9억 원은 제2차 협약에 기하여 수급사업자의 채권자에게 지급한 9억 원으

로 지급에 갈음한다는 취지의 계약서를 메일로 송부하여 줄 것을 요청하였으나, 수급사업자가 공급대금은 11억 원으로 하면서, 2차 협약의 효력을 인정할 수 없음을 전제로 9억 원을 1차 협약에서 정리한다는 내용의 회신을 하여 대금 지급 방법에 대한 합의에 도달하지 못하여 더 이상 협의가 진행되지 못하였고, 그 후 원사업자가 이 사건 계약을 체결하지 아니할 의사를 명백히 함으로써 이 사건 계약에 관하여 수급사업자와의 계약 교섭 및 계약 체결단계에서 공급대금의 지급방법에 관한 의사의 합치가 이루어지지 아니하여 계약에 이르지 못한 것이라고 할 것이다.

또한, 원사업자가 다른 소프트웨어에 대한 견적서와 함께 수급사업자로부터 교부받은 소프트웨어 공급대금 견적서를 이 사건 사업에 대한 입찰시 제출하여 은행으로부터 이 사건 사업을 낙찰받은 사실은 앞서 인정한 바와 같으나, 이는 원사업자가 이 사건 사업을 낙찰받는 과정에서 제출된 모든 견적서를 기초로 그 중 일부에 해당하는 금액으로 은행과 사이에 이 사건 사업에 대한 계약을 체결한 점에 비추어 원사업자가 수급사업자가 교부한 견적서를 이용하여 이 사건 사업을 낙찰받았다고 하여 원사업자와 수급사업자 사이에 이 사건 계약이 체결된 것이라고 보기 어렵고, 원사업자가 이 사건 계약을 체결하기 전에 수급사업자에게 이 사건 계약상의 의무 이행을 요청하였다고 하더라도 그러한 요청은 이 사건 계약이 체결될 것을 전제로 납품기간의 준수 등을 요구한 것으로 볼 수 있으므로 그러한 사정만으로 원사업자와 수급사업자 사이에 구두로 계약이 체결되었다거나 계약의 체결에 따른 작업지시가 있었다고 보기도 어렵다고 할 것이다.

가사 공급대금 11억 원이 기재된 계약서 초안의 송부가 일응 원사업자의 이 사건 계약에 대한 청약으로 볼 여지가 있다고 하더라도, 수급사업자가 원사업자가 제시한 공급대금의 지급방법에 대하여 이의를 제기하였고, 이러한 원사업자와 수급사업자의 의견대립으로 인하여 이 사건 계약이 체결되지 아니한 사실은 앞서 본 바와 같은 바, 이러한 사실관계에 의하면, 수급사업자는 원사업자의 청약에 대하여 그 내용 중 일부를 변경하여 승낙한 것이라 할 것이고, 이는 수급사업자가 원사업자의 청약을 거절함과 동시에 새로운 청약을 한 것이라고 할 것인데, 원사업자의 이의제기로 인하여 이 사건 계약이 체결되지 않은 이상, 원사업자와 수급사업자 사이에 이 사건 계약 체결에 있어서 청약과 승낙이라는 의사의 합치가 있었다고 할 수 없다.

따라서, 원사업자와 수급사업자 사이에 이 사건 계약이 체결되었다고 보기 어렵다고 할 것이므로 이를 전제로 한 공정거래위원회의 시정명령은 위법하다고 할 것이다.

2) 공정거래위원회 2018. 6. 18. 의결 2017건하0969 (시정명령)

가) 원사업자는 수급사업자와 하도급계약을 체결하면서, 배수설비공사는 그 특성상 사전에 자재 투입 수량을 정확히 확정할 수 없으므로 공사에 투입되는 자재들에 대해서는 원사업자가 전액 부담하기로 하였다. 한편, 이 사건 배수설비공사는 지하의 실제 공사 상황이 당초의 설계도면과 달라 자재투입량이 당초 예상한 수량보다 직관은 약 1.7배, 곡관 및 Y.T관은 약 3.2배 정도 증가하여 공사 구간의 길이(m)도 증가하였으나, 원사업자는 이에 따른 변경계약서는 교부하지 아니하였다.

원사업자는 이 사건 배수설비공사는 공사의 특성상 각 가구별로 구조나 지하지형 등이 달라 사전에 도면을 확정하는 것이 불가능하여 원사업자는 개략적인 정보만 참고용으로 제공하고, 입찰참가자들이 현장방문 확인 및 자신들의 공사 경험 등을 고려하여 '가구당 1식'으로 단가를 제시토록 하여 계약한 것으로서, 계약 단위(물량)가 '가구'이지 관의 길이(m)가 아니기 때문에 계약물량인 가구의 증가 없이 관의 길이만 늘어나는 경우 '추가공사'가 발생하였다고 볼 수 없으며, 자재도 전부 원사업자가 부담하였기 때문에 사전 서면발급의무가 발생하지는 않는다고 주장한다

다음과 같은 사항을 종합적으로 고려할 때 원사업자의 행위는 법 제3조 제1항에 위반된다고 보기 어렵다. 첫째, 이 사건 배수설비공사는 '가구당 1식'의 계약으로서, 계약물량인 '가구'수 자체는 변경되지 않았으므로 추가·변경 위탁에 해당된다고 볼 수 없다. 둘째, 이 사건 공사는 공사의 특성상 자재투입량 및 공사구간 길이(m)의 증가 여부와 그 정도를 공사 착공 전에는 알 수 없으므로 공사 착공 전에 서면을 발급하도록 한 법 제3조 제1항의 서면발급의무 규정을 적용하기 곤란하다. 셋째, 자재를 전부 원사업자가 부담하므로 자재수량 증가에 따른 인건비 증가 등 증가된 공사비용이 얼마인지 확실하지 않은 상태에서 원사업자에게 사전에 변경계약서를 교부하도록 의무를 부과할 수도 없다

나) 원사업자는 위 가구와는 별도로 구분되는 24가구(type1-22개, type3-2개)를 추가로 수급사업자에게 위탁하면서 사전에 이에 대한 변경계약서는 교부하지 아니하였다.

원사업자는 위 24가구는 당초 계약분 중 가구 소유주의 공사 거부로 물량이 감소하자 수급사업자가 물량보전을 요청하여 이를 보전하기 위해 기존 계약 공사 물량에 포함시키기로 한 것이므로 '추가공사 위탁'이 존재하지 않고, 그 금액도 전체 공사금액 대비 1.98%에 불과한 19,960천 원으로 상당하지도 아니하며, 시공 완료 후 기존 단가를 적용하여 즉시 정산교부서를 배부하였으므로 사전 서면발급의무 위반은 아니라고 주장한다.

살피건대, ① 원사업자는 위 24가구를 기존 계약 공사 물량에 포함시키기로 하였다는 입증자료를 제시하지 못하고 있고, 달리 이를 입증할 자료도 없으며, 수급사업자는 자신이 먼저 물량보전을 요청하지는 않았다고 주장하고 있는 점, ② 위 24가구는 당초 계약과는 공사범위가 구분되고 금액이 적지 아니하므로 정산서로 대체할 사항이 아니라 사전에 서면을 교부할 의무가 있는 점, ③ 원사업자가 주장하는 정산교부서는 이 사건 공사의 타절에 따라 원사업자가 수급사업자에게 일방적으로 통보한 타절 정산금액 뿐, 신고인과 합의된 정산합의서로 보기 어렵다는 점 등을 고려할 때 원사업자의 주장은 이유 없다.

이것만 알자!

- 업무를 시작하기 전에 계약서 등 서류를 발급해야 한다.
- 계약서에는 꼭 들어가야 하는 항목이 있다.
- 정하기 곤란한 항목은 그 사유와 그 항목을 언제까지 정할지를 적어야 한다.
- 계약서 등 하도급 서류는 3년간 보관해야 한다. 다만 기술자료의 제공을 요구하면서 교부한 서류는 7년간 보관해야 한다.
- 표준하도급계약서를 쓰면 편하다.

제2절 수급사업자가 모든 책임을 진다? (§3의 4)

CASE

수급사업자는 원사업자로부터 체육관 신축공사 중 일부 공사를 하도급 받았습니다. 그런데 원사업자는 하도급계약서에 "수급사업자는 하도급공사 중 발생하는 모든 산업재해에 대해 전적으로 책임을 지고, 진료비나 합의금 등 모든 비용을 부담한다."는 조항을 기재했습니다.

I 억울할 때 읽어 보는 하도급법

1. 부당한 특약의 금지

원사업자가 부담해야 할 비용을 수급사업자에게 부담하라고 하거나 원사업자가 져야 할 책임을 수급사업자에게 떠넘기려 한다면, 수급사업자는 어떻게 해야 할까요. 수급사업자 입장에서는 거래관계를 계속 유지해야 하기 때문에 어쩔 수 없이 원사업자의 부당한 요구에 응해야 하는 경우도 적지 않을 것입니다.

하도급법은 이러한 상황을 방지하기 위해 원사업자가 부당한 특약을 설정하는 것을 금지하고 있습니다.

법 제3조의4(부당한 특약의 금지) ① 원사업자는 수급사업자의 이익을 부당하게 침해하거나 제한하는 계약조건(이하 '부당한 특약'이라 한다)을 설정하여서는 아니 된다.

2. 이런 약정은 부당한 특약이다. '간주 조항'

더 나아가 하도급법은 대표적인 4가지 행위를 특정하여, 원사업자가 그러한 행위를 한다면 부당한 특약을 체결한 것으로 간주하고 있습니다(하도급법 제3조의4 제2항, 하도급법 시행령 제6조의2).

법 제3조의4(부당한 특약의 금지) ② 다음 각 호의 어느 하나에 해당하는 약정은 부당한 특약으로 본다.

1. 원사업자가 법 제3조 제1항의 서면에 기재되지 아니한 사항을 요구함에 따라 발생된 비용을 수급사업자에게 부담시키는 약정
2. 원사업자가 부담해야 할 민원처리, 산업재해 등과 관련된 비용을 수급사업자에게 부담시키는 약정
3. 원사업자가 입찰내역에 없는 사항을 요구함에 따라 발생된 비용을 수급사업자에게 부담시키는 약정
4. 그 밖에 법에서 보호하는 수급사업자의 이익을 제한하거나 원사업자에게 부과된 의무를 수급사업자에게 전가하는 등 대통령령으로 정하는 약정

한편 공정거래위원회는 2019년 6월 19일 하도급법상 금지되는 부당특약의 구체적인 유형을 담은 「부당특약 고시」를 제정하고 시행하였습니다. 「부당특약 고시」는 원사업자의 의무를 수급사업자에게 떠넘기는 경우 등 부당특약의 유형을 5가지로 구분하고, 이를 다시 총 16가지 세부 유형으로 구체화하였습니다.

따라서 하도급법 및 그 시행령에 규정된 부당특약 유형 10가지에 더하여 「부당특약 고시」를 통해 16가지 세부 유형이 추가됨에 따라 부당특약 세부 유형은 총 26가지로 확대되었습니다.

나아가 공정거래위원회는 「부당특약 고시」에 규정된 새로운 부당특약 유형에 대한 심사지침을 제정하여 2020년 1월 1일부터 시행하였습니다.[13] 새로 제정된 「부당특약 심사지침」은 「부당특약 고시」 내용의 자의적 해석을 방지하기 위해 고시에서 불확정적으로 규정된 개념을 구체화하였습니다.

예를 들어, 원사업자가 수급사업자에게 일반적으로 지급되는 대가를 지급하였는지 여부를 판단함에 있어 동등한 입장에서 충분히 협의하였는지 여부, 정상적인 거래관행에 비추어 일반적인 대가를 지급하였는지 여부, 평가 전문 기관의 가치 평가에 따라 산출된 대가지급 여부 등을 고려하도록 명시하였습니다.

13) 부당특약 심사지침 [시행 2020. 1. 1.] [공정거래위원회예규 제336호, 2019. 12. 31., 폐지제정]

「부당특약 고시」

구분	내용
1. 법에 규정된 수급사업자의 권리를 제한하는 경우	가. 수급사업자가 법 제3조 제5항에 따라 위탁내용의 확인을 요청할 수 있는 권리를 제한하는 약정
	나. 수급사업자가 법 제13조의2 제9항에 따라 계약이행 보증을 아니 할 수 있는 권리를 제한하는 약정
	다. 수급사업자가 법 제19조 각 호의 어느 하나에 해당하는 행위를 하는 것을 제한하는 약정
2. 수급사업자의 기술자료 등에 대한 권리를 제한하는 경우	가. 수급사업자가 하도급거래를 준비하거나, 수행하는 과정에서 취득한 정보, 자료, 물건 등의 소유, 사용 등의 권리를 원사업자에게 귀속시키는 약정. 다만, 원사업자가 수급사업자의 취득 과정에 소요되는 제반 비용의 상당한 부분을 부담하거나, 동종 또는 유사한 것에 대해 동일 또는 근접한 시기에 정상적인 거래관계에서 일반적으로 지급되는 대가를 지급하기로 하는 등 정당한 사유가 있는 경우는 제외한다
	나. 하도급거래를 준비하거나, 수행하는 과정에서 취득하는 상대방의 정보, 자료 등에 대한 비밀준수의무를 수급사업자에게만 부담시키는 약정. 다만, 수급사업자만 정보, 자료 등을 취득하는 경우는 제외한다
3. 수급사업자의 의무를 법이 정한 기준보다 높게 설정하는 경우	가. 정당한 사유 없이 법 제13조의2에 규정된 계약이행 보증 금액의 비율을 높이거나, 수급사업자의 계약이행 보증기관 선택을 제한하는 약정
	나. 수급사업자가 법 제13조의2 규정에 준하여 계약이행을 보증하였음에도 수급사업자가 아닌 자로 하여금 계약책임, 불법행위책임에 대해 연대보증을 하도록 하는 약정
4. 원사업자의 의무를 수급사업자에게 전가하는 경우	가. 법 제9조 제2항의 목적물 등의 검사 비용을 수급사업자에게 부담시키는 약정
	나. 법 제9조 제2항의 목적물 등의 검사 결과 통지에 대한 수급사업자의 이의제기를 제한하는 약정
	다. 원사업자가 부담하여야 할 안전조치, 보건조치 등 산업재해예방 비용을 수급사업자에게 부담시키는 약정
5. 수급사업자의 계약상 책임을 가중하는 경우	가. 계약내용에 대하여 구체적인 정함이 없거나 당사자 간 이견이 있을 경우 계약내용을 원사업자의 의사에 따라 정하도록 하는 약정
	나. 수급사업자에게 발주자와 원사업자 간 계약 조건이 제공되지 않은 상황에서 이를 원사업자와 수급사업자 간 계약에 적용하기로 하는 약정
	다. 원사업자의 손해배상책임을 관계법령, 표준하도급계약서 등의 기준에 비해 과도하게 경감하거나, 수급사업자의 손해배상책임, 하자담보책임을 과도하게 가중하여 정한 약정
	라. 원사업자가 수급사업자에게 제공한 자재, 장비, 시설 등(이하 "자재등"이라 한다)이 수급사업자의 책임없는 사유로 멸실, 훼손된 경우에도 수급사업자에게 자재등에 대한 책임을 부담시키는 약정

	마. 계약 해제·해지의 사유를 원사업자의 경우 관계법령, 표준하도급계약서 등의 기준에 비해 과도하게 넓게 정하거나, 수급사업자의 경우 과도하게 좁게 정하는 약정
	바. 원사업자가 수급사업자에게 제공한 자재 등의 인도지연, 수량부족, 성능미달 등 수급사업자의 책임 없는 사유에 의해 추가로 발생한 비용, 지체책임을 수급사업자에게 부담시키는 약정

Solution

하도급법 위반에 해당할 가능성이 높습니다.

원사업자는 산업안전보건법 등에 따라 공사현장에 대한 안전보건조치, 산업재해 발생 보고 등의 안전관리의무를 부담하므로 공사현장에 발생한 안전사고에 대해 전부 또는 일부 책임이 있습니다. 그럼에도 귀책사유, 책임범위나 비율 등에 대한 구체적인 고려 없이 수급사업자가 안전사고와 관련된 모든 책임과 비용을 부담하도록 약정한 것은 부당한 특약에 해당할 가능성이 높습니다.

이와 유사한 사례에서 대법원도 원사업자 또는 수급사업자의 근로자로부터 재해보상청구가 있는 경우 그에 대한 책임은 전적으로 수급사업자가 부담한다는 내용의 약정은 부당한 특약이라고 판단했습니다(서울고등법원 2016. 3. 30. 선고 2016누 37753 판결, 심리불속행기각). 공정거래위원회도 마찬가지로 판단했습니다(공정거래위원회 2017. 7. 20. 의결 2016건하2436 과징금, 공정거래위원회 2018. 6. 19. 의결 2016전사3644 시정명령 등).

II 심플한 정리법

1. 계약체결할 때 미리 받아둔 공사포기각서 등 하도급계약 부속 서류

원사업자가 하도급계약 체결시점에 수급사업자로부터 공사포기각서, 타절정산 요청서 및 합의서, 공사비 직불동의서, 하자보수보증금 유보동의서 등 하도급계약서의 부속서류로 받아 두었다. 이때 각 서류의 일자, 계약금액, 타절금액, 공사금액 등 주요내용을 공란으로 비워 두었다.

이 경우 원사업자는 언제든 공사를 중단시킬 수 있고, 정산금액을 임의로 설정할 수 있게 됩니다. 따라서 수급사업자의 자유로운 계약 결정권을 침해하게 되므로 부당한 특약에 해당할 가능성이 높습니다. 공정거래위원회도 유사한 사건에서 하도급법 제3조의4 위반이라고 보았습니다(공정거래위원회 2016. 3. 10. 의결 2015광사3202 시정명령).

2. 기성금 유보 조항

계약서에 "하도급대금은 실공정의 80% 범위 내에서 기성 지급 후 나머지 금액은 준공 시 정산한다."고 규정했다.

위와 같은 기성금 유보 조항은 수급사업자의 이익을 부당하게 침해하거나 제한하는 부당한 특약이라고 판단될 가능성이 높습니다(공정거래위원회 2018. 6. 19. 의결 2016전사3644 시정명령). 기성금 일부의 지급을 유보하는 조항으로 인하여 수급사업자는 유보금에 대한 금융차입비 부담 및 공사현장에서의 임금체불이나 공정지체 등의 위험 등을 전적으로 부담해야 하기 때문입니다.

3. 경미한 공사 비용 부담 조항

계약서에 "수급사업자는 공법의 사소한 변경 또는 설계도서에 명시되지 아니한 것이라도 공종[14]상 필요한 경미한 공사에 대하여는 계약금액의 범위 내에서 시공한다."고 규정했다.

공법이 변경되거나 그에 따른 물량이 증가하는 경우 비록 그 물량의 증가가 경미하더라도 추가 비용이 발생할 수 있습니다. 그리고 수급사업자는 추가 비용을 원사업

14) '공종'이란 토목공사업, 건축공사업 등 공사의 종류를 의미합니다.

자에게 청구할 수 있어야 합니다. 그럼에도 불구하고 추가 비용이 경미하다는 등의 사유로 이를 수급사업자에게 부담시키는 약정을 설정한 것은 부당한 특약에 해당될 소지가 있습니다(공정거래위원회 2017. 4. 4. 의결 2016건하0875 과징금).

4. 공사대금 조정신청 불가 조항

> 계약서에 "계약금액은 계약체결 이전에 단가상승을 감안한 조건으로 인정하여 물가변동으로 인한 계약금액의 조정은 없는 것으로 한다."고 규정했다.

하도급계약 체결 이후 원재료의 가격 변동, 물가변동, 설계변경 등으로 하도급대금의 조정이 불가피한 경우에는 수급사업자는 하도급대금의 조정을 신청할 수 있어야 합니다. 그럼에도 불구하고 하도급대금 조정 자체를 제한하는 규정은 부당한 특약에 해당합니다(공정거래위원회 2017. 4. 4. 의결 2016건하0875 과징금).

5. 각종 관련 법규 위반 시 책임 부담 조항

> 계약서에 "수급사업자는 관련 법규의 위반됨이 없이 모든 공사를 수행해야 하고, 법규 위반으로 발생하는 벌칙 및 추가금액 부담은 수급사업자가 부담하며, 이를 이유로 계약금액의 조정 및 공기의 연장 등을 요구할 수 없다."고 기재되어 있다.

계약서의 이런 조항은 관련 법령이나 계약상 의무를 준수해야 한다는 취지를 확인하는 일반적인 내용이라고 볼 수 있습니다. 또한 각 개별법에서 사업자별로 부담해야 할 책임의 범위 등을 확인할 수 있으므로, 이런 조항이 모든 책임을 수급사업자에게 전가하는 것이라고 보기는 어렵습니다.

공정거래위원회는, 이런 규정의 경우 부당한 특약에 해당되지 않는다고 판단했습니다(공정거래위원회 2017. 4. 4. 의결 2016건하0875 과징금).

6. 검사 비용의 부담 조항

계약서에 "납품한 목적물의 검사 비용은 원칙적으로 수급사업자가 부담한다."고 기재되어 있다.

'검사 비용'이라 함은 수급사업자가 원사업자에게 납품 등을 한 목적물에 대한 최초 검사의 비용을 의미합니다(검사의 불합격에 따라 수급사업자가 목적물 등을 보완한 이후 재검사를 실시한 경우의 검사비용은 제외됩니다). 검사 비용은 원칙적으로 원사업자가 부담하여야 하고 합리적인 범위 내에서만 검사 비용 중 일부를 수급사업자에게 분담시킬 수는 있습니다. 따라서 위 조항은 부당한 특약에 해당합니다. 구체적으로는 아래의 경우도 부당한 특약입니다(「부당특약 심사지침」V.4.라.).

「부당특약 심사지침」V.4.라.

① 검사항목, 검사기관 등 납품한 제품의 검사방법을 미리 정하지 않고 검사에 소요되는 비용을 수급사업자에게 부담시키는 약정
② 수급사업자가 납품한 제품이 원사업자의 검사에 불합격하는 경우에는 수급사업자의 귀책사유 여부와 관계없이 검사에 소요된 모든 비용을 수급사업자가 부담해야 한다는 약정
③ 수급사업자가 납품한 제품이 원사업자의 검사에 합격하더라도, 발주자의 검사에 불합격하는 경우에는 원사업자의 검사에 소요된 모든 비용을 수급사업자가 부담해야 한다는 약정
④ 수급사업자의 귀책사유가 없음에도 검사에 필요한 비용과 검사를 하는 과정에서 발생하는 파손 등 손상에 관한 모든 비용을 수급사업자가 부담하여야 한다는 약정

Ⅲ 억울할 때 찾아보는 구체적인 사례들

1. 수급사업자를 위한 사례

1) 서울고등법원 2016. 12. 21. 선고 2015누2040 판결 (상고하지 않아 확정)

발주자가 감액한 금액의 2배에 해당하는 금액을 수급사업자의 하도급대금에서 무조건 상계하도록 하는 조항은 수급사업자의 이익을 부당하게 침해하거나 제한하는 내용에 해당한다. 또한 위 특약조항이 실제로 실현된 적이 없고 실현가능성이 없다고 하더라도 하도급법 제3조의4에서는 수급사업자의 이익을 부당하게 침해하거나 제한하는 계약조건을 설정하는 행위 자체를 금지하고 있으므로 위와 같은 사유만으로는 위와 같은 원사업자의 행위가 하도급법 위반이 아니라고 할 수 없다.

2) 공정거래위원회 2019. 8. 19. 의결 2017부사2570, 2571 (과징금)

원사업자는 수급사업자에게 제조위탁하면서 공사계약서에 "총 계약금액의 ±3% 이내의 수정공사 및 추가공사 내역은 본 계약에 포함된다." 는 계약조건을 설정하였다. 위 계약조건은 원사업자의 지시에 따른 수정·추가 작업으로 인하여 발생한 비용이 총 계약대금의 3% 이내라는 이유로 수급사업자의 책임 없는 경우에도 그 비용을 수급사업자에게 부담시키시는 약정으로 법 제3조의4 제2항 제4호 및 법 시행령 제6조의2 제1호 나목 내지 다목에 위반되어 위법하다.

3) 공정거래위원회 2019. 5. 20. 의결 2018건하0943 (시정명령)

공사 중 안전사고 발생시 업체소장이 사고 후 36시간 이내에 현장안전관리자 등에게 보고하지 않을 경우 산업재해보상보험의 적용을 받을 수 없도록 하는 것은 산업재해보상보험법상의 수급사업자의 권리와 원사업자의 책임을 지나치게 제한하는 것으로, 하도급법 제3조의4 제2항 제4호 및 동법 시행령 제6조의2 제1호 라목에 위반된다.

"수급사업자는 소속 근로자가 작업 진행 중 자신의 고의 또는 부주의, 보호구의 미착용, 안전조치 미비 기타 안전수칙 불이행 등으로 소속 근로자나 제3자에게 인적, 물적, 재해를 초래케 하였을 경우 수급사업자는 이에 대한 모든 민·형사상 책임을 져야한다."는 것은 공사 중 발생한 모든 피해에 대해 수급사업자의 책임 여하에 관계없이 모든 민형사상 책임을 지도록 하고 있는 것으로 하도급법 제3조의4 제2항 제2호에 해당하므로 법 제3조의4 제1항에 위반된다.

4) 공정거래위원회 2019. 3. 6. 의결 2018건하2021 (시정명령)

원사업자는 건설기술진흥법 제56조 제1항[15]에 따라 발주자로부터 품질관리에 필요한 비용(건설기술진흥법 시행규칙 제53조 제1항 관련 별표 6의 '품질관리비의 산출 및 사용기준'에 따라 품질시험비, 품질관리 활동비로 구성된다)을 계상 받은 원사업자로서 이 사건 공사와 관련한 품질관리비를 부담할 의무가 존재함에도 불구하고 이를 하도급계약 금액에 반영하는 등의 사정없이 수급사업자에게 시공 전후 검사 및 시험에 관계되는 일체의 서류, 측량기구, 시험인력을 부담하도록 하는 내용의 하도급계약 특약조건을 설정하였으므로 하도급법 제3조의4 제2항 제4호 및 하도급법 시행령 제6조의2 제1호 가목에 해당되어 법 제3조의4 제1항에 위반된다.

5) 공정거래위원회 2018. 8. 6. 의결 2017전사2118 (시정명령)

"작업 중 발생한 폐기물 처리는 수급사업자의 부담으로 처리하며 부득이한 경우 원사업자에서 처리한 후 기성에서 공제한다."는 규정은 부당특약에 해당한다. 원사업자는 폐기물관리법 제17조 제1항 및 제2항, 같은 법 시행규칙 제18조 제1항 제4호에 따라 사업장 폐기물 배출신고, 폐기물 배출 및 처리 등의 폐기물 처리 의무를 부담하므로 해당 장소에서 배출한 폐기물 처리에 대해 전부 또는 일부 책임이 있다고 봄이 타당함에도 당해 조항은 책임범위, 비율 등에 대한 구체적 고려 없이 공사현장에 배출한 폐기물을 수급사업자의 비용으로 처리하도록 약정하고 있기 때문이다.

6) 공정거래위원회 2018. 4. 11. 의결 2016서건2713 (시정명령)

원사업자는 부당한 특약이라고 보이는 조항이 문구상 오해의 소지가 있는 점을 인정하면서도 문구 그대로 적용될 여지가 없었거나 수급사업자에게 귀책사유가 있는 경우에 한하여 적용되는 등 실제 운용에 있어서는 수급사업자에게 부당하게 비용을 전가하는 조항이 아니라고 주장한다. 그러나 하도급법 제3조의4는 특약조항이 실제로 실현되거나 실현될 가능성이 없더라도 수급사업자의 이익을 부당하게 침해하거나 제한하는 계약조건을 설정하는 행위 자체를 금지하는 것이고, 위 조항들의

---

15) 건설기술진흥법 제56조(품질관리비용의 계상 및 집행) ① 건설공사의 발주자는 건설공사 계약을 체결할 때에는 건설공사의 품질관리에 필요한 비용을 국토교통부령으로 정하는 바에 따라 공사금액에 계상하여야 한다.

해석상 수급사업자에게 귀책사유가 있는 경우에 한하여 적용된다고 볼만한 근거도 없으므로 원사업자의 주장은 이유 없다.

7) 공정거래위원회 2017. 9. 5. 의결 2016서건0541 (시정명령)

"공사 중 발생되는 모든 민원에 대한 책임은 수급사업자에 있고, 민원해결에 소요되는 모든 비용은 수급사업자가 부담한다."는 규정은 부당한 특약에 해당한다.

8) 공정거래위원회 2017. 7. 11. 의결 2016건하2535 (시정명령, 과징금)

원사업자의 업무축소 등을 이유로 1개월 전의 서면통지로써 계약이 해지된다는 조항, 원사업자의 특근 및 근무시간외 잔업 등의 요구에 대해 특별한 사유가 없는 한 응하도록 하면서 이를 결근일과 상쇄할 수 없게 하도록 조항은 부당한 특약에 해당한다.

9) 공정거래위원회 2017. 5. 12. 의결 2016부사2388 (시정명령)

"총 공사 계약금액의 5% 이내의 추가정산은 없다."는 계약 조항은 수급사업자의 하도급대금 조정신청 권리를 직접 제한하는 것이므로 부당한 특약에 해당한다.

10) 공정거래위원회 2017. 4. 4. 의결 2016건하1189 (시정명령, 과징금)

제철소 건설 관련 하도급계약을 체결하면서 성능보증 유보금 명목으로 각 완성단계별로 기성대금의 15%를 단계별 확인서 발급 이후에 지급하는 계약조건을 설정한 것은 하도급법 제13조가 보장하는 수급사업자의 대금지급청구권을 지나치게 제한하는 것으로 부당한 특약에 해당한다.

원사업자는 제철소 관련 품목들은 설치가 완료되기 전에는 성능을 확인할 방법이 없기 때문에 성능유보금 조항이 필요하다고 주장한다.

살피건대, ① 이 사건 하도급계약의 목적물은 전기시설과 관련된 공사 현장에서 흔히 설치되는 배전반으로써 수급사업자의 현지 설치·연결에 대한 감독의무의 필요성이 크다거나 타 설비와의 호환성이 특별히 요청되는 설비라고 보기 어렵다는 점, ② 설사 이를 인정한다 하더라도 장비의 물리적 설치 및 성능점검 이후의 단계까지

성능유보금을 설정해야 할 합리적인 이유를 찾기 어렵다는 점, ③ 계약상 수급사업자의 현지 감독업무에 대한 별도의 용역비 책정기준이 마련되어 있는 이상 감독용역 의무를 담보하기 위하여 기기대금 중 일부를 유보할 필요성도 인정하기 어렵다는 점 등을 고려할 때, 원사업자의 주장은 이유 없다.

11) 공정거래위원회 2015. 9. 14. 의결 2014건하3114 (시정명령, 과징금)

검수란, '수급사업자가 납품한 제품을 수령할 것인지 여부를 결정하기 위하여 원사업자가 자신의 요구조건에 맞게 생산되었는지 여부를 확인하는 행위'로서 원사업자가 수행하는 것이 타당하고, 검수행위에 대한 제반 비용은 원칙적으로 원사업자가 부담하는 것이 합리적이라 할 것이므로, 원사업자가 자신이 부담해야 할 검수 관련 비용부담을 수급사업자에게 전가하는 약정을 체결한 것은 수급사업자의 이익을 침해하거나 제한한 것에 해당한다.

2. 원사업자를 위한 사례

1) 공정거래위원회 2018. 11. 6. 의결 2017서건1710 (시정명령)

"물량증감에 대하여는 준공 후 실정산 처리하며, 설계변경 분은 발주자의 사전 승인을 득한 후 시행하며 발주자의 설계변경 확정분만 수급사업자와 실정산한다."는 규정은 부당한 특약에 해당하지 않는다. 위 계약조건은 설계변경의 경우 발주자의 사전 승인을 득한 후 계약대금에 확정 반영되어 변경분에 대해서만 실정산하고, 설계변경에 반영되지 않은 부분은 물량증감으로서 준공 후 실정산 처리한다는 취지로 보이므로 조항 그 자체로는 수급사업자의 이익을 부당하게 침해하거나 제한하는 계약조건으로 보기 어렵다.

심사관은 이 조항이 원사업자의 설계변경 지시로 수급사업자의 비용을 부담하였더라도 최종적으로 발주자가 인정하지 아니하는 설계변경분이 있을 경우 수급사업자가 그 비용을 보전받지 못할 우려가 있으므로 부당한 특약이라고 주장하나, 그러한 상황은 동 조항 자체로 초래되는 것이 아니라 원사업자가 설계변경과 물량증감을 모두 인정하지 아니하는 방식으로 동 조항을 악용하는 경우에 한하여 발생할 수 있는 문제이므로 이와 같은 이유로 이 조항을 부당특약으로 볼 수 없다.

2) 공정거래위원회 2018. 4. 11. 의결 2016서건2713 (시정명령)(1)

"지급자재의 하차비용 및 현장 내 관리비용은 수급사업자가 부담하며 자재 분실 시 모든 책임은 수급사업자에게 귀속된다."는 조항은 부당특약이라고 보기 어렵다. 지급재료의 인도시기 및 장소와 관련된 내용은 이 사건 계약서면인 하도급계약서 일반조건에 포함되어 있으므로 현장설명서에서 지급자재의 하차 및 현장내 운반비용을 부담시키는 조항이 있다고 하더라도 이를 서면에 기재되지 아니한 사항이라고 보기 어려운 측면이 있고, 이 사건 현장설명서는 지급자재의 하차 및 현장 내 소운반비용을 견적 사항에 포함하고 있어 수급사업자는 견적 당시 지급자재 하차 시 수반되는 대략적인 비용 등을 예측할 수 있었을 것이므로 해당 비용이 하도급대금에 반영된 것으로 볼 수 있는 바, 동 조항은 수급사업자에게 실질적으로 비용을 부담시키는 계약조건으로 보기 어렵다.

또한 발주자 및 원사업자로부터 지급된 자재는 공사에 투입되기 전까지는 수급사업자가 임치 또는 위탁 관리하는 물건으로서 동 자재가 분실되었다면 수급사업자는 선관주의 의무를 다하지 못한 민사법상의 채무불이행 책임을 져야하는 것이므로 분실에 대한 책임을 부담시키는 조항을 두었다고 하더라도 수급사업자의 이익을 부당하게 침해하거나 제한하는 계약조건에 해당하지 아니한다.

3) 공정거래위원회 2018. 4. 11. 의결 2016서건2713 (시정명령)(2)[16)]

"각종 폐기물 처리는 적법한 절차에 의하여 수급사업자가 책임지고 처리하며 처리비용은 견적에 포함한다."는 규정은 부당특약에 해당하지 않는다. 원사업자는 폐기물관리법에 따른 사업장폐기물배출자로서 동법 제17조 제1항에 따라 폐기물 처리의무를 부담하나, 공사현장에서 수급사업자에 의해 발생하는 사업장폐기물의 처리를 해당 수급사업자에게 위탁하면서 이에 소요되는 폐기물 처리비용을 하도급대금에 반영하도록 하였다면 원사업자의 의무사항인 업무와 관련하여 발생한 비용을 수급사업자에게 전가한 것으로는 보기 어렵다. 이 사건 현장설명서는 공사 수행중 발생하는 각종 폐기물의 처리를 수급사업자에게 위탁하면서 그 비용을 공사대금 견적에 포함하도록 규정하고 있고, 수급사업자는 견적 당시 스스로 발생시킬 수 있는 사업장

16) 앞에서 살펴본 공정거래위원회 2018. 8. 6. 의결 2017전사2118 (시정명령) 사건과 비교해 보면 의미가 있습니다. 원사업자의 입장에서는 수급사업자가 부담할 비용을 하도급대금에 반영할 수 있도록 사전에 설명하고, 현장설명서 등에 기재하는 방법 등을 고려해 볼 수 있습니다.

폐기물의 처리비용을 예측할 수 있었을 것이므로 동 조항은 실질적으로 폐기물 처리 비용을 수급사업자에게 전가하는 계약조건에 해당하지 아니한다.

4) 공정거래위원회 2017. 4. 4. 의결 2016건하0875 (시정명령, 과징금)

수급사업자의 책임하에 시공에 참여하게 한 자에 대해 노사분규가 발생했을 경우, 수급사업자는 전적으로 책임지고 해결하고, 이로 인해 원사업자나 제3자의 피해가 있을 경우 그 피해에 대해 수급사업자의 책임하에 전액 배상한다는 규정은 부당한 특약에 해당하지 않는다.

5) 「부당특약 심사지침」V.2.다.

원사업자가 수급사업자에게 입찰금액을 산출하기 위한 자료나 정보를 충분히 제공하였음에도 불구하고 수급사업자의 견적 누락(단가 미기재 등) 또는 견적 착오(규격·수량·단위 등 오기) 등으로 발생한 비용을 수급사업자에게 부담시킨 경우는 부당한 특약에 해당하지 않는다.

6) 「부당특약 심사지침」V.3.다.

수급사업자의 간접비를, 원청사(발주자)와 원사업자 사이의 계약에서 정한 간접비(하도급대금 중 재료비, 직접노무비 및 경비를 제외한 금액)의 인정범위와 동일하게 정했다면, '하도급거래의 특성을 고려하지 않은 채 간접비의 인정범위를 일률적으로 제한하는 약정'에 해당하지 않는다.

이것만 알자!

- "수급사업자가 모든 책임을 부담한다."라는 조항은 부당한 특약으로 하도급법 위반이다.
- 원사업자는 사전에 현장설명서나 입찰 내역 등 서류에 수급사업자가 부담해야 하는 비용을 구체적으로 기재해야 한다. 물론 부담 비용은 책임 비율에 따른 합리적인 수준이어야 한다.

제3절 대량 발주할테니 단가를 대폭 인하하자? (§4)

CASE

원사업자는 수급사업자로부터 부품을 대량 구매하는 것을 전제로 단가를 인하하여 견적서를 받았습니다. 그런데 발주자가 예기치 않게 완성품 발주량을 대폭 축소했습니다. 그래서 원사업자도 어쩔 수 없이 수급사업자로부터 구매하는 부품의 수량을 축소했습니다. 원사업자는 의도적으로 수급사업자를 속이거나 착오에 빠뜨려 낮은 단가의 견적서를 받으려는 의사가 아니었다고 주장합니다.

I 억울할 때 읽어 보는 하도급법

1. 부당한 하도급대금의 결정 금지

수급사업자는 적정한 하도급대금을 지급받아야 사업을 계속할 수 있습니다. 하지만 원사업자가 지나치게 낮은 단가로 하도급대금을 책정할 것을 요구할 때 수급사업자는 원사업자와의 거래관계를 유지하기 위해서 어쩔 수 없이 이런 요구를 수용할 수밖에 없는 경우도 있습니다. 수급사업자의 원사업자에 대한 사업 의존도가 높은 경우에는 더욱 그러합니다.

하도급법은 이러한 상황으로부터 수급사업자를 보호하기 위하여, 원사업자가 부당하게 하도급대금을 결정하는 것을 금지하고 있습니다.

> **법 제4조(부당한 하도급대금의 결정 금지)** ① 원사업자는 수급사업자에게 제조 등의 위탁을 하는 경우 부당하게 목적물 등과 같거나 유사한 것에 대하여 일반적으로 지급되는 대가보다 낮은 수준으로 하도급대금을 결정하거나 하도급받도록 강요하여서는 아니 된다.

공정거래위원회는 '부당성' 여부를 판단할 때 ① 하도급대금결정 과정에서 원사업자가 수급사업자에게 가격결정에 필요한 자료, 정보, 시간 등을 성실하게 제공하였는지 여부, ② 수급사업자와 실질적이고 충분한 협의를 하였는지 여부, ③ 수급사업자의 자율적인 의사를 제약하였는지 여부, ④ 사회통념상 올바르지 못한 행위나 수단을 사용하였는지 여부 등을 종합적으로 고려하고 있습니다.[17]

2. 이런 행위는 부당한 하도급대금 결정이다. '간주 조항'

하도급법은 대표적인 8가지 행위 유형을 규정하여, 원사업자가 이러한 8가지 행위를 한다면, 부당한 하도급대금을 결정한 것이라고 간주하고 있습니다(하도급법 제4조 제2항).[18] 즉, 다음의 8가지 행위 유형에 해당하면 하도급대금이 통상 지급되는 대가보다 낮은 수준으로 결정되었는지 여부를 불문하고, '부당한 하도급대금의 결정'에 해당하게 됩니다.[19]

법 제4조(부당한 하도급대금의 결정 금지)

② 다음 각 호의 어느 하나에 해당하는 원사업자의 행위는 부당한 하도급대금의 결정으로 본다.

1. 정당한 사유 없이 일률적인 비율로 단가를 인하하여 하도급대금을 결정하는 행위
2. 협조요청 등 어떠한 명목으로든 일방적으로 일정 금액을 할당한 후 그 금액을 빼고 하도급대금을 결정하는 행위
3. 정당한 사유 없이 특정 수급사업자를 차별 취급하여 하도급대금을 결정하는 행위
4. 수급사업자에게 발주량 등 거래조건에 대하여 착오를 일으키게 하거나 다른 사업자의 견적 또는 거짓 견적을 내보이는 등의 방법으로 수급사업자를 속이고 이를 이용하여 하도급대금을 결정하는 행위
5. 원사업자가 일방적으로 낮은 단가에 의하여 하도급대금을 결정하는 행위
6. 수의계약으로 하도급계약을 체결할 때 정당한 사유 없이 대통령령으로 정하는 바에 따른 직접공사비 항목의 값을 합한 금액보다 낮은 금액으로 하도급대금을 결정하는 행위
7. 경쟁입찰에 의하여 하도급계약을 체결할 때 정당한 사유 없이 최저가로 입찰한 금액보다 낮은 금액으로 하도급대금을 결정하는 행위
8. 계속적 거래계약에서 원사업자의 경영적자, 판매가격 인하 등 수급사업자의 책임으로 돌릴 수 없는 사유로 수급사업자에게 불리하게 하도급대금을 결정하는 행위

나아가 공정거래위원회는 「부당한 하도급대금 결정 및 감액행위에 대한 심사지침」에서 위 8가지 행위 유형의 구체적인 판단기준과 위반 사례에 대하여 자세히 설명하고 있습니다.

위 지침의 여러 위반 사례 중에서 다음의 행위는 실무적으로 빈번하게 발생하므로 주의해야 합니다.

---

17) 「부당한 하도급대금 결정 및 감액행위에 대한 심사지침」 Ⅳ.1.가

18) 하도급법 제4조는 제1항에서 부당한 하도급대금의 결정을 일반적으로 금지하는 한편, 제2항에서 제1호부터 제7호까지 어느 하나의 행위에 해당할 경우 부당한 하도급대금 결정행위로 간주하여 부당하게 낮은 금액으로 하도급대금을 결정하는 불공정 거래행위에 대하여 효과적으로 대처하고, 공정한 하도급거래질서의 정착을 도모하고 있다(대법원 2012. 2. 23. 선고 2011두23337 판결 (시정명령등처분취소청구의소).

19) 서울고등법원 2013. 12. 26. 선고 2012누19368 판결 (시정명령취소, 심리불속행기각)

① 수급사업자의 전년도 영업이익률이 원사업자보다 높다는 이유로 종전 계약단가를 기준으로 거래규모에 따라 일정률씩 단가를 인하하기로 정하고 획일적으로 적용하는 행위,

② 원사업자가 발주자와의 협상에 의해 추가된 비용을 수급사업자들에게 전가하기 위하여 수급사업자별로 일방적으로 절감액을 할당한 후 사정변경을 이유로 그 금액을 빼고 하도급대금을 결정하는 행위,

③ 단가 인하분을 다른 품목이나 다른 공사 등을 위탁할 때 보전해 줄 것처럼 하면서 단가를 인하한 후 그것을 이행하지 아니하는 행위 등

Solution

하도급법 위반에 해당할 가능성이 높습니다.

서울고등법원은 발주자가 원사업자에게 다량의 완성품을 구매하기로 했다가 그 후 대폭 축소함으로써 부득이 원사업자로서도 수급사업자로부터 소량의 부품만을 구매할 수밖에 없었다면, 원사업자로서는 발주자에게 항의하거나 완성품 대금의 증액을 적극적으로 요구하고, 발주자로부터 차액을 지급받아 이를 수급사업자에 지급해야 함에도 이를 하지 않았다는 점을 근거로, "원사업자가 발주량의 착오를 일으키게 하여 부당하게 하도급대금을 결정했다."고 판단했습니다(서울고등법원 2013. 11. 14. 선고 2013누7171 판결, 심리불속행기각).

Ⅱ 심플한 정리법

1. 수용 여부를 묻는 방식으로 합의절차를 거쳤다는 주장

원사업자는 단가를 인하하기로 정하고 이메일로 수급사업자들에게 '가격결정합의서'를 송부한 후 이의제기를 하지 아니하면 가격결정을 수용한 것으로 처리했다고 주장한다.

하도급법 위반으로 판단될 가능성이 높습니다. 수용 여부를 묻는 방식으로 가격을 결정하는 것은 원사업자의 업무상 편의를 위한 것이므로 수급사업자와 충분히 협의하였다고 볼 수 없습니다.

공정거래위원회는 이런 원사업자의 행위는 객관적이고 합리적인 산출근거를 제시하고 수급사업자와 충분한 협의를 통해 단가를 결정하도록 정하고 있는 하도급법 제4조 제2항 제5호에 위반된다고 판단했습니다(공정거래위원회 2012. 4. 24. 의결 2011하개2645 시정명령).

2. 결정된 인하율이 수급사업자에 따라 어느 정도 편차가 있다는 주장

원사업자는 수급사업자 별로 비율을 달리하여 가격을 인하하였기 때문에, 하도급법 제4조 제2항 제1호에서 정한 '일률적인 비율로 단가를 인하'한 경우에 해당하지 않는다고 주장한다.

하도급법 위반으로 판단될 가능성이 높습니다. 하도급법 제4조 제2항 제1호에서 정한 '일률적인 비율로 단가를 인하'한다는 것의 의미는 여러 수급사업자의 개별적인 사정에 차이가 있는데도 동일한 비율로 단가를 인하하거나, 이런 차이를 반영하지 아니하고 일정한 구분에 따른 비율로 단가를 인하하는 것을 말합니다.

대법원도 결정된 인하율이 수급사업자에 따라 어느 정도 편차가 있더라도 위 기준에 비추어 전체적으로 동일하거나 일정한 구분에 따른 비율로 단가를 인하한 것으로 볼 수 있다면 일률적인 비율로 단가를 인하하여 하도급대금을 결정하는 행위에 해당한다고 판단했습니다(대법원 2011. 3. 10. 선고 2009두1990 판결 시정명령등).

3. 자체 내규에 따라서 재입찰을 실시해서 계약을 체결했다는 주장

원사업자가 실시한 경쟁입찰에서 A 수급사업자가 최저가로 입찰했다. 하지만 원사업자는 자체 내규인 "최저가 업체의 입찰가격 대비 3% 이내의 범위로 입찰한 업체들은 재입찰을 실시한다." 는 규정에 따라 재입찰을 실시했다. 그러나 이런 자체내규는 사전에 수급사업자에게 고지된 적이 없다. 이에 대해 원사업자는 최초 입찰과 재입찰은 함께 전체로서 하나의 입찰절차를 구성하고 입찰참가자가 재입찰에서 당연히 최초 입찰보다 더 낮은 금액을 제출해야 하는 것은 아니기 때문에 재입찰을 진행한 것은 문제없다고 주장한다.

하도급법 위반 가능성이 높습니다. 서울고등법원은, 재입찰을 실시하게 되면 최초 최저가 입찰자로서는 사실상 당초의 입찰금액보다 더 낮은 금액으로 입찰할 수밖에 없는 점, 재입찰을 실시하여 당초의 최저가보다 낮은 금액으로 입찰한 업체를 낙찰자로 선정하게 되면 그 금액이 하도급대금이 되어 결국 추가적인 협상에 의해 최저가로 입찰한 금액보다 낮은 금액으로 하도급대금을 결정하는 것과 동일한 효과가 발생하는 점 등에 비추어 보면, 하도급법에 위반한다고 판단했습니다(서울고등법원 2012. 5. 17. 선고 2011누36687 판결 시정명령 취소청구의 소, 상고기각).

한편, 공정거래위원회는 원사업자가 수급사업자에게 최저 입찰가가 예정가격을 초과하면 유찰된다는 사실을 사전에 고지했다 하더라도 그 자체만으로 최저가 입찰금액보다 낮은 금액으로 하도급대금을 결정한 행위가 정당화되는 것은 아니고, 최소한 낙찰의 기준이 되는 예정가격이 객관적·합리적으로 산정되어야 하고, 예정가격에 대한 이의나 분쟁에 대비한 예정가격의 사후 확인 수단이 적절하게 마련되어 있어야 한다고 보았습니다(공정거래위원회 2018. 12. 11. 의결 2017부사1450 과징금).

4. 구두로 추가 협상 가능성이 있을 수 있다고 고지했다는 주장

원사업자는 수급사업자들에게 추가협상을 통하여 하도급대금이 결정된다는 사실을 사전에 구두로 고지하였으므로 정당한 사유가 있다고 주장한다.

하도급법 위반 가능성이 높습니다. 만약 이를 정당한 사유로 인정한다면, 원사업자가 구두로 추가협상의 가능성을 고지만 하면 객관적이고 합리적인 사유 없이 하도급법 제4조 제2항 제7호의 제한을 임의로 회피할 수 있고, 수급사업자로서도 이를 거부할 명분이 없기 때문입니다(서울고등법원 2013. 8. 23. 선고 2012누26380 판결, 상고기각).

하도급법 제4조 제2항 제7호 소정의 '정당한 사유'가 있다고 보기 위해서는 '발주물량, 자재단가 및 원사업자가 실제로 집행할 수 있는 예산의 최대한도 등을 고려하여 실행예산을 객관적·합리적으로 산정한 후 입찰가격이 이를 초과할 경우 불가피하게 추가협상이 있을 수 있음을 사전에 공고'하는 등 필요한 조치를 다해야 합니다(서울고등법원 2019. 1. 10. 선고 2018누56659 판결, 시정명령등취소, 심리불속행기각).

이 사건에서 서울고등법원은 ① 원사업자가 입찰의 현장설명회에서 '최저입찰가가 실행예산을 초과할 경우 유찰처리한다.'고 구두로 고지하였을 뿐인 점, ② 위와 같은 내용을 현장설명서에 명시적으로 기재하거나 이런 내용을 포함하는 입찰 공고가 이루어지지도 않은 점, ③ 실행예산을 밀봉하여 미리 개찰장소에 두거나 공증을 받는 등의 행위를 통하여 사후에라도 낙찰자 선정에 대한 이의나 분쟁이 발생할 경우 원사업자의 실행예산을 확인할 수 있도록 하는 조치를 취하지 아니하였다는 점 등을 고려하여 정당한 사유가 존재하지 않는다고 보았습니다.

Ⅲ 억울할 때 찾아보는 구체적인 사례들

1. 수급사업자를 위한 사례

1) 대법원 2018. 3. 13. 선고 2016두59430 판결 (시정명령 및 과징금납부명령취소)

하도급법 제4조 제2항에서 명확하게 규정하고 있듯이, 원사업자가 정당한 사유 없이 일률적인 비율로 단가를 인하하여 하도급대금을 결정하거나(제1호) 수급사업자와 합의하지 않고 일방적으로 낮은 단가로 하도급대금을 결정한 경우(제5호)에는 통상 지급되는 대가보다 현저하게 낮은 수준으로 하도급대금을 결정하였는지를 따질 필요 없이 부당한 하도급대금의 결정으로 보아야 한다.

하도급법 제4조 제2항 제1호에서 '일률적인 비율로 단가를 인하'한다는 의미는 둘 이상의 수급사업자나 품목에 관하여 수급사업자의 경영 상황, 시장 상황, 목적물 등의 종류·거래규모·규격·품질·용도·원재료·제조공법·공정 등 개별적인 사정에 차이가 있는데도 동일한 비율 또는 위와 같은 차이를 반영하지 않고 일정한 구분에 따른 비율로 단가를 인하하는 것을 말한다. 그 결정된 인하율이 수급사업자에 따라 어느 정도 편차가 있더라도 위 기준에 비추어 전체적으로 동일하거나 일정한 구분에 따른 비율로 단가를 인하한 것으로 볼 수 있다면 '일률적인 비율로 단가를 인하하여 하도급대금을 결정하는 행위'에 해당한다.

하도급법 제4조 제2항 제5호가 정하는 '합의 없이 일방적으로 낮은 단가에 의하여 하도급대금을 결정하는 행위'란 원사업자가 거래상 우월적 지위에 있음을 기화로 수급사업자의 실질적인 동의나 승낙이 없는데도 단가 등을 낮게 정하는 방식으로 일방적으로 하도급대금을 결정하는 행위를 말한다. 여기서 '합의 없이 일방적으로' 대금을 결정하였는지는 원사업자의 수급사업자에 대한 거래상 우월적 지위의 정도, 수급사업자의 원사업자에 대한 거래의존도, 계속적 거래관계의 유무와 정도, 거래관계를 지속한 기간, 문제된 행위를 전후로 한 시장 상황 등과 함께, 하도급대금이 결정되는 과정에서 수급사업자가 의사표시의 자율성을 제약 받지 않고 협의할 수 있었는지 여부와 그 제약의 정도, 결정된 하도급대금으로 인해 수급사업자가 입은 불이익의 내용과 정도 등을 종합적으로 고려하여 판단하여야 한다.

2) 대법원 2010. 4. 29. 선고 2008두14296 판결 (시정명령 등)

원사업자가 일부 차종 부품의 납품단가를 인하하는 대신 손실이 발생하지 않도록 다른 차종 부품의 납품단가를 인상함으로써 정산하여 주겠다고 구두로 약속하여, 수급사업자들이 일부 차종 부품의 납품단가를 0.9%에서 29.9% 인하함에 동의하였다. 하지만 원사업자는 납품대금 인하 과정에서 문서로 내부결재를 밟는 절차를 거치지도 않았고 다른 차종 부품의 납품단가 인상을 통한 손실보전 등에 관한 구체적인 사후계획을 수립한 적도 없었다. 원사업자가 부품업체들에 대하여 상당히 우월한 거래상 지위를 가지고 있었고, 인하된 납품대금을 보전해줄 경제적 능력이 있었던 것으로 보임에도 상당한 기간이 지나도록 그 전액을 보전해 주지 않은 것은 하도급법 제4조 제2항 제4호 위반이다.

3) 서울고등법원 2019. 7. 18. 2018누55663 시정명령 등 취소

구 하도급법 제3조 제1항에 따르면 원사업자가 수급사업자에게 건설위탁을 하는 경우에는 제2항의 사항을 적은 서면을 수급사업자가 건설위탁에 따른 계약공사를 착공하기 전까지 발급하여야 하고 같은 조 제 2항에서 위와 같은 서면에는 하도급대금과 그 지급방법 등 하도급계약의 내용 및 원재료의 가격변동에 따른 하도급대금의 조정요건·방법 및 절차 등 대통령령으로 정하는 사항을 적고 원사업자와 수급사업자가 서명 또는 기명날인하여야 한다고 규정하고 있다. 당초의 계약내용이 설계변경 또는 추가공사의 위탁 등으로 변경될 경우에도 특별한 사정이 없는 한 반드시 추가·변경서면을 작성·교부하여야 할 것이다(그 후 개정된 하도급법에는 위와 같은 내용이 명문으로 규정되어 있고 개정 이전에도 마찬가지로 해석되었다. 대법원 1995. 6. 16. 선고94누10320 판결 참조).

그런데 원사업자가 주장하는 것처럼 이 사건 추가공사가 경미하고 빈번한 추가 작업으로 물량 변동이 명백히 예상되는 공종에 해당한다고 보기 부족하다. '트랜치' 항목을 제외한 이 사건 추가공사 내용은 모두 이 사건 하도급계약 당시 설계에 없던 사항이 추가된 것이고, 트랜치 역시 당초 예정되어 있지 않던 곳에 추가로 시공된 사실을 인정할 수 있는 바, 그와 같은 물량 변동이 계약 체결 당시 명백히 예상되었다고 보기도 어렵다. 설령 이 사건 추가공사가 경미하고 빈번한 추가 작업으로 물량 변동이 명백히 예상되는 공종에 해당한다 하더라도 이 사건 전체 공사는 2013. 11.

19. 완공되었음에도 불구하고 원사업자는 2014년 3월 무렵에서야 참가인과 공사계약변경합의서를 작성하였으므로 원사업자의 주장과 같이 완공 즉시 정산합의서를 발급하였다고 평가할 수도 없다. 이에 더하여 하도급법상 서면발급의무는 서면을 통하여 계약 내용을 명백히 하고 향후 분쟁 발생 시 사실 확인을 위한 기초자료로 활용함으로써 건설위탁 내용이 불분명함으로써 발생하는 수급사업자의 불이익을 방지함과 동시에 당사자 간의 사후분쟁을 미리 막으려는 데 그 취지가 있는데 이 사건에서도 추가 계약 공사의 착공 전까지 서면을 발급하지 아니함으로 인하여 이 사건 추가공사에 대한 대금 지급에 관하여 다툼이 발생한 점까지 보태어보면, 이 사건 서면 미발급 행위는 구 하도급법 제3조 제1항에 위반한 것이라고 봄이 타당하다. 원사업자의 이 부분 주장은 이유 없다.

4) 서울고등법원 2019. 1. 10. 선고 2018누56659 판결 (시정명령등 취소, 심리불속행기각).

입찰 후 공사현장 여건에 아무런 사정변경이 없었음에도 입찰에 참여한 업체들의 입찰금액이 실행예산을 초과한다는 이유로 입찰을 유찰시킨 후, 1~2순위 업체들과 추가적인 협상을 거쳐 최저가로 입찰한 금액보다 낮은 금액으로 하도급대금을 결정한 것은 하도급법 제4조 제2항 제7호의 부당한 하도급대금 결정행위에 해당한다.

5) 서울고등법원 2016. 10. 19. 선고 2016누201 판결 (시정명령 및 과징금납부명령 취소, 상고기각)

하도급법 제4조 제2항 제1호에서 부당한 하도급대금 결정행위의 해당성을 조각하기 위한 '정당한 사유'란 개별 품목의 특성이 다름에도 일률적인 비율로 단가를 인하하도록 결정하는 것을 정당화할 객관적이고 합리적 사유를 말하는 것으로 원사업자가 이를 주장하고 증명하여야 할 것인데 다음과 같은 사정들에 비추어 보면 원사업자가 내세우는 정황만으로 원사업자가 일률적인 비율로 단가를 인하한 행위에 관하여 정당한 사유가 인정된다고 보기는 어렵고, 달리 이를 인정할 증거가 없다.

① 원사업자는 제품주기가 짧은 휴대폰 시장의 특성상 일정 기간이 지나면 판매가격과 판매량이 급락하여 가격 변동 요인이 생기므로 원사업자와 수급사업자는 분기별로 단가인하를 검토하여 단가인하 요인이 인정되는 경우 인하를 결정한

것이라고 주장하나, 위반기간 동안 소비자 물가 및 임금은 상승하고 있었으며, 단가인하가 이루어진 모델 및 품목이 판매가격이 급락한 모델에 해당하여 이를 반영하기 위한 조치였다고 볼 만한 구체적인 증거가 없다.

② 원사업자는 수급사업자와의 합의에 의하여 단가인하가 결정된 것이므로 일률적인 비율로 단가인하가 이루어진 데에 대한 정당한 사유가 있다고도 주장하나, 원사업자가 수급사업자와 실질적인 합의를 거쳤다고 인정할 자료가 없다.

6) 서울고등법원 2014. 9. 5. 선고 2013누33002 판결 (시정명령 등 취소, 상고하지 않아 확정)

직접공사비가 증가하였더라도 간접공사비 및 전체 하도급대금이 감소했다면 실질적으로 수급사업자의 이익이 감소한 것으로 볼 수 있고, 향후 낮게 책정된 재료비와 노무비를 기준으로 하도급대금이 다시 결정될 우려가 있는 점 등을 종합하면 실질적으로 수급사업자에게 불이익이 발생하였던 것으로 보아야 한다.

7) 공정거래위원회 2019. 2. 28. 결정 2016부사3649 등 (고발)

원사업자는 수정추가공사 작업이 본 공사 작업의 연장선상에서 수행되고 본공사보다도 더 복잡하고 난이도가 높은 작업임에도 불구하고, 수급사업자들이 수정추가공사 작업을 수행한 이후에 하도급대금을 정산하면서 수급사업자와의 협의 과정을 거치지 않고, 원사업자의 부족한 예산사정에 맞추어 정당하게 인정되어야 할 시수보다 낮은 시수만을 인정하는 방법으로 하도급대금을 결정하였으므로, 이는 하도급법 제4조 제2항 제5호 '원사업자가 일방적으로 낮은 단가에 의하여 하도급대금을 결정하는 행위'에 해당된다.

8) 공정거래위원회 2014. 11. 11. 결정 2013제하0244 (시정명령, 과징금)

원사업자가 단가 인하에 대하여 수급사업자와 합의를 했다고 하더라도 하도급법 제4조 제2항 제1호에 따르면 원사업자가 정당한 사유 없이 일률적인 비율로 단가를 인하한 경우 법위반으로 규정하고 있으므로 합의 여부와 관계없이 일률적인 비율로 인하한 것에 대한 정당한 사유가 있지 않는 한 법위반이다.

9) 공정거래위원회 2013. 3. 25. 2011광사0204 (시정명령)

원사업자는 하도급대금 결정과정에서 사전에 수급사업자에게 가격 조정이유나 조정 근거 설명 및 가격 협의자료 제공 등을 하지 아니 하였고, 수급사업자들의 원사업자에 대한 거래의존도가 63.2~68.2%로 높아 하도급대금 결정과정 중 원사업자에게 자신의 의사를 관철하는 거래상 우월적 지위가 인정되는 점, 수급사업자는 막대한 비용을 투입하여 원사업자에게 이미 목적물을 납품 또는 설치를 완료한 상황에서 원사업자의 하도급대금 결정통보에 대하여 수급사업자들이 이의를 제기할 수 없는 현실적 한계가 인정되는 점 등을 고려하면 수급사업자가 합의과정에서 자율성을 제약받은 상태로 판단되므로, 원사업자의 하도급대금 감액 결정 행위는 하도급법 제4조 제2항 제5호에서 말하는 합의없이 하도급대금을 결정하는 행위에 해당한다.

10) 공정거래위원회 2012. 5. 18. 2011건하3187 (과징금)

수급사업자에게 단가인하 대상 품목, 수량, 원재료의 가격변동 추이 등 관련 정보를 성실하게 제공하는 등 충분한 협의를 했어야 함에도, 업체별로 단가 인하 품목조차 특정하지 않고 단지 단가인하율만 서면으로 통보하였을 뿐이고, 수급사업자들의 개별적인 사정을 고려하지 않은 채 인하된 단가의 적용시기를 원사업자가 임의로 정한 날짜로 획일적으로 적용하였으며, 수급사업자들이 단가변경을 요청하는 경우에는 단가인상과 관련된 품목과 단가인상 사유에 대한 자료를 사전에 제출하도록 하고 있음에도 불구하고, 단가인하의 경우에는 협조공문을 통해 간략히 그 취지만을 설명하는데 그쳤다는 점에 비추어 볼 때, 이 사건 단가인하 행위는 원사업자가 거래상 지위를 이용하여 수급사업자들의 개별적인 사정에 대한 고려나 충분한 협의 없이 일방적으로 이루어진 것으로, 하도급법 제4조 제2항 제5호에서 말하는 합의없이 일방적으로 하도급대금을 결정하는 행위에 해당한다.

11) 공정거래위원회 2011. 12. 1. 의결 2011하개1130 (시정명령, 과징금)

납품업체를 5개 업체에서 최저가를 제시한 2개 업체로 줄이는 것을 전제로 종전보다 인하된 납품단가를 제출하도록 하였음에도 처음과 다름없는 5개 업체에 대하여 인하된 납품단가를 적용하여 거래를 지속한 것은, 하도급법 제4조 제2항 제4호에서 규정하는 거래조건에 대하여 착오를 일으키게 하는 등의 방법으로 수급사업자를 속이고 이를 이용하여 하도급대금을 결정한 것에 해당한다.

12) 공정거래위원회 2009. 1. 9. 의결 2008하개1593 (시정명령, 과징금)

원사업자가 17개 수급사업자에게 케익 박스, 과자빵 봉투 등을 제조위탁함에 있어, 목적물 수령일부터 82일~123일 만기의 외상매출담보대출채권으로 하도급대금을 지급하던 것을 결제기간을 단축하여 22일~63일 만기의 외상매출담보대출채권으로 하도급대금을 지급한다는 이유로 2차에 걸쳐 각 수급사업자별로 대표품목 단가를 최저 1%에서 최고 29%까지 인하하여 하도급대금을 결정한 것은 부당한 하도급대금 결정행위에 해당한다.

13) 공정거래위원회 2008. 10. 31. 의결 2007서건1235 (시정명령, 과징금)

처음부터 입찰참가 사업자의 능력을 고려하여 물량을 나누어 공사를 발주하는 것이 당연함에도 전체물량을 일괄 발주하여 입찰을 실시한 후 최저가로 입찰한 사업자에게 일방적으로 시공능력 부족 등을 이유로 당초 위탁하기로 한 물량 중 일부만을 위탁한 행위는 발주량 등의 중요한 거래조건에 관하여 입찰참가 사업자를 기만하여 가격을 결정한 것에 해당한다.

2. 원사업자를 위한 사례

1) 대법원 2018. 5. 11. 선고 2015두38252 판결 (시정명령 및 과징금납부명령취소)

(1) 원사업자가 수급사업자에게 호선별로 제조위탁을 하면서 시수를 인하하는 대신 임률을 인상해 주었다면, 공정거래위원회로서는 위와 같이 정해진 하도급대금이 종전 계약금액에 비해 현저히 낮은 수준에 해당하는지 여부도 아울러 판단하였어야 한다. 즉 임률 인상 부분도 함께 고려하였어야 한다.

(2) 그럼에도 임률은 물가상승률 등을 반영해 어차피 인상해 주어야 한다는 잘못된 전제하에, 공정거래위원회가 원사업자의 임률 인상 부분을 도외시하고 위와 같이 정해진 하도급대금이 종전 계약금액에 비해 현저히 낮은 수준인지 여부를 검토하지 아니한 채, 오로지 시수 인하 부분만을 주목하여 이 사건 선박 블록조립 부분의 하도급대금 결정행위가 부당하다고 본 것은 합리적이라 보기 어렵다.

(3) 따라서 공정거래위원회가 제출한 증거들만으로는 '인하된 시수 × 인상된 임률' 등으로 정해진 이 부분 하도급대금이 종전의 계약금액에 비해 현저히 낮은 수준에 해당하는지 여부를 알 수 없으므로, 이 부분에 관한 시정명령과 지급명령 및 이 사건 과징금 납부명령은 원사업자의 나머지 주장에 관하여 더 나아가 판단할 필요 없이 위법하다.

2) 대법원 2009. 4. 9. 선고 2008두21829 판결 (시정명령 등 취소)

최저가 입찰금액인 6억 2,900만 원으로, 차순위 최저가 입찰금액은 6억 5,300만 원으로 응찰한 사안에서, '최저가로 입찰한 금액'은 6억 2,900만 원이지 입찰금액 6억 5,300만 원이 아니므로, 원사업자가 643,267,000원으로 하도급대금을 결정했다 하더라도 위 하도급대금이 최저가 입찰금액인 6억 2,900만 원보다 높은 금액인 이상, 하도급법 제4조 제2항 제7조 소정의 부당한 하도급대금의 결정에 해당한다고 볼 수 없다.[20]

3) 서울고등법원 2018. 12. 13. 선고 2018누43417 판결 (과징금납부명령 취소, 심리불속행기각)

원사업자가 수급사업자와 원자재 가격하락 등 단가인하 사유가 있는 경우에 단가를 인하하였고, 같은 원자재를 사용하는 업체라 하더라도 품목이 달라 원자재 비율, 가공방법이 다른 경우에는 단가인하율도 다르게 적용하였으며, 동일한 품목 내에서도 업체별로 다른 단가인하율을 적용하기도 했다면 하도급법 위반이 아니다.

2개 이상의 품목에 관하여 종류·거래 규모·품질 등 개별적인 사정에 차이가 있음에도 불구하고 이러한 개별적 차이를 반영하지 않은 채 단일한 비율로 단가를 인하했다면 하도급법이 금지하는 '일률적인 비율로 단가를 인하하여 하도급대금을 결정하는 행위'에 해당할 것이다. 그러나 매출액이나 거래규모 등에 있어서 큰 차이가 없고, 제품의 제조 공정이나 원자재가 동일하며, 원자재 가격하락이라는 공통된 단가인하 요인이 발생하였음에도, 같은 품목을 취급하는 수급사업자마다 다른 단가인하율을

20) 원사업자는 아파트신축공사 중 내장목공사를 입찰에 의해 2개 공구로 분리발주하면서 각 공구에 대하여 5개 수급사업자를 지명한 후 현장설명 과정을 거쳐 입찰을 실시하였는데, B사가 최저가 입찰금액인 629,000,000원으로, A사가 차순위 최저가 입찰금액인 653,000,000원으로 응찰했습니다. 원사업자는 제1공구에 대하여 A 사를, 제2공구에 대하여 B사를 각 낙찰자로 선정하고, A가 제1공구에 입찰한 금액 653,000,000원보다 낮은 금액인 643,267,000원으로 하도급대금을 결정한 사안입니다.

산정하여야만 한다면 오히려 동일한 품목을 취급하는 수급사업자들을 합리적 이유 없이 차별하여 다른 단가인하율을 적용하는 것이므로 하도급법 제4조 제2항 제3호의 '정당한 사유 없이 특정 수급사업자를 차별 취급하여 하도급대금을 결정하는 행위'에 해당할 수 있다.

4) 서울고등법원 2016. 2. 5. 선고 2014누40007 판결 (시정명령 등 취소 청구의 소, 상고기각)

선박의 건조, 판매 등을 목적으로 하는 회사인 원사업자가 목적물의 제조에 필요한 제반 생산시설 및 자재를 제공하고 수급사업자는 단지 노동력만을 투입하는 임가공노무제공위탁계약에 관하여 대금을 확정하기 위하면 정산이 필요한 시수계약의 형태로 하도급계약이 체결한 사안에서, 원사업자가 내부적으로 생산성 향상률을 정하여 수급사업자가 원사업자에게 제공하는 노동력의 양을 시간의 단위로 나타낸 '기성시수'에 반영하였다면 원사업자가 일방적으로 '단가'를 결정한 것으로는 볼 수 없으므로 원사업자의 행위가 하도급법 4조 2항 5호에 해당한다고 할 수 없다.[21]

5) 공정거래위원회 2018. 5. 17. 의결 2015서건1461

가) 원사업자는 이 사건 공사의 위탁을 최저가 경쟁입찰 방식으로 발주하기로 한 후 현장설명서에 최저가 입찰금액이 원사업자의 실행금액을 상회할 경우 유찰 처리하고 재입찰 역시 원사업자의 실행금액을 상회할 경우 유찰 처리한다는 사실을 기재하고, 2013년 2월 초 현장설명회를 통하여 이를 입찰 참여 업체들에게 고지하였으며, 사후 낙찰자 선정에 대한 이의나 분쟁이 발생할 경우 실행금액을 확인할 수 있도록 자신의 실행금액을 한 번 입력하면 금액을 변경할 수 없는 전자입찰시스템에 입력하여 보관하였다.

21) '시수'는 가격과 관련한 용어로서, 하도급법에서는 '단가', '금액', '대금'이라는 각기 다른 용어를 구별하여 사용하고 있는 이상, 시수가 '하도급대금을 결정하는 요소'에 해당한다는 것만으로 이를 '단가의 용어'에 포함된다고 볼 수는 없고, 동일한 대상의 작업이라도 생산성에 의하여 투입되는 노동의 양 내지 그에 소요되는 시수가 달라지므로, 대상 작업의 양 자체가 물량에 해당하는 것은 아니기 때문입니다.

2013. 2. 14. 원사업자의 입찰실시 결과, 6개 입찰 참여 업체들의 입찰금액이 원사업자가 책정한 실행금액인 2,775백만 원을 초과하자 원사업자는 1차 입찰을 유찰시키고, 아래 1차 입찰에서 2,997백만 원의 최저가로 상위 3개 업체를 대상으로 재입찰을 실시하였다.

그러나, 재입찰 결과도 최저가 입찰금액이 2,989백만 원으로 원사업자의 실행금액을 초과하자 원사업자는 2차 입찰도 유찰시키고, 1, 2차 입찰에서 최저 입찰가를 제시한 수급사업자와 2차례의 수의시담을 통하여 제품의 사양을 낮추거나, 입찰 내역 중 일부를 다른 업체에게 발주하는 등의 조건으로 2013. 2. 26. 수급사업자와 2,684백만 원에 이 사건의 하도급계약을 체결하였다.

나) 다음과 같은 사항을 고려할 때 원사업자의 행위는 법 제4조 제2항 제7호에 위반된다고 보기 어렵다.

첫째, 원사업자는 최저가 입찰금액이 원사업자의 실행금액을 초과하면 유찰 처리한다는 사실을 현장설명서에 기재하고 사전에 이를 입찰참가 업체에게 고지하였으며, 사후 낙찰자 선정에 대한 이의나 분쟁이 발생할 경우 실행금액을 확인할 수 있는 장치를 마련해 놓는 등 입찰 절차를 적법하게 진행하였다.

둘째, 심사관은 조경공사 실행금액 2,638백만 원이 당초분을 기초로 산정하였다고 주장하나, 양자 간에는 항목(수목 품종, 시설물 공사내용 등)이 일치하지 않고 유사 항목에서도 그 수량의 차이가 커 조경공사 실행금액이 당초분을 기초로 산정되었다고 단정하기 어렵다.

셋째, 원사업자의 조경공사 실행금액 2,638백만 원을 기술법인을 통하여 도급예정액으로 재산정하여 본 결과, 변경분의 도급예정액 4,367백만 원과 유사한 4,410백만 원이 나와 원사업자의 조경공사 실행금액이 비합리적으로 산정되었다고 보기 어렵고, 합리적인 실행금액이 얼마인지를 정확히 산정하기도 어렵다.

넷째, 설계용역비 180백만 원은 이 사건의 공사 범위와는 무관하므로 실행금액에서 이를 차감하는 것은 타당하지 않으나, 동 금액을 차감하지 아니하여도 원사업자의 실행금액은 2,955백만 원으로서 최저 입찰금액인 2,997백만 원이 원사업자의 실행금액을 초과한다.

6) 공정거래위원회 2010. 1. 14. 2009하개2812 (시정명령, 과징금)

수의계약으로 하도급계약을 체결함에 있어 비록 직접공사비 항목의 값을 합한 금액보다 낮은 금액으로 하도급대금을 결정하더라도, 하도급법 시행령 제3조의2 제2항 제2호[22]의 규정에 의하면, 건설산업기본법 제31조의 규정에 따라 발주자가 하도급계약의 적정성을 심사하여 그 계약의 내용 등이 적정한 것으로 인정한 경우에 정당한 사유가 있는 것으로 추정된다.[23]

이것만 알자!

- 정상적인 가격보다 하도급대금을 낮게 정하면 하도급법 위반이다.
- 일률적인 비율로 단가를 인하하는 등의 사유(하도급법 제4조 제2항)에 해당하면 가격 수준과 관계없이 하도급법 위반이다.
- 하도급대금 결정에 필요한 자료나 정보를 제공하고, 수급사업자와 충분한 협의 과정을 거쳐야 한다.
- 경쟁입찰에서 재입찰을 실시할 때는 아래의 조치를 취하자.

1) 예정가격을 초과하면 재입찰을 실시할 수 있다고 사전에 입찰안내서 등 기재하고 입찰 당일에도 고지하자.
2) 예정가격을 객관적으로 확인할 수 있는 조치를 취해 두어야 한다. 예정가격을 정하여 미리 공증을 받아 두자.
3) 예정가격은 실제 집행가능한 예산의 최대한도 등을 고려하여 최대한 합리적으로 결정하자.

---

22) 현행 하도급법 시행령 제7조 제2항 제2호

23) 다만, 공정거래위원회는 이 사건에서 원사업자가 건설산업기본법 제29조 제3항에 따라 발주자로부터 하도급 승인을 받기 위해 하도급 계약 승인신청서를 제출하고 발주자가 이를 승인하였다는 사정만으로는 건설산업기본법 제31조의 적정성 심사를 받았다고 할 수는 없으므로 정당한 사유가 없다고 판단했습니다.

제4절 원사업자의 계열회사 제품을 구매하라? (§5)

수급사업자는 하도급계약 목적 달성을 위하여 필요한 물품이나 장비를 선택할 수 있습니다. 그런데 간혹 원사업자가 수급사업자에게 필요한 물품이나 장비 또는 역무, 즉 서비스 공급을 지정하는 경우가 있습니다. 그 경우 수급사업자는 원사업자 또는 계열회사 또는 원사업자의 관계자가 공급하는 것 보다 더 좋은 조건의 다른 물품 내지 서비스를 공급받지 못하게 될 수도 있습니다. 이런 경우를 대비하여 하도급법 제5조에서는 원사업자로 하여금 물품·장비 또는 서비스 구매를 강요하지 말도록 하고 있습니다.

예외도 있습니다. 하도급법 제5조에 의하면 품질의 유지·개선 등 정당한 사유가 있는 때에는 예외적으로 가능합니다. 예를 들어 원사업자가 특정 물건의 제조 또는 가공을 위탁할 경우에는 그 물건의 품질 유지 및 개선을 위해서 특정 물품 또는 장비 사용을 요청하는 경우가 그렇습니다. 또한 발주자나 고객이 목적물의 제조 또는 시공 의뢰 시, 특정물품 및 장비 등을 사용하도록 요구하는 경우에도 부당한 물품의 구매 강제행위에 해당하지 않습니다(「하도급거래공정화지침」 Ⅲ.5).

하지만 그 경우에도 원사업자가 구매 대금 또는 사용 대가를 부당하게 책정하거나 지급기한을 부당하게 늘리는 것 역시 허용되지 않습니다(하도급법 제12조).

이것만 알자!

- 수급사업자에게 물품·장비 또는 서비스 구매를 강요하지 못한다.
- 품질의 유지·개선 등 정당한 사유가 있는 때에는 예외적으로 가능하다.

제5절 계약 체결 조건으로 회원권 분양을 받아라? (§12의2)

CASE 수급사업자는 원사업자의 건설공사 입찰에 참가하여 최저가 낙찰을 받았습니다. 그런데 원사업자는 하도급계약 체결 조건으로 자신의 계열회사에서 공급한 미분양 아파트를 분양받도록 요구했습니다. 수급사업자는 이를 분양받을 필요가 없었지만 하도급계약을 체결하기 위해 어쩔 수 없이 아파트를 분양받았습니다.

I 억울할 때 읽어보는 하도급법

1. 경제적 이익의 부당요구 금지

원사업자가 수급사업자에게 협찬금, 장려금 등의 지원을 요구하거나, 골프장 회원권 등을 분양받도록 요구하는 경우가 있습니다. 그리고 수급사업자는 원사업자와의 거래관계를 유지하기 위해서 또는 비용을 지출하더라도 손해를 보지 않기 위해서 원사업자의 무리한 요구에 응하는 경우가 있습니다.

하도급법은 이런 상황에서 수급사업자를 보호하기 위하여 원사업자가 수급사업자에게 경제적 이익을 제공하도록 요구하는 행위를 금지하고 있습니다.

법 제12조의2(경제적 이익의 부당요구 금지) 원사업자는 정당한 사유 없이 수급사업자에게 자기 또는 제3자를 위하여 금전, 물품, 용역, 그 밖의 경제적 이익을 제공하도록 하는 행위를 하여서는 아니 된다.

2. 경제적 이익이란?

'경제적 이익'에는 경제적 가치가 있는 모든 것을 의미합니다. 반대급부가 없는 일방적인 경제적 이익만이 아니라, 원사업자가 부담해야 할 비용을 수급사업자에게 전가하거나 유동성을 확보하는 것과 같이 간접적이고 우회적인 형태로 수급사업자에게 경제적 부담을 지우는 것도 포함됩니다(대법원 2010. 12. 9. 선고 2009두2368 판결). 또한 원사업자뿐만 아니라 원사업자와 관련이 있는 제3자, 예를 들면 계열사, 대주주에게 이익이 되는 경우도 포함됩니다.

3. 정당한 사유가 있다면, 허용된다.

만약 원사업자가 수급사업자에게 경제적 이익을 요구한 것에 정당한 사유가 있다면 하도급법 위반에 해당하지 않을 수 있습니다. 정당한 사유의 존재 여부는 원사업자가 주장·입증해야 합니다.

실제로 문제된 사례를 분석해 보면, 원사업자는 주로 수급사업자가 스스로의 판단에 따라 결정하였다거나 수급사업자에게도 경제적 이익이 되었으므로 정당한 사유가 있다고 주장하는 경우가 많습니다. 하지만 이런 주장들은 대부분 받아들여지지 않았습니다(공정거래위원회 2014. 9. 15. 재결 2014협심2079, 2009. 1. 16. 의결 2008구사 2395 시정명령).

Solution

하도급법 위반에 해당할 가능성이 높습니다.

공정거래위원회는, 원사업자가 계열회사의 미분양 아파트를 분양 받는 조건으로 수급사업자와 하도급계약을 체결한 것은 수급사업자에게 경제적 이익을 강요한 것으로 보았습니다(공정거래위원회 2015. 8. 5. 의결 2012건하3504 과징금). 특히 수급사업자는 현장설명회 참여대상사업자로 지명을 받아야 하는 상황에서 원사업자의 미분양 아파트 매입요구를 거절하기 어려웠다는 점, 실제로도 수급사업자가 분양 받은 아파트는 지방의 저층에 위치하고 있어서 이를 실수요 또는 투자목적으로 구매할 유인이 전혀 없었다는 점, 수급사업자는 아파트를 매입한 후 분양가 이하로 매도함으로써 손실을 입었다는 점을 고려했습니다.

Ⅱ 심플한 정리법

1. 대가를 지급했다는 주장

원사업자는 수급사업자에게 일정한 대가를 지불했다고 주장한다.

하도급법 제12조의2에서 금지하는 행위는 원사업자가 경제적 가치가 있는 것을 무상으로 제공받는 경우뿐만 아니라, 매매 등 유상으로 거래하더라도 이에 해당할 수 있습니다. 즉 원사업자가 수급사업자에게 일정한 대가를 지불하더라도 수급사업자의 경제적 부담이 일반적, 통상적으로 포함될 것으로 예상되는 범위를 초과한 것이라면 하도급법 제12조의2 위반이 될 수 있습니다(서울고등법원 2008. 12. 18. 선고 2008누15253 판결 시정조치등취소, 상고기각).

2. 수급사업자도 이익이라는 주장

원사업자는 수급사업자에게도 경제적 이익이 된다고 주장한다.

하도급법 제12조의2에서 '원사업자 또는 제3자의 이익'이라 함은 오로지 '수급사업자의 이익이 아닌 경우'를 의미합니다. 따라서 설사 수급사업자가 원사업자 또는 제3자에게 제공된 경제적 이익을 일부 함께 누릴 수 있다고 하더라도 하도급법 위반에 해당될 수 있습니다.

예를 들어 수급사업자가 하도급 받은 아파트 건설 공사에서 미분양된 아파트를 원사업자의 요구에 의해 어쩔 수 없이 분양받은 경우, 원사업자로부터 하도급 받은 공사비를 증액 받거나 발코니확장비용을 지원받는 등 일부 경제적 이익을 얻을 수 있었다고 하더라도, 하도급법 위반에 해당할 수 있습니다(공정거래위원회 2014. 5. 9. 의결 2012건하2321 과징금).

3. 강제성이 없었다는 주장

원사업자는 수급사업자에게 협조요청을 하였을 뿐이고, 강제성은 없었다고 주장한다.

원사업자가 강제적인 표현을 사용하지 않고, '협조사항'과 같은 표현을 사용했다고 하더라도 수급사업자의 입장에서 계속적인 거래관계의 유지를 위하여 원사업자의 요청을 받아들일 수밖에 없는 경우에는 하도급법 위반에 해당할 가능성이 높습니다.

공정거래위원회는, 강제성이 있었는지 여부를 판단할 때 '원사업자의 수급사업자에 대한 사업상 영향력, 수급사업자의 경제적 이익 제공 경위, 경제적 이익 제공을 통해 얻는 이익과 불이익의 비교, 원사업자의 요청을 거부한 경우에 원사업자가 불이익을 주었는지 여부' 등을 주로 고려하고 있습니다(공정거래위원회 2014. 9. 15. 재결 2014협심2079, 2013. 1. 18. 의결 2012건하0236 시정명령, 2008. 5. 13. 의결 2007하개1463 과징금 등).

4. 수급사업자의 대표이사가 개인 자격으로 이익을 제공했다는 주장

원사업자는, 수급사업자의 대표이사가 '개인 명의'로 미분양 아파트를 분양받았으므로 수급사업자인 '회사'에 경제적 이익을 제공하도록 요구한 것은 아니라고 주장한다.

서울고등법원은 경제적 이익을 제공하는 것이 수급사업자의 '대표이사'인 경우에도 실질적인 손실을 수급사업자인 '회사'가 부담하고, 수급사업자의 사정에 따라 수분양자의 명의를 '대표이사'로 한 것에 불과하다면 하도급법 제12조의2 위반이라고 보았습니다(서울고등법원 2008. 12. 18. 선고 2008누15253 판결 시정명령등취소, 상고기각).

Ⅲ 억울할 때 찾아보는 구체적인 사례들

1) 서울고등법원 2012. 5. 6. 선고 2011누10340 판결 (시정조치명령취소 청구, 상고기각)

원사업자가 수급사업자에게 선급금을 지급하는 즉시 수급사업자로 하여금, 원사업자의 1대 주주가 대표로 있는 시행사 및 분양사가 건설하는 오피스텔을 분양받도록 한 것은 경제적 이익 제공을 강요한 것이다.

2) 서울고등법원 2008. 12. 18. 선고 2008누15253 판결 (시정조치등취소, 상고기각)

하도급법 제12조의2 규정의 입법취지를 위와 같이 본다면, 원사업자가 당해 하도급에 일반적·통상적으로 포함될 것으로 예상되는 범위를 초과하여 수급사업자에게 어떠한 경제적 부담을 지우는 경우, 이는 위 규정의 규율대상에 포함되는 것으로 봄이 상당하다.

또한 어떠한 경제적 부담이 하도급계약에 일반적·통상적으로 포함될 것으로 예상되는 범위에 속하는 것인지의 여부는 당해 하도급계약 및 경제적 부담의 실질적인 내용 내지 의미를 따져 결정되어야 할 것이지, 그러한 경제적 부담이 하도급계약의 내용 중에 형식적으로 포함되어 있는지의 여부에 따라 좌우될 것이 아니다(만약 이와 반대로 해석한다면, 협찬금, 장려금, 지원금 등 전형적으로 위 규정의 규율대상이 되는 경제적 부담이라도 어떠한 하도급계약의 내용 중에 포함되어 있기만 하다면 위 규정의 적용대상에서 제외된다는 부당한 결론에 이르게 된다).

3) 공정거래위원회 2019. 7. 22. 의결 2018서제2943 (시정명령)

원사업자는 당시 유행을 파악하여 자신의 신제품 개발에 이용할 목적으로 수급사업자에게 이 사건 하도급거래와 관계없는 제3자의 의류를 구입한 후 자신에게 제공하게 하는 방식으로 경제적 이익을 제공하도록 하였다. 이 사건에서 제품의 기획 및 디자인은 원사업자의 업무이고, 수급사업자는 원사업자가 디자인한 의류를 생산의뢰서에 따라 제조하는 업무만을 위탁받으므로 제품 기획 등에 필요한 의류를 구입할 법적 의무가 없으며, 따라서 원사업자의 이 사건 위반행위에 정당한 사유가 있다고 볼 수 없다. 원사업자의 행위는 정당한 사유 없이 수급사업자에게 원사업자를 위하여 경제적 이익을 제공하도록 한 행위로서 법 제12조의2의 규정에 위반되어 위법하다.

4) 공정거래위원회 2015. 8. 5. 의결 2012건하3504 (시정명령)

원사업자가 수급사업자에게 미분양 아파트 구입에 따른 경제적 손실을 보전해 주기 위해서 선급금을 지급하였을 뿐만 아니라, 수급사업자로부터 물품을 구입했다고 하더라도, 자신의 관계회사가 공급한 미분양 아파트를 해소하기 위하여 수급사업자에게 하도급거래 조건으로 이를 분양받도록 한 것은 경제적 이익 제공을 강요한 것이다.

5) 공정거래위원회 2013. 1. 18. 의결 2012건하0236 (시정명령)

원사업자가 지명경쟁입찰에 참여하기 위한 조건으로 수급사업자로 하여금 원사업자의 미분양 아파트를 분양 받도록 한 것은 경제적 이익 제공을 강요한 것이다.

6) 공정거래위원회 2009. 3. 20. 의결 2008하개2326 (시정명령)

수급사업자로부터 무상으로 파이프 피스를 지급하면서 무상 사급자재에 대한 '지급보증증권'을 받고도 수급사업자의 임직원을 대상으로 '사급자재 관련 연대보증 약정서'를 추가로 받도록 한 것은 경제적 이익 제공을 강요한 것이다.

7) 공정거래위원회 2009. 1. 20. 의결 2008하개2671 (시정명령)

원사업자가 수급사업자와 폴리백(POLY BAG) 등을 납품하는 단가계약을 체결하면서 수급사업자로부터 실 납품 수량 대비 5%를 손실(Loss)분으로 무상입고 하도록 한 것은 수급사업자에게 경제적 이익을 강요한 것이다.

8) 공정거래위원회 2008. 3. 4. 의결 2008하개2671 (시정명령, 과징금)

수급사업자에게 자기상표부착상품 제조위탁과 관련하여 납품계약을 체결하면서 자기를 위하여 일방적으로 판매 장려금을 제공한 것은 수급사업자에게 경제적 이익을 강요한 것이다.

이것만 알자!

- 명목을 불문하고 수급사업자에게 협찬금, 장려금, 지원금 등 경제적 이익을 요구하거나, 미분양 가능성이 있는 골프장 또는 아파트 등의 분양을 요구하면 하도급법 위반이다.
- 원사업자가 수급사업자에게 일정한 대가를 지급하거나 수급사업자가 원사업자에게 제공한 경제적 이익을 함께 누리더라도 하도급법 위반이 될 수 있다.

제6절 설계도면을 제공해달라? (§12의3)

CASE 창호 금형 등을 제조하는 수급사업자는 원사업자로부터 금형의 설계도면을 제공해 달라는 요구를 받았습니다. 원사업자는 자신은 사양대로 목적물이 제작되었는지 검수를 해야 하고, 하자가 발생할 경우 책임소재를 명확히 하기 위해서는 설계도면이 필요하다고 주장합니다.

I 억울할 때 읽어 보는 하도급법

1. 기술자료 제공 요구 금지 등

특허나 기술 노하우는 수급사업자의 중요한 자산입니다. 그런데 원사업자가 기술 검증 등 명목으로 수급사업자의 기술자료를 무차별적으로 사용한다면, 수급사업자의 이익이 심각하게 침해당할 것입니다.

하도급법 제12조의3은 이런 상황을 방지하기 위해 원사업자로 하여금 함부로 수급사업자의 기술자료를 본인 또는 제3자에게 제공할 것을 요구하지 못하도록 규정하고 있습니다.

법 제12조의3(기술자료 제공 요구 금지 등) ① 원사업자는 수급사업자의 기술자료를 본인 또는 제3자에게 제공하도록 요구하여서는 아니 된다. 다만, 원사업자가 정당한 사유를 입증한 경우에는 요구할 수 있다.

2. 하도급법의 기술자료란 무엇인가?

하도급법에서 보호하는 '기술자료'란 ① 합리적인 노력에 의해 비밀로 유지되는 자료 중에서, ② 제조·수리·시공 또는 용역수행 방법에 관한 자료이거나, ③ 그 밖에 영업활동에 유용하고 독립된 경제적 가치를 가지는 것으로서 대통령령으로 정하는 자료를 말합니다(하도급법 제2조 제15항).

(1) 합리적인 노력에 의하여 비밀로 유지

수급사업자는 '합리적인 노력'을 기울여서 자신의 자료를 비밀로 유지하고 있어야 합니다.[24] 이를 '비밀 관리성 요건'이라고도 합니다. 이런 비밀 관리성 요건을 판단할 때, 수급사업자는 기본적으로 거래상 지위가 낮아 원사업자의 기술자료요구에 대해 비밀유지 노력에 관한 사항을 명시적 또는 직접적으로 요구할 수 없고, 원사업자에게 기술자료가 제공되면 제3자에게 노출될 가능성이 있음을 인지하더라도 이에 응할 수 밖에 없다는 현실을 고려해야 합니다.

「기술자료 제공 요구·유용행위 심사지침」은 기술자료의 제3자 '유출' 행위를 명시적으로 금지하고, 기술자료의 성립 요건으로서 비밀 관리성 요건을 완화하여 중소기업인 수급사업자들의 기술자료를 더욱 두텁게 보호하고 있습니다.[25]

공정거래위원회는, 하도급법의 요건인 '합리적 노력'을 기울였는지 여부를 판단할 때, 다음과 같은 사항을 고려하고 있습니다.

「기술자료 제공 요구·유용행위 심사지침」 Ⅲ.2

가. 비밀이라고 인식될 수 있는 표시를 하거나 고지를 하였는지 여부
〈예시 1〉 자료에 "대외비", "컨피덴셜(Confidential)", "극비" 등의 문구를 기재한 경우
〈예시 2〉 수급사업자가 임직원에게 자료를 회사 외부로 반출하여서는 아니된다고 지시 또는 명령한 경우

나. 자료에 접근할 수 있는 대상자나 접근방법을 제한하였는지 여부
〈예시 1〉 임원, 해당 업무 담당자 등 특정인에게만 접근 권한을 부여한 경우
〈예시 2〉 암호 설정, 시정장치, 지문인식장치 등으로 접근을 제한한 경우

다. 자료에 접근한 자에게 비밀유지준수 의무를 부과하였는지 여부
〈예시 1〉 임직원, 거래상대방 등과 비밀유지계약을 체결하거나 그들로부터 비밀유지 각서를 징구한 경우
〈예시 2〉 취업 규칙 등 사내규정으로 임직원에게 비밀유지준수 의무를 부과한 경우

24) 구 하도급법은 기술자료로 보호받기 위해서는 '상당한 노력'을 기울여야 한다고 규정하고 있었습니다. 하지만 현행 하도급법(시행 2018. 1. 16. 법률 제15362호, 2018. 1. 16., 일부개정)은 이 요건을 완화하여 '합리적 노력'을 기울이면 충분하다고 개정되었고, 「기술자료 제공 요구·유용행위 심사지침」에도 2020. 1. 1. 이러한 내용이 반영되었습니다.

25) 2020. 1. 10. 기술자료 제공 요구·유용행위 심사지침 개정안 시행 개정 이유

(2) 제조·수리·시공 또는 용역수행 방법에 관한 자료

제품의 제조·수리·시공 또는 용역의 완성을 위해 사용되거나 참고되는 정보 또는 그러한 정보가 기재된 유무형물(종이, CD, 컴퓨터 파일 등 형태에 제한이 없음)을 말합니다. 이런 자료는 원사업자가 수급사업자에게 위탁한 그 업무와 관련된 것에 한정되지 않습니다(「기술자료 제공 요구·유용행위 심사지침」 Ⅲ.4.).

예를 들어, 작업공정도, 작업표준서(지시서), 기계 운용 매뉴얼, 기계 조작 방법, 시방서, 원재료 성분표, 배합 요령 및 비율, 소프트웨어의 테스트방법, 소스코드 또는 소스코드 관련 정보, 임상시험 계획서, 임상시험 방법 등을 생각해 볼 수 있습니다.

(3) 영업활동에 유용하고 독립된 경제적 가치를 가지는 것으로서 대통령령으로 정하는 자료

대통령령은 이런 자료에 관해서 ① 특허권, 실용신안권, 디자인권, 저작권 등의 지식재산권과 관련된 정보, ② 시공 또는 제품 개발을 위한 연구자료, 연구개발보고서 등 수급사업자의 생산활동에 기술적으로 유용하고 독립된 경제적 가치가 있는 정보가 해당한다고 규정하고 있습니다(하도급법 시행령 제2조 제8항).

이때 독립된 경제적 가치가 있는지 여부는, 반드시 거래의 대상이 될 수 있을 정도로 독자적인 가치를 가지는 것에 한정되지 않고, 보유함으로써 얻게 되는 이익이 상당히 있거나 보유하기 위해 비용이 상당히 소요되는 경우라면 이에 해당합니다. 예를 들면 아래와 같습니다.

「기술자료 제공 요구·유용행위 심사지침」 Ⅲ.5

〈예시 1〉 현재 기술개발(R&D)·생산·영업활동에 사용되고 있거나 가까운 장래에 사용될 가능성이 큰 경우

〈예시 2〉 현실적으로 사용되고 있지 않다 하더라도 가까운 장래에 있어서 경제적 가치를 발휘할 가능성이 큰 경우(잠재적으로 유용한 정보)

〈예시 3〉 실패한 연구 데이터 등과 같이 그 자체로는 외부로 유출될 경우 그로 인해 큰 피해가 발생하지 않더라도 다른 사업자가 제품이나 기술을 개발함에 있어 이를 입수하여 사용하면 시행착오를 줄여 시간을 단축하는데 기여하는 등 참고할 만한 가치가 있거나 기타 생산 또는 영업활동에 도움이 될 만한 가치가 있는 정보나 자료인 경우(소극적 정보 : negative information)

〈예시 4〉 전체적으로는 동종 업계 종사자들 사이에 널리 사용되고 있는 정보나 자료라 하더라

도 세부사항에 있어서 비공개 상태가 유지되고 있고, 그 세부사항이 외부로 유출될 경우 다른 사업자가 제품 개발에 참고할 만한 가치가 있거나 기타 생산 또는 영업활동에 도움이 될 만한 가치가 있는 정도의 정보나 자료인 경우

한편, 지식재산권에 관련된 기술정보·자료의 경우 어떤 지식재산권의 내용 그 자체뿐만 아니라 그 지식재산권의 내용을 발명·고안·창착하는 전 과정 및 그 이후에 발생하였거나 참고된 것으로서 그 지식재산권의 내용과 상당히 관련이 있는 것이라면 이에 해당합니다(「기술자료 제공 요구·유용행위 심사지침」 Ⅲ.6.).

예를 들어, 공정도, 공정 설명서, 작업지시서, 설계도, 회로도, 공정 또는 설비 배치도, 운용 매뉴얼, 혼합 또는 배합요령, 소프트웨어의 테스트 방법, 소스코드 또는 소스코드 관련 정보, 임상시험 계획서, 임상시험 방법 등을 생각해 볼 수 있습니다.

기술자료 정의 정리

법	요건	시행령	내용	지침
법 제2조 제15항	① 합리적 노력에 의해 비밀로 유지			지침Ⅲ.2. 지침Ⅲ.3.
	② 제조·수리·시공 또는 용역수행 방법에 관한 자료			지침Ⅲ.1.가. 지침Ⅲ.4.
	③ 영업활동에 유용하고 독립된 경제적 가치를 가지는 것으로 대통령령으로 정하는 자료	시행령 제2조 제8항	(1호) 특허권, 실용신안권, 디자인권, 저작권 등의 지식재산과 관련된 정보	지침Ⅲ.1.나. 지침Ⅲ.5. 지침Ⅲ.6.
			(2호) 시공 또는 제품개발 등을 위한 연구자료, 연구개발보고서 등 수급사업자의 생산·영업활동 등에 기술적으로 유용하고 독립된 경제적 가치가 있는 정보	지침Ⅲ.1.다. 지침Ⅲ.5.

3. 기술자료 제공을 요구하면 안된다.

(1) 제공요구란

기술자료의 제출, 제시, 개시, 물리적 접근 허용(기술자료가 전자파일 형태로 되어 있는 경우 접속·열람 허용 등을 포함), 기술지도, 품질관리 등 그 방법을 불문하고 기술자료의 내용에 접근할 수 있게 하는 행위를 말합니다(「기술자료 제공 요구·유용 행위 심사지침」 Ⅳ.1.가).

(2) 정당한 사유가 있다면, 허용된다.

원사업자가 기술자료를 요구할 정당한 사유가 있음을 입증하는 경우에는 위법하지 않습니다. 정당한 사유가 있다고 볼 수 있는 경우는 다음과 같습니다.

「기술자료 제공 요구·유용행위 심사지침」 Ⅳ.1.나.(2)[26]

〈예시 1〉 원사업자와 수급사업자가 공동으로 특허를 개발하는 과정에서 그 특허출원을 위하여 필요한 기술자료를 요구하는 경우
〈예시 2〉 원사업자와 수급사업자가 공동으로 기술개발 약정을 체결하고 동 약정의 범위 내에서 기술개발에 필요한 기술자료를 요구하는 경우
〈예시 3〉 제품에 하자가 발생하여 원인규명을 위해 하자와 직접 관련된 기술자료를 요구하는 경우

다만, 정당한 사유가 있다고 하더라도 목적 달성을 위해 필요 최소한의 범위를 넘어서는 안됩니다. 예를 들어, 수급사업자가 원사업자에게 기술자료 제공시 관련 없는 내용을 삭제한 상태로 제공하였는데, 원사업자가 완전한 상태의 기술자료의 제공을 요구했다면 필요 최소한의 범위를 넘은 것입니다(「기술자료 제공 요구·유용 행위 심사지침」 Ⅳ.1.나.).

26) 종전에는 '하도급법 제16조의2에 따른 하도급대금 조정협의 시 하도급대금의 인상폭 결정과 직접 관련이 있는 원재료의 원가비중 자료를 요구하는 경우'는 정당한 사유가 있는 경우로 보았습니다(종전 예시 3). 하지만 2020. 1. 10. 이후로 삭제되었습니다.

(3) 사전에 협의하고, 그 내용을 적은 서면을 교부해야 한다.

원사업자는 정당한 사유가 인정되어 수급사업자에게 기술자료를 요구하는 경우에도 요구목적, 비밀유지에 관한 사항, 권리귀속 관계, 대가 등의 사항을 수급사업자와 미리 협의하여 정한 후 그 내용을 적은 서면을 수급사업자에게 주어야 합니다.

이때 원사업자는 수급사업자와 공정하게 협의해야 하는데, 원사업자는 수급사업자의 자율적 의사를 제약하면 안되고, 정당한 대가를 충분히 협의해야 하며, 기타 정상적인 거래관행에 어긋나는 수단 등을 사용하면 안됩니다(「기술자료 제공 요구·유용행위 심사지침」 Ⅳ.1.나.).

한편, 원사업자는 수급사업자와 협의한 내용을 서면에 기재해서 교부해야 합니다. 이를 '기술요구서 교부의무'라고도 합니다. 하도급법은 이 서면에 반드시 기재되어야 할 사항들을 정하고 있습니다(법 시행령 제7조의 3). 따라서 공정거래위원회의 표준양식을 사용하는 것이 좋습니다.

[서식 1]

기술자료 요구서

<table>
<tr><td colspan="8">1. 원사업자와 수급사업자</td></tr>
<tr><td rowspan="4">원사업자</td><td>사업자명</td><td colspan="2"></td><td colspan="2">법인등록번호 또는
사업자등록번호</td><td colspan="2"></td></tr>
<tr><td>대표자성명</td><td colspan="2"></td><td colspan="2">전화번호</td><td colspan="2"></td></tr>
<tr><td>주 소</td><td colspan="6"></td></tr>
<tr><td>담당자</td><td>성명</td><td></td><td>소속</td><td></td><td>전화번호</td><td></td></tr>
<tr><td rowspan="4">수급사업자</td><td>사업자명</td><td colspan="2"></td><td colspan="2">법인등록번호 또는
사업자등록번호</td><td colspan="2"></td></tr>
<tr><td>대표자성명</td><td colspan="2"></td><td colspan="2">전화번호</td><td colspan="2"></td></tr>
<tr><td>주 소</td><td colspan="6"></td></tr>
<tr><td>담당자</td><td>성명</td><td></td><td>소속</td><td></td><td>전화번호</td><td></td></tr>
<tr><td colspan="8">2. 기술자료 요구 관련 사항 (증빙자료가 있는 경우 첨부)</td></tr>
<tr><td colspan="2">1) 기술자료 내역</td><td colspan="6">요구하는 기술정보·자료의 명칭과 범위 등 구체적 내역을 명시하여 기재
(특허등본원부 등 기술자료에 대한 증빙자료 첨부)</td></tr>
<tr><td colspan="8"></td></tr>
<tr><td colspan="2">2) 요구 목적</td><td colspan="6">원사업자가 기술자료를 요구하는 정당한 사유 기재</td></tr>
<tr><td colspan="8"></td></tr>
<tr><td colspan="2">3) 비밀유지에 관한 사항</td><td colspan="6">(i) 상호간 체결한 비밀유지각서 등 첨부, (ii) 기술자료 중 어느 부분을 비밀로 유지할 것인지에 대하여 구체적으로 적시</td></tr>
<tr><td colspan="8"></td></tr>
</table>

4) 권리 귀속 관계	(i) 원사업자가 요구하는 기술자료의 현재 권리 귀속자, (ii) 상호 간 기술이전 계약 체결 여부, (iii) 요구하는 기술이 공동개발한 기술인지 여부, (iv) 기술자료가 제공된 후 권리귀속관계에 대한 상호 합의 사항 등
5) 대 가	기술자료 제공에 따른 대가에 대한 구체적 사항
6) 인도일 및 인도방법	당해 기술자료의 인도일, 구체적인 인도방법 등을 기재
7) 사용기간	당해 기술자료의 사용기간을 기재
8) 반환 또는 폐기방법 및 반환일 또는 폐기일	당해 기술자료의 반환 또는 폐기일, 구체적인 반환 또는 폐기방법 등을 기재
9) 그 밖의 사항	기술자료 임치계약 체결 여부, 기술자료 요구 시 원사업자와 수급사업자 간 기타 합의한 사항 등

원사업자 ○○○ 와 수급사업자 ○○○는 원사업자의 기술자료 요구 시 위 사항을 상호 협의하여 정함을 확인하고, 위 사항이 기재된 본 서면을 교부하여 원사업자가 수급사업자에게 △△△ 기술자료를 요구하는 바입니다.

년 월 일

원사업자명______________ 대표자___________(인)
수급사업자명______________ 대표자___________(인)

4. 부당하게 기술자료를 사용·제공해서는 안된다.

하도급법은 기술자료의 부당한 사용·제공행위를 다음 2가지 유형으로 나누어서 규정하고 있습니다.

> **법 제12조의3(기술자료 제공 요구 금지 등)** ③ 원사업자는 취득한 수급사업자의 기술자료에 관하여 부당하게 다음 각 호의 어느 하나에 해당하는 행위를 하여서는 아니 된다.
> 1. 자기 또는 제3자를 위하여 사용하는 행위
> 2. 제3자에게 제공하는 행위

제1호의 '자기 또는 제3자를 위하여 사용하는 행위'란, 원사업자가 수급사업자로부터 취득한 기술자료를 취득 목적이나 사용범위를 벗어나서 자기 또는 제3자가 이익을 얻거나 수급사업자에게 손해를 입힐 목적으로 사용하거나 자신의 계열회사, 수급사업자의 경쟁사업자 등 제3자에게 제공하는 행위를 의미합니다.

이때 원사업자가 기술요구서를 사전에 제공한 경우에는 기술요구서에 적시된 기술자료의 사용 목적과 범위를 벗어나 기술자료를 사용·제공하였는지 여부가 문제될 수 있습니다. 즉 정당한 대가를 지급하였는지 여부와 상관없이, 합의된 사용목적과 범위를 벗어나 기술자료를 사용한 경우에는 하도급거래 공정성을 침해한 것으로 볼 수 있습니다(「기술자료 제공 요구·유용행위 심사지침」 Ⅳ.2.나.).

한편, 제2호의 '제3자에게 제공하는 행위'란, 원사업자가 실제로 기술자료를 사용하지 않고, 단지 제3자에게 제공하는 행위를 말합니다. 하도급법은 2018. 4. 17. 개정을 통해 이런 행위도 기술자료 유용행위의 한 유형으로 추가했습니다. 원사업자 및 제3자에 의한 기술유용 행위를 원천적으로 차단하고 수급사업자의 기술자료에 대한 보호를 강화하기 위한 취지입니다.[27]

주의할 점은 이렇게 기술자료를 유용하여 손해를 입은 자가 있는 경우 원사업자는 그 피해자에게 발생한 손해의 3배를 넘지 않는 범위에서 배상책임을 진다는 점입니다. 다만, 원사업자가 고의 또는 과실이 없음을 입증한 경우에는 그러하지 아니합니다

27) 하도급법 [시행 2018. 10. 18.] [법률 제15612호, 2018. 4. 17., 일부개정] ◇ 개정이유 및 주요내용

(법 제35조 제2항).[28] 배상책임의 범위에 관해서 현재 발생한 손해의 10배 이내에서 배상책임을 지우는 방식의 개정안이 논의 중입니다.

5. 조사시효는 7년이다.

이 규정을 위반한 행위에 대해서는 그 거래가 끝난 날부터 7년이 지나지 않은 거래에 대해서 조사를 개시할 수 있습니다(하도급법 제23조 제1항). 일반적인 경우 공정거래위원회의 조사개시 대상은 하도급거래 종료일로부터 3년이지만, 기술자료 제공요구 등의 경우 수급사업자를 장기간 보호하기 위해 조사시효를 연장했습니다. 한편, 서류의 보존기한도 일반적인 경우 3년인 것과 달리 이 조항은 거래종료일부터 7년으로 규정되어 있습니다(하도급법 시행령 제6조 제2항).

Solution

하도급법 위반에 해당할 가능성이 높습니다.

원사업자가 금형의 제조 방법 등이 기재된 상세 도면 자료를 요구했다면 이는 사양대로 금형이 제작되었는지 확인이 필요한 범위를 넘어선 것이기 때문입니다. 사업자는 제품의 검수를 하기 위해서 반드시 금형의 상세도면이 필요하지는 않을 것입니다. 수급사업자의 작업장에서 검수 및 수정작업을 할 수 있고, 수급사업자의 직원이 원사업자의 사업장 내에서 수정작업을 하는 것도 가능합니다.

원사업자의 금형의 하자 대비나 노후·마모에 따른 유지 보수를 위해서 필요하다는 주장 역시 설득력이 없다고 판단될 가능성이 높습니다. 실제 그러한 상황이 발생하였을 때 관련 부분에 한정하여 자료를 요구하면 충분하기 때문입니다(공정거래위원회 2014. 10. 10. 의결 2013제하3664 시정명령).

28) 3배 손해배상책임 규정은 기술자료의 부당 사용(하도급법 제12조의3 제3항)에 대해서만 적용되고, 기술자료 제공요구(하도급법 제12조의3 제1항)에 대해서는 적용되지 않습니다.

Ⅱ 심플한 정리법

1. 일반적으로 알려져 있는 자료라는 주장

원사업자는, 수급사업자에게 제공 요구한 자료는 인터넷 검색 등을 통해서도 얼마든지 알 수 있는 공개된 자료이고, 내용적인 측면에서도 단순히 기본적인 제조순서 등이 기재되어 있는 범용적인 자료에 불과하다고 주장한다.

공정거래위원회는 하도급법상 기술자료의 범위를 넓게 해석하고 있습니다. 즉 하도급법에서 규정하고 있는 기술자료는 '부정경쟁방지법'상 영업비밀[29]과는 달리 '공공연히 알려져 있지 아니함'이라는 비공지성 요건을 명시적으로 배제하고 있고, 원사업자의 기술유용으로 인한 수급사업자의 피해방지라는 입법 취지 등을 고려하여 '영업비밀' 보다 기술자료가 폭넓게 해석된다고 보았습니다(공정거래위원회 2018. 11. 13. 의결 2017제하3037 고발). 따라서 수급사업자가 제공한 자료가 공공연히 알려져 있는 공지의 정보라 하더라도 하도급법상 기술자료에 해당할 수 있습니다.

참고로 공정거래위원회는 기술자료가 공지의 정보라면 원사업자 스스로 접근하여 취득할 수 있음에도 불구하고 수급사업자에게 제공하도록 요구했다는 점에서, 원사업자가 거래상 지위를 이용하여 손쉬운 방법으로 해당 기술자료를 취득한 점을 지적한 적도 있습니다(공정거래위원회 2015. 8. 3. 의결 2013서제3358 고발).

2. 도면에 비밀표시가 되어 있지 않았다는 주장

원사업자는, 수급사업자가 해당 도면에 '비밀 여부'를 표시하지 않았고, 원사업자에게 해당 도면을 제공하면서 비밀유지의무를 부과한 사실이 없으므로 해당 자료가 비밀로 유지된다고 볼 수 없다고 주장한다.

비밀로 유지하기 위한 노력을 하고 있는지 여부를 판단할 때, 수급사업자가 기본적으로 거래상 지위가 낮아 원사업자의 기술자료 요구에 대해 비밀유지 노력에 관한 사항을 명시적 또는 직접적으로 요구할 수 없고, 원사업자에 기술자료가 제공되면

29) 부정경쟁방지법 제2조 제2호: 영업비밀이란 공공연히 알려져 있지 아니하고 독립된 경제적 가치를 가지는 것으로서, 비밀로 관리된 생산방법, 판매방법, 그 밖에 영업활동에 유용한 기술상 또는 경영상의 정보를 말합니다.

제3자에게 노출될 가능성이 있음을 인지하더라도 이에 응할 수밖에 없다는 현실을 고려하여야 합니다(「기술자료 제공 요구·유용행위 심사지침」 Ⅲ.3).[30]

따라서 공정거래위원회는, 수급사업자가 원사업자에게 비밀표시 또는 고지를 별도로 하지 않았다는 이유로 비밀유지성이 인정되는 않는다는 주장은 타당하지 않다고 판단했습니다(공정거래위원회 2018. 11. 13. 의결 2017제하3037 고발).

이 사례에서 공정거래위원회는, 비밀표시 문구가 기재되어 있지 않아 해당 자료가 객관적으로 비밀로 유지·관리되고 있는지 알기 어려웠던 사정을 고려하더라도, 수급사업자는 중소기업으로 대기업보다 조직 및 인력구조 측면에서 열악한 상황인 점을 고려하여 일상적인 주의의무를 부여하고 있다는 사정만 있으면, 상당한 노력에 의하여 비밀로 유지하고 있음을 인정할 필요가 있다고 보았습니다.

3. 제품의 제조가 가능할 정도로 상세한 도면이 아니라는 주장

원사업자가 제공 요청한 부품 제작도면은 해당 부품을 구성하는 하위 부품에 대한 상세한 정보가 없으므로 해당 제작도면만으로는 동일한 제품을 제작할 수 없으므로 '제조 등의 방법에 관한 자료'에 해당하지 않는다고 주장한다.

제조 등의 방법에 관한 정보자료인지는 제품의 제조를 위해 사용되거나 참고되는 수준의 정보면 충분하고, 반드시 제품의 제조가 가능한 수준이어야 하는 것은 아닙니다.

원사업자가 제공을 요청한 부품 제작도면이 제작 시 유의 사항을 기재한 note, 해당 제품 제작을 위한 부품선정, 어떻게 조립하는지를 확인할 수 있는 부품간 결합위치, 구성품의 특성 등을 확인할 수 있는 부품 소재, 제조방법 등을 명확하게 확인할 수 있는 특정 항목에 대한 상세도면, 시행착오를 거쳐 얻어낸 시험성적 등의 항목을 포함하고 있다면 기술자료에 해당합니다(공정거래위원회 2019. 1. 2. 2017제하2539 과징금).

30) 이는 구 하도급법에서 규정하고 있는 '상당한 노력' 여부에 관한 내용이지만, 개정 하도급법의 '합리적인 노력' 여부에도 그대로 적용될 수 있을 것입니다.

Ⅲ 억울할 때 찾아보는 구체적인 사례

1. 수급사업자를 위한 사례

1) 공정거래위원회 2018. 12. 11. 의결 2018제하1497 (고발)

원사업자는 수급사업자에게 전자제어장치 등 회로도, 부품목록, 거버도면, 프로그램 핵사파일 등의 자료를 제공할 것을 요구하였다.

이에 대해 원사업자는 국내 또는 해외 인증기관으로부터 소비자 안전인증 등을 획득하기 위해 위 자료들의 제공을 요구할 필요가 있었다고 주장하고, 실제로 원사업자가 인증을 획득하기 위한 준비, 절차 등을 진행하는 과정에서 수급사업자로부터 위 자료들 중 일부를 제공받아 인증기관에 전달한 사실도 인정된다.

그러나 원사업자는 수급사업자로 하여금 관련 인증을 직접 취득할 것을 계약상 요구하고, 인증 취득에 따른 비용 부담 방법에 대해 상호 약정한 뒤 인증에 필요한 자료를 인증기관에 직접 발송하게 하는 등의 방법으로 인증 절차의 진행이 가능하였던 점, 인증취득시 위 기술자료 중 회로도, 부품목록 정도만 제출하면 족하고 해당 제품을 똑같이 제조할 수 있는 수준의 전체 자료가 필요한 것은 아니므로 부품별 단가가 기재되어 있는 부품목록이나 프로그램 핵사파일 등까지 제공할 것을 요구하는 것은 타당하지 아니한 점 등을 미루어 볼 때 위 기술자료의 제공 요구 행위가 절차적, 기술적으로 불가피한 경우에 해당한다고 보기 어렵다.

또한 원사업자는, 수급사업자가 위 기술자료를 작성하는 데 있어 제조를 위탁한 물건의 기능, 성능요건, 규격 등의 정보를 제시하거나, 수급사업자가 직접 제조위탁받지 않은 부품에 대한 기술적 정보를 제공하였으므로 수급사업자에게 이 사건 기술자료의 제공을 요구할 수 있다고 주장한다.

그러나 원사업자가 제공한 정보는 제품의 제조위탁 과정에서 당연히 제공하여야 하는 제품의 사양 정보로서 제품에 대한 구매자의 요구사양일뿐 그 자체만으로 제품의 제작 및 품질개선, 사용편리성, 원가절감 등의 효과를 달성하는 것이 아니고 이는 수급사업자의 기술로써 비로소 구현되는 것이므로 이와 같은 주장은 타당하지 않다.

만일 원사업자의 주장을 인정할 경우 통상의 하도급 거래관계에서 원사업자가 수급사업자에게 제조 등의 위탁을 하면서 제품의 사양을 제공하는 것이 일반적이고 필수적이므로 하도급 거래관계에서 일어나는 거의 모든 기술자료 제공 요구에 대하여 정당한 사유를 인정할 수밖에 없는 불합리한 결과가 초래되므로 원사업자의 주장을 받아들이지 아니한다.

2) 공정거래위원회 2014. 10. 10. 의결 2013제하3664 (시정명령)

원사업자는 수급사업자에게 창호 금형의 제작을 위탁하면서 구두나 이메일로 금형의 설계도면을 요청하여 수령하였다.

이에 대해 원사업자는, 수급사업자가 금형 설계도면의 제공에 응하면서 설계비용을 금형의 견적가에 포함하여 청구하였으므로, 금형 설계도면은 자신들이 정당한 대가를 지불하고 수령한 자신들의 소유물로서 하도급법 위반 소지가 없다고 주장한다.

그러나 다음과 같은 사정 등을 고려하면 원사업자의 주장은 이유 없다.

첫째, 원사업자와 수급사업자가 체결한 계약은 어디까지나 '금형 구매계약'이지 '금형 개발계약'이 아니며, 실제로 계약서상 금형 개발 관련 사항이나 금형 설계도면의 작성교부에 대해서는 아무런 규정을 두고 있지 아니하였다.

둘째, 원사업자가 지급하였다고 주장하는 설계비용은 가공비의 일부로 시간당 노임에 작업시간을 곱하여 산정한 것이며, 전체 하도급대금의 극히 일부(약 1%)에 지나지 않아 금형 설계에 따른 정당한 대가로 볼 수 없다.

셋째, 통상의 경우는 원사업자가 금형 설계도면까지 작성하여 제품 설계도면과 함께 수급사업자에게 교부하고 금형의 제조를 위탁하였으나, 본건에서는 수급사업자에게 금형의 자체설계를 의뢰한 점을 고려하면 금형의 설계도면이 자신들의 소유라고 주장하는 것은 타당하지 않다.

3) 공정거래위원회 2015. 8. 3. 의결 2013서제3358 (고발)

기술자료를 사용하였음에도, 그 정당한 대가를 지급하지 아니하였고 취득한 기술자료를 활용하여 자회사로 하여금 라벨을 생산하도록 함에 따라, 자회사와 거래 중이던 수급사업자는 거래가 중단되어 사실상 폐업상태에 이르게 된 경우는 기술자료를 유용한 경우에 해당한다.

4) 공정거래위원회 2014. 10. 10. 의결 2013제하3664 (시정명령)

원사업자는 수급사업자로부터 제공받은 금형 설계도면이 원사업자가 정한 금형 설계표준에 따라 그대로 제작되었고, 상당한 비용, 시간이나 노력을 들이지 않고 드로잉(drawing)한 단순 도면에 지나지 않아 하도급법상 기술자료로 볼 수 없다고 주장하나, 금형 설계표준은 단순한 규격에 지나지 않고, 금형 설계도면에는 금형 전문 제작업체인 수급사업자의 금형 설계 경험과 노하우가 담겨 있으며, 금형 설계도면을 만들기 위하여 상당한 노력과 비용을 들여야 한다는 점에서 기술자료에 해당한다.

2. 원사업자를 위한 사례

1) 공정거래위원회 2019. 4. 4. 의결 2017제하2536 (과징금)

원사업자는 수급사업자에게 선박엔진 등과 관련한 부품의 제조를 위탁하고 이를 납품받는 과정에서, 이메일을 통해 부품 제작도면을 제공받아 승인도[31]로 보관하였다.

이에 대해 원사업자는, 수급사업자가 공급하는 부품이 규격, 수치, 사양, 기능 등을 충족하는지 확인하고 수입검사를 실시할 경우 그에 대한 근거자료 활용하기 위하여 부품제작도면의 제공을 요구할 필요성이 있었다고 주장한다.

살피건대, ① 원사업자는 부품 제작도면을 통하여 수급사업자가 공급하는 부품이 자신이 요구한 외형, 치수, 사양, 성능 등을 반영하여 제조되었는지를 확인할 수 있고, ② 수급사업자가 공급하는 부품이 최종 확정되어 이를 기준으로 원사업자가 납품 및 검수를 할 수 있으며, ③ 수급사업자로부터 납품받은 부품의 하자 발생 시 그

---

31) 승인도는 수급사업자가 원사업자의 제품 사양 등의 요구를 반영하여 작성한 후 원사업자에게 제품을 공급하기 전 원사업자가 최종 승인한 수급사업자의 제품 제작 관련 도면입니다. 원사업자는 승인도를 통해 자신의 요구 사양 반영 여부 등을 확인합니다.

책임 소재 등을 판단할 수 있고, ④ 다른 부품 등과의 물리적·기능적 정합성을 검토할 수 있으므로, 수급사업자가 공급하는 부품이 원사업자가 요구한 규격, 치수, 기능 등을 충족하는지 여부를 확인하고 수입검사를 실시할 경우 그에 대한 근거자료로 활용하기 위하여 부품 제작도면의 제공을 요구할 필요성이 있었다는 원사업자의 주장은 타당하여, 이 사건 부품 제작도면의 제공 요구에는 정당한 사유가 있었음이 인정된다.

2) 공정거래위원회 2017. 4. 25. 의결 2016제하2092 (시정명령)

원사업자는 수급사업자에게 공장자동화 관련 로봇 등에 장착할 주변 장치(부품)의 제작을 위탁하고 이를 납품받는 과정에서, 로봇과 그 주변 장치의 '최종 수요처'의 요청에 따라 주변 장치(부품)의 제작도면의 제공을 요구하였다.

한편, 원사업자는 로봇의 매뉴얼과 그 주변장치의 제작도면 제출이 로봇과 그 주변장치에 대한 '최종 수요처'의 구매조건으로 되어 있는 바, 이와 같이 '최종 수요처' 등이 요구하였고, 또한 주변장치의 제작도면 제출이 로봇 및 그 주변장치의 제작 과정에서 관련 회의 등을 통해 해당 수급사업자가 사전에 인지하고 있는 사안이기도 하므로 해당 수급사업자에 대한 제작도면 제공 요구에 정당한 사유가 있다고 주장한다.

살피건대, '최종 수요처'의 입장에서는 로봇과 그 주변장치는 공장자동화 관련 설비에 해당되는 것으로, 로봇과 그 주변장치가 제대로 작동하지 아니하거나 주변장치의 고장 등으로 인한 생산라인 정지의 장기화 등을 방지하기 위해서는 로봇의 매뉴얼과 그 주변장치의 제작도면이 반드시 필요한 것으로 보여지므로, 동 매뉴얼과 제작도면의 제공이 '최종 수요처'의 구매조건이 될 수밖에 없다.

또한 로봇과 그 주변장치의 제작 과정에서 원사업자, 해당 수급사업자 및 최종 수요처 등이 참석하는 사전 또는 중간 점검 회의 등을 통해 주변장치의 제작도면이 제출되어야 한다는 사실을 해당 수급사업자가 인지하고 있음을 관련 회의자료 등에서 확인할 수 있다.

그러므로 원사업자의 입장에서는 로봇과 그 주변장치를 판매하기 위해서는 로봇의 매뉴얼과 그 주변장치의 제작도면을 제출할 수밖에 없다는 점, 해당 수급사업자가 주변장치의 제작도면 제출을 사전에 인지하고 있었다는 점 등을 감안할 때, 원사업자의 제작도면 제공 요구는 정당한 사유가 있었다고 판단된다.

이것만 알자!

- 원사업자가 거래 단계 그 전·후 단계에서 수급사업자에게 기술자료를 요구하면 하도급법 위반이다. 다만, 원사업자와 수급사업자의 공동특허개발 또는 공동기술개발을 위해 필요한 경우나, 하자원인을 규명하기 위해 직접 관련된 기술자료를 요구하는 경우에는 예외적으로 가능하다.
- 핵심 기술이 아니어도 기술자료에 해당할 수 있다. 중요한 기술자료에는 대외비 등의 표시를 하고, 접근 대상자나 접근 방법을 제한하자.
- 예외적으로 원사업자가 수급사업자에게 기술자료를 요구하는 경우에도 사전에 협의하고, 기술자료 요구서를 교부해야 한다. 이때 공정거래위원회의 표준서식을 활용하자.

제2장

계약을 이행할 때

제2장

계약을 이행할 때

제1절 선급금을 지급하지 않으려고 한다면? (§6)

CASE

수급사업자는 원사업자로부터 철근콘크리트공사를 하도급 받았습니다. 원사업자는 발주자로부터 전체 공사금액 중 30%에 해당하는 선급금을 현금으로 지급받았습니다. 그런데 원사업자는 수급사업자에게 하도급금액의 19.5%에 해당하는 금액(현금)만을 선급금으로 지급했습니다.

Ⅰ 억울할 때 읽어 보는 하도급법

1. 원사업자의 선급금 지급의무

원사업자가 발주자로부터 선급금을 지급받았음에도, 총 공사대금이 특정되지 않았다거나 수급사업자와 다른 합의를 했다는 이유로, 수급사업자에게는 선급금을 지급하지 않는 경우가 있습니다.

하도급법은, 수급사업자가 원활하게 용역 등을 수행할 수 있도록 하기 위해, 원사업자가 발주자로부터 선급금을 지급받았다면 수급사업자에게도 받은 선급금의 내용과 비율에 따라 15일 이내에 선급금을 지급하도록 규정하고 있습니다.

법 제6조(선급금의 지급) ① 수급사업자에게 제조 등의 위탁을 한 원사업자가 발주자로부터 선급금을 받은 경우에는 수급사업자가 제조, 수리, 시공 또는 용역수행을 시작할 수 있도록 그가 받은 선급금의 내용과 비율에 따라 선급금을 받은 날(제조 등의 위탁을 하기 전에 선급금을 받은 경우에는 제조 등의 위탁을 한 날)부터 15일 이내에 선급금을 수급사업자에게 지급하여야 한다.

2. 지급해야 할 선급금 액수는?

하도급법은 원사업자가 발주자로부터 받은 '선급금의 내용과 비율'에 따라 선급금을 수급사업자에게 지급하여야 한다고 규정하고 있습니다.

만약 발주자가 선급금을 지급하면서 특정한 공사나 품목을 지정했다면, 원사업자는 발주자가 지정하는 용도에 한정하여 수급사업자에게 선급금을 지급하면 됩니다.

예를 들어 토공사, 철근콘크리트공사, 조경석재공사, 승강기설치공사 등 4개의 공종으로 구성된 건설공사의 경우, 만약 발주자가 원사업자에게 선급금을 지급하면서 토공사와 철근콘크리트공사에만 사용하도록 공종을 지정했다면 토공사와 철근콘크리트공사에만 수급사업자에게 선급금을 지급해야 합니다. 이때는 지급하는 대상 공사 또는 품목전체에서 해당 공사가 차지하는 금액비율로 수급사업자에게 선급금을 지급해야 합니다(「하도급거래공정화지침」 Ⅲ.6.나).

반면, 발주자가 선급금을 지급하면서 특정한 품목이나 공사부문을 지정하지 않았다면, 원사업자는 '전체 공사대금 중 하도급계약금액의 비율에 따라' 수급사업자에게 해당 선급금을 지급해야 합니다(「하도급거래공정화지침」 Ⅲ.6.나.(2)).

3. '15일'을 초과하여 선급금을 지급한다면?

원사업자가 발주자로부터 선급금을 받은 날로부터 15일째 되는 날까지 수급사업자에게 선급금을 지급해야 합니다. 이를 선급금의 '법정지급기일'이라 합니다.

만약 원사업자가 15일을 넘겨서 수급사업자에게 선급금을 지급한다면, 그 기간에 대하여 공정거래위원회가 고시[1)]하는 이율인 연 15.5%에 따른 지연이자를 지급해야 합니다(하도급법 제6조 제2항).

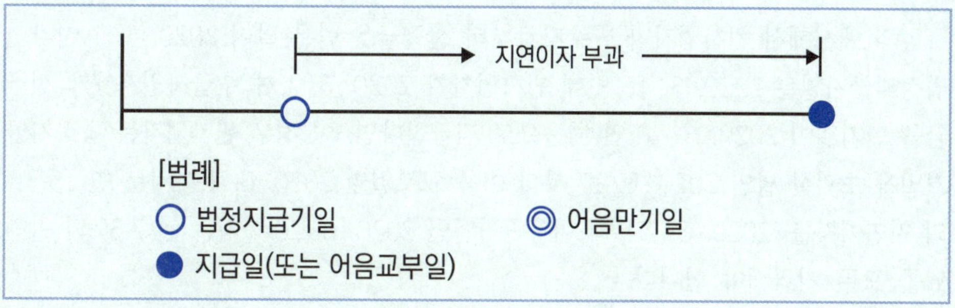

4. 어음으로 선급금을 지급한다면?

① 원사업자가 어음을 교부하는 날이 법정지급기일 내인 경우

만약 어음의 만기일이 법정지급기일 이후에 도래한다면, 원사업자는 수급사업자에게 법정지급기일의 다음날부터 어음만기일까지의 기간에 대해서 연 7.5%의 할인료[2]를 지급해야 합니다.

예를 들어 원사업자가 발주자로부터 선급금을 받은 날이 2020. 5. 1.이라면 법정지급기일은 2020. 5. 16.입니다. 그런데 원사업자가 2020. 5. 10.에 수급사업자에게 선급금을 만기일이 2020. 6. 20.인 어음으로 지급한다면, 이 경우 원사업자는 법정지급기일을 초과한 날인 2020. 5. 17.부터 어음만기일인 2020. 6. 20.까지의 기간에 대하여 연 7.5%의 할인료를 함께 지급해야 합니다

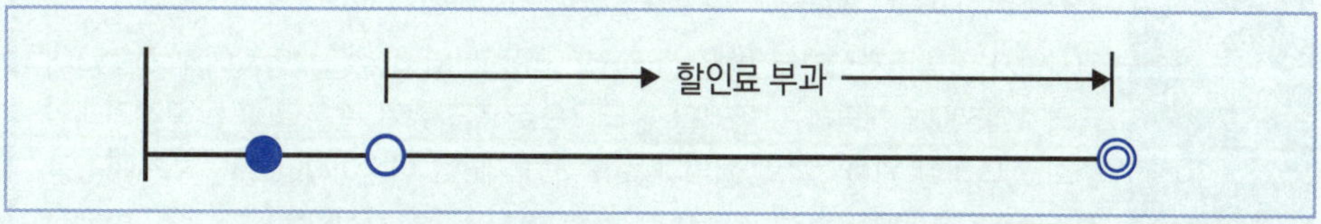

② 수급사업자에게 어음을 교부한 날에 이미 법정지급기일이 지난 경우

이 경우에는 '법정지급기일을 초과한 날로부터 어음교부일까지의 기간에 대한 지연이자'와 '어음교부일부터 어음만기일까지의 기간에 대한 할인료'도 함께 지급해야 합니다.

1) 「선급금 등 지연지급시의 지연이율 고시」
2) 「어음에 의한 하도급대금 지급시의 할인율 고시」

앞의 예시에서 원사업자가 발주자로부터 선급금을 받은 날이 2020. 5. 1.이라면 법정지급기일은 2020. 5. 16.인데 원사업자가 2020. 6. 1.에 수급사업자에게 선급금을 만기일이 2020. 6. 20.인 어음으로 지급한다면, 이 경우 원사업자는 법정지급기일을 초과한 날인 2020. 5. 17.부터 어음 교부일인 2020. 6. 1.까지는 연 15.5%의 지연이자를, 2020. 6. 2.부터 어음만기일인 2020. 6. 20.까지는 연 7.5%의 할인료를 모두 지급해야 합니다.

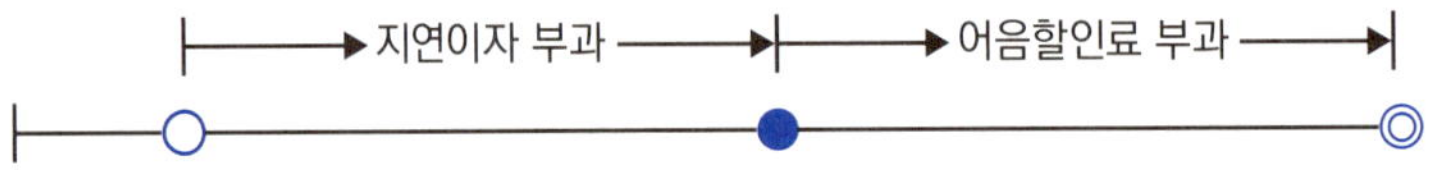

5. 어음대체결제수단으로 선급금을 지급한다면?

선급금을 어음대체결제수단[3]으로 지급하였다면 원사업자는 수급사업자에게 지급일부터 하도급대금의 상환기일까지의 기간에 대한 어음대체결제수수료를 지급해야 합니다(하도급법 제6조 제3항, 제13조 제7항). 이 때의 수수료율은 '원사업자가 금융기관과 체결한 어음대체결제수단의 약정상의 수수료율'에 따릅니다(하도급법 제6조 제3항, 제13조 제10항).

Solution

하도급법 위반에 해당할 가능성이 높습니다.

원사업자는 발주자로부터 받은 선급금의 비율과 달리 수급사업자에게 하도급대금의 19.5%에 해당하는 금액만 선급금으로 지급했기 때문입니다. 공정거래위원회도 이러한 원사업자의 행위가 하도급법 제6조 위반이라고 판단했습니다(공정거래위원회 2013. 12. 9. 의결 2012부사3438 시정명령).

3) 하도급법 제2조 제14항에 따른 '어음대체결제수단'은 다음과 같습니다.

① 기업구매전용카드: 원사업자가 하도급대금을 지급하기 위하여 「여신전문금융업법」에 따른 신용카드업자로부터 발급받는 신용카드 또는 직불카드로서 일반적인 신용카드 가맹점에서는 사용할 수 없고, 원사업자, 수급사업자 및 신용카드업자 간의 계약에 따라 해당 수급사업자에 대한 하도급대금의 지급만을 목적으로 발급하는 것

② 외상매출채권 담보대출: 수급사업자가 하도급대금을 받기 위하여 원사업자에 대한 외상매출채권을 담보로 금융기관에서 대출을 받고, 원사업자가 하도급대금으로 수급사업자에 대한 금융기관의 대출금을 상환하는 것으로서 한국은행총재가 정한 조건에 따라 대출이 이루어지는 것

③ 구매론: 원사업자가 금융기관과 대출한도를 약정하여 대출받은 금액으로 정보처리시스템을 이용하여 수급사업자에게 하도급대금을 결제하고 만기일에 대출금을 금융기관에 상환하는 것

Ⅱ 심플한 정리법

1. 선급금을 지급하지 않기로 약정했다는 주장

원사업자는 수급사업자와 선급금을 지급하지 않기로 하는 약정을 체결하였으므로, 선급금 지급 의무가 없다고 주장한다.

원사업자와 수급사업자 사이에 선급금을 지급하지 아니하는 내용의 계약을 체결하였더라도, 하도급법의 입법목적 및 원사업자가 수급사업자로 선급금을 받은 경우 예외없이 수급사업자에게도 선급금의 내용과 비율에 따라 선급금을 지급하도록 규정하고 있는 하도급법 제6조의 내용에 비추어 보면, 선급금을 지급해야 합니다(서울고등법원 2009. 11. 4. 선고 2009누7099 판결 시정명령 등 취소, 심리불속행기각).

따라서 원사업자가 발주자로부터 선급금을 지급받았음에도 이를 수급사업자에게 지급하지 않았다면 하도급법 위반입니다(공정거래위원회 2006. 8. 29. 의결2005서건4330 시정명령).

2. 수급사업자가 선급금지급보증서[4]를 늦게 제출한 경우 지연이자

원사업자는 수급사업자에게 법정지급기한 전 미리 선급금지급보증서의 제출을 요구했다. 수급사업자는 법정지급기한 후에 선급금지급보증서를 제출했다.

원사업자가 수급사업자에게 선급금지급보증서의 '제출을 요청한 날'로부터 수급사업자가 선급금보증서를 '제출한 날'까지의 기간은 지연이자를 계산할 때 공제됩니다(「하도급거래공정화지침」 Ⅲ.6.가.(1)).

즉, 법정지급기일을 초과하여 지급한 일수에서 선급금보증서를 요청한 날의 다음 날부터 제출한 날까지의 일수를 공제한 날까지 지연이자가 부과됩니다.

4) 수급사업자가 선급금을 지급받고자 할 때 원사업자에게 건설공제조합이나 금융기관 등이 발행하는 보증서를 제출하는데, 이를 '선급금지급보증서'라고 합니다.

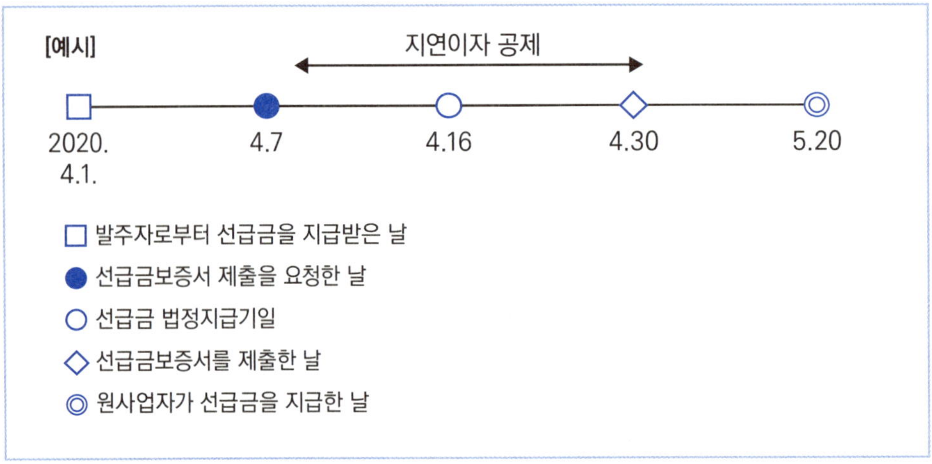

이 경우 법정지급기일을 초과하여 지급한 일수(2020. 4. 17.부터 2020. 5. 20.까지의 34일)에서 선급금보증서를 요청한 날의 다음날부터 제출한 날까지의 일수(2020. 4. 8.부터 2020. 4. 30.까지의 23일)를 공제한 11일(= 34일 - 23일) 동안 지연이자가 부과됩니다.(「하도급거래공정화지침」 Ⅲ.6.가.(1) 예시사례).[5]

5) 다만, 위 지침의 산정방법은 수급사업자에게 지나치게 불리하고 불합리한 것이어서 선급금 지연이자가 발생하는 기간 내에서 정당한 면책사유가 성립하는 기간에 한하여 면책된다고 보는 견해도 있습니다(오승돈, 하도급법(2019년), 104면). 이 견해에 의하면 법정지급기일을 초과하여 지급한 일수(2020. 4. 17.부터 2020. 5. 20.까지의 34일)에서 법정지급기일을 초과하여 선급금보증서를 제출한 날까지의 일수(2020. 4. 17.부터 2020. 4. 30.까지의 14일)를 공제한 20일(= 34일 - 14일) 동안 지연이자가 부과됩니다.

Ⅲ 억울할 때 찾아보는 구체적인 사례들

1. 수급사업자를 위한 사례

1) 공정거래위원회 2018. 11. 26. 의결 2016구사1051 (시정명령)

원사업자가 2014. 5. 20. 발주자로부터 원도급 공사에 대한 선급금 4,840,000천 원을 지급받은 후 수급사업자에게는 발주자로부터 선급금을 지급받은 날부터 법정 지급기일을 초과하여 지급하면서 그 초과기간에 대한 지연이자 158,598천 원을 지급하지 아니한 행위는 하도급법 제6조 제2항에 위반되어 위법하다.

한편, 원사업자는 수급사업자와 체결한 계약일반조건에 '수급사업자는 원사업자로부터 선급금을 수령하기 전까지 총 계약금액의 20%에 해당하는 계약이행보증증권을 제출하여야 한다'고 규정되어 있는 바, 원사업자과 수급사업자 간에는 '선급금 지급보증서 대신에 계약이행보증서를 제출하기로 한 것'으로서 선급금이 지연 지급된 이유는 수급사업자가 계약이행보증서를 제때에 제출하지 못하고 2014. 9. 16.에야 제출하였기 때문이므로 원사업자의 지연이자 지급 의무는 발생하지 않는다고 주장한다.

살피건대, 법의 입법목적 및 원사업자가 발주자로부터 선급금을 받은 경우 예외없이 수급사업자에게 선급금의 내용과 비율에 따라 선급금을 지급하도록 규정하고 있는 법 제6조의 내용에 비추어 볼 때, 이에 반하는 원·수급사업자간의 합의는 그 효력을 인정할 수 없는 바, 원사업자는 발주자로부터 선급금을 지급받은 경우에는 수급사업자의 '계약이행보증서 제출여부'와 관계없이 선급금을 법정지급기일 이내에 수급사업자에게 지급하여야 하고, 법정지급기일을 초과하여 지급할 때에는 지연이자를 지급하여야 할 것이다.

또한, 이 사건 하도급공사에서 선급금은 기성대금에서 우선 공제하도록 되어 있어 기성이 20%에 달하는 때에 선급금은 모두 소진되어 선급금지급보증서의 보증의무가 종료되는 반면, 계약이행보증서는 계약이 완료될 때까지 보증 의무가 계속 존재하므로 수급사업자의 입장에서는 선급금지급보증서 제출보다 계약이행보증서의 제출이 불리할 수 있다는 점에서도 원사업자의 주장은 받아들일 수 없다.

2) 공정거래위원회 2016. 5. 3. 의결 2015부사2592 (시정명령)

원사업자가 선급금을 지급하지 않은 상태에서 기성금을 지급할 경우, 선급금 일부가 각 기성금에 포함되어 지급된 것으로 본다. 따라서 법정지급기일을 초과한 날부터 기성금 지급일까지의 기간에 대한 지연이자를 지급해야 한다. 이를 지급하지 아니한 원사업자의 행위는 하도급법 제6조 제2항을 위반하여 위법하다.

2. 원사업자를 위한 사례

1) 대법원 2007. 9. 20. 선고 2007다40109 판결 (보증금)

선급금은 자금 사정이 좋지 않은 수급인으로 하여금 자재 확보·노임 지급 등에 어려움이 없이 공사를 원활하게 진행할 수 있도록 하기 위하여, 도급인이 장차 지급할 공사대금을 수급인에게 미리 지급하여 주는 선급 공사대금으로, 구체적인 기성고와 관련하여 지급된 공사대금이 아니라 전체 공사와 관련하여 지급된 선급 공사대금이므로, 선급금을 지급한 후 계약이 해제 또는 해지되는 등의 사유로 중도에 선급금을 반환하게 된 경우에는, 선급금이 공사대금의 일부로 지급된 것인 이상 선급금은 별도의 상계 의사표시 없이 그때까지의 기성고에 해당하는 공사대금에 당연 충당되고, 그래도 공사대금이 남는다면 그 금액만을 지급하면 되는 것이고, 거꾸로 선급금이 미지급 공사대금에 충당되고 남는다면 그 남은 선급금에 관하여 도급인이 반환채권을 가지게 된다고 보는 것이 선급금의 성질에 비추어 타당하다.

이것만 알자!

- 원사업자가 발주자로부터 선급금을 지급받았다면 수급사업자에게도 선급금 지급해야 한다. 계약 당시 선급금을 지급하지 않기로 약정하였더라도 마찬가지다.
- 원사업자는 발주자로부터 선급금을 받은 다음날로부터 15일 전에 수급사업자에게 선급금을 지급해야 한다.
- 15일을 초과한 날부터 지급 기일까지 연 15.5%의 지연이자를 물어야 한다.

제2절 내부 사정을 이유로 계약을 취소하려 한다면? (§8)

CASE

원사업자는 자신이 운영하던 '1번 생산라인'에서 적자가 발생하자 수급사업자A에게 '1번 생산라인'의 운영을 요청했습니다. 하지만 수급사업자A는 적자가 발생한 '1번 생산라인'까지 넘겨받을 여유는 없었기 때문에 원사업자의 요청을 어렵게 거절했습니다. 이때를 틈타 업체B가 원사업자에게 적자가 난 '1번 생산라인'을 운영하겠다고 하면서, 대신 종래 수급사업자A가 운영하던 2번 생산라인도 자신이 운영하고 싶다고 제안했습니다. 원사업자는 업체B의 제안을 받아들여 기존 수급사업자A와의 하도급계약을 해지하고 다른 업체B와의 거래를 시작했습니다.

Ⅰ 억울할 때 읽어보는 하도급법

1. 부당한 위탁취소 및 수령거부 금지의무

원사업자가 자신의 경영상황 또는 시장여건의 변동 등을 이유로 일방적으로 위탁을 취소하거나 수령을 거부한다면, 수급사업자는 생산계획에 차질을 빚거나 예상하지 못한 재고를 부담하게 될 수 있습니다.

이를 방지하기 위하여 하도급법은 수급사업자에게 책임을 돌릴 사유가 없는 경우에는 원사업자가 임의로 위탁을 취소, 변경하거나 수령을 거부하지 못하도록 규정하고 있습니다.

법 제8조(부당한 위탁취소의 금지 등) ① 원사업자는 제조 등의 위탁을 한 후 수급사업자의 책임으로 돌릴 사유가 없는 경우에는 다음 각 호의 어느 하나에 해당하는 행위를 하여서는 아니 된다. 다만, 용역위탁 가운데 역무의 공급을 위탁한 경우에는 제2호를 적용하지 아니한다.
1. 제조 등의 위탁을 임의로 취소하거나 변경하는 행위
2. 목적물 등의 납품 등에 대한 수령 또는 인수를 거부하거나 지연하는 행위

2. 부당한 위탁취소의 금지

부당한 위탁취소는 ① 원사업자가 제조 등의 위탁을 한 후 ② 수급사업자의 책임으로 돌릴 사유가 없는데도, ③ 위탁을 임의로 취소하거나 변경하는 것을 말합니다.

위탁의 시점은 원칙적으로 원사업자가 수급사업자에게 제조 등의 위탁을 하는 시점을 말합니다. 다만, 계속적 거래계약처럼 하도급거래가 빈번하여 대금결제·운송·검수·반품 등의 거래조건, 규격·재질, 제조공정 등과 관련된 일반적인 내용을 기본계약서에 담고, 납품 등의 수량·단가·시기·장소 등 직접적이고 구체적인 발주내용은 특약서 또는 발주서 등으로 위임하여 발주가 이루어지는 경우에는 해당 특약서 또는 발주서가 수급사업자에게 통지되는 시점을 원칙적으로 위탁의 시점으로 봅니다.

예를 들면, 계속적 거래계약에서 생산계획 수립, 위탁 및 입고 등 일련의 과정이 전산시스템인 전사적 자원관리시스템(Enterprise Resource Planning, ERP)을 통해 관리되는 경우로서 주별 또는 월별 단위의 예상물량 통보(Forecast, FO), 납품 등의 수량·단가·시기·장소 등이 기재된 발주(Purchase Order, PO), 납품 지시(Delivery Order, DO) 등이 순차적으로 이루어지는 경우에는 원칙적으로 발주(PO) 내용이 수급사업자에게 통지되는 시점을 위탁의 시점으로 봅니다. 다만, 가령 계속적 거래계약 기간 중 원사업자의 사양변경·생산계획 변경·모델단종 등을 이유로 위탁이 중단된 경우로서 해당 목적물 등의 종류 및 특성, 거래규모, 해당 수급사업자의 생산능력, 제조 등의 공정 및 공법, 계속적 거래계약의 내용, 거래조건의 동일성, 해당 수급사업자와의 거래유지기간, 관련 산업의 특성 및 시장상황, 정상적인 거래관행 등을 종합적으로 고려할 때 사실상 납품 등의 수량·단가 등이 발주(PO) 시점 이전에 결정되는 것으로 인정되는 경우에는 그 시점을 위탁의 시점으로 봅니다.

원사업자가 임의로 위탁을 취소하거나 변경하였는지는 아래의 사정들을 종합적으로 고려하여 판단됩니다.

「부당한 위탁취소, 수령거부 및 반품행위에 대한 심사지침」 Ⅲ.1.나.

① 그 사유가 해당 계약서에 규정되어 있는지, 위탁 취소가 계약서의 내용과 절차에 따라 이루어졌는지
② 원사업자와 수급사업자 간에 실질적인 협의가 있었는지
③ 수급사업자가 입게 될 손실에 대하여 정당한 보상을 하였는지 등

원사업자가 위탁을 취소하더라도 수급사업자의 귀책사유로 인해 계약을 이행할 수 없는 경우라면 부당하다고 볼 수 없습니다. 구체적인 예로 다음과 같은 상황을 생각해 볼 수 있습니다.

「부당한 위탁취소, 수령거부 및 반품행위에 대한 심사지침」 Ⅲ.1.나.

① 수급사업자에게 파산·회생절차의 신청 등 경영상의 중대한 사유가 발생하고 그로 인하여 계약내용을 정상적으로 이행할 수 없다고 인정되는 경우
② 수급사업자가 감독관청으로부터 영업취소·영업정지 등의 처분을 받은 경우로서 계약내용을 정상적으로 수행할 자격·능력이 없다고 인정되는 경우
③ 수급사업자가 특별한 이유 없이 목적물 등의 제조·수리·시공 또는 용역의 착수·착공을 거부하여 납품 등의 시기에 완성·완공할 가능성이 없다고 인정되는 경우
④ 수급사업자가 목적물 등의 품질에 영향을 미치는 주요공정·공법 등을 임의로 변경하는 등 계약의 중요한 내용을 위반하고 그 위반으로 인하여 계약의 목적을 달성할 수 없다고 인정되는 경우

3. 부당한 수령거부의 금지

부당한 수령거부란 ① 수급사업자에게 아무런 잘못이 없음에도 ② 원사업자가 목적물 등의 '수령' 또는 '인수'를 거부하거나 지연하는 것을 말합니다.

여기서 '수령'이란 원사업자가 수급사업자가 납품하는 물건을 자신의 지배하에 두게 되는 것을 말합니다. 만약 이전하기 곤란한 물건이라면 원사업자가 검사를 시작하면 그 때 수령한 것으로 봅니다(하도급법 제8조 제3항). 한편, '인수'란 건설위탁에서 원사업자가 검사를 끝내고 목적물을 원사업자의 사실상 지배하에 두는 것을 말합니다(「부당한 위탁취소, 수령거부 및 반품행위에 대한 심사지침」 Ⅲ.2.가.).

앞서 본 부당한 위탁취소와 마찬가지로, 수급사업자의 귀책사유로 인하여 계약을 이행할 수 없는 경우에는 원사업자가 목적물의 수령을 거부하여도 부당하지 않습니다. 구체적으로 다음과 같은 상황을 생각해 볼 수 있습니다.

「부당한 위탁취소, 수령거부 및 반품행위에 대한 심사지침」 Ⅲ.2.나.

① 수급사업자가 일정한 기간이나 계절에 집중적으로 판매되는 목적물의 제조를 충분한 기간을 두고 위탁받았음에도 수급사업자가 자신이 조달하기로 한 원재료를 제때 조달하지 못하는 등 수급사업자의 사정으로 해당 기간이나 계절을 넘겨 납품하는 경우
② 수급사업자가 직접 조달한 원재료의 품질불량 등으로 납품 등을 한 목적물 등의 품질·성능 등에 하자가 있어 계약의 목적을 달성할 수 없다고 인정되는 경우
③ 목적물 등의 생산과정 또는 납품 등을 위한 운송과정에서 수급사업자가 제대로 관리를 하지 아니하여 목적물 등이 오손·훼손되어 계약의 목적을 달성할 수 없다고 인정되는 경우

4. 목적물을 납품받았다면, '수령증명서 발급'

원사업자는 목적물 납품을 받은 경우에는 즉시 수급사업자에게 수령증명서를 발급해야 합니다(하도급법 제8조 제2항). 목적물에 대한 검사 전이라도 마찬가지입니다.

Solution

하도급법 위반에 해당할 가능성이 높습니다.

수급사업자의 귀책사유로 계약을 이행할 수 없는 경우도 아니고 수급사업자가 계약 내용을 위반하여 계약 목적을 달성할 수 없는 경우도 아니기 때문입니다. 원사업자는 수급사업자와의 실질적인 협의나 정당한 보상도 없이 오로지 자신의 이익을 위하여 적자가 발생한 생산라인을 떠넘기려 한 것으로 보입니다. 따라서 이를 거부한 수급사업자와의 하도급계약을 해지한 원사업자의 행위는 하도급법 제8조 제1항 제1호의 부당한 위탁취소에 해당할 것입니다.

유사한 사안에 대하여 서울고등법원 2015. 12. 3. 선고 2015누32195 판결도 위와 같은 원사업자의 행위는 부당한 위탁취소에 해당한다고 판시했습니다.

Ⅱ 심플한 정리법

1. 설계변경 등의 사정이 있다는 주장

원사업자는 수급사업자에게 부품의 제조를 위탁하였는데, '생산물량 감소 및 생산일정 변경', '과잉발주' 등을 이유로 위탁취소 했다.

하도급법 위반 가능성이 높습니다. 수급사업자의 잘못이 아닌 사유로 위탁을 취소하였기 때문입니다.

즉 '생산물량 감소 및 생산일정 변경 사유'는 원사업자가 당초 세워 놓은 자신의 생산계획에 비추어 이미 발주한 물량이 많거나 생산일정에 변동이 생긴 경우에 불과하고, 수급사업자의 잘못이 아닙니다. 그리고 '과잉 발주'라는 사유 역시 당초 생산계획 물량에 비해 원사업자가 과다하게 발주한 경우이므로 수급사업자의 잘못이 아닙니다.

공정거래위원회도 유사한 사안에서 하도급법 위반이라고 판단하였습니다(공정거래위원회 2012. 8. 7. 의결 012제하02132 과징금).

2. 수급사업자에게 손해가 없다는 주장

원사업자가 위탁을 취소하더라도 수급사업자에게 별다른 손해가 발생하지 않고, 경영난을 초래할 정도가 아니므로 위탁을 취소하더라도 문제되지 않는다고 주장한다.

하도급법 위반 가능성이 높습니다. 하도급법 제8조는 수급사업자의 책임이 없는 경우에 임의로 취소하거나 목적물을 지연하여 수령하는 것을 금지하면서 그 요건으로 수급사업자에게 피해가 발생할 것을 규정하고 있지 않습니다.

원사업자의 주장대로라면 수급사업자에게 상당한 손해가 발생하더라도 경영난을 초래할 정도가 아니라면 하도급법을 적용할 수 없다는 불합리한 결과가 발생할 것입니다. 따라서 수급사업자에게 손해가 발생하지 않았더라도 하도급법 위반이 될 수 있습니다(공정거래위원회 2012. 8. 7. 의결 2012제하0213 과징금).

3. 수령 거부 이후에 새로운 합의가 있었다는 주장

수급사업자는 위탁받은 부품을 납품하였지만 원사업자가 수령을 거부하였다. 그런데 이후 원사업자와 수급사업자는 '원사업자의 수령의무가 소멸하였다는 취지의 합의서'를 작성하였다. 원사업자는 합의서를 작성하였으므로 부품을 수령하지 않더라도 하도급법 위반이 아니라고 주장한다.

하도급법 위반 가능성이 높습니다. 서울고등법원은 위와 유사한 사안에서, 합의서는 원사업자가 하도급법을 이미 위반한 상태에서 이를 면하기 위해 작성을 강요하여 이루어진 것이고, 수급사업자의 자발적 의사에 따른 것이 아니므로, 이러한 합의서가 작성되었다고 하여도, 원사업자의 수령의무가 소멸한 것으로 볼 수 없다고 했습니다(서울고등법원 2015. 12. 18. 선고 2014누 69534 판결, 시정명령취소, 심리불속행기각).

이 판결에서 법원은, 수급사업자는 원사업자로부터 대금을 받지 못해 직원 급여도 지급하지 못하는 등 자금사정이 어려운 상황이었는데, 원사업자가 이런 상황을 이용해서 수급사업자에게 "합의서에 서명하지 않으면 대금을 지급하지 않겠다."라고 요청한 점 등을 고려하였습니다.

Ⅲ 억울할 때 찾아보는 구체적인 사례들

1. 수급사업자를 위한 사례

1) 서울고등법원 2016. 10. 20. 선고 2015누56160 판결 (시정명령취소, 파기환송[6])

원사업자는 수급사업자와 납품일로부터 15일 이내에 하도급대금을 지급하기로 약정하였으나, 2012. 9. 3.부터 2012. 10. 23.까지 7차례에 걸쳐 하도급대금 265,000,000원을 지급하면서 그 중 205,000,000원에 대해서는 최소 18일에서 최대 39일까지 지급기일을 초과하여 지급하였다.

수급사업자는 2012. 8. 24. 8,050켤레, 2012. 8. 30.에 4,080켤레, 2012. 9. 14.에 7,168켤레 총 19,298켤레를 원사업자에 납품한 사실은 앞서 본 바와 같다. 이 사건 하도급계약서에 따르면, 수급사업자의 납품 지연이 있는 경우 이를 제품대금에서 공제한다든지 원사업자에게 손해배상을 하는 방법으로 해결하게 되어 있고, 계약서 문언상으로는 이 사건 납품지연만으로 곧바로 원사업자에게 이 사건 위탁취소 또는 이 사건 계약을 해지할 권한이 유보되어 있다고 보이지 않는다.

원사업자와 수급사업자 간에 상호 동등한 지위에서 위탁취소가 협의된 것이 아니라 원사업자에 의하여 일방적으로 이메일로 통보된 점, 원사업자가 위탁취소를 하면서 계약서에서 정한 최고 절차를 거치지 않은 점 등을 고려하면 원사업자가 임의로 위탁취소를 하였다고 봄이 상당하다.[7]

2) 서울고등법원 2015. 1. 23. 선고 2014누4124 판결 (시정명령처분 취소, 상고하지 않아 확정)

원사업자는 수급사업자에게 다음과 같은 이유로 이 사건 하도급계약 해지를 통지하며 이 사건 공사의 위탁을 취소하였다.

---

6) 대법원은 과징금 산정의 기준이 되는 '하도급대금'은 '위반행위와 관련한 하도급거래의 계약금액 전액'을 의미한다는 이유로 위 판결을 파기하고 서울고등법원에 환송했습니다[대법원 2018. 10. 4. 선고 2016두59126 (과징금부과처분취소청구의소) 판결].

7) 서울고등법원은 원사업자가 수급사업자에게 일방적으로 이메일을 보내 위탁취소를 통보하였다는 점을, 위탁취소가 임의적으로 이루어졌다고 판단한 주요한 근거로 삼았습니다.

① 원사업자는, 수급사업자에게 한 '공사예정공정 미진 만회대책 수립 및 시행촉구' 공문을 통해 이 사건 하도급계약의 이행을 최고하고, 준공기한 7일 전에도 재차 이행을 최고하는 등 수급사업자에 대하여 최고를 하였다.

② 원사업자가 이 사건 위탁취소를 통지한 것은 수급사업자의 현장책임자의 계약해지 요청에 따른 것이므로 위탁을 임의로 취소한 것으로 보기 어렵다.

③ 설령 원사업자가 최고를 이행하지 않았더라도 이 사건 원도급 공사기한이 연장될 수 없음에도 수급사업자의 공사진행 상황이 지연되고 있어서 원사업자로서는 상당한 기간을 정하여 계약 이행을 최고하기 어려운 특별한 사정이 있었다고 주장한다.

하지만, '공사예정공정 미진 만회대책 수립 및 시행촉구'는 이 사건 공사 부진으로 인한 대책을 수립하여 줄 것을 촉구한 것일 뿐 이 사건 위탁취소를 위한 이행의 최고라고 볼 수 없다. …(중략)… 육상 콘크리트 타설 부분만 남아 있는 상태에서 수급사업자가 원사업자 및 발주자와 합의에 따라 공사를 재개하기로 하였던 점, 이 사건 원도급 공사기한이 연장될 수 있었고 공사 지연을 수급사업자의 책임으로만 돌리기도 어려운 점 등에 비추어 보면 원사업자가 수급사업자에게 이행최고를 하지 못할 특별한 사정이 있었던 것으로 보기도 어렵다.

3) 공정거래위원회 2018. 6. 5. 의결 2018서제0489 (시정명령)

원사업자가 공사구간이 사유지 수용 과정에 차질이 발생하는 등으로 발주자 측의 사정으로 공사 구간의 변경 및 목적물의 보관장소가 없다는 등의 이유로 납기를 기한 없이 보류하는 행위는, 수급사업자의 책임으로 돌릴 사유가 아니므로, 하도급법 제8조 제1항 제2호에 해당하는 부당한 수령 지연행위에 해당한다.

4) 공정거래위원회 2018. 1. 15. 의결 2017부사0827 (시정명령)

원사업자는 6건의 선박판넬 또는 선박블록 등의 제조를 위탁한 후 원사업자 생산부 팀장이 수급사업자에게 작업공정 지연, 작업자의 기량 미달 등의 사유로 수급사업자에게 '사업포기각서'를 제출해줄 것을 요구하면서 해당 위탁을 취소하였다.

원사업자는 수급사업자 작업자의 기량이 부족하고 작업이 지연되어 불가피하게 이 사건 제조위탁을 취소하게 된 것으로서 수급사업자에게 귀책사유가 존재하고,

수급사업자에게 사업포기각서의 제출을 제안하였을 뿐 이를 강요한 사실이 없으므로 임의로 위탁을 취소한 것이 아니라고 주장한다.

수급사업자의 귀책사유가 존재한다는 주장에 대하여 살피건대, 원사업자가 수급사업자의 작업 진행상태를 지속적으로 점검한 사실이 인정되고, 이 사건에서 위탁이 취소된 작업 중 일부 호선에 대한 작업의 경우 원사업자가 작성한 작업공정회의록에 따르면 원사업자의 자재공급 지연으로 인하여 공정이 지연된 사실이 확인되는 바, 이 사건 하도급계약서에 도면, 자재와 관련된 공정지연을 원사업자의 귀책으로 정한 사실을 고려하면 이 사건 작업지연의 책임이 전적으로 수급사업자에게만 있다고 보기 어렵고, 가사 수급사업자의 책임으로 돌릴 사유가 일부 존재하더라도 이로 인하여 계약내용을 정상적으로 이행할 수 없거나 계약내용을 위반하여 계약목적을 달성할 수 없는 경우에까지 해당된다고 보기 어렵다.

다음으로 임의로 위탁을 취소한 것이 아니라는 주장에 대하여 살피건대, 원사업자의 요구로 수급사업자가 사업포기각서를 제출하게 된 점은 원사업자도 인정하고 있고, 이 사건 하도급계약서에 계약해지의 사유로 수급사업자의 작업지연, 작업자의 기량부족 등을 정한 바 없으며, 이 사건 위탁취소로 수급사업자가 입게 될 손실에 대하여 수급사업자와 충분히 협의한 후에 보상을 하고 위탁을 취소한 것으로 보이지도 않는 점 등을 종합적으로 고려할 때 원사업자가 수급사업자와 실질적인 협의 없이 일방적으로 위탁을 취소한 것으로 판단되므로 이를 받아들이지 아니한다.

5) 공정거래위원회 2015. 6. 9. 의결 2013구사3129 (시정명령)

원사업자는 자신이 발주자로부터 받은 수령증명서의 사본을 발급한 점을 들어, 별도로 수급사업자에게 수령증명서를 발급할 필요가 없다고 주장하나, 수령증명서에는 수령목적물에 대한 대가를 확정하기 위한 수령일, 납품중량, 기타 납품 상세내역이 기재되어 있어야 함에도, 발주자로부터 받은 수령증명서의 사본에는 이러한 내용이 기재되어 있지 아니하므로, 원사업자는 수령증명서 발급하지 아니한 것과 같은 행위를 다시 하면 아니된다.

6) 공정거래위원회 2015. 6. 1. 의결 2014구사4031 (시정명령)

원사업자는 발주서 하단에 “신규 발주 시 전월 발주 잔량이 자동 소멸된다.”는 문구가 기재된 점 등을 들어 수령 거부가 정당한 사유가 있다고 주장하나, 신규 발주 시

전월에 미입고된 물량을 소멸하지 않고, 이를 반영하여 자동 소멸 없이 모두 수령해 온 그동안의 거래 방식, 그동안 납품기간을 4주로 정했음에도 이 건에서는 14일에서 21일로 짧게 정하였다는 점을 고려할 때, 이 사건의 위탁취소는 원사업자가 일방적으로 결정한 것이다.

7) 공정거래위원회 2014. 12. 8. 의결 2013부사3107 (시정명령)

원사업자는 수급사업자와의 계약취소가 "재해 기타 사유로 인하여 본 계약 또는 개별계약의 내용을 이행하기 곤란하다고 쌍방이 인정한 경우 계약의 전부 또는 일부를 해제, 해지할 수 있다."고 규정하고 있는 도급계약서 규정에 근거하여 쌍방 합의 하에 이루어진 것이므로 부당하지 않다고 주장한다.

그러나 수급사업자가 정상적으로 이 사건 제조위탁을 수행하고 있는 상황에서, 원사업자가 자신의 제안을 거절했다는 사유로 수급사업자에게 계약해지와 6월 말까지 공장을 비워줄 것을 통보한 점과 7월 말까지 기간을 연장해 달라는 수급사업자의 요청을 거절한 점을 고려할 때, 원사업자의 주장처럼 쌍방 합의 하에 계약을 해지한 것으로 보기는 어렵다.

8) 공정거래위원회 2014. 10 16. 의결 2014협심2701 (이의신청 기각)

원사업자의 전직원이 수급사업자에게로 이직한 사실만으로 수급사업자가 그 직원과 공모하여 제조위탁을 받은 것으로 단정할 수 없고, 원사업자가 그 직원에 대하여 수급사업자와 공모하여 자신에게 피해를 주었다는 이유로 경찰에 고발하였으나 무혐의 결정된 점에 비추어 보면, 목적물의 수령거절에 대하여 수급사업자의 책임으로 돌릴 사유가 있다고 볼 수 없다.

2. 원사업자를 위한 사례

1) 서울고등법원 2016. 11. 24. 선고 2015누57200 판결 (시정명령 취소, 심리불속행기각)

하도급법 제8조 제1항 제1호에 정한 부당한 위탁취소의 위법성 판단 기준에 관하여 공정거래위원회가 제정한 「부당한 위탁취소, 수령거부 및 반품행위에 대한 심사지침」은 임의성 판단에 관하여 ① 위탁취소의 사유가 해당 하도급거래 계약서에 규정되어 있고 위탁취소가 위 계약서에 따른 내용 및 절차에 따라 이루어졌는지 여부, ② 원사업자와 수급사업자 간에 실질적인 협의가 있었는지 여부, ③ 원사업자가 위탁을 취소함으로써 수급사업자가 입게 될 손실에 대하여 양 당사자가 충분한 협의를 거쳐 정당한 보상을 하고 위탁을 취소하였는지 여부를 종합적으로 고려하여 판단하도록 하고 있다.

다음 사정을 위 법리에 비추어 보면 원사업자의 수급사업자에 대한 이 사건 하도급계약의 해제 통지가 원사업자의 원사업자로서의 우월한 지위를 남용하는 것으로서 일방적으로 수급사업자의 법적 지위를 불안하게 만들어 하도급거래의 공정한 질서를 저해하는 부당한 행위로서 '부당한 위탁취소'에 해당한다고 보기는 어렵다.

(1) H사[8]는 2014. 6. 5. 원래의 입항일정으로 선박이 입항하는 것을 원사업자가 거부하였다는 등의 납득하기 어려운 이유로 원사업자에게 이 사건 도급계약의 해제 통지를 하였고, 원사업자는 이에 기하여 수급사업자에게 이 사건 하도급계약의 해제 통지를 하였는데, H사의 원사업자에 대한 이 사건 도급계약의 해제 통지가 적법한지 여부와 관계없이 H사의 위 해제 통지에 의하여 원사업자가 H사로부터 사실상 이 사건 크레인을 수령할 수 없음은 명백하고, 이에 의하면 이 사건 크레인의 존재를 전제로 한 이 사건 하도급계약도 유지되기는 어려우며, 이에 관한 귀책사유는 H사에게 있을 뿐 원사업자에게 그 귀책사유를 인정할 수도 없는 바, 이와 같이 원사업자에게 귀책사유 없이 객관적으로 유지될 수 없음이 명백한 이 사건 하도급계약의 해제를 통지하였다고 하여 이를 원사업자가 임의로 위탁을 취소한 것이라고 보기는 어렵다.

---

8) 원사업자는 2014. 3. 17. .H사와 20톤 크레인을 브라질 EEP조선소까지 운송하는 화물운송계약(이하 '이 사건 도급계약'이라고 한다)을 체결했습니다.

(2) 또한 앞서 본 이 사건의 경위에서 알 수 있는 바와 같이 이 사건 하도급계약해제 통지의 발단은 H사가 이 사건 크레인의 제작을 지연하였기 때문인데, 그 후 3자간의 협의 과정에서 선박의 재배선 시에는 신규 운송계약이 별도로 체결되어야 하고 기 배선된 선박의 배선은 취소되는 것으로 3자가 양해한 것으로 보이고, 수급사업자도 2014. 4. 29. 원사업자에게 이메일로 이러한 내용을 통보하였는바, 이러한 측면에서도 이 사건 하도급계약의 해제는 불가피한 것으로 보인다.

(3) 2014. 4. 17. H사가 원사업자에게 이 사건 크레인의 제작이 지연되므로 이 사건 크레인을 운송할 선박의 입항일정을 연기하여 달라는 내용의 협조요청 공문을 발송한 이후 2014. 6. 13. 원사업자가 수급사업자에게 이 사건 하도급계약을 해제한다는 통지를 할 때까지 원사업자, H사, 수급사업자의 3자 사이에 취소료 금액은 주된 다툼의 대상이 되었는 바, 위 인정 사실에 의하면, 원사업자는 이 사건 하도급계약의 해제에 이르기까지 H사와 수급사업자의 중간에서 이 사건 하도급계약의 해제와 관련된 수급사업자의 손실에 해당하는 취소료 문제를 해결하기 위하여 노력하였음에도 H사와 수급사업자의 이견을 좁히지 못했던 것으로 보인다.

(4) 또한 수급사업자는 2014. 4. 29. 원사업자에게 보낸 이메일에서 해상 운임 220만 달러의 90%에 해당하는 198만 달러의 지불을 요청하였고, 2014. 5. 14.에는 이에 관한 인보이스를 원사업자에게 발송하였으나, 이는 계약상 근거가 없는 것이었고, 손해액에 관한 자료도 첨부되지 않은 것이었는데, 이에 관하여 H사는 2014. 5. 20. 손해액에 관한 C사[9]의 입증서류를 요청하여 2014. 5. 27. 원사업자는 수급사업자로부터 C사 명의의 Cancellation charge 170만 달러의 인보이스를 받아 H사에 전달하였는바, 이는 2014. 5. 7. C사로부터 손해배상금으로 105만 달러를 청구하는 인보이스를 받은 수급사업자가 2014. 5. 27.경 위 인보이스를 위조한 것이었고, 이로 인하여 원사업자가 이 사건 하도급계약의 해제와 관련된 수급사업자의 손실을 보상하는 것은 더욱 어려워졌다.

---

9) 수급사업자는 H사가 입항예정 기간을 확정해 주기 이전인 2013. 10. 10. 네덜란드 국적의 C사와 입항예정 기간을 2014. 4. 11.부터 2014. 4. 30.까지, 금액은 155만 달러로 하는 용선계약을 체결했다가, H사의 입항예정 기간 확정 이후인 2014. 3. 4. 위 계약을 '입항예정 기간 2014. 5. 14.부터 2014. 6. 14.까지, 금액 168만 달러'로 변경하는 내용의 용선계약을 다시 체결했습니다.

(5) 그럼에도 불구하고 원사업자는 이 사건 하도급계약의 해제 후인 2014. 8. 29.에도 공문으로 수급사업자에게 손해액 산정에 필요한 자료를 요청하는 등 협상에 의하여 분쟁을 해결하기 위해 노력한 것으로 보인다.

2) 서울고등법원 2008. 9. 3. 선고 2008누2554 판결 (시정명령 취소, 상고하지 않아 확정)

수급사업자가 위와 같이 원사업자로부터 공급받은 페트프리폼을 다른 업체에 매도한 행위는 이 사건 계약의 주요 내용을 위반한 것으로 볼 수 있다.

3)「부당한 위탁취소, 수령거부 및 반품행위에 대한 심사지침」

아래와 같은 경우에는 부당한 위탁취소에 해당하지 않습니다.

「부당한 위탁취소, 수령거부 및 반품행위에 대한 심사지침」Ⅲ.1.

① 원사업자가 위탁을 한 후, 수급사업자가 불과 며칠 만에 회생절차를 신청하고 자재협력업체에게 지속적으로 물품대금을 미지급한 사실이 있는 등, 수급사업자의 경영관리상 문제가 있다고 보여, 원사업자가 수급사업자의 회생 절차 신청 이후 서면으로 상당한 기간을 정하여 계약이행을 최고한 후에 위탁을 취소하는 행위
② 수급사업자가 상당기간 공사를 중단하여, 원사업자가 수차례 공사재개 계획의 제출을 요구하고 불이행하면 계약을 해지할 수 있다고 고지하였음에도, 수급사업자가 이를 거절하는 등으로, 수급사업자에게 자발적인 공사 재개를 기대하기 어렵고, 납기 내 공사를 완공할 가능성이 없어, 위탁을 취소하는 행위
③ 수급사업자의 일방적 사정으로 공사현장 근로자 등에 대한 임금을 미지급 하고 정상적으로 계약을 이행할 수 없다고 인정되어, 수급사업자에게 서면으로 상당한 기간을 정하여 계약이행을 최고하고 위탁을 취소하는 행위
④ 원사업자가 제조위탁을 한 후에 다른 사업자의 신형모델 출시 등으로 제품의 판매부진이 현실화되자, 수급사업자와 충분히 협의한 후, 손실에 대해 적정한 보상을 하고 위탁을 취소하는 행위

이것만 알자!

- 원사업자가 임의로 위탁을 취소하거나 물품 수령을 거부하면 하도급법 위반이다. 예외적으로 수급사업자의 귀책이 있을 경우는 가능하지만, 그러한 사정은 원사업자가 입증해야 한다.
- 원사업자가 수급사업자에게 금전 보상을 하였거나 수급사업자의 양해를 구했다고 해서 항상 위탁취소나 수령거부가 정당화되는 것이 아니다.
- 원사업자는 물품을 납품받은 즉시 수급사업자에게 수령증명서를 발급해야 한다.

제3절 검사결과의 통지를 하지 않는다면? (§9)

CASE

수급사업자는 원사업자에게 위탁 받은 부품을 납품하였습니다. 그러나 원사업자는 그 부품에 하자가 있다는 이유로 수급사업자에게 하도급대금을 지급하지 않았습니다. 한편, 원사업자는 그 과정에서 수급사업자에게 서면으로 '검사 불합격 통지'를 하지 않았습니다.

I 억울할 때 읽어 보는 하도급법

1. 원사업자의 검사결과 통지의무

하도급법은 원사업자에게 검사결과 통지의무를 부과하고 있습니다. 즉 원사업자는 수급사업자로부터 목적물 등을 수령한 후 10일 이내에 검사결과를 수급사업자에게 통지해야 합니다. 원사업자의 목적물 수령 시점을 명확하게 특정하기 위해서입니다.

여기서 물품을 수령한 날이란, 제조위탁의 경우에는 기성부분을 통지받은 날을 포함하고, 건설위탁의 경우에는 공사의 준공 또는 기성부분을 통지받은 날을 말합니다(하도급법 제9조 제2항).

이때 검사의 기준 및 방법은 원사업자와 수급사업자가 협의하여 객관적이고 공정하게 정하여야 합니다(하도급법 제9조 제1항). 이런 검사의 기준 및 방법과 내용은 하도급계약 서류에 기재하고 수급사업자가 위탁 업무에 착수하기 전에 발급해 주어야 합니다(하도급법 시행령 제3조 제3호).

법 제9조(검사의 기준·방법 및 시기) ① 수급사업자가 납품 등을 한 목적물 등에 대한 검사의 기준 및 방법은 원사업자와 수급사업자가 협의하여 객관적이고 공정·타당하게 정하여야 한다.
② 원사업자는 정당한 사유가 있는 경우 외에는 수급사업자로부터 목적물 등을 수령한 날[제조위탁의 경우에는 기성부분(旣成部分)을 통지받은 날을 포함하고, 건설위탁의 경우에는 수급사업자로부터 공사의 준공 또는 기성부분을 통지받은 날을 말한다]부터 10일 이내에 검사 결과를

수급사업자에게 서면으로 통지하여야 하며, 이 기간 내에 통지하지 아니한 경우에는 검사에 합격한 것으로 본다. 다만, 용역위탁 가운데 역무의 공급을 위탁하는 경우에는 이를 적용하지 아니한다.

2. 검사결과를 통지하지 않으면, 합격으로 본다.

하도급법은 원사업자가 10일 이내에 검사결과를 통지하지 않으면, '검사에 합격한 것으로 간주한다'고 규정하고 있습니다(하도급법 제9조 제2항). 즉 원사업자가 검사결과를 통지하지 않았다면, 수급사업자에게 하도급대금을 지급해야 하고, 목적물을 반품하거나 하도급대금을 감액해서는 안됩니다(공정거래위원회 2017. 6. 28. 의결 2016서제2763 시정명령).

다만, 역무의 공급을 위탁하는 계약의 경우에는 이런 간주규정이 적용되지 않습니다(하도급법 제9조 제2항 단서).

3. 정당한 사유가 있다면, 10일 이후에 통지할 수 있다.

하지만 정당한 사유가 있다면, 10일 이내 검사결과 통지하지 않아도 하도급법 위반이 아닙니다(하도급법 제9조 제2항).

예를 들어 거대한 건설공사(댐·교량공사, 대단위 플랜트 공사 등), 시스템 통합 용역 등 복잡·다양한 기술적 검사가 필요해서 장기간의 검사가 불가피하게 요구되는 경우는 정당한 사유가 인정될 것입니다. 하지만 일일 평균 검사물량의 과다, 발주처에의 납기 준수 등 통상적인 사유는 정당한 사유에 해당하지 않습니다(「하도급거래 공정화지침」 Ⅲ.8-1.)

여기서의 '정당한 사유'의 유무에 대하여는 원사업자가 주장하고 입증해야 합니다(대법원 2002. 11. 26. 선고 2001두3099 판결). 따라서 원사업자는 수급사업자와 검사기간 연장에 대해 사전에 정한 절차에 따라 충분히 협의해야 합니다.

Solution

하도급법 위반에 해당할 가능성이 높습니다.

원사업자는 부품을 수령하고도 수령일로부터 10일 이내에 검사결과를 통지하지 않았기 때문입니다. 따라서 하도급법 제9조 제2항에 따라 검사에 합격한 것으로 간주되므로, 원사업자는 수급사업자에게 하도급대금을 지급해야 합니다.

서울고등법원도 유사한 사안에서 수급사업자의 귀책사유로 제품을 반품하였거나 대금을 감액하였다는 원사업자의 주장을 배척하고 원사업자가 수급사업자에게 검사결과를 서면으로 통지하지 아니하였다면 대금을 지급해야 한다고 판결하였습니다(서울고등법원 2008. 6. 18. 선고 2008누3816 판결, 심리불속행기각).

Ⅱ 심플한 정리법

1. 전체 시스템이 완성되어야 검사할 수 있다는 주장

원사업자는 여러 명의 수급사업자에게 시스템 개발 및 구축 등의 용역을 위탁하였는데, 목적물을 납품받았음에도 불구하고 검사 결과를 통지하지 않았다. 원사업자는 "개별 모듈은 단독 실행(구동)이 어렵고, 전체 시스템이 완성되어야 개별 모듈의 실행 및 다른 모듈과의 연동 여부를 검사할 수 있다."고 주장한다.

정당한 사유가 있는 경우에는 하도급법에서 정한 검사결과 통지기간(10일)의 예외가 인정됩니다(하도급법 제9조 제2항). 정당한 사유가 있는지 여부는 구체적인 사안에 따라 판단해야 하는데, 시스템 통합 용역 등 복잡한 기술적 검사가 필요하여 장기간의 검사가 불가피하게 요구되는 경우에는 정당한 사유가 인정될 수 있습니다(하도급거래공정화지침 Ⅲ.8-1.나.(2)).

한편, 공정거래위원회는 개별 모듈의 통합과정에서 하자가 발견될 가능성을 이유로 검사를 지연하고 하도급대금의 지급을 지연하는 것은 정당한 사유에 의한 것이라고 볼 수 없다고 판단했습니다. 즉 수급사업자들이 완성한 여러 개별 모듈(또는 시스템)의 연계 및 연동 과정에서 발생하는 문제에 대한 1차적 책임은 개별 모듈 개발을 담당한 수급사업자에게 있기보다는 시스템 통합 사업자인 원사업자에게 있으므로 목적물의 납품이 있으면 즉시 검사 후 수령하여야 하고, 만약 목적물을 수령한 후 통합하는 과정에서 개별 모듈의 하자가 발견되는 경우 당해 모듈을 작성한 수급사업자에게 하자보증책임을 물어야 해결할 수 있다고 보았습니다(공정거래위원회 2014. 5. 9. 의결 2013건하2004 과징금).

Ⅲ 억울할 때 찾아보는 구체적인 사례들

1. 수급사업자를 위한 사례

1) 대법원 2002. 11. 26. 선고 2001두3099 판결 (불공정하도급거래행위에 대한 의결 및 재결처분취소)

공정거래위원회가 하도급법 제25조 제1항에 의한 시정명령을 하는 경우에는 단순히 하도급대금의 발생 및 지급지연과 같은 제13조 등의 위반행위가 있었는가를 확인함에 그쳐서는 아니되고, 나아가 그 위반행위로 인한 결과가 그 당시까지 계속되고 있는지를 확인하여 비록 법 위반행위가 있었더라도 하도급대금 채무의 불발생 또는 변제, 상계, 정산 등 사유 여하를 불문하고 위반행위의 결과가 더 이상 존재하지 아니한다면, 그 결과의 시정을 명하는 내용의 시정명령을 할 여지는 없다고 보아야 한다.

원사업자가 수급사업자로부터 목적물을 수령하고도 정당한 사유 없이 10일 이내에 수급사업자에게 서면으로 검사결과를 통지하지 아니한 경우에는 검사에 합격한 것으로 본다고 규정한 취지는 검사에 합격한 것으로 봄으로써 하도급법이 적용되는 범위 안에서는 그로 인한 대금채무도 발생한 것으로 본다는 의미라고 풀이함이 상당하므로, 이러한 경우에 원사업자가 수급사업자에게 그 대금을 하도급법이 정한 바에 따라 지급하지 아니하였다면, 달리 그 대금채무가 발생하지 아니하였음이 밝혀지지 않는 한 공정거래위원회는 하도급법 제25조 제1항에서 정하고 있는 시정명령과 제25조의3 제1항 제3호에서 정하고 있는 과징금 부과 등의 조치를 할 수 있다고 보아야 한다.

2) 공정거래위원회 2019. 1. 2. 의결 2018전사0362 (시정명령)

원사업자는 수급사업자로부터 목적물을 인수한 후 60일이 경과하였음에도 하도급대금을 지급하지 아니하였다. 원사업자는 이 사건 정산합의 이후 옥상우레탄방수 등과 관련하여 하자가 발생하였고 그 원인이 그 수급사업자가 시방서와 다르게 시공한 것에 있는 바 하도급대금을 지급하지 아니할만한 정당한 사유가 인정된다고 주장한다.

살피건대, ① 원사업자가 시공 상태나 하자 여부 등에 대한 문제제기 없이 이 사건 목적물을 정상적으로 인수하였던 점, ② 목적물 인수 이후에도 수급사업자가 모든 지시사항, 시방서, 설계내역 등에 따라 정상적으로 시공하였다는 내용으로 정산합의하였던 점, ③ 설령 원사업자의 주장과 같이 수급사업자 시공내역에 하자가 일부 확인된다고 하더라도 원사업자에게 목적물 수령일로부터 10일 이내에 검사결과를 통지하도록 의무를 부여하고 동 기간 내에 통지하지 아니한 경우 검사에 합격한 것으로 규정한 법 제9조 제2항의 취지상 법정 검사기간 내에 하자 여부 등을 통지하지 아니하였다면 그 기간이 지남으로써 하도급대금도 확정적으로 발생하였다고 보아야 하는 바 이는 하자보증보험 또는 별도의 손해배상청구를 통해 해결해야 하는 점 등을 고려할 때, 원사업자의 주장은 이유 없다.

3) 공정거래위원회 2013. 1. 21. 의결 2012서제0219 (시정명령)

원사업자는 수급사업자에게 제조 위탁하였던 여성블라우스를 2011. 5. 30. 63장, 2012. 6. 4. 17장을 납품받은 후, 그 중 50장에 대하여 봉제불량 등 제품의 하자를 이유로 수급사업자에게 수선 후 납품하라는 취지로 회수하도록 하였다.

법 제9조 제2항은 위탁목적물을 수령한 날로부터 10일 이내에 서면으로 검사 결과를 통지하여야 할 의무를 원사업자에게 부과하고 있으며, 만약 원사업자가 통지의무를 지키지 않은 경우 목적물을 합격으로 간주하도록 하고 있다. 따라서 원사업자는 위탁목적물을 수령한 후 검사결과에 대한 서면통지를 하지 아니하였으므로 법 제9조 제2항을 위반되며, 수급사업자가 납품한 여성블라우스 80장에 대해서는 법 제9조 제2항에 의해 합격으로 간주된다.

원사업자는 수급사업자가 위탁목적물의 반품과 원부자재 가격을 공제하는 것에 대해 아무런 이의를 제기하지 아니하였으므로 반품 처리 및 그 사유에 대해 수급사업자가 동의한 것으로 보아야 한다고 주장하나, 반품 등에 대하여 수급사업자가 이의를 제기하지 아니하였다는 것만으로 원사업자의 반품 결정에 동의하였다고 보기 어렵다.

4) 공정거래위원회 2013. 1. 21. 의결 2012서제0967 (시정명령)

검사결과를 목적물 수령일로부터 10일 이내에 서면으로 통지하지 아니하는 경우에 있어서 정당한 사유라 함은 검사대상 물품이 과다하여 10일 이내에 검사가 곤란하거나, 상당기간 경과 후에야 비로소 합격여부에 관한 판정이 가능한 경우에 원사업자와 수급사업자가 검사기간 연장에 대하여 명백한 합의가 이루어진 경우 등을 말한다.

그런데, 원사업자과 수급사업자는 검사기준 및 검사방법에 대하여 정한 사실이 없고, 검사결과를 서면으로 통지한 사실도 없으므로, 검사결과를 10일 이내에 서면으로 통지하지 않을 정당한 사유가 있었다고 보기 어렵다.

5) 공정거래위원회 2007. 10. 22. 의결 2007서제0178 (시정명령)

원사업자는 수급사업자에게 2006. 3월부터 같은 해 10월까지 인쇄회로기판 금도금 제품 19,638대를 수령한 후 하도급대금 78,140천원 중 43,706천원을 지급기일 이내에 지급하지 아니하였으며, 아울러 하도급대금 미지급액 43,706천원에 대한 목적물 수령일로부터 60일 초과에 따른 지연이자도 지급하지 아니한 사실이 있다.

원사업자는 제조위탁한 목적물을 수급사업자로부터 2006.3.31.~2006.10.25. 기간 중 원사업자의 입고담당 직원의 확인을 거쳐 수령하면서 10일 이내에 제품검사결과를 수급사업자에게 서면으로 통지한 사실은 없으나, 나중에 수급사업자가 납품한 제품이 원사업자의 발주처로부터 불량판정을 받았기 때문에 납품대금 및 이의 지연지급에 따른 이자를 지급할 수 없다고 주장한다.

살피건대, 원사업자가 제조위탁한 목적물을 수급사업자로부터 원사업자의 입고담당 직원의 확인을 거쳐 수령하면서 10일 이내에 제품검사 결과를 수급사업자에게 서면으로 통지하지 아니하였고, 설사 같은 제품들이 정상적 검수로 인정된 후 사용과정에서 품질불량 제품이 발견되고 이로 인하여 원사업자가 손해를 보았다 하더라도 이는 별도의 민사적인 절차에 따라 다투어야 할 사안이며, 이 사안이 하도급법상 원사업자의 하도급대금지급 의무를 면제하는 것은 아니라고 할 것이다.

2. 원사업자를 위한 사례

1) 공정거래위원회 2019. 1. 9. 의결 2016건하1598 (과징금)

① 이 사건 시공완료확인서의 경우 수급사업자가 공사의 완료에 따라 자발적으로 작성하여 제출하였다고 보기 어렵고, ② 발주처가 전체 건축물에 대하여 사용승인을 신청할 때 관할 행정기관의 임의적 제출요청에 따라 작성되는 서류인 점, ③ 일부 시공완료확인서의 경우 작성일이 분명하게 기재되어 있지 않고, 수급사업자가 이를 작성한 날부터 상당기간이 경과한 후 관할 행정기관에 제출되거나 공사가 완료되지 않은 시점에도 원사업자에 의해 일괄적으로 제출되기도 한 것으로 보이는 점 등을 종합적으로 고려할 때 이를 해당 수급사업자가 실제 준공통지를 한 것으로 보기 어렵다. 따라서 수급사업자가 시공완료확인서를 제출한 날부터 10일 이내 수급사업자에게 검사 결과를 서면으로 통지하지 아니하였더라도 하도급법 제9조 제2항에 위반되지 아니한다.

이것만 알자!

- 원사업자는 물품수령후 10일 이내 수급사업자에게 검사결과를 서면으로 통지해야 한다.
- 10일 이내에 검사결과를 통지하지 않으면, 검사에 합격한 것으로 본다.
- 10일 이내에 검사결과 통지를 하기 어렵다면 수급사업자와 검사 기준에 대하여 충분히 협의한 후 증빙 서류를 남겨두어야 한다.

제4절 부당하게 반품하려 한다면? (§10)

CASE

원사업자는 수급사업자에게 계절상품의 제조를 위탁하고, 하도급계약서에는 "계절상품 등 특정 기간에 판매되는 상품은 기간 종료 후에는 반품하기로 한다."고 약정했습니다. 원사업자는 이 약정을 근거로 계절이 지난 후에 판매되지 아니한 계절제품을 수급사업자에게 반품했습니다. 원사업자는 하도급계약에 정해진 약정에 따라 반품한 것이므로 문제없다고 주장합니다.

I 억울할 때 읽어 보는 하도급법

1. 원사업자의 부당반품 금지의무

수급사업자가 원사업자에게 납품을 했다면, 목적물은 원사업자의 것입니다. 따라서 목적물을 처분하지 못한 잘못도 원사업자에게 귀속되어야 합니다. 그럼에도 불구하고 원사업자가 수급사업자에게 손실을 전가하기 위해 특별한 이유 없이 위탁 목적물을 반품하고, 수급사업자는 거래관계를 유지하기 위하여 손실을 감수하면서 반품을 받아주는 경우가 있습니다.

하도급법은 이런 경우 수급사업자를 보호하기 위하여, 원사업자가 수급사업자로부터 목적물을 수령했다면, 수급사업자의 귀책사유가 없는 한 반품하는 것을 금지하고 있습니다.

법 제10조(부당반품의 금지) ① 원사업자는 수급사업자로부터 목적물 등의 납품 등을 받은 경우 수급사업자에게 책임을 돌릴 사유가 없으면 그 목적물 등을 수급사업자에게 반품(이하 "부당반품"이라 한다)하여서는 아니 된다. 다만, 용역위탁 가운데 역무의 공급을 위탁하는 경우에는 이를 적용하지 아니한다.

2. 부당한 반품이란?

'부당반품'에 해당하기 위해서는 ① 원사업자가 목적물을 수령 또는 인수하였고[10], ② 수급사업자에게 책임을 돌릴 사유가 없음에도, ③ 그 형식에 상관없이 수령한 목적물을 수급사업자에게 되돌려 보내는 행위를 말합니다. 다만, 용역위탁 가운데 역무의 공급을 위탁한 경우는 제외합니다.

공정거래위원회는 주로 위탁 계약의 체결 및 반품의 경위, 반품한 목적물 등의 범위, 계약이행 내용과 위탁할 때의 반품조건, 검사방법, 반품에 따른 손실의 분담, 목적물 등의 수령부터 반품까지의 기간 등 사정을 고려하고 있습니다(「부당한 위탁취소, 수령거부 및 반품행위에 대한 심사지침」 Ⅲ.3.나.).

반면, 수급사업자의 귀책사유인 경우는 원사업자가 수급사업자에게 제품을 반품하여도 부당반품에 해당하지 않습니다. 여기서 수급사업자의 책임으로 돌릴 사유란 수급사업자의 귀책사유로 목적물 등이 위탁 내용과 다르거나 목적물의 하자가 있는 등 일반적으로 계약의 목적을 달성할 수 없는 경우를 말합니다.

3. 이런 행위는 부당한 반품이다. '간주조항'

하도급법은 아래와 같이 부당한 반품으로 간주되는 경우를 규정하고 있습니다.

법 제10조(부당반품의 금지) ② 다음 각호의 어느 하나에 해당하는 원사업자의 행위는 부당반품으로 본다.

1. 거래 상대방으로부터의 발주취소 또는 경제상황의 변동 등을 이유로 목적물 등을 반품하는 행위
2. 검사의 기준 및 방법을 불명확하게 정함으로써 목적물 등을 부당하게 불합격으로 판정하여 이를 반품하는 행위
3. 원사업자가 공급한 원재료의 품질불량으로 인하여 목적물 등이 불합격품으로 판정되었음에도 불구하고 이를 반품하는 행위
4. 원사업자의 원재료 공급 지연으로 인하여 납기가 지연되었음에도 불구하고 이를 이유로 목적물 등을 반품하는 행위

---

10) 원사업자가 목적물을 수령 또는 인수하기도 전에 목적물의 수령이나 인수를 거절하는 경우에는 이는 부당반품의 문제가 아니라, 하도급법 제8조(부당한 위탁취소의 금지)의 적용대상입니다.

나아가 「부당한 위탁취소, 수령거부 및 반품행위에 대한 심사지침」은 위 4가지 사유에 대한 구체적인 사례를 설명하고 있습니다. 다음 파트에서 이에 대해 구체적으로 알아보겠습니다.

Solution

하도급법 위반에 해당할 가능성이 높습니다.

원사업자는 계약서의 반품 약정에 따라 계절상품을 반품한 것이므로 부당한 반품이 아니라고 주장할 수 있습니다. 그러나 단순히 반품 약정이 있었다는 사실 자체만으로 수급사업자에게 책임을 돌릴 사유가 있다고 인정할 경우 하도급법의 취지를 일탈할 우려가 있습니다. 따라서 반품 약정 내용 및 약정 체결 경위 등을 종합적으로 고려하여 수급사업자에게 책임을 돌릴 사유가 있는지 여부를 검토해야 합니다.

공정거래위원회는 유사한 사건에서 "계절상품이라는 상품 특수성을 고려하면 반품 약정을 체결하는 것도 가능하다. 하지만 이러한 규정은 원사업자가 판매기간 종료 후 남은 상품을 합리적인 기준에 의해 반품할 수 있다고 정한 것이 아니라, 판매기간 이후에는 무조건 반품 가능하도록 규정하여 판매부진 책임을 수급사업자에게 전하는 결과를 초래한다. 따라서 수급사업자의 진정한 의사를 반영하여 체결된 것으로 보기 어려우므로 이런 반품 약정이 있었다는 사실만으로 수급사업자에게 책임을 돌릴 사유가 있다고 보기 어렵다."라고 판단했습니다(공정거래위원회 2008. 3. 4. 의결 2007가유2888 과징금).

Ⅱ 심플한 정리법

1. 수급사업자도 반품에 동의했다는 주장

원사업자는 수급사업자도 반품에 대하여 합의하였고 이의를 제기하지 않았으므로 아무런 문제가 없다고 주장한다.

수급사업자가 반품에 대하여 합의를 했거나 원사업자의 반품에 대하여 수급사업자가 이의제기를 하지 아니한 경우라도, 원사업자가 수급사업자에게 책임을 돌릴 사유가 없는데 반품한 경우라면, 하도급법 제10조 위반 행위에 해당합니다(공정거래위원회 2013. 1. 21. 의결 2012서제0219 시정명령).

한편, 수급사업자의 동의가 자발적으로 이루어진 것인지 아니면 거래관계의 지속을 위하여 어쩔 수 없는 강요에 의하여 이루어진 것인지가 다투어지는 경우가 많습니다.

이 경우 대법원은, 원사업자의 거래상 우월적 지위의 정도, 수급사업자의 원사업자에 대한 거래 의존도, 거래관계의 지속성, 거래 상품의 특성과 시장상황, 거래 상대방의 변경가능성, 당초의 하도급대금과 변경된 하도급대금의 내용, 변경경위, 수급사업자가 입은 불이익의 내용과 정도 등을 정상적인 거래관행이나 상관습 및 경험칙에 비추어 자발적 동의 여부를 판단하고 있습니다(대법원 2003. 12. 26. 선고 2001두 9646판결, 시정명령등취소).

Ⅲ 억울할 때 찾아보는 구체적인 사례들

1. 공정거래위원회 2009. 9. 1. 의결 2009하개1116 (시정명령)

원사업자는 수급사업자로부터 사출물을 2005년 12월경과 2008년 10월경 두 차례 납품받은 후, 아래 납품받은 날부터 2~6월이 경과한 시점에 소요량보다 과다하게 발주하였다는 이유로 반품하였다.

이에 대해 원사업자는 발주할 당시 필요한 수량을 초과하여 발주하였기 때문에 추가 수량에 해당하는 제품을 반품하였다고 주장하나, 원사업자가 제출한 '추가 소명자료'에서 원사업자 직원의 실수로 인한 과잉발주가 있었으며 이로 인해 반품한 것이라고 스스로 인정하고 있으므로 수급사업자에게 과잉발주에 대한 귀책사유가 있다고 보기 어렵다. 또한, 원사업자가 이 사건 하도급거래와 관련하여 위 수급사업자와 체결한 '물품거래 기본계약서' 제5조에서 '원사업자의 수입검사 기준에 따라 물품 수령 후 즉시 검사를 완료하여야 하고, 원사업자는 검사결과를 즉시 수급사업자에게 통보'하도록 규정하고 있으나 원사업자가 사출물을 납품받은 후 검사결과를 통보한 적이 없는 점 등을 고려할 때, 사출물에 수급사업자에게 책임을 돌릴 반품사유가 있었다고 보기도 어렵다.

2. 「부당한 위탁취소, 수령거부 및 반품행위에 대한 심사지침」

원사업자가 아래와 같은 행위를 한다면 부당한 반품행위에 해당합니다.

「부당한 위탁취소, 수령거부 및 반품행위에 대한 심사지침」 Ⅲ.3.다.

① 불경기에 따른 소비 위축으로 의류 판매가 부진하자 이들 의류를 수급사업자에게 반품하는 경우,
② 완구제품을 제조 위탁하면서 안전규격에 대해 특별한 요청이 없어 국내 안전규격에 맞추어 제조하였는데, 원사업자가 EU 안전규격에 미치지 못한다는 이유로 불합격시키고 반품하는 경우,
③ 원사업자가 공급한 원단의 품질 불량으로 인하여 납품한 방수의류의 방수성능이 검사기준 미만일 수밖에 없음이 확인되었음에도 이들 방수의류를 반품한 경우,
④ 원사업자가 발런타이데이를 겨냥하고 초콜릿 제품의 제조를 위탁하면서 카카오페이스트를 1. 24.까지 공급하기로 하였으나, 2주일 후인 2. 7.에 공급함으로써 2. 10. 납기를 지키지 못하고 2. 13. 납품하자, 초콜릿 제품의 유통과 판매가 어렵다는 이유로 반품한 경우,

⑤ 수급사업자가 원자재의 일시적 품귀현상으로 인하여, 약정물량의 1/2에 대하여 납기를 3개월 연장해줄 것을 요청하였고, 원사업자도 이를 양해하여, 수급사업자가 연장된 납기에 맞추어 납품을 하였음에도, 그 사이 유행이 바뀌어 완제품의 판매가 부진 하자, 원사업자가 갑자기 당초 납기를 지키지 않았다는 이유로 반품하는 경우,

⑥ 수급사업자가 계약 당시 정한 검사기관에서 검사를 필하고 납품하였음에도, 원사업자가 갑자기 다른 검사기관에서 다시 검사를 받아 납품할 것을 요구하면서 이를 들어주지 않는다면서 반품한 경우

이것만 알자!

- 수급사업자의 귀책사유가 없음에도 원사업자가 반품하면 하도급법 위반이다.
- 발주자가 거래를 취소하거나 경제상황이 변경되었다는 사정은 수급사업자의 귀책사유라고 할 수 없다.
- 수급사업자가 반품동의를 하였다고 해도 하도급법 위반에 해당될 수 있다.

제5절 경영상 중요한 정보를 요구한다면 (§18)

CASE 원사업자는 1차 수급사업자에게 중장비 관련 부품의 제조를 위탁했습니다. 나아가 원사업자는 2차 수급사업자와 직접 협상을 하여 금형 단가를 결정했습니다. 그리고 1차 수급사업자가 2차 수급사업자와 재하도급계약을 체결할 때 그 단가를 그대로 적용하도록 했습니다. 이에 대하여 원사업자는 제품의 품질수준 및 제품간 호환성을 유지하기 위해 재하도급 거래에 개입할 필요성이 있었다고 주장합니다.

I 억울할 때 읽어 보는 하도급법

1. 원사업자의 경영간섭 금지의무

수급사업자는 독립적인 사업주체이므로 경영활동에 관한 의사결정을 자주적으로 할 수 있어야 합니다. 하지만 원사업자는 수급사업자에게 거래상대방을 제한하거나 원가자료를 제출하도록 요구하기도 하는데, 수급사업자는 이런 요구사항을 쉽게 거절할 수 없는 경우가 많습니다.

하도급법은 수급사업자를 보호하기 위해서, 원사업자가 우월적 지위를 이용하여 수급사업자의 경영에 간섭하는 행위를 금지하고 있습니다.

법 제18조(부당한 경영간섭의 금지) ① 원사업자는 하도급거래량을 조절하는 방법 등을 이용하여 수급사업자의 경영에 간섭하여서는 아니 된다.

2. 부당한 경영간섭의 판단기준

경영간섭 행위란 수급사업자가 자율적으로 결정할 수 있는 사안에 대해 간섭하는 원사업자의 행위를 말합니다.

이러한 경영간섭 행위가 부당한지 여부는 원사업자의 사적인 이익을 위한 것인지, 국민경제 발전 도모라는 공익을 위한 것인지, 수급사업자에게 불이익한 결과를 초래하는지, 비용절감 등 효율성 증진 효과가 있는지, 수급사업자의 경영여건이나 수급사업자 소속 근로자의 근로조건 개선 효과를 나타낼 수 있는지 여부 등을 종합적으로 고려해서 판단합니다(「하도급거래공정화지침」 Ⅲ.17.가).

3. 이런 행위는 부당한 경영간섭이다. '간주 조항'

하도급법은 다음과 같은 경우에는 '부당한 경영간섭'으로 간주된다고 규정하고 있습니다.[11]

> **법 제18조(부당한 경영간섭의 금지)** ② 다음 각 호의 어느 하나에 해당하는 원사업자의 행위는 부당한 경영간섭으로 본다.
> 1. 정당한 사유 없이 수급사업자가 기술자료를 해외에 수출하는 행위를 제한하거나 기술자료의 수출을 이유로 거래를 제한하는 행위
> 2. 정당한 사유 없이 수급사업자로 하여금 자기 또는 자기가 지정하는 사업자와 거래하도록 구속하는 행위
> 3. 정당한 사유 없이 수급사업자에게 원가자료 등 공정거래위원회가 고시하는 경영상의 정보를 요구하는 행위

실무적으로 제3호의 '원가자료 등 경영상의 정보를 요구하는 행위'의 범위에 관해서 논란이 있습니다. 이에 대해 공정거래위원회는 경영상 정보의 유형에 대해 다음과 같이 고시하고 있습니다. 이 고시에 의하면 '경영상 정보'의 범위가 매우 광범위 하기 때문에 원사업자는 수급사업자에게 자료를 요청할 때 신중해야 합니다.

「하도급법상 요구가 금지되는 경영상 정보의 종류 고시」

정보의 종류	예시
수급사업자가 목적물 등의 납품을 위해 투입한 재료비, 노무비 등 원가에 관한 정보	원가계산서, 원가내역서, 원가명세서, 원가산출내역서, 재료비, 노무비 등의 세부지급 내역 등
수급사업자가 다른 사업자에게 납품하는 목적물 등의 매출 관련 정보	매출계산서, 거래처별 매출명세서 등

11) 구 하도급법은 부당한 경영간섭의 구체적인 형위 유형에 대해서 정하고 있지 않았습니다. 이후 개정 하도급법([시행 2018. 7. 17.] [법률 제15362호, 2018. 1. 16., 일부개정])은 간주조항을 신설했습니다.

정보의 종류	예시
수급사업자의 경영전략 관련 정보	제품 개발·생산 계획, 판매 계획, 신규투자 계획 등에 관한 정보 등
수급사업자의 영업 관련 정보	거래처 명부, 다른 사업자에게 납품하는 목적물 등의 납품조건(납품가격을 포함)에 관한 정보 등
수급사업자가 다른 사업자와의 거래에서 사용하는 전자적 정보 교환 전산망의 고유식별명칭, 비밀번호 등 해당 전산망에 접속하기 위한 정보	-

한편, 원사업자는 정당한 사유가 있다면 수급사업자에게 경영상의 정보를 요구할 수 있습니다. 이때 정당한 사유란 행위의 합목적성 및 대체 수단의 유무 등을 고려할 때 원사업자의 위탁 목적을 달성하기 위하여 수급사업자의 경영상 정보가 절차적, 기술적으로 불가피하게 필요한 경우를 의미합니다.12)

단, 이 경우에도 목적 달성을 위해 필요한 최소 범위를 넘는 정보를 요구하는 것은 허용되지 않습니다. 예를 들어, 원사업자는 수급사업자가 정보 제공의 목적과 무관한 일부 내용을 삭제한 상태로 정보를 제공하였음에도 불구하고 완전한 상태의 경영상 정보의 제공을 요구하여서는 아니됩니다.

원사업자가 예외적으로 경영상 정보를 요구할 수 있는 사유의 예시는 아래와 같습니다. 이 예시에 해당하지 않더라도 원사업자가 정당한 사유를 별도로 입증하는 경우에는 위법으로 보지 않을 수 있습니다.

「하도급거래공정화지침」 Ⅲ.17.마.

① 관계법령 상 원사업자의 의무 이행을 위해 필요한 경우
② 원사업자·수급사업자가 공동으로 입찰에 참여하는 과정에서 정보 공유가 필요한 경우
③ 원사업자·수급사업자가 공동으로 제품을 개발하는 과정에서 필요한 세부 정부를 요구하는 경우
④ 양산되지 않거나 시장가격이 형성되지 않은 품목에 관하여 정산 등 계약 이행을 위해 필요한 정보를 요구하는 경우
⑤ 공정거래협약 평가를 위해 2차 이하 협력업체에게 지원실적 증빙자료를 요구하는 경우

12) 원사업자가 예외적으로 경영상 정보를 요구할 수 있는 '정당한 사유'의 판단 기준이 없어 사업자들의 예측 가능성이 낮은 문제가 있자, 공정거래위원회는 「하도급거래공정화지침」을 개정하여 '정당화 사유'의 판단 기준 및 예시를 구체적으로 규정하였습니다. [시행 2020. 3. 9.]

Solution

하도급법 위반에 해당할 가능성이 높습니다.

수급사업자는 원사업자로부터 독립된 별개의 사업자이므로 원사업자는 자기의 거래상대방인 수급사업자에 대해서 하도급 거래조건이나 하도급대금 등을 자유롭게 결정할 권리가 있습니다. 물론 원사업자는 이러한 수급사업자의 권리를 제한하여서는 안됩니다.

이 사안에서 원사업자가 수급사업자의 재하도급 단가결정에 개입한 행위는 경영의 본질적인 사항인 납품가격 결정권을 제한한 것입니다. 따라서 부당한 경영간섭으로서 정당성을 인정받기 어려울 것입니다(공정거래위원회 2009. 1. 8. 의결 2008하개1671 시정명령).

Ⅱ 심플한 정리법

1. 원사업자가 설비 개발 자금을 지원했다는 주장

원사업자는 1차 수급사업자에게 고가의 금형설비 신규개발에 필요한 자금을 지원했다. 따라서 원사업자는 1차 수급사업자와 2차 수급사업자 사이에 체결하는 재하도급 계약에 개입하여 재하도급대금을 결정하더라도, 이는 부당한 경영간섭에 해당하지 않는다고 주장한다.

하도급법 위반 가능성이 높습니다. 원사업자가 금형설비 개발 비용을 부담했다고 하더라도, 재하도급대금을 결정하는 것은 부당한 경영간섭에 해당할 수 있습니다.

공정거래위원회는, 원사업자가 1차 수급사업자에게 자금이나 기술을 지원하였다고 하더라도, 재하도급 계약의 거래 조건에 개입하는 것은 부당한 경영간섭이라고 보았습니다. 1차 수급사업자는 원사업자와의 별개의 독립된 사업자이고, 특히 재하도급대금은 1차 수급사업자의 경영에 관한 핵심사항이기 때문입니다(공정거래위원회 2009. 1. 20. 의결 2008하개2356 시정명령).

2. 노무비 구분관리제도[13] 관련 주장

원사업자는 수급사업자의 임금 체불을 방지하기 위해 노무비 구분관리제도를 도입하고, 수급사업자에게 노무자 등 현황을 시스템 관리업체에 등록하도록 했다.

노무비 구분관리제도는 건설근로자의 임금을 보호하기 위해 국토교통부 등에서 도입한 제도입니다. 따라서 노무비 구분관리제도를 활용하는 것은 하도급법 제18조에서 규정하고 있는 부당한 경영간섭에 해당하지 않습니다(2014. 12. 건설하도급 관련 판례 및 질의회신, 대한건설정책연구원).

13) 발주자, 원사업자, 수급사업자가 노무비를 그 외의 대가와 구분하여 관리하고 노무자 개인 계좌로 입금하는 제도입니다. 즉 기성대가를 지급할 때 공사비와 노무비를 구분하여 관리하고, 노무비는 별도의 계좌로 지급하게 됩니다. 2012. 1. 1. 이후 도급계약을 체결하는 공공공사부터 적용하게 되었습니다(「건설근로자 노무비 구분관리 및 지급확인제 추진지침」 2011. 12. 국토교통부).

한편, 원사업자는 '하도급대금 지급관리 시스템'을 통해서 수급사업자에게 하도급대금을 지급하는 방식도 고려해 볼 수 있습니다. 공정거래위원회는 이런 방식으로 하도급대금을 지급하는 것은 부당한 경영간섭에 해당하지 않는다고 보고 있습니다(「하도급거래공정화지침」 Ⅲ.17.다.).

공정거래위원회는 현재 '하도급대금 지급관리시스템'으로 산업통상자원부 고시 「상생결제시스템 결제대금예치계좌 운영요령」 제2조 제1호에서 규정하고 있는 '상생결제시스템'을 지정고시하고 있습니다(공정거래위원회 고시 제2017-8호, 2017. 6. 28., 제정).

3. 선급금을 공동관리하자는 주장

원사업자가 수급사업자에게 선급금을 지급하되, 원사업자와 수급사업자의 공동명의 통장으로 입금하였다. 그리하여 결과적으로 원사업자와 수급사업자가 선급금을 공동관리하게 되었다.

하급심 판례는 이런 행위를 부당한 경영간섭에 해당하지 않는다고 보았습니다. 법원은, 원사업자가 계약체결 전 입찰과정에서 수급사업자에게 선급금의 공동관리에 관해서 이미 설명한 점, 수급사업자는 이를 수용하여 원사업자와 계약을 체결한 점, 그 취지가 자금 사용을 일부 제한함으로써 계약의 적정한 이행을 확보하기 위한 것인데 실제 취지에 맞게 전액 사용된 점 등을 고려했습니다(대구지방법원 2014. 7. 31. 선고 2012가단24467 판결).

하지만, 이런 판례에 대해, 수급사업자의 열위적 지위를 보완하려는 하도급법의 취지에 비추어 볼 때 타당하지 않다는 비판도 있습니다(2014. 12. 건설하도급 관련 판례 및 질의회신, 대한건설정책연구원).

Ⅲ 억울할 때 찾아보는 구체적인 사례들

1. 수급사업자를 위한 사례

1) 대법원 2011. 10. 13. 선고 2010두8522 판결 (시정명령등취소)

원사업자는 자신이 운영하는 A 백화점 및 그와 경쟁 관계에 있는 B 백화점에 동시에 입점해 있는 납품업체의 B 백화점에서의 매출현황을 파악하기 위하여 85개 납품업체(122개 상표, 2006. 5. 기준)들로부터 B 백화점의 이디아이(EDI, Electronic Data Interchange) 시스템에 접속할 수 있는 권한을 제공받아 B 백화점의 이디아이 시스템에 접속하여 주기적으로 매출정보를 취득한 사실, 원사업자가 위와 같은 방법으로 취득한 매출정보를 바탕으로 매출대비율을 작성한 후 A 백화점 대비 B 백화점의 매출비중이 높거나 50% 이상(A 백화점에서의 매출액의 절반 이상에 해당되는 매출액을 B 백화점에서 실현하고 있는 경우)인 상표의 납품업체에 대하여는 A 백화점에서 할인행사를 진행하도록 하거나 B 백화점에서 할인행사를 진행하지 못하도록 하여 결국 매출대비율을 일정한 수준으로 유지하는 내용의 특별관리방안을 마련하여 시행하였다.

비록 납품업체들이 원사업자에게 B 백화점의 이디아이 시스템 접속권한을 제공하였다 하더라도 이는 거래상 우월적 지위에 있는 원사업자의 요구를 거부할 수 없었기 때문이라고 봄이 상당한 이상, 원사업자는 자기의 거래상 지위를 부당하게 이용하여 납품업체들이 매출대비율을 일정하게 유지하도록 관리하고 A 백화점 및 경쟁 백화점에서 할인행사를 진행할지 여부에 관한 자유로운 의사결정을 저해하는 등 납품업체들의 거래내용을 제한함으로써 경영활동을 간섭하였다.

2) 서울고등법원 2009. 11. 12. 선고 2008누11237 판결 (시정명령등취소, 심리불속행기각)

원사업자가 수급사업자들에게 휴대폰 부품제조를 위탁하면서 수급사업자에게 승인원의 제출시 핵심기술자료를 제공하도록 하고, 재하도급업자 관리를 위한 인력을 별도로 운영토록 요구하였으며, 재하도급업자 선정 및 작업자 변경 시에도 승인을 받도록 하면서 실적이 부진할 경우 물량감축 등의 불이익을 준 것은 품질유지라는 본래의 목적을 넘어 수급사업자의 재하도급 거래 내용을 간섭한 행위로서 하도급법

제18조 부당한 경영간섭 행위에 해당한다.

이에 대해서 원사업자는, 수급사업자로부터 '승인원(Specification Sheet)'을 제공받아 수급사업자가 공급하는 부품의 적합성 여부를 확인하는 것은 품질관리를 위하여 필수적인 사정이고, 승인원에는 수급사업자의 핵심기술이나 고유기술이 기재되어 있는 것이 아니며, 한편 휴대폰의 품질관리를 위해 원사업자가 수급사업자와 재하수급업자(2차 수급사업자 또는 2차 벤더)에 대한 점검과 지도를 하는 것은 당연한 일이므로, 원사업자는 이 과정에서 어떠한 부당한 영향력을 행사한 적도 없고, 수급사업자에게 재하수급업자 관리인력을 둘 것을 강요하거나 그 선임에 간섭한 적도 없으며, 재하수급업자에 대한 실사를 실시하도록 요구한 것은 품질유지를 위하여 필수적이고 정당한 행위라고 주장한다.

하지만, 원사업자가 수급사업자에 그 승인원을 요청한 제품인 휴대용 충전기는 수급사업자가 자체적으로 개발하여 원사업자에게 납품하는 ODM(Original Design Manufacturing) 제품으로서 다른 부품에 비해 그 구조나 동작원리가 비교적 간단한 것으로 보이는데도 그 승인원에는 회로도, 부품의 종류와 구체적인 기능, 동작원리뿐만 아니라 원자재 구매처 및 제조공정 등 구체적인 조립방법까지 나타나 있는 점, 원사업자가 2004년 8월경 마련한 '04년 2차 벤더 관리 방안'에는 협력업체 자체 판단에 따른 2차 벤더의 변경을 금지하고 협력업체로 하여금 2차 벤더 관리 전담 인력을 선정하여 운용하도록 하며 위 인력으로 하여금 2차 벤더를 정기적으로 방문하여 그 결과를 원사업자에게 월 1회 제출하도록 한 점, 원사업자가 2004년 11월경 마련한 '2차 벤더 관리기준에서는 변경점 신고의 경우 반드시 구매부서를 창구로 하여 승인하도록 하고 규정 미준수 업체는 1차 경고 조치 후 재발시 거래축소 등의 조치를 취하여 협력업체로 하여금 2차 벤더 관리 담당 인력을 선정하게 하고 위 인력의 주요 역할까지 구체적으로 기재되어 있는 점, 2004년 12월 위 기준은 내부결재가 이루어져 2005. 1. 11. 내지 1. 13.까지 사이에 사내 전자우편을 통해 전사에 배포된 점, 원사업자가 제출한 '총괄별 2次 Vender 관리 세부현황'에 '2차 Vender 현황을 별도로 File로 관리하고 있으며, 분기별로 Up-date 실시함'이라고 기재되어 있는 점, 원사업자는 2005. 1. 17.에도 위 2차 벤더 관리 기준과 유사한 내용을 가진 '2차 벤더 관리 방안'을 마련하기도 한 점 등에 비추어 보면, 원사업자의 행위는 품질유지라는 본래의 목적을 넘어 수급사업자의 재하도급 거래내용을 간섭한 행위로서

법 제18조가 금지하는 부당한 경영간섭행위에 해당된다고 할 것이므로, 원사업자의 위 주장도 받아들일 수 없다.

3) 「하도급거래공정화지침」

원사업자가 아래와 같은 행위를 한다면 부당한 경영간섭에 해당합니다.

「하도급거래공정화지침」 Ⅲ.17.나.

(1) 수급사업자가 임직원을 선임·해임함에 있어 자기의 지시 또는 승인을 얻게 하거나 수급사업자의 의사에 반하여 특정인을 채용하게 하는 등의 방법으로 인사에 간섭하는 행위
(2) 수급사업자의 생산품목·시설규모 등을 제한하는 행위
(3) 1차 수급사업자의 재하도급거래에 개입하여 자신의 위탁한 목적물의 품질유지 및 납기내 납품여부 등 하도급거래의 목적달성과 관계없이 원사업자 자신이나 특정한 자(회사 또는 자연인)의 사적 이득을 위해 2차 수급사업자의 선정·계약조건설정 등 재하도급거래 내용을 제한하는 행위
(4) 수급사업자가 정상적으로 공사를 시공 중에 있음에도 불구하고 수급사업자의 의사에 반하여 현장근로자를 동원하여 공사를 시공케 하는 행위
(5) 수급사업자로 하여금 자신 또는 자신의 계열회사의 경쟁사업자와 거래하지 못하도록 하는 행위
(6) 원사업자가 자신이 위탁한 목적물의 품질유지 및 납기 내 납품여부 등 하도급거래의 목적달성과 관계없이 원사업자 자신이나 특정한 자(회사 또는 자연인)의 사적 이득을 위해 수급사업자의 사업장에 출입하여 생산과정, 투입인력, 재료배합 등을 실사하는 행위. 다만, 건설위탁의 경우 원사업자가 공사 현장에 출입하는 행위는 이에 해당하지 아니한다.

2. 원사업자를 위한 사례

1) 대법원 2000. 10. 6 선고 99다30817 판결 (주유소운영권등확인·시설물명도)

고속도로상의 주유소가 가지는 진출입 제한이라는 장소적 특성과 유류라는 거래상품 및 그 관련 시장의 상황과 특성, 고속도로상 주유소의 설치 및 관리주체인 한국도로공사가 각 개별 주유소에 관한 운영계약을 체결하게 된 경위 등을 고려할 때, 한국도로공사가 체결한 주유소에 관한 운영계약에서 그 유류 공급 정유사를 한국도로공사가 지정하는 것이 우월적 지위의 남용행위로서의 경영간섭이나 경쟁제한적 효과를 수반하는 구속조건부 거래행위 등의 불공정거래행위에 해당한다고 할 수 없다.

2)「하도급거래공정화지침」

아래와 같은 행위는 부당한 경영간섭에 해당하지 않습니다.

「하도급거래공정화지침」 Ⅲ.17.다.

(1) 원사업자가 하도급법 제3조의3에 근거한 협약(이하 '협약'이라 함) 체결의 대상이 되는 수급사업자에게 행하는 다음과 같은 행위
   ① 2차 또는 그 이하 수급사업자와 협약을 체결하도록 권유하는 행위
   ② 원사업자가 수급사업자에게 지원한 범위 안에서 2차 또는 그 이하 수급사업자에게 지원하도록 요청 내지 권유하는 행위
   ③ 2차 또는 그 이하 수급사업자에 대한 지원실적의 증빙자료를 제출하도록 요청하는 행위

(2) 원사업자가 협약을 체결하지 않은 경우일지라도 수급사업자에게 다음과 같은 행위를 통해 지원하면서 수급사업자로 하여금 2차 또는 그 이하 수급사업자에게도 동일한 행위를 하도록 요청 또는 권유하는 행위
   ① 표준하도급계약서를 사용하여 계약을 체결하는 행위
   ② 하도급대금 지급관리시스템을 통해 하도급대금을 지급하는 행위
   ③ 하도급대금을 일정한 기한 내에 일정한 현금결제비율로 지급하는 행위
   ④ 인건비·복리후생비 지원 등 근로조건을 개선하는 행위
   ⑤ 직업교육·채용박람회 실시 및 채용연계 등 일자리창출을 지원하는 행위
   ⑥ ① ~ ⑤ 이외의 행위로서 효율성 증진·경영여건 개선·소속 근로자 근로조건 개선 등의 효과를 발생시키는 행위

이것만 알자!

- 원사업자가 수급사업자의 경영에 간섭하면 하도급법 위반이다.
- 정당한 사유 없이 수급사업자로 하여금 자기 또는 자기가 지정하는 사업자와 거래하도록 구속하면 하도급법 위반이다.
- 정당한 사유 없이 원사업자가 수급사업자에게 원가자료 등을 요구하면 하도급법 위반이다.

제6절 신고를 이유로 계약을 해지하려고 한다면? (§19, §20)

CASE 원사업자가 하도급대금을 지급하지 아니하자, 수급사업자는 원사업자를 공정거래위원회에 신고했습니다. 그러자 원사업자는 "수급사업자가 원사업자의 명예를 훼손할 경우 계약을 해제할 수 있다."는 계약 조항을 근거로 하도급계약을 해제하였습니다.

I 억울할 때 읽어 보는 하도급법

1. 원사업자의 보복조치 및 탈법행위의 금지

수급사업자가 원사업자를 공정거래위원회에 신고하였다는 이유로 불이익을 받는다면, 하도급법의 실효성은 떨어질 것입니다. 이에 하도급법은 원사업자로 하여금 수급사업자의 신고 등을 이유로 하여 수급사업자에게 불이익을 주지 못하도록 규정하고 있습니다(하도급법 제19조).

또한 하도급법은 법에서 정면으로 금지하고 있는 행위 유형에는 해당하지 않지만, 우회적인 방법으로 하도급법 적용을 면탈하는 행위도 금지하고 있습니다(하도급법 제20조).

2. 보복조치란?

하도급법에서 금지하는 보복조치에 해당하기 위해서는 ① 수급사업자가 공정거래위원회 등에 신고를 하고, ② 원사업자가 수급사업자의 수주기회를 제한하거나 거래를 정지하는 등 불이익한 조치를 취해야 하며, ③ 원사업자의 그러한 조치는 수급사업자의 신고에서 비롯된 것(인과관계)이어야 합니다.

실무적으로 문제가 되는 부분은, 원사업자의 보복 조치와 수급사업자의 신고 사이에 인과관계가 있는지 여부에 관한 것입니다. 공정거래위원회는 아래 사정 등을 고려하여 인과관계 유무를 판단하게 됩니다.

「하도급거래공정화지침」 Ⅲ.17-1.나.

① 해당 수급사업자가 신고를 한 시점과 원사업자의 수주기회 제한 등의 행위가 발생한 시점 간의 격차,
② 해당 수급사업자를 제외한 동종 업계 다른 수급사업자들과 그 원사업자 간의 거래 내용 및 상황,
③ 해당 수급사업자와 원사업자간의 거래이력,
④ 발주자의 발주물량 축소 등의 거래여건의 변화 등

3. 탈법행위란?

하도급법에서 금지하는 탈법행위에 해당하기 위해서는 ① 원사업자가 우회적인 방법을 사용하여 ② 실질적으로 법의 적용을 피하려는 행위를 해야 합니다.

공정거래위원회의 시정조치에 따라 하도급대금 등을 수급사업자에게 지급한 후 이를 회수하거나 납품대금에서 공제하는 등의 방법으로 환수하는 행위, 지연이자 등을 수급사업자에게 지급한 후 이에 상응하는 금액만큼 일률적으로 단가를 인하하는 행위, 수급사업자에게 선급금 포기각서 제출을 강요한 후 선급금을 지급하지 않는 행위 등이 이에 해당할 수 있습니다(「하도급거래공정화지침」 Ⅲ.18.).

Solution

하도급법 위반에 해당할 가능성이 높습니다.

수급사업자가 공정거래위원회에 신고하는 것은 최소한의 자기방어권입니다. 이는 원사업자로부터 하도급대금을 지급받기 위한 목적이지, 원사업자의 명예를 훼손하기 위한 목적으로 볼 수 없습니다. 따라서 원사업자가 수급사업자의 공정거래위원회 신고 과정에서 불가피하게 발생한 명예 실추를 이유로 하도급계약을 해제하는 것은 보복조치에 해당할 것입니다(공정거래위원회 2013. 11. 20. 의결 2011하개1887 고발).

Ⅱ 심플한 정리법

1. 어음할인료를 지급한 후 다시 회수한 경우

원사업자는 하도급거래 서면실태조사에서 발견된 미지급 어음 할인료를 수급사업자들에게 지급한 후 그 시정결과를 공정거래위원회에 제출함으로써 통상적인 조치보다 경미한 '경고' 조치를 받았다. 그러나 이후 자신 명의의 예금계좌로 입금받거나 하도급대금에서 공제하는 방법으로 다시 회수했다.

원사업자의 위와 같은 행위는 실질적으로 어음할인료를 지급하지 않은 것임에도 불구하고 우회적인 방법을 통하여 어음할인료 미지급에 대한 법 적용을 피하기 위한 탈법행위에 해당합니다. 따라서 하도급법 위반에 해당합니다(공정거래위원회 2017. 1. 9. 의결 2016제하0961 시정명령, 과징금).

2. 주된 위반행위를 은폐한 경우

원사업자는 발주자로부터 공사대금을 전액을 현금으로 받았음에도, 수급사업자에게는 하도급대금을 전액 어음으로 지급하여 하도급법을 위반하였다. 원사업자는 이를 은폐하기 위하여 위 어음과 동일한 금액을 수급사업자의 계좌에 입금한 후 즉시 수표로 출금하여 자신의 계좌로 재입금했다. 그것이 문제가 되자 원사업자는 하도급법 제13조 제4항의 현금결제비율 유지규정 위반일 뿐 하도급법 제20조 탈법행위에는 해당하지 않는다고 주장한다.

원사업자는 하도급법 제13조 제4항 및 제20조를 모두 위반하였습니다. 하도급법의 적용을 피하려는 행위와 직접적인 위반행위는 서로 별개의 행위이기 때문입니다. 서울고등법원도 유사한 사례에서 이와 같이 판단하였습니다(서울고등법원 2012. 4. 26. 선고 2011누38973 판결, 상고하지 않아 확정).

실제 사건에서 원사업자는, "하도급법 제20조는 형식적으로는 하도급법에 위반되지 않으나 실질적으로 하도급법의 적용을 우회적으로 피하고자 하는 행위를 규제하기 위한 것인데, 원사업자는 수급사업자에게 하도급대금으로 어음을 지급함으로써 이미 하도급법을 위반하였으므로 이를 우회적으로 회피한다는 것은 개념적으로 불가능하고, 하도급법 제20조는 하도급법의 다른 과징금규정의 근거행위가 성립되지 않는 경우를 대비하기 위한 보충적인 규정이다."라고 주장하였지만, 법원은 이를 받아들이지 않았습니다.

Ⅲ 억울할 때 찾아보는 구체적인 사례들

1) 서울고등법원 2012. 4. 26. 선고 2011누38973 판결 (과징금납부명령 취소 청구의 소, 상고 취하하여 확정)

원사업자는 발주자로부터 공사대금을 전액을 현금으로 받았음에도, 수급사업자에게는 하도급대금을 전액 어음으로 지급하면서, 이를 은폐하기 위하여 위 어음과 동일한 금액을 수급사업자의 계좌에 입금한 후 즉시 수표로 출금하여 자신의 계좌로 재입금한 것은 하도급법 제13조 제4항의 현금결제비율 유지규정위반임과 동시에 하도급법 제20조 탈법행위에 해당한다.

하도급대금의 송금과 인출은 어음지급과는 별개의 행위로서(하도급법 제20조의 '이 법이 적용되는' 사항이 작위의무인 경우 이를 위반하기 위해서는 다른 적극적인 행위가 필요하지 않은 것이 보통이다. 그러나 이 사건 조항과 같이 그 위반을 위하여 별도의 행위가 필요한 경우에는 적용을 피하려는 행위와 그 위반행위는 별개로 봄이 타당하다) 그 자체가 탈법행위에 해당하는 것이고, 원사업자가 탈법행위를 전후하여 수급사업자에게 하도급대금으로 어음을 지급하였는지 여부는 이 사건 탈법행위의 성립에 아무런 영향이 없다. 즉 하도급대금의 송금과 인출 후에 어음지급이 있는 경우에는 원사업자가 수급사업자에게 하도급대금으로 현금을 송금하고 이를 인출함으로써 탈법행위가 완성된 것이고, 그 후에 원사업자가 어음을 지급하였다고 하더라도 이미 성립된 탈법행위에 아무런 영향을 줄 수 없다. 이와 반대로 어음지급 이후 하도급대금의 송금과 인출이 이루어진 경우에도 위 송금과 인출로 인하여 이미 지급된 어음이 결제되거나 또는 어음과는 관계없이 현금결제가 이루어진 것과 같은 외관이 만들어진 것이므로, 원사업자의 송금 및 인출은 어음지급과는 별개로 이 사건 조항의 적용을 회피하려 한 행위에 해당된다. 따라서 원사업자가 하도급대금을 어음으로 지급하여 형식적으로 이 사건 조항에 위반되었음을 이유로 탈법행위가 성립될 수 없다는 원사업자의 주장은 이유 없다.

하도급법의 적용을 피하려는 행위와 그 직접적인 위반행위는 별개로 보아야 하고 그에 대한 규율 역시 개별적으로 취급함이 타당하므로, 하도급법 제13조 제4항과 제20조의 위반이 양립할 수 없다거나 하도급법 제20조는 하도급법의 다른 과징금규정의 근거행위가 성립되지 않는 경우에 적용되는 규정이라는 원사업자의 주장도 받아들일 수 없다.

원사업자는 수급사업자에 대한 송금과 인출은 위법한 어음지급을 은폐하기 위한 것인데 이를 탈법행위로 해석하는 것은 명확성의 원칙, 죄형법정주의에 반한다고 주장한다. 그러나 위 주장은 형식적인 위반행위가 성립되면 더 이상 탈법행위 개념이 불가능하다는 것을 전제하고 있는 것인데, 그러한 전제는 앞서 본 바와 같이 받아들일 수 없다. 한편 하도급법상의 탈법행위에는 정도의 차이는 있을 수 있으나 필연적으로 하도급법 위반행위를 숨기기 위한 의도가 포함되어 있으므로, 형식적인 위반행위를 은폐하고자 한 행위였다는 이유로 그 행위가 탈법행위에 포함되지 않는다고 볼 수는 없다. 원사업자의 이 부분 주장도 이유 없다.

2) 공정거래위원회 2011. 3. 28. 의결 2010부사2480 (과징금, 고발)

원사업자가 공정거래위원회의 시정조치 및 하도급거래 서면실태조사에 따라 적발된 하도급대금의 어음할인료 및 지연이자를 지급하였으나, 이를 물품대금에서 공제하는 방법으로 다시 환수한 것은 우회적인 방법으로 공정거래위원회의 시정조치를 이행하지 아니한 것으로, 실질적으로 하도급법 적용을 피하려는 탈법행위에 해당한다.

원사업자는, 원사업자가 이 사건 어음할인료 및 지연이자를 지급한 후, 물품대금에서 공제하는 방법으로 다시 이를 환수한 행위는 인정하나, 원자재 가격폭등, 환율하락 및 유가급등에 따른 경영상 어려움을 이유로 수급사업자들의 자발적인 협조에 의해 환수하였다고 주장한다.

살피건대, 자동차부품 제조하도급의 특성상 수급사업자는 원사업자와 계속적이고 의존적인 하도급거래관계로서 대등한 교섭력을 가졌다고 보기 어렵고, 원사업자가 거래상 우월적지위를 이용하여 기 지급한 어음할인료 등을 물품대금에서 일시불로 공제할 것임을 수급사업자에게 방문 등을 통하여 직접적으로 서명을 요청할 경우 수급사업자로서는 이를 거절하기가 어려운데, 앞서 본 바와 같이, 원사업자의 당시 전무가 자재팀 직원들에게 어음할인료 등 환수업무를 직접 지시하였고, 환수에 비협조적인 수급사업자는 직접 방문하여 합의서에 서명(날인)을 받았으며, 환수업무 담당자들은 그 진행상황을 상급자에게 수시로 보고하는 등 환수가 원사업자 차원 주도적으로 그리고 조직적으로 이루어진 점 및 원사업자의 임직원들이 직접 방문하여 기 지급한 어음할인료 등을 물품대금에서 공제할 것을 일방적으로 통보하면서 합의서에 서명·날인하도록 하였다는 수급사업자의 진술이 있는 점 등 제반 정황을 감안할 때 이 사건 어음할인료 등 환수행위가 수급사업자의 자발적인 협조에 의한 것이라고는 보이지 아니하므로, 원사업자의 위 주장은 이를 받아들이지 아니한다.

3) 공정거래위원회 2008. 1. 25. 의결 2007부사2160 (시정명령)

원사업자가 공정거래위원회의 조사 과정에서 수급사업자에게 지급한 어음할인료를 사후에 회수한 행위는, 위원회의 서면실태조사 등에 임하여 어음할인료를 자진하여 지급하는 것처럼 허위보고하여 경고 등 경미한 조치를 받은 후 이를 다시 회수함으로써 실질적으로 어음할인료를 지급하지 않는 방식으로 탈법행위를 한 것인바, 이러한 행위는 제20조의 규정에 위반된다.

4) 공정거래위원회 2004. 1. 19. 의결 2003구사0865 (시정명령)

원사업자는 하도급법을 위반하여 부당하게 하도급대금을 감액한 혐의로 공정거래위원회의 조사를 받던 기간 중, 법위반 혐의 하도급대금을 해당 수급사업자에게 지급하였고, 공정거래위원회는 원사업자가 당해 법위반 행위를 스스로 시정한 점을 감안하여 경고조치한 사실이 있다. 그러나 원사업자는 수급사업자 대표에게 실제 공급한 사실이 없는 원자재 수량을 공급한 것처럼 전산시스템에 임의로 입력하여 정산서에 반영하는 방법으로, 기 지급한 하도급대금을 회수한 사실이 있는 바, 이러한 원사업자의 위 행위는 하도급법 제20조의 규정에 위반된다.

5) 「하도급거래공정화지침」

아래와 같은 행위는 원사업자가 수급사업자에게 '그 밖의 불이익을 주는 행위'입니다.

「하도급거래공정화지침」 Ⅲ.17-1.가.

(1) 원사업자가 기존의 생산계획에 따라 생산을 해야 하는 상황임에도 불구하고, 정당한 사유 없이 기존 하도급거래상 물량과 비교하여 발주물량을 축소하여 불이익을 주는 행위

(2) 정당한 사유 없이 그간 제공하던 원재료, 자재 등의 공급을 중단, 회수하는 방법으로 수급사업자의 사업활동을 곤란하게 하는 행위

(3) 동종업계 다른 원사업자들로 하여금 거래정지, 수주기회 제한 등의 행위를 하도록 하는 행위

(4) 기타 합리성·객관성이 결여되거나 일반적인 거래관행상 통용되지 않는 수단·방법을 활용해 신고, 조정신청, 조사협조를 한 수급사업자에 대해 불이익을 주는 행위

이것만 알자!

- 수급사업자가 공정거래위원회에 신고를 했다는 이유로, 원사업자가 수급사업자에게 수주기회 제한 등 보복을 하거나 불이익을 주는 것은 하도급법 위반이다.
- 공정거래위원회의 시정조치에 따라 하도급대금 등을 수급사업자에게 지급한 후 이를 회수하거나 납품대금에서 공제하는 등의 방법으로 환수하는 등 탈법 행위를 하면 또 다른 하도급법 위반이다.

제3장

대금을 지급할 때

제3장

대금을 지급할 때

제1절 현금으로 지급하니까 감액하자? (§11)

> CASE
>
> 원사업자는 발주자로부터 도급대금을 전액 '현금'으로 받았고, 이후 수급사업자에게 하도급대금을 전액 '현금'으로 지급했습니다. 그런데 원사업자는 할인료 명목으로 일정 금액을 하도급대금에서 감액했습니다. 원사업자는 하도급대금을 전액 '현금'으로 지급하였으므로, 하도급대금 일부를 감액하더라도 법 위반이 아니라고 주장합니다.

I 억울할 때 읽어 보는 하도급법

1. 하도급대금의 감액 금지

원사업자가 경영적자나 실적악화 등을 이유로 수급사업자에게 하도급대금을 감액할 것을 요구하는 경우가 있습니다. 그런 경우에도 수급사업자는 원사업자와의 거래관계를 계속 유지해야만 하므로, 이러한 원사업자의 요청을 거절하기 쉽지 않습니다. 하도급법은 수급사업자의 이러한 고충을 해소하고자, 원사업자가 수급사업자에게 위탁을 할 때 정한 하도급대금을 그대로 지급하지 아니하고 그 금액을 감액하는 행위를 원칙적으로 금지하고 있습니다(하도급법 제11조 제1항).

제11조(감액금지) ① 원사업자는 제조 등의 위탁을 할 때 정한 하도급대금을 감액하여서는 아니 된다. 다만, 원사업자가 정당한 사유를 입증한 경우에는 하도급대금을 감액할 수 있다.

2. 부당한 하도급대금 결정과 구별

한편, 하도급법 제4조에서는 일반적으로 지급되는 대가보다 낮은 수준으로 하도급대금을 결정하거나 수급사업자에게 하도급 받도록 강요하는 것을 금지하고 있습니다. 하도급법 제4조는 '하도급대금을 결정'하는 상황인 반면, 하도급법 제11조는 이미 결정된 '하도급대금을 감액'하는 상황이라는 점에서 차이가 있습니다.

하도급대금의 결정과 감액은 원칙적으로 발주 당시 하도급대금이 정해져 있는지를 기준으로 구분되고, 다만 신규개발품 등과 같이 발주 당시 하도급대금을 확정하지 못한 예외적인 경우에만 임시단가로 발주한 뒤 나중에 대금을 확정하는 것을 '하도급대금의 결정'으로 보아야 합니다(서울고등법원 2019. 8. 22. 2018누57485 시정명령등취소). 물론 계속적 거래에서는 하도급대금의 결정과 감액의 구별이 애매한 경우가 있습니다. 예를 들어 원사업자가 계약기간 중 발주를 한 상황에서 새로운 수량을 발주하면서 단가를 변경한 경우, 만약 원사업자가 발주한 수량과 상관없는 새로운 수량을 발주했다면 '하도급대금의 결정'이고, 이미 발주한 수량에 대해 단가를 인하했다면 '하도급대금의 감액'입니다.

또한 수량 없이 단가만 먼저 확정한 후 수량을 발주하는 경우 발주 이후에 단가를 인하하는 것은 '하도급대금의 감액'이고, 신규 개발품 등과 같이 원사업자가 제조 등의 위탁을 할 때 하도급대금을 확정하지 못하여 임시단가(또는 가단가)를 정해 위탁한 뒤 나중에 대금을 확정하기로 수급사업자와 합의한 경우에는 나중에 대금을 확정하는 것은 '하도급대금의 결정'입니다(「부당한 하도급대금 결정 및 감액행위에 대한 심사지침」 Ⅲ.2.3.).

3. 정당한 사유가 있다면, 감액할 수 있다.

하도급법은 원사업자가 정당한 사유를 입증한 경우에는 하도급대금을 감액할 수 있다는 예외를 두고 있습니다(하도급법 제11조 제1항 단서). 공정거래위원회는, 하도급계약 체결 및 감액의 경위, 계약이행 내용, 목적물의 특성과 그 시장상황, 감액된 하도급대금의 정도, 감액방법과 수단, 수급사업자의 귀책사유 등 여러 사정을 종합적으로 고려하여 판단하고 있습니다(「부당한 하도급대금 결정 및 감액행위에 대한 심사지침」 V.1.).

주의할 점은, 원사업자가 위와 같은 정당한 사유가 있어 하도급대금을 감액하는 경우라 하더라도 ① 감액사유와 기준, ② 감액의 대상이 되는 목적물 등의 물량, ③ 감액금액, ④ 공제 등 감액방법, ⑤ 감액이 정당함을 입증할 수 있는 사항을 적은 '서면'을 반드시 수급사업자에게 미리 주어야 한다는 점입니다(하도급법 제11조 제3항, 하도급법 시행령 제7조의2).

4. 이런 행위는 정당한 사유가 없다. '간주 조항'

하도급법은 9가지 행위 유형을 제시하면서, 원사업자가 이러한 행위를 하는 경우에는 하도급대금의 감액 행위에 정당한 사유가 없는 것으로 간주하고 있습니다(하도급법 제11조 제2항).

9가지 행위 유형의 주된 취지는 원사업자의 경영적자, 판매가격 인하, 경제상황 변동 등을 이유로 하도급대금을 감액하는 행위 등과 같이 수급사업자의 잘못이 아님에도 하도급대금을 감액하는 행위를 하지 말라는 것입니다.

제11조(감액금지) ② 다음 각 호의 어느 하나에 해당하는 원사업자의 행위는 정당한 사유에 의한 행위로 보지 아니한다.

1. 위탁할 때 하도급대금을 감액할 조건 등을 명시하지 아니하고 위탁 후 협조요청 또는 거래 상대방으로부터 발주취소, 경제상황의 변동 등 불합리한 이유를 들어 하도급대금을 감액하는 행위
2. 수급사업자와 단가 인하에 관한 합의가 성립된 경우 그 합의 성립 전에 위탁한 부분에 대하여도 합의 내용을 소급하여 적용하는 방법으로 하도급대금을 감액하는 행위

3. 하도급대금을 현금으로 지급하거나 지급기일 전에 지급하는 것을 이유로 하도급대금을 지나치게 감액하는 행위
4. 원사업자에 대한 손해발생에 실질적 영향을 미치지 아니하는 수급사업자의 과오를 이유로 하도급대금을 감액하는 행위
5. 목적물 등의 제조·수리·시공 또는 용역수행에 필요한 물품 등을 자기로부터 사게 하거나 자기의 장비 등을 사용하게 한 경우에 적정한 구매대금 또는 적정한 사용대가 이상의 금액을 하도급대금에서 공제하는 행위
6. 하도급대금 지급 시점의 물가나 자재가격 등이 납품 등의 시점에 비하여 떨어진 것을 이유로 하도급대금을 감액하는 행위
7. 경영적자 또는 판매가격 인하 등 불합리한 이유로 부당하게 하도급대금을 감액하는 행위
8. 원사업자가 부담해야 하는 고용보험료, 산업안전보건관리비, 그 밖의 경비 등을 수급사업자에게 부담시키는 행위
9. 그 밖에 제1호부터 제8호까지의 규정에 준하는 것으로 대통령령으로 정하는 행위

또한 공정거래위원회는 「부당한 하도급대금 결정 및 감액행위에 대한 심사지침」에서 위 9가지 행위 유형의 구체적인 판단기준을 자세히 설명하고 있습니다. 예를 들어, '하도급대금을 총액으로 확정 계약한 후 공정 또는 공종 등에 대한 구체적인 산출 내역상 수급사업자의 이익율이 높게 반영되었다는 이유로 하도급대금을 감액하는 행위'는 부당한 감액이라고 보고 있습니다.

한편, 원사업자는 다양한 이유를 들면서 하도급대금 감액에 정당한 사유가 있다고 주장하는데, 다음 파트에서 이에 대해 구체적으로 알아보겠습니다.

Solution

하도급법 위반에 해당할 가능성이 높습니다.

원사업자가 발주자로부터 도급대금을 전액 현금으로 받았다면, 하도급대금도 당연히 전액 현금으로 지급해야 합니다(하도급법 제13조 제4항). 따라서 원사업자가 하도급대금을 현금으로 지급할 것을 이유로 하도급대금을 지나치게 감액하는 행위는 하도급법 위반에 해당될 가능성이 높습니다(하도급법 제11조 제2항 제3호).

다만, 여기서 '지나친 감액'에 해당하는지 여부는, 현금지급이 당초 계약조건에 비해 수급사업자에게 유리한 것인지, 조건 변경에 따른 수급사업자의 이익정도, 금리수준 등을 고려하여 판단됩니다(부당한 하도급대금 결정 및 감액행위에 대한 심사지침 V.2.다.).

공정거래위원회도 유사한 사안에서 원사업자가 현금지급을 이유로 할인료를 공제한 행위는 아무런 근거가 없다고 보았습니다(공정거래위원회 2016. 2. 5. 의결 2015부사1981 과징금).

Ⅱ 심플한 정리법

1. 수급사업자와 합의하고 감액했다는 주장

원사업자는 수급사업자의 동의를 얻어 하도급대금을 감액하였으므로 정당한 사유가 있다고 주장한다.

원사업자가 수급사업자의 동의를 얻은 후 하도급대금을 감액했다고 하더라도, 수급사업자의 자발적 의사가 아니라고 인정되는 경우에는 부당한 하도급대금 감액에 해당할 수 있습니다.

수급사업자의 자발적 동의에 의한 것인지 여부는 원사업자의 거래상 우월적 지위의 정도, 수급사업자의 거래의존도, 당초 대금과 감액된 대금의 차이, 대금감액 경위 및 시점 등을 고려하여 판단하게 됩니다(대법원 2011. 1. 27. 선고 2010다53457 판결).

공정거래위원회는 유사한 사안에서 ① 수급사업자들의 합리적 판단을 위한 충분한 정보가 제공되지 않은 점, ② 원사업자가 감액시기를 일방적으로 정한 점, ③ 수급사업자들이 비협조할 경우 거래가 중단되거나 거래량이 축소될 수 있다는 심리적 압박감이 있었던 점 등을 이유로 수급사업자들의 자발적인 의사에 의한 동의가 아니라고 보았습니다(공정거래위원회 2012. 5. 15. 의결 2011건하3187 과징금).

2. 지급기일보다 일찍 지급한다는 이유로 감액했다는 주장

원사업자는 목적물의 수령일로부터 15일째 되는 날 수급사업자에게 하도급대금을 지급했다. 원사업자는 원래 목적물수령일로부터 60일 이내에 대금을 지급하면 되는데, 15일만에 지급하였으므로 지급기일보다 45일 먼저 지급했다고 생각했다. 그래서 할인료 명목으로 일정 금액을 하도급대금에서 감액했다. 하지만 하도급계약서에는 대금지급 기일이 구체적으로 명시되어 있지 않고, 단지 "원사업자의 대금지급 조건에 따른다"라고만 기재되어 있었다.

원사업자가 하도급대금을 지급기일 전에 지급하는 것을 이유로 하도급대금을 지나치게 감액하는 행위는 하도급법 위반에 해당합니다(하도급법 제11조 제2항 제3호).

원사업자는 하도급대금을 지급기일보다 일찍 지급하였으므로 하도급대금 감액에 정당한 사유가 있다고 주장합니다. 그러나 하도급대금의 지급기일 정해져 있지 아니한 경우 '목적물 등의 수령일'이 지급기일이 되는데(하도급법 제13조 제1항, 제2항), 이 사례에서 원사업자와 수급사업자는 계약서에 하도급대금 지급기일을 구체적으로 정하지 않았으므로 목적물수령일이 바로 하도급대금 지급기일이 될 것입니다(하도급법 제13조 제2항). 즉 하도급대금을 목적물수령일로부터 15일째 되는 날에 지급하였더라도 일찍 지급한 것이 아닙니다.

결국 원사업자가 할인료 명목으로 감액한 행위는 아무런 근거 없는 것이므로 부당한 하도급대금 감액에 해당합니다(공정거래위원회 2016. 2. 5. 의결 2015부사1981 과징금).

3. KPI[1] 성과평가 결과가 낮다는 이유로 감액했다는 주장

원사업자는 '외주작업 평가기준'을 수립한 후 자신과 거래하는 수급사업자를 대상으로 KPI 성과평가를 실시했다. 그 결과를 토대로 1,2위 업체에게 인센티브를 지급하고, 최하위 업체에게 페널티를 부과했다. 이에 따라 최하위 평가를 받은 수급사업자는 원사업자에게 페널티 금액으로 책정된 금액을 송금했다.

원사업자는 수급사업자들의 작업수행 능력을 높이기 위해 KPI 성과평가제도를 운영하기도 합니다. 이 때 하위 평가를 받은 수급사업자에게 페널티를 부과하여 일정 금액을 환수하는 행위는 부당한 하도급대금 감액행위에 해당될 수 있습니다.

공정거래위원회는 유사한 사안에서 ① 원사업자가 제출한 KPI 성과평가제도 설명회 자료에 페널티 금액을 환수한다는 내용이 없는 점, ② 수급사업자의 작업수행능력 향상을 도모할 목적의 성과평가라면 업체별로 인센티브를 차등하여 지급하는 등의 방법이 가능함에도 이미 지급된 하도급대금에서 일정 금액을 환수한 것은 정당한 행위라고 인정하기 어려운 점, ③ 원사업자가 수급사업자로부터 페널티 금액을 환수받은 시점은 새로운 하도급계약을 체결하기 불과 이틀 전이었던 점 등을 고려하여 하도급법 제11조 제1항 위반에 해당한다고 보았습니다(공정거래위원회 2016. 4. 12. 의결 2015건하4112 과징금).

1) KPI(Key Performance Indicator), 즉 주요성과지표는 목표를 성공적으로 달성하기 위해 핵심적으로 관리해야 하는 요소들을 의미합니다.

Ⅲ 억울할 때 찾아보는 구체적인 사례들

1. 수급사업자를 위한 사례

1) 공정거래위원회 2019. 7. 18. 의결 2017기정1223 (과징금)

원사업자는 25개 수급사업자에게 「산업안전보건법」에 따라 자신이 부담하여야 하는 안전보건관리비를 하도급대금에서 공제하거나 지급한 하도급대금을 환수하는 방법으로 하도급대금 총 10,957천 원을 감액하였다. 원사업자가 「산업안전보건법」에 따라 자신이 부담하여야 하는 안전보건관리비를 수급사업자에게 부담시키는 행위는 법 제11조 제2항 제8호에 해당하여 정당한 사유에 의한 행위로 볼 수 없으므로 법 제11조 제1항에 위반되어 위법하다.

원사업자는 제조위탁할 때 하도급대금을 감액할 조건 등을 명시하지 아니하였음에도 불구하고 19개 수급사업자에게 일방적으로 폐기물처리비를 부담시키고 폐기물처리비를 수급사업자의 하도급대금에서 공제하거나 지급한 하도급대금에서 폐기물처리비를 환수하는 방법으로 하도급대금 총 62,068천 원을 감액하였다. 원사업자가 수급사업자에게 제조위탁할 때 하도급대금을 감액할 조건 등을 명시하지 아니하고 위탁한 후 일방적으로 폐기물처리비를 부담시키고 폐기물처리비를 수급사업자의 하도급대금에서 공제하거나 지급한 하도급대금을 환수하는 방법으로 하도급대금을 감액한 행위는 법 제11조 제2항 제1호에 해당하여 하도급대금을 감액할 수 있는 정당한 사유에 의한 행위로 볼 수 없으므로 법 제11조 제1항에 위반되어 위법하다.

2) 공정거래위원회 2015. 8. 3. 의결 2013서제3358 (고발)

원사업자는, 월말 마감 정산을 하기 때문에 합의시점을 기준으로 단가를 결정할 경우 정산과정이 매우 복잡해져서, 익월 1일 또는 당월 1일을 기준으로 하도급대금을 결정할 수밖에 없었고, 이러한 것이 정상적인 거래관행이므로, 부당감액으로 볼 수 없다고 주장한다.

그러나 원사업자가 수급사업자와 납품단가 조정 시 익월 1일 또는 당월 1일 기준으로 결정하는 것은 자신의 업무처리 편의를 위한 조치일 뿐으로 보이고 이를 정상적인 거래관행이라고 보기도 어려우므로 원사업자의 주장은 이유 없다.

3) 공정거래위원회 2013. 6. 26. 의결 2012전사0737 (시정명령. 과징금)

원사업자는 수급사업자가 제시한 인하 안에 대하여 객관적이고 타당한 근거자료를 제시하면서 협의한 것이 아니라, 단순히 인하된 가격을 반복해서 제시하여 수용 여부를 묻는 방법으로 협의에 임하였고, 사전에 수급사업자의 경쟁사에게 견적을 의뢰하거나 자체적으로 설계원가를 산출한 사실이 없음에도 불구하고 마치 이와 같은 자료가 있는 것처럼 수급사업자를 기만하였으며, 수급사업자가 단가인하 협의 과정에서 경영악화를 이유로 거래물량이 많은 3개 품목은 대상에서 제외하여 줄 것을 지속적으로 요청하였음에도 불구하고, 원사업자는 이에 대해 단가를 인하했다는 점 등에 비추어, 단가 인하에 대한 합의의 진정성이 있다고 볼 수 없다.

4) 공정거래위원회 2012. 8. 30. 의결 2012제하1077 (시정명령, 과징금)

소급적용에 관한 합의서의 기초가 된 물량증가, 생산성 향상, 공정개선, 약정인하 사유가 존재하지 않고, 단가인하 소급기간이 9개월에서 23개월에 달하는 장기간으로 수급사업자에게 불리한 것이라는 점을 감안할 때, 단가 인하에 관한 합의의 진정성을 인정할 수 없다.

5) 공정거래위원회 2012. 6. 29. 의결 2011부사1843,1844 (시정명령, 과징금)

수급사업자들이 부당하게 높은 단가를 적용 받아왔다 하더라도 이를 이유로 아무런 협의과정도 없이 일방적으로 단가를 인하한 행위는 그 정당성을 인정받을 수 없다.

6) 공정거래위원회 2012. 6. 4. 의결 2011광사0175 (시정명령)

가) 법 제11조 제2항 제1호에서는 위탁할 때 하도급대금을 감액할 조건 등을 명시하지 아니하고 위탁 후 협조요청 또는 거래상대방으로부터의 발주취소, 경제상황의 변동 등 불합리한 이유를 들어 하도급대금을 감액하는 행위를 부당한 감액행위로 규정하고 있다. 그러므로 위 규정에 따른 부당감액행위가 성립되기 위해서는 ① 제조 등의 위탁을 할 때 하도급대금을 감액할 조건을 명시하지 아니해야 하고, ② 위탁 후 불합리한 사유를 들어 하도급대금을 감액해야 한다.

법 제11조 제2항 제2호에서는 수급사업자와 단가인하에 관한 합의가 성립한 경우 그 합의 성립 전에 위탁한 부분에 대하여도 일방적으로 이를 소급적용하는 방법으로 하도급대금을 감액하는 행위를 부당한 감액행위로 규정하고 있다. 그러므로 원사업자의 이 사건 부당감액행위가 성립되기 위해서는, ① 수급사업자와 단가인하에 대한 합의를 한 후 그 합의내용을 합의 성립 전에 위탁한 부분에까지 소급적용 하여야 하고, ② 이러한 소급적용이 일방적인 행위로 인정되어야 한다.

일방적인 소급적용인지 여부를 판단함에 있어서는 소급 적용에 대한 원사업자와 수급사업자간의 합의가 있다 하더라도 그 합의가 당해 수급사업자의 진정한 의사에 의한 자발적 합의인지를 따져 판단하여야 한다.

여기에서 하도급대금의 감액 약정이 자발적 동의에 의한 것인지 여부는 수급사업자에 대한 원사업자의 거래상 우월적 지위의 정도, 수급사업자의 원사업자에 대한 거래의존도, 거래관계의 지속성, 거래의 특성과 시장상황, 거래 상대방의 변경 가능성, 당초의 대금과 감액된 대금의 차이, 수급사업자가 완성된 목적물을 인도한 시기와 원사업자가 대금 감액을 요구한 시기 등을 정상적인 거래관행이나 상관습 및 경험칙에 비추어 합리적으로 판단하여야 한다.

나) 원사업자는 이 사건 수급사업자 외 다른 사업자들 및 이 사건 일부 수급사업자들에게 단가인상분을 소급적용한 경우도 있었으므로 단가인하분을 소급적용한 것에만 한정하여 법 위반으로 판단하는 것은 부당하다는 점, 단가인하요인이 발생하였음에도 인하협의에 오랜 시일이 소요되어 인하요인 발생시점까지만 소급한 것인 바, 이는 협의가 지연됨을 고려한 업무관행에 불과한 것인 점, 인하된 단가를 적용할 시점을 인하요인이 발생한 시점으로 하는 것이 합리적이라는 당사자간의 상호합의하에 소급한 것인 점 등을 들어 이 사건 감액행위가 부당하지 않다고 주장한다.

살피건대 원사업자는 단가인상분도 일부 소급적용하였다고 주장하나, 대부분 이 사건 수급사업자 관련 사항은 아니고 일부 해당되는 부분도 그 인상분이 감액된 부분에 비해 매우 미미하며, 만약 소급인상분이 있음을 이유로 소급감액을 허용한다면 오히려 소급인상을 빌미로 더 많은 금액을 감액하는 탈법적인 행위가 우려되는 점, 앞서 본 바와 같이 단가인하의 경우 감액된다는 거래조건이 명시된 바 없는 상태에서 협상을 개시하여 단가인하합의를 일방적으로 이끌어낸 후 형식적인 합의서를 구비하여 이것이 자발적 합의이고, 그 합의의 취지에 맞게 소급적용하는 것이 업무 관행이라고 하는 주장은 형평을 잃은 것으로 판단되고, 인하된 단가의 소급적용으로 인해 수급사업자는 거래상 현저히 불안정한 상태에 놓이게 되는데도 그 협의과정에서 수급사업자의 입장을 고려하는 등의 정황도 찾을 수 없는 등 제반정황을 고려할 때, 이 사건 소급감액이 부당하지 아니한다는 원사업자의 주장은 이를 받아들이지 아니한다.[2)]

7) 공정거래위원회 2012. 5. 18. 의결 2011건하3187 (과징금)

원사업자는 16개 수급사업자들의 개별적인 사정을 고려하지 않은 채 원사업자가 임의로 정한 시점을 변경단가 적용일로 획일적으로 결정하여 이를 통보하였고, 단가 인하 합의 과정에서 16개 수급사업자들의 의견을 반영하지 않고 원사업자가 계획한 목표를 거의 그대로 관철시시켰으므로, 원사업자가 인하된 단가를 소급하여 적용하기로 16개 수급사업자들과 합의한 사실이 있다 하더라도, 합의의 진정성을 인정하기 어렵다.

8) 공정거래위원회 2009. 4. 7. 의결 2008구사4229 (시정명령)

현장 작업관리를 담당하는 원사업자의 직원이 추가작업량에 따른 하도급대금을 산정하여 기안하였으나, 결재과정에서 전결권자인 부사장이 "(하도급)금액에서 20% 감액 조정바랍니다."라고 지시하였고, 그 결과 당초 기안한 하도급대금 중 일부를 감액하여 수급사업자에게 지급하여, 원사업자의 내부 결재과정에서 부사장의 지시에 따라 일방적으로 하도급대금의 일정 비율을 삭감하였다는 점에서 원사업자 내부의 경영정책적 필요에 의한 감액으로서, 수급사업자에게 책임을 돌릴만한 사유가 없었음에도 불구하고 하도급대금을 부당하게 감액한 행위에 해당한다.

---

2) 이 사건에서는 하도급법 제11조 제1항 제2항 제1호와 제2호가 모두 쟁점이 되었습니다. 제1호와 관련해서, 공정거래위원회는 원사업자가 하도급대금을 감액할 수 있는 조건을 사전에 명시하지 않았음에도 감액행위를 한 점, 수급사업자들의 생산성 향상을 이유로 하도급대금을 감액하였는데 이는 수급사업자가 창출한 생산성 향상 노력에 따른 이익까지 원사업자가 독식하게 되는 것을 의미한다는 점에서 불합리한 하도급감액이라고 보았습니다. 제2호와 관련해서, 공정거래위원회는 원사업자와 수급사업자의 거래관계가 16년간 지속되어 왔고, 거래의존도 역시 상당하여 수급사업자가 향후 거래의 유지를 위하여 불이익을 감수할 수밖에 없다는 점을 주요한 근거로, 단가 인하 합의가 원사업자의 일방적인 결정에 의하여 이루어진 감액행위라고 보았습니다.

9) 공정거래위원회 2008. 5. 13. 의결 2007하개2836 (시정명령)

원사업자는 하도급대금을 감액한 이유로서 조기 현금화의 어려움(사채시장에서 할인 또는 담보제공 후 은행 할인 등)과 고율의 할인료(10%~13%)를 적용하는 실물 어음 대신 담보 등의 제공없이 즉시 현금화가 가능하고 할인율 또한 회사 신용도와 상관없이 저렴(5%~6%)한 기업구매카드로 하도급대금을 결제하였기 때문에 일정률을 공제하여 하도급대금을 지급하였다고 주장한다. 원사업자의 주장대로 결제수단 등의 변경으로 수급사업자가 고율의 할인료와 담보 부담에서 벗어난 것은 사실이나, 이러한 결제수단 변경 및 결제기간 단축이 하도급대금을 감액한 행위를 합리화 하는 사유로 볼 수는 없다.

10) 공정거래위원회 2007. 7. 26. 의결 2006부사0173, 0614, 0810, 4620 (시정명령, 과징금)

원사업자의 경영기획실은 생산팀이 수급사업자로부터 수령하였다고 인정한 목적물을 인정하지 아니하거나 공사물량을 일방적으로 삭감하는 방법 등으로 생산팀이 인정한 수급사업자의 추가공사대금을 23.5% 삭감하여 지급하였다. 원사업자는 자신의 생산팀은 수급사업자와의 밀접한 관계 때문에 공사물량을 과장하는 경우가 많이 있고, 생산팀이 산정한 수급사업자들의 추가공사대금은 참고자료에 불과하며, 계약담당부서인 경영기획실이 계약서에 근거하여 수급사업자들의 추가공사대금을 결정하고 이를 매월 기성금 지급시 수급사업자들로부터 확인받았다면서, 하도급대금의 부당 감액행위에 해당되지 아니한다고 주장하였으나, 교섭력이 열악한 위치에 있는 수급사업자로서는 원사업자와의 계속적 거래관계를 유지하기 위해서는 실질적으로 원사업자가 결정한 감액을 수용할 수밖에 없다는 점을 감안하면 수급사업자의 확인 자체가 대등한 당사자간의 합의로 보기는 어렵다.

11) 공정거래위원회 2006. 10. 30. 의결 2005전사1087 (시정명령)

원사업자는 납품검사단계에서 불량품이 발견된 경우 반품 및 교환하는 방법을 통하여 해결하는 것이 적정함에도 불구하고 페널티를 부과하였고, 하도급 목적물이 원사업자의 창고에서 발주자의 자동차 생산라인까지 옮겨지는 과정에서 제품불량이 발생할 수 있는데도 수급사업자에게 불량의 책임을 모두 돌려 페널티를 부과하였으며, 원사업자는 발주자로부터 납기지연 및 제품불량을 이유로 페널티 금액을 부과받은 사실이 없는 바 원사업자의 손해발생에 영향을 미치지 않는 경미한 수급사업자의 과오를 이유로 일방적으로 하도급대금을 감액한 것으로서 부당한 하도급대금 감액 행위에 해당한다.

2. 원사업자를 위한 사례

1) 대법원 2011. 1. 27. 선고 2010다53457 판결 [손해배상(기)]

원사업자가 수급사업자에게 제대로 공사대금을 지급하지 않아서 수급사업자가 심각한 경영난에 빠졌다고 볼 수 없으므로, 각 정산합의가 수급사업자의 궁박한 상태에서 이루어진 불공정한 법률행위로서 무효라고 볼 수 없다.

또한 하도급법 제11조는 그 규정에 위반된 대금감액 약정의 효력에 관하여는 아무런 규정을 두지 않는 반면 그 규정을 위반한 원사업자를 벌금형에 처하도록 하면서 그 규정 위반행위 중 일정한 경우만을 공정거래위원회에서 조사하게 하여 그 위원회로 하여금 그 결과에 따라 원사업자에게 시정조치를 명하거나 과징금을 부과하도록 규정하고 있을 뿐이므로, 위 규정은 그에 위배한 원사업자와 수급사업자 간의 계약의 사법상의 효력을 부인하는 조항이라고 볼 것은 아니다.

다만, 정산합의가 수급사업자에게 책임을 돌릴 사유가 없음에도 불구하고 원사업자의 우월적 지위를 이용하여 수급사업자의 자발적 동의에 의하지 않고 하도급대금을 부당하게 감액한 것이라고 인정되는 경우에는, 위 각 정산합의가 민법상 유효한지 여부 및 위 각 정산합의 과정에서 사기·강박 등의 정도에 이르는 행위가 있었는지 여부와 관계없이 그 자체가 하도급법 제11조에 위반되는 불공정 거래행위에 해당하는 것으로서 위 규정에 의하여 보호되는 수급사업자의 권리와 이익을 침해하는 불법행위를 구성한다.

2) 서울고등법원 2019. 8. 22. 2018누57485 시정명령등취소

원사업자는 2014. 7.부터 2017. 3.까지 24개 수급사업자에게 휴대폰 부품 등을 제조 위탁한 후, 수급사업자들과 개별적으로 납품단가를 인하하기로 합의하면서 회의록, 가격 인하 협의록 등에 인하된 단가의 적용일자를 합의일보다 최소 1일에서 최대 29일 이전으로 소급하여 명시하였다. 원사업자는 실제로 합의일 이전에 납품되어 입고된 총 1,318 품목에 대하여 인하된 단가를 적용하여 하도급대금 총 2,887,304,000원을 감액하였다(이하 '이 사건 감액행위'라고 한다).(중략)

원사업자와 수급사업자들은 분기별로 납품단가를 결정하고 있으므로 전 분기의 단가는 다음 분기의 하도급거래에 적용되지 않는다. 전 분기의 단가는 다음 분기의 단가에 관한 협의가 지연될 경우 가단가로 적용될 뿐이다. 따라서 이 사건 감액행위의 실질은 분기별로 적용되는 납품단가에 관한 협의가 다소 지연될 경우 기존 단가를 가단가로 하여 우선 발주를 내고 나중에 단가합의가 완료되면 가단가로 발주된 부분에 대해서 확정된 단가를 적용하는 정산의 문제, 즉 하도급법 제 4조가 규정하는 '하도급대금의 결정' 문제이지 하도급법 제11조가 규정하는 '이미 확정된 하도급대금의 감액' 문제가 아니다. 그런데도 공정거래위원회는 이 사건 감액행위를 하도급대금의 감액 문제로 보고 하도급법 제11조를 적용하여 이 사건 처분을 한 바 이 사건 처분은 사안과 무관한 법 규정을 잘못 적용한 위법이 있다.(중략)

위 규정의 내용에 비추어 보면 하도급대금의 결정과 감액은 원칙적으로 발주 당시 하도급대금이 정해져 있는지를 기준으로 구분되고, 다만 신규개발품 등과 같이 발주 당시 하도급대금을 확정하지 못한 예외적인 경우에만 임시단가로 발주한 뒤 나중에 대금을 확정하는 것을 '하도급대금의 결정'으로 봄이 타당하다.

3) 서울고등법원 2010. 10. 13. 선고 2009누31429 판결 (시정명령 등 처분취소, 상고기각)

원사업자와 수급사업자가 하도급공사에 대한 설계변경 등에 따라 하도급 공사대금을 정산하여야 하는 경우에 공종별 개개공사내역의 수량 변동을 계산의 기초로 삼을 것이 아니라 원도급계약의 공사대금 중 이 사건 공사에 해당하는 순공사비 총액을 기준으로 정산하기로 하는 특약을 체결하였는데, 이러한 특약은 하도급법 제16조 제1항을 위배하거나 이를 우회하여 하도급법 제11조 제1항을 실질적으로 면탈하기 위한 것이라고 볼 수 없으므로, 하도급 공사대금을 정산함에 있어서는 이 특약을 하도급법 제16조 제1항에 우선하여 적용하여야 한다.

4) 공정거래위원회 2018. 1. 11. 의결 2017제하0484 (시정명령)

다음과 같은 사항들을 종합적으로 고려할 때 원사업자가 유상사급자재의 단가인하를 소급적용 행위는 법 제11조 제1항에 위반된다고 보기 어렵다.

첫째, 이 사건에서의 유상사급자재인 철판가격은 하도급단가를 구성하는 요소인 재료비로서 하도급단가는 유상사급자재인 철판가격을 반영하여 결정되기 때문에 철판가격이 인하될 경우 원사업자는 그 인하된 가격을 기준으로 철판을 공급하고 대금을 청구하므로 하도급단가 또한 철판가격의 인하 시점에 그 인하분 만큼을 인하할 수 있으나, 원사업자가 철판가격 인하 시점에 하도급단가를 인하하지 못함에 따라 그동안 수급사업자에게 납품대금을 더 많이 지급하게 된 것을 2016년 3~4월경 에야 정산한 것으로 볼 수 있다.[3)]

둘째, 이 사건의 소급적용으로 인하여 수급사업자가 받는 실질적인 하도급대금의 변동은 없어 수급사업자의 금전적인 피해는 없고, 원사업자는 유상사급자재를 공급하면서 인하된 가격을 수급사업자들에게 알려주었기 때문에 수급사업자들도 원사업자과 체결한 '보수용부품 공급약정서'의 내용대로 이 사건 A/S부품의 하도급단가도 철판 가격의 인하시점에 인하될 것으로 인식할 수 있었을 것이므로 철판 가격 인하 당시에 실질적인 합의가 이루어졌다고 볼 수 있다.

셋째, 원사업자는 유상사급자재인 철판가격이 인상된 경우에도 이를 소급 적용하여 하도급단가를 인상하여 줌으로써 수급사업자가 받는 납품단가를 보전하여 주었다.[4)]

5) 「부당한 하도급대금결정 및 감액행위에 대한 심사지침」

아래 예시는 원사업자의 하도급 감액 행위에 정당한 사유가 있는 경우에 해당합니다.

---

3) 예를 들어, 당초 하도급단가를 유상사급단가 1만 원, 수급사업자의 수행 대가 2만 원 등 총 3만 원으로 결정했다면, 수급사업자의 실질 납품단가는 3만 원에서 유상사급단가 1만 원을 제외한 2만 원이 됩니다. 이후, 유상사급단가가 9천 원으로 인하될 경우 원사업자는 유상사급자재를 9천 원으로 공급 및 청구하기 때문에 수급사업자가 받은 실질 납품단가가 2만 원으로 동일하기 위해서는 하도급단가 또한 2만 9천 원으로 인하되어야 하나, 원사업자가 그 당시에 하도급단가를 인하하지 못하고 3만 원으로 계속 지급함으로써 수급사업자는 그동안 실질 납품단가인 2만 원 보다 1천 원이 더 많은 2만 1천 원을 지급받았습니다.

4) 원사업자는 2012년 12월 철판 가격 인상을 이유로 A/S부품의 하도급단가를 인상하면서, 그 적용시점을 양산부품 제품과 같이 철판 가격이 인상된 2012. 3. 1.로 소급 적용하여 주었습니다.

「부당한 하도급대금결정 및 감액행위에 대한 심사지침」 V.1.

① 하도급계약 체결 후에 원사업자가 수급사업자가 제출한 하도급대금 산정자료에 중대하고 명백한 착오를 발견하여 이를 정당하게 수정하고 그 금액을 감액하는 경우

② 수급사업자가 위탁내용과 다른 목적물 또는 불량품을 납품하거나 정해진 납기일을 초과하여 납품하는 등 수급사업자의 귀책사유로 인해 원사업자가 납품된 목적물을 반품하고, 반품된 해당 목적물의 하도급대금을 감액하는 경우

③ 수급사업자가 수리가 가능한 불량품을 납품하였으나 반품을 하여 수리를 시킬 시간적 여유가 없어 원사업자가 스스로 수리하여 사용하고 그 비용을 감액하는 경우. 단, 사전에 수급사업자가 납득할 수 있는 구체적인 수리비용 산정기준이 필요하며, 감액은 이러한 산정기준에 따라 산출된 금액에 한정되어야 한다.

④ 원사업자가 수급사업자에게 무상으로 장비를 사용할 수 있도록 하였으나, 수급사업자의 장비관리 소홀로 인해 장비가 훼손되어 해당 장비에 대한 적정수리비를 하도급대금에서 공제하는 경우

이것만 알자!

- 하도급계약 체결 시에 하도급대금을 감액할 수 있는 사유와 절차를 미리 계약서에 기재하자.
- 원사업자가 하도급대금을 감액하고자 한다면 위 절차에 따라 수급사업자와 충분히 협의하고, 감액 시 미리 감액 사유와 기준 등을 적시한 서면을 수급사업자에게 교부해야 한다.
- 수급사업자에게 감액에 대한 충분한 자료를 제공하고, 수급사업자의 귀책사유가 있다면 증빙자료를 미리 확보해 두자.

제2절 하도급대금 지급을 지연한다면? (§13)

CASE 원사업자는 목적물을 수령한 날로부터 60일이 지났음에도 수급사업자에게 하도급대금을 지급하지 않았습니다. 그런데 원사업자는 수급사업자와의 정산이 완료되지 않아서 민사상 채권채무관계를 확정할 수 없었기 때문에 하도급대금을 지급하지 않은 것이라고 주장합니다.

I 억울할 때 읽어 보는 하도급법

1. 언제까지 하도급대금을 지급해야 할까, '법정지급기간'

계약자유의 원칙에 의하면 계약을 체결함에 있어 대금지급의 시기나 방법을 자유롭게 정할 수 있습니다. 하지만 하도급 계약의 경우 대금 지급시기를 완전히 자유롭게 정할 수 있도록 한다면, 원사업자는 가능하면 하도급대금을 늦게 주려고 할 것입니다. 그래서 하도급법은 '하도급대금 지급기일'에 대한 원칙을 미리 정해두고 있습니다(하도급법 제13조 제1항). 이를 '법정지급기간'이라고 합니다.

하도급법이 정한 법정지급기간은 '목적물의 수령일(□)로부터 60일 이내의 가능한 짧은 기한으로 정한 지급기일(○)'입니다. 즉 원사업자는 적어도 목적물 수령일로부터 60일 이내에는 하도급대금을 지급해야 한다는 뜻입니다. '법정지급기일'이라 하는 이 기일의 기산점은 제조위탁의 경우에는 '목적물의 수령일'이 기산점이 되나, 건설위탁의 경우에는 인수일, 용역위탁의 경우에는 용역의 수행을 마친 날, 원사업자와 수급사업자가 월 1회 이상 세금계산서의 발행일을 정한 경우에는 세금계산서 발행일이 기산점이 됩니다(하도급법 제13조 제1항).

만약 지급기일이 정해져 있지 아니한 경우에는 '목적물의 수령일'(□)이 하도급대금의 지급기일이 되고, 양당사자가 위 기준일로부터 60일이 지난 후의 날짜를 하도급대금의 지급기일(◇)로 정한 경우에는 위 기준일로부터 60일이 되는 날이 하도급대금의 지급기일(●)이 됩니다(하도급법 제13조 제2항). 반면 양당사자가 위 60일보다 단기간으로 지급기일을 정한 경우에는, 그 정한 기간이 그대로 하도급대금의 변제기가 됩니다. 하도급법은 어느 쪽으로나 수급사업자에게 유리하게 지급기일을 정한 것입니다.

[예시]

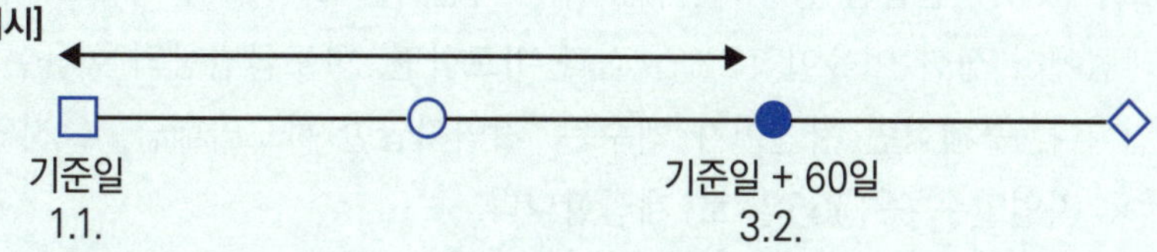

□ 목적물 등의 수령일(기준일): 지급기일 정하지 않은 경우 대금 지급기일

○ 기준일부터 60일 이내로 약정한 지급기일

● 기준일부터 60일: 기준일부터 60일이 지난 후의 날로 지급기일 약정한 경우ㄴ 대금 지급기일

◇ 기준일부터 60일이 지난 후의 날로 약정한 지급기일: 예외적으로만 인정

한편, 원사업자가 발주자로부터 준공금이나 용역수행행위의 진척에 따라 기성금을 받았을 때에는, 수급사업자에게도 수급사업자가 용역을 수행한 부분에 상당하는 금액을 지급해야 합니다. 이 경우에 원사업자는 발주자로부터 준공금이나 기성금 등을 지급받은 날(□)로부터 15일(●) 이내[만일 그 전에 하도급대금의 지급기일이 도래한다면 그 지급기일(○)]에 수급사업자에게 지급해야 합니다(하도급법 제13조 제3항).

[예시]

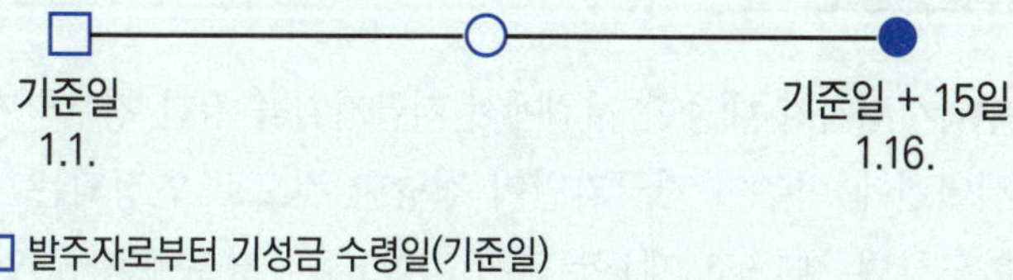

□ 발주자로부터 기성금 수령일(기준일)

○ 기준일부터 15일 이내로 약정한 하도급대금 지급기일: 발주자로부터 수령한 기성금ㄴ 지급기일

● 기준일부터 15일 이내 발주자로부터 수령한 기성금 지급

2. 지급기일을 넘겼다. 이자는?

원사업자가 법정지급기일을 초과하여 하도급대금을 지급하는 경우에는 그 초과기간에 대해 수급사업자에게 15.5%라는 고율의 지연이자를 지급해야 합니다(하도급법 제13조 제8항, 「선급금 등 지연지급 시의 지연이율 고시」). 현행 소송촉진 등에 관한 특례법에서 정한 이율이 12%인 점과 비교하면, 하도급법상의 이율은 상당히 높은 편입니다. 구체적인 지연이자 액수는 '지연지급한 하도급대금 × 지연이자율(0.155) × 지연일수 ÷ 365일'로 계산합니다.

위와 같은 이자율은 발주자가 원사업자의 파산 등으로 수급사업자에게 직접 하도급대금을 지급하는 경우에는 적용되지 아니합니다(대법원 2005. 7. 28. 선고 2004다64050 판결, 공사대금).

수급사업자가 공사대금을 지급받을 때까지 원사업자에게 하자보수보증금을 현금 또는 보험증권 등으로 납부 또는 제출하기로 약정하였다면, 특별한 사정이 없는 한 수급사업자의 하자보수보증금의 지급 또는 하자보증보험증권의 교부의무도 원사업자의 공사대금채무와 그 상당액에 관하여 동시이행관계에 있습니다. 따라서 수급사업자들이 보증보험증권 등을 원사업자에게 제출하기 전까지는 원사업자의 수급사업자들에 대한 그 상당액의 하도급대금지급 채무는 이행지체 상태에 있었다고 볼 수 없고, 원사업자는 하도급대금의 지연이자를 지급할 의무가 없습니다(서울고등법원 2016. 11. 16. 선고 2015누59886 판결).

3. 예외적으로 허용되는 경우

다만, 원사업자와 수급사업자가 대등한 지위에서 지급기일을 정한 경우라거나 해당 업종의 특수성과 경제여건에 비추어 지급기일이 정당한 것으로 인정되는 경우에는 예외가 인정됩니다(하도급법 제13조 제1항 단서 각호). 이 경우에는 60일을 넘긴 기간으로 지급기일을 정해도 이자를 안 내도 됩니다.

그 중 원사업자와 수급사업자의 '대등한 지위'는 자본금, 종업원수, 매출액 등을 비교하여 상호 대등하다고 객관적으로 판단되는 경우에 업종 특성에 따른 독점도, 생산능력, 기술수준 등을 종합적으로 고려하여 판단됩니다.

또한 공정거래위원회는 제조위탁의 경우, 성능담보를 위해 시운전완료 이후를 대금지급기일로 정한 때에는 당해 업종의 특수성을 반영하여 그 지급기일이 정당한 것으로 판단했습니다(공정거래위원회 2013. 7. 29. 의결 2012전사4397 시정명령, 2012. 6. 22. 의결 2011부사1759 시정명령).

4. 현금으로 하도급대금을 지급할 경우, '현금결제비율 유지'

원사업자는 수급사업자에게 하도급대금을 지급할 때에는 '하도급대금에서 지급수단 중 현금이 차지하는 비율'을 '발주자부터 받은 도급대금에서 현금이 차지하는 비율' 이상으로 하도급대금을 지급해야 합니다(하도급법 제13조 제4항). 이를 원사업자의 '현금결제비율 유지의무'라고 합니다.

그런데 만일 발주자로부터 지급받은 현금비율이 일정하지 않다면, 하도급대금을 지급하기 직전에 발주자로부터 지급받은 현금비율 이상으로 지급해야 합니다. 그리고 원사업자가 수급사업자에게 직전 하도급대금을 지급한 이후로 발주자로부터 2회 이상 도급대금을 지급받았다면 각각의 현금비율을 산술 평균한 비율이상으로 지급해야 합니다. 다만, 발주자로부터 도급대금을 지급받기 전에 수급사업자에게 하도급대금을 지급하는 경우에는 예외가 인정됩니다(「하도급거래공정화지침」 Ⅲ.12.).

도급대금 수령		하도급대금 지급	
수령일자	결제비율(현금:어음)	지급일자	현금결제비율
2. 1	50 : 50	1. 8	예외가능
5. 1	50 : 50	3. 5	50% 이상
5.15	60 : 40	4. 5	50% 이상
8. 1	20 : 80	7. 1	43% 이상[1)]
8. 1	40 : 60	9. 1	40% 이상

주1) 원사업자가 발주자로부터 5.1, 5.15, 6.1 지급받은 것을 산술평균한 비율 [(50+60+20)/3)]

5. 어음으로 지급할 경우, '어음만기일 유지, 어음할인료 지급'

원사업자가 수급사업자에게 어음으로 하도급대금을 지급하는 경우에는, 자기가 발주자로부터 받은 어음의 지급기간(발행일로부터 만기일까지, 다만 발주자가 타인 발행의 어음으로 지급한 경우에는 원사업자가 발주자로부터 어음을 교부받은 날부터 만기일까지)보다 기간이 긴 어음으로 지급하면 안됩니다(하도급법 제13조 제5

항). 한편, 발주자로부터 교부 받은 어음의 지급기간이 일정하지 않은 경우에는 하도급대금을 지급하기 직전에 발주자로부터 교부 받은 어음의 지급기간을 초과하는 어음으로 지급하면 안됩니다. 만일 원사업자가 수급사업자에게 직전 하도급대금을 지급한 이후로 발주자로부터 2회 이상 도급대금을 지급받았다면 각각의 어음지급기간을 산술 평균한 지급기간을 초과하는 어음으로 지급할 수 없습니다. 다만, 발주자로부터 도급대금을 지급받기 전에 수급사업자에게 하도급대금을 지급하는 경우에는 예외가 인정됩니다(「하도급거래공정화지침」 Ⅲ.13.).

또한 원사업자가 지급하는 어음은 할인이 가능해야 하고, 어음을 교부하면서 어음을 교부한 날부터 어음의 만기일까지의 기간에 대한 할인료[5]를 함께 지급해야 합니다. 수급사업자가 어음을 현금화하는 과정에서 금융기관에 내야 하는 어음할인료는 원사업자가 하도급대금을 어음으로 지급하였기 때문에 발생하는 비용이므로 원사업자에게 부담하도록 하는 것입니다.

다만 원사업자가 수급사업자에게 어음을 교부한 날이 목적물 등의 수령일부터 60일 이내라면 목적물 등의 수령일부터 60일이 지난 날 이후부터 어음의 만기일까지의 기간에 대한 할인료를 목적물 등의 수령일부터 60일 이내에 지급하면 됩니다(하도급법 제13조 제6항).

6. 어음대체결제수단으로 지급하는 경우, '어음대체결제수단의 수수료 지급'

원사업자가 수급사업자에게 어음대체결제수단[6]을 이용하여 하도급대금을 지급할 때에는 지급일부터 하도급대금 상환 기일까지의 기간에 대한 수수료를 함께 지급해야 합니다. 어음대체결제수단의 수수료 또한 원사업자가 하도급대금을 어음대체결제수단으로 지급하였기 때문에 발생하는 비용이므로 원사업자가 부담해야 합니다.

---

5) 「어음에 의한 하도급대금 지급시의 할인율 고시」

6) 하도급법 제2조 제14항에 따른 '어음대체결제수단'은 다음과 같습니다.

① 기업구매전용카드: 원사업자가 하도급대금을 지급하기 위하여 「여신전문금융업법」에 따른 신용카드업자로부터 발급받는 신용카드 또는 직불카드로서 일반적인 신용카드 가맹점에서는 사용할 수 없고, 원사업자, 수급사업자 및 신용카드업자 간의 계약에 따라 해당 수급사업자에 대한 하도급대금의 지급만을 목적으로 발급하는 것

② 외상매출채권 담보대출: 수급사업자가 하도급대금을 받기 위하여 원사업자에 대한 외상매출채권을 담보로 금융기관에서 대출을 받고, 원사업자가 하도급대금으로 수급사업자에 대한 금융기관의 대출금을 상환하는 것으로서 한국은행총재가 정한 조건에 따라 대출이 이루어지는 것

③ 구매론: 원사업자가 금융기관과 대출한도를 약정하여 대출받은 금액으로 정보처리시스템을 이용하여 수급사업자에게 하도급대금을 결제하고 만기일에 대출금을 금융기관에 상환하는 것

기업구매전용카드의 경우는 카드결제 승인일, 외상매출채권 담보대출의 경우는 납품 등의 명세 전송일, 구매론의 경우는 구매자금 결제일이 지급일이 됩니다. 적용되는 수수료율은 원사업자가 금융기관과 체결한 어음대체결제수단의 약정상 수수료율이 됩니다.

다만 어음대체결제수단을 이용한 지급일이 목적물 등의 수령일부터 60일 이내라면, 목적물 등의 수령일부터 60일이 지난 날 이후부터 하도급대금 상환 기일까지의 기간에 대한 수수료를 목적물 등의 수령일부터 60일 이내에 지급하면 됩니다(하도급법 제13조 제7항).

Solution

원사업자가 하도급대금을 지급하지 않은 것은 하도급법 제13조 위반에 해당할 가능성이 높습니다.

민사상 채권채무관계의 확정 여부와 무관하게 원사업자가 하도급대금을 지급하지 않았다는 사실 자체만으로도 하도급법 위반이기 때문입니다.

대법원도 이와 마찬가지로 판단하고 있습니다. 즉, 공정거래위원회는 특별한 사정이 없는 한 원사업자가 하도급대금의 지급을 거절하거나 지급을 미루고 있는 사실 자체로 위반행위가 되는지 여부를 판단하면 되는 것이지, 그 지급을 거절하거나 지급을 미룰 만한 상당한 이유가 있는지 여부까지 판단할 필요는 없다고 보았습니다(대법원 1999. 3. 26. 선고 98두19773 판결, 시정명령처분취소).

Ⅱ 심플한 정리법

1. 정산합의가 이루어지지 않아서 하도급대금을 지급하지 못했다는 주장

> 원사업자는 발주자로부터 준공금을 수령했다. 그러나 원사업자는 수급사업자에게 하도급대금을 지급하지 않았다. 원사업자는 수급사업자와 하도급대금의 최종 정산금을 합의하지 못해서 하도급대금을 지급할 수 없었다고 주장한다.

하도급법은, 원사업자가 발주자로부터 준공금을 받았을 때에는 15일 이내에 수급사업자에게 하도급대금을 지급하도록 규정하고 있습니다(하도급법 제13조 제3항). 따라서 위 사례와 같이 정산합의가 이루어지지 않았다는 이유로 하도급대금을 지급하지 않는 행위는 하도급법 위반입니다(공정거래위원회 2016. 4. 12. 의결 2015건하3219).

대법원도, 원사업자가 지급기일을 경과하여 수급사업자에게 하도급대금을 지급하지 아니한 경우 그 자체가 법 위반행위에 해당하므로, 공정거래위원회는 '원사업자가 하도급대금의 지급을 미룰 만한 상당한 이유가 있는지'를 판단하지 않고 제재를 할 수 있다고 판단했습니다(대법원 1999. 3. 9. 선고 98두17036 판결).

다만, 원사업자가 하도급대금 중 분쟁이 없는 금액을 수급사업자에게 지급하거나 공탁했다면, 공정거래위원회는 시정조치를 할 때 이런 사정을 참작할 수 있습니다(하도급거래공정화지침 Ⅱ.6.가.).

2. 하도급대금이 가압류되어서 이를 지급하지 않았다는 주장

> 원사업자는 수급사업자에게 하도급대금을 지급하려고 했다. 그런데 제3자(수급사업자의 채권자)가 이 하도급대금을 가압류했다. 그래서 원사업자는 하도급대금을 지급하지 않았다.

원사업자가 하도급법에 따른 법정기일까지 수급사업자에게 하도급대금을 지급하지 않으면 하도급법 위반에 해당하고, 그 기간 동안의 지연이자를 지급해야 합니다. 이런 점은 위 사례와 같이 하도급대금채권이 가압류되었다고 하더라도 마찬가지입니다.

가압류가 되었다는 것의 의미는 제3채무자(원사업자)가 채무자(수급사업자)에게 하도급대금을 지급하는 것을 금지하는 것일 뿐이고, 채무 그 자체를 면하게 하는 것은 아니기 때문입니다(공정거래위원회 2013. 9. 23. 의결 2012구사2338 시정명령).

원사업자는 이 사례와 같은 경우 가압류된 금액이나 하도급대금 전액을 공탁함으로써 하도급대금 지급의무를 면할 수 있습니다(민사집행법 제291조, 제245조).

3. 하도급대금과 지체상금을 상계했다는 주장

원사업자는 수급사업자의 공사지연에 따른 지체상금과 하도급대금 잔액이 유효하게 상계되었으므로 하도급대금 잔액은 없다고 주장한다.

하도급법 제13조는 예외규정 없이 원사업자가 수급사업자에게 제조 등의 위탁을 하는 경우에는 목적물 등의 수령일부터 60일 이내의 가능한 짧은 기한으로 정한 지급기일까지 하도급대금을 지급해야 한다고 규정하고 있습니다. 이는 원사업자가 하도급대금의 지급을 거절하거나 그 지급을 미루는 것을 방지하기 위한 것으로서 경제적 약자인 수급사업자를 원사업자의 횡포로부터 보호하여 하도급거래질서를 확립하고자 하는데 그 이유가 있다고 합니다. 따라서 원사업자가 지급기일을 경과하여 수급사업자에게 하도급대금을 지급하지 아니하는 경우 그 자체가 하도급법 위반행위가 되어 제재대상이 됩니다.

공정거래위원회는, 원사업자의 위 사례와 같은 주장에 대해서 공사지연의 발생원인을 전적으로 수급사업자의 책임으로 돌릴 수 없다는 이유로 원사업자의 주장을 배척하는 경우가 많습니다(공정거래위원회 2014. 10. 29. 의결 2013서건1259).

이와 유사한 경우로서 다음의 사례들을 참고할 수 있습니다.

(가) 원사업자는 수급사업자의 각 제품의 하자로 인해 보수비용이 발생하여 하도급대금을 지급할 수 없다고 주장하나, 하자보수비용은 당사자의 합의나 소송 등과 같은 절차를 통하여 확정된 사실이 없어 이를 인정하기 어려울 뿐만 아니라, 하도급

대금을 지급하지 아니하는 자체로 법 위반행위가 성립한다(공정거래위원회 2013. 7. 8. 의결 2012전사2699·2012전사2700 시정명령).

(나) 원사업자는 수급사업자로부터 반환받을 채권이 있고, 이에 대한 부당이득반환소송이 진행중이므로 하도급대금 지연이자를 지급할 수 없다고 주장한다. 하지만 특별한 사정이 없는 경우 원사업자가 법정지급기일을 경과하여 수급사업자에게 하도급대금을 지급하지 아니한 행위 그 자체가 법 위반이 되어 시정조치의 대상이 되는 점, 원사업자는 수급사업자로부터 반환받을 채권이 있다는 이유로 당해 지연이자의 지급을 아니하고 있으나 이는 이 사건과는 별개의 건이며 채권의 성격이 확인되지 아니한 점 등에 비추어 보면, 원사업자의 주장은 이유 없다(공정거래위원회 2015. 11. 18. 의결 2015건하1752 시정명령).

반면, 원사업자의 수급사업자에 대한 자동채권이 유효하게 존재하고 특정되었으며 하도급대금을 초과한다면, 상계를 인정하여 원사업자의 하도급대금 지급의무가 소멸했다고 인정한 사례도 있습니다(서울고등법원 2016. 11. 23. 선고 2015누2187 시정명령취소, 상고하지 않아 확정). 이는 원사업자에게 의미 있는 사례이므로 다음 파트에서 자세히 소개하겠습니다.

4. 민사소송에서 인정된 지연손해금을 지급했다는 주장

원사업자는 수급사업자에게 하도급대금을 지급하지 않았다. 공정거래위원회는 원사업자에게 고시이율(15.5%)에 의한 지연손해금의 지급을 명하는 시정명령을 했다. 이후 수급사업자는 원사업자에게 민사소송을 제기했다. 법원은 상사법정이율(6%)와 소송촉진 등에 관한 특례법의 법정이율(12%)에 의한 지연손해금을 지급하라고 판결했다. 원사업자는 법원의 판결에 따라 계산된 지연손해금을 지급하였다. 원사업자는 법원의 판결에 따라 지연이자를 모두 지급하였으므로 추가로 지급할 금액은 없다고 주장한다.

원사업자는 고시이율(15.5%)과 법정이율(6%~12%)의 차액에 해당하는 지연손해금을 추가로 지급해야 합니다. 예를 들어 고시이율(15.5%)에 의해 계산된 지연손해금이 3억 원이고, 법정이율(6~12%)에 의해 계산된 지연손해금이 2억 원이라면, 원사업자는 수급사업자에게 1억 원을 추가로 지급해야 합니다.

민사소송에서 지연손해금의 이율이 하도급법상 고시이율과 달리 확정되었다고 하더라도, 수급사업자가 고시이율과 법정이율의 차이에 상응하는 부분의 지연손해금을 포기하여 그 권리를 상실했다는 등의 특별한 사정이 인정되지 아니하는 한, 수급사업자의 실체법적 권리에 영향을 주는 것은 아니기 때문입니다(대법원 2010. 10. 28. 선고 2010두16561 판결).

위 사례는 공정거래위원회의 시정명령이 있은 후 법원의 판결이 있었던 사안이었는데, 이와 반대로 법정이율에 의한 지연손해금의 지급을 명하는 법원의 판결이 확정된 후에 공정거래위원회가 시정명령을 하는 경우에도 마찬가지입니다. 공정거래위원회는 이런 경우에도 고시이율과 법정이율의 차액에 상응하는 지연손해금의 지급을 명할 수 있습니다(대법원 2015. 12. 10. 선고 2013두35013 판결).

5. 현금결제비율의 계산 방식

원사업자는 발주자로부터 전체 도급대금의 70%를 현금으로 지급받았다. 그리고 수급사업자에게는 전체 하도급대금의 85%를 현금으로 지급했다. 원사업자는 도급대금과 하도급대금의 전체 대금을 비교해서 현금비율을 유지하였으므로 하도급법 위반이 아니라고 주장한다.

하도급법 제13조 제4항은 원사업자가 발주자로부터 대금을 현금으로 지급받고도 하도급대금을 장기어음으로 지급함으로써 수급사업자의 자금난을 가중하고 경영상의 애로를 일으키는 것을 방지하기 위해 하도급대금의 결제방식을 개선한 규정입니다. 즉 어음결제비중의 증가, 수취어음의 부도에 따른 수급사업자의 연쇄도산위험 등의 문제점을 해결하기 위하여 도입된 원사업자의 의무규정입니다(공정거래위원회 2014. 10. 29. 의결 2013서건1259 과징금).

원사업자가 수급사업자에게 하도급대금을 지급할 때, 그 '직전'에 발주자로부터 지급받은 도급대금의 현금비율 이상을 지급해야 합니다(「하도급거래공정화지침」 III. 12.가). 따라서 위 사례와 같이 '전체' 도급대금의 현금비율과 '전체' 하도급대금의 현금비율을 비교해야 한다는 원사업자의 주장은 타당하지 않습니다.

6. 하도급대금으로 지급한 어음이 부도처리 된 경우

원사업자는 수급사업자에게 하도급대금을 어음으로 지급하였는데, 그 어음이 부도처리 되었다. 원사업자는 비록 부도가 나긴 했지만 이미 어음으로 하도급대금을 지급하였으므로, 하도급법을 위반한 것은 아니라고 주장한다.

원사업자는 하도급대금을 어음으로 지급함으로써 수급사업자에게 어음부도의 위험을 전가하여서는 안됩니다(공정거래위원회 2012. 2. 22. 의결 2011부사1578 시정명령).

따라서 원사업자가 하도급대금을 어음으로 지급하였으나 그 어음이 부도처리 된 경우에는 하도급대금을 지급하지 않은 것으로 보아야 합니다(「하도급거래공정화지침」 Ⅲ.11.나.).

7. 발주자로부터 대금을 지급받지 못했다는 주장

원사업자는 발주자로부터 대금을 지급받지 못하였기 때문에 수급사업자에게도 하도급대금을 지급할 수 없었다고 주장한다.

도급계약은 원도급계약과는 별도의 계약이며, 하도급법에서 하도급대금은 목적물 수령일로부터 60일 이내의 가능한 짧은 기한 내에 지급하도록 규정하고 있으므로 원사업자는 발주자로부터 도급대금을 지급받지 않은 경우에도 위 법정 지급기한 이내에 수급사업자에게 하도급대금을 지급하여야 합니다.

Ⅲ 억울할 때 찾아보는 구체적인 사례들

1. 수급사업자를 위한 사례

1) 공정거래위원회 2019. 1. 9. 의결 2016건하1598 (시정명령 등)

원사업자는 수급사업자에게 건설위탁을 하였지만, 하도급대금을 지급하지 않았다. 공정거래위원회는 목적물 수령일을 파악하기 위해 원사업자에게 검사결과 통지내역 등의 자료를 제출할 것을 요구하였으나, 원사업자는 이를 제출하지 못했다. 그래서 공정거래위원회는 행정기관이 사용승인한 날을 목적물수령일로 보고 하도급대금 지연이자의 지급을 명했다.

원사업자는, 사용승인은 관할 행정기관이 건축물이 건축법이나 주택법상 도면대로 시공되고, 관련 법령상의 인허가 사항을 준수하였는지를 확인해주는 처분에 불과하고 모든 공사가 실제 완료되었음을 확인하여 사용승인이 나는 것이 아니므로 법상 사용승인을 목적물 등의 수령일로 본다는 명시적인 규정이 없는 한 이를 목적물 등의 수령일로 볼 수 없다고 주장한다.

원사업자의 주장에 대해 살피건대, 하도급법 제13조 제1항은 하도급대금 지급기일의 기준이 되는 '목적물 등의 수령일'을 건설위탁의 경우에는 '목적물 인수일'을 말한다고 규정하고 있고, 목적물 인수일의 개념에 대하여는 해당 조항에서 별도로 규정하고 있지 않으나 법 제8조 제2항 단서 해석상 검사가 종료된 때를 목적물 인수일로 보는 것이 타당하다.

한편 주택법(건축법) 등 관련 법령에서는 사업주체(건축주)가 사업계획의 승인 등을 받아 시행하는 주택건설사업 또는 건축물의 건축공사 등을 완료하고 해당 건축물을 사용하기 위해서는 관할 행정기관의 사용승인(또는 사용검사)를 받아야 한다.

사용승인 등의 허가권자인 관할 행정기관은 사용승인 등의 신청에 대하여 관련 법령 등에서 규정하고 있는 공사 책임감리의 공사완료보고서, 소방공사 등의 완료필증 등 제출서류를 검토하고 승인된 사업계획 대로 공사가 완료되어 사용에 지장이 없을 경우 사용승인서 등을 교부하므로, 사업주체인 발주자가 전체 건축물에 대한 관할 행정기관의 사용승인 등을 얻었다면 최소한 그 사용승인일 이전에 전체 공사의 구성부분인 하도급공사에 대한 검사도 완료되었다고 보는 것이 타당하고 해당 건축물에 대한 공사가 완료되지 않았을 경우 사용승인도 얻을 수 없으므로, 사용승인일 이후까지도 공사가 지속되었다는 원사업자의 주장은 타당하지 아니하다.

2) 공정거래위원회 2016. 2. 23. 의결 2015공사1016 (과징금)

원사업자의 현장대리인(현장소장 등 현장 직원)이 구두 또는 서면지시를 통하여 수급사업자에게 추가공사를 수행하게 하였음에도 원사업자가 추가 공사에 대한 하도급대금을 지급하지 않자, 공정거래위원회는 원사업자에게 추가공사에 대한 하도급대금과 지연이자의 지급과 과징금을 납부하도록 명하였다.

원사업자는 특정 건설 현장에서 공사의 시공에 관련한 업무만을 담당하는 현장소장은 그 소속 건설회사에 대해 부분적 포괄대리권만을 가지고 있는데, 현장소장이 추가공사 및 그 공사대금에 대하여 확인해 준 실정보고 자료만으로 추가공사에 대한 하도급계약이 이루어진 것으로 볼 수 없다고 주장한다.

살피건대 다음과 같은 점에서 원사업자의 주장은 이유가 없다고 판단된다.

하도급계약 체결과 설계변경 등을 담당하였던 원사업자 직원의 진술에 따르면 '실정보고에 기재된 항목들은 본 공사 내역 외의 공사를 수행하기 위한 부대 공사로서 원사업자가 구두지시 또는 서면지시부 등을 통해 직원에게 작업지시를 한 것'이라고 설명하고 있는데, 이는 실정보고리스트에 기재된 항목들은 원사업자가 수급사업자에게 본 공사 외에 추가로 공사를 건설위탁한 것임을 스스로 인정하는 것이다.

둘째. 실정보고리스트에는 추가 공사의 발생사유, 지시내역, 공사금액 등이 상세히 기재되어 있고, 이 사건 공사의 작업지시부, 관련 문서 등에 따르면 수급사업자는 이 사건 공사 착공부터 준공에 이르기까지 현장대리인과 협의하여 공사를 진행한 사실을 알 수 있으며, 원사업자가 발주자에게 설계변경 승인요청 등 계약변경을 요청하기 위해 보낸 문서에 현장대리인으로 현장소장이 서명한 점 등에 비추어 본계약의 이행과정에서 발생하는 추가공사나 그 공사의 금액 등 세부적인 사항에 대한 계약의 체결 및 그 계약의 이행관리 등은 현장대리인이 수행하였음을 알 수 있다.

원사업자는 건설회사의 현장소장은 표현지배인이 아니라 부분적포괄대리인이라고 판단한 판례(대법원 1994. 9. 30. 선고 94다20884 판결) 등을 근거로 현장소장이 서명한 실정보고자료가 있다고 하더라도 추가공사에 대한 건설위탁이 이루어진 것으로 볼 수 없다고 주장하지만, 이 판결 내용 중에는 '건설현장의 현장소장의 통상적인 업무의 범위는 그 공사의 시공에 관련한 자재, 노무관리 외에 그에 관련된 하도급계약의 체결 및 그 공사대금지급, 공사에 투입되는 중기 등의 임대차계약체결 및 그 임대료의 지급 등에 관한 모든 행위'로 판단하고 있는 점, '부분적 포괄대리권을 가진 사용인은 영업의 특정한 종류 또는 특정한 사항에 관한 재판 외의 모든 행위를 할 수 있는 대리권을 가진 상업사용인을 말하는 것'이라고 판시한 판례(대법원 2007. 8. 23. 선고 200723425 판결) 등으로 미루어 볼 때 원사업자의 주장을 받아들이기 어렵다.

3) 공정거래위원회 2015. 11. 17. 의결 2015서제0114 (시정명령)

원사업자는 하도급계약서에 발주처의 준공대금 수령일을 하도급대금 지급기일로 약정하고 있으므로, 발주처로부터 준공금을 수령한 날부터 60일 이내에 하도급대금을 지급하면 법위반이 아니라는 취지로 주장하나, 원사업자는 발주자로부터의 대금수령 여부와 관계없이 목적물 등을 수령한 날을 기준으로 최소한 60일 이내에 하도급대금을 지급하도록 함으로써 경제적 약자인 수급사업자를 보호하려는 동 법조항의 입법취지, 원사업자가 법정지급기일내에 하도급대금 등을 지급하지 아니하는 경우 그 자체가 법위반 행위가 되어 시정조치의 대상이 된다는 법원 판례(대법원 1999. 3. 26. 선고 98두19773 판결) 등에 비추어 볼 때, 원사업자의 주장은 이유없다.

4) 공정거래위원회 2013. 6. 3. 재결 2013협심0762 (시정명령)

원사업자는 수급사업자에게 전해조 제작을 위탁한 후에 설계변경내역을 통지한 후에 목적물을 수령하였음에도 그로부터 60일이 경과한 후에 설계변경에 따른 추가 하도급대금을 지급하면서 그 초과기간에 대한 지연이자를 지급하지 아니하였다.

원사업자는, 다음과 같은 점을 고려할 때 이 사건에서 설계변경에 따른 추가 하도급대금의 지연이자가 발생하는 기산일[7](이하 '지연이자 기산일'이라 한다)에 대해서는 하도급법 제13조 제8항이 아닌 하도급법 제16조 제4항의 규정을 적용하여야 한다고 주장한다.

첫째, 하도급법 제16조 제4항[8]에 의하면 설계변경으로 발주자로부터 추가금액을 지급받은 날부터 15일이 지난 후에 추가 하도급대금을 지급하는 경우에 그 초과기간에 대한 이자에 관하여는 하도급법 제13조 제8항을 준용하고, 이 경우 '목적물 등의 수령일부터 60일'은 '추가금액을 받은 날부터 15일'로 본다고 규정되어 있으므로, 설계변경에 따른 지연이자 기산일은 하도급법 제16조 제4항을 적용하여야 한다.

원심결과 같이 하도급법 제13조 제8항을 적용하여 지연이자 기산일을 판단하는 경우에는, 목적물 수령 전에 발주자 및 수급사업자와 설계변경에 따른 추가 대금 및 하도급대금을 확정하여야 하는데, 이로 인해 공사가 지연될 수 있고, 발주자와 추가 대금이 확정되지 않은 상태에서 추가 하도급대금을 수급사업자에게 지급하게 되는 경우에는 추후 정산의 문제가 발생할 수 있다.

살피건대, 다음과 같은 점들을 볼 때 원사업자의 주장은 이유 없다.

첫째, 하도급법 제16조 제4항에서 하도급법 제13조 제8항을 준용하면서 '목적물 등의 수령일로부터 60일은 추가금액을 받은 날로부터 15일로 본다'라고 한 것은 하도급법 제13조 제8항의 준용의 의미로서 지연이자 기산일을 다시 명확히 한 것에 불과한 것이지 원사업자가 목적물을 수령했더라도 설계변경 등이 있는 경우라면 하도급법 제13조가 적용되지 아니하고 하도급법 제16조가 적용되어 추가금액을 받은 날로부터 15일이 되기까지는 무한정으로 이자가 발생되지 아니한다고 해석할 수는 없으므로 하도급법 제16조가 하도급법 제13조에서 규정한 지급기일의 예외를 규정한 것으로 보기 어렵다.

---

7) 하도급대금을 지급하여야 할 기한을 경과한 초일을 말합니다.

8) 하도급법 제16조 ④ 원사업자가 제1항의 계약금액 증액에 따라 발주자로부터 추가금액을 지급받은 날부터 15일이 지난 후에 추가 하도급대금을 지급하는 경우의 이자에 관하여는 제13조 제8항을 준용하고, (중략) 이 경우 "목적물 등의 수령일부터 60일"은 "추가금액을 받은 날부터 15일"로 본다.

특히, 원사업자의 주장에 따르면 추가 하도급대금 지급여부 또한 발주자의 추가대금 지급여부에 따라 결정된다는 결론에 이르게 되는데, 이는 원사업자와 수급사업자가 대등한 지위에서 상호보완하며 균형 있게 발전할 수 있도록 함을 목적으로 하는 하도급법 취지에 반한다고 할 것이다.

둘째, 발주자로부터 하도급대금을 수령한 경우에는 수령한 날로부터 15일 이내에 지급하라고 규정되어 있는 하도급법 제6조, 제16조 제4항은 하도급법 제13조 제1항에서 정한 지급기일(목적물 수령일부터 60일 이내의 가능한 짧은 기한)에 대한 예외가 아니라 지급기일 전에 발주자로부터 선급금·기성금·준공금·조정금액 등 하도급대금을 수령한 경우에는 수령한 날부터 15일 이내에 지급하라는 의미로 해석함이 타당하다.

5) 공정거래위원회 2012. 11. 8. 의결 2011서건2529 (시정명령)

원사업자는 이 사건 공사는 3사 공동 도급공사이므로 원사업자의 지분 43%만큼만 하도급대금을 지급할 의무가 있음에도 미지급 하도급대금 모두를 원사업자에게 지급하라고 하는 것은 부당하다고 주장한다.

살피건대, 원사업자와 수급사업자들과의 각 계약서를 보면 '원사업자'란에는 원사업자만이 기재되어 있고, 공동수급체 자체에 대한 기재는 전혀 없는 점 등을 감안하면 수급사업자들은 공동수급체가 아닌 원사업자로부터 이 사건 공사를 하도급 받는다고 인식한 것으로 판단되므로 공동수급체 사이 내부 정산은 별론으로, 이를 이유로 원사업자 지분에 한정하여 공사대금을 지급하겠다는 원사업자 주장은 이유 없고 계약 당사자로서 원사업자는 수급사업자들에게 원사업자의 지분에 한정되지 아니한 하도급대금을 지급할 책임이 있다할 것이므로 원사업자의 위 주장은 이를 받아들이지 아니한다.

6) 공정거래위원회 2012. 8. 22. 의결 2011서제1567 (시정명령)

원사업자는 2007. 9. 17. 리비아 도시기반시설청(HIB)(이하 '발주처'라 한다)으로부터 설계용역의 대상을 수주하고 수급사업자와 설계용역 계약을 체결하였다. 원사업자는 발주처로부터 기성금을 수령하고 법정지급일인 15일이 초과되었음에도 하도급대금 일부와 이 금액에 대한 지연이자를 지급하지 않았다.

원사업자는 발주처와 체결한 계약서상으로는 각각의 공정이 완료되었을 때 발주처가 대금을 지불하도록 되어 있는 바, 설계부분 역시 아직 공정이 완료되지 아니하였으므로 원사업자는 발주처에 기성금 청구를 할 수 없었고, 따라서 원사업자가 발주처로부터 받은 금원은 이를 기성금으로 볼 수 없다고 주장하는 한편, 발주처로부터 받은 금원은 수급사업자의 설계용역에 따른 기성금이 아니라 발주처가 원사업자의 유동성 애로를 해소해 주기 위하여 지급한 것으로 지급명목만 '설계비'라는 표현을 썼을 뿐이고 실제로는 '지원금'이라고 주장한다.

그러나 원사업자의 리비아 지사에 근무하였던 전무가 수급사업자에게 보낸 이메일 내용을 보면, 당초 계약과 달리 원사업자와 발주처가 협의하여 설계비에 대해서는 설계 단계별로 대금지급을 할 수 있도록 협의하였다는 내용이 기재되어 있고, 이에 근거하여 1차 기성청구를 하였다는 내용이 적시되어 있는 것을 볼 때 원사업자가 수령한 대금은 이를 기성금으로 보는 것이 타당하며, 원사업자 직원의 설계도면 수령 확인서 또는 공문 등 증거자료와 수급사업자의 납품실적 및 원사업자가 발주처로부터 도급공사 관련 대금을 수령한 일련의 과정 등을 종합하여 판단하여 보아도 발주처로부터 원사업자가 지급받은 금원은 이를 기성금으로 볼 수밖에 없으며, 더 나아가 원사업자는 2012. 7. 20. 공정거래위원회 심판정에서 "발주처와 관계에서 여러 가지 이해관계가 얽혀서 지원금을 받았으나, 이것은 명백하지는 않다. 명백하지는 아니하나, 이 금액은 기성비율(납품실적)에 비해 많은 금액이므로 기성금은 아니고, 지원금이다"라는 취지의 진술을 한 점에 비추어, 발주처로부터 받은 금원이 기성금보다 많다는 이유만으로 위 금액이 모두 기성금이 아니라 전적으로 순수한 지원금이라고 보기는 스스로도 불분명하다는 점이 인정되므로 원사업자의 주장은 이를 받아들이지 아니한다.

7) 공정거래위원회 2011. 8. 5. 의결 2010광사1370 (시정명령)

원사업자는 아파트 개발사업의 시행사로서 토지매입 및 공사대금 마련을 위해 시공사인 D건설, S생명, H은행 사이에 S생명으로부터 프로젝트 파이낸싱(이하 'PF'라 한다) 대출을 받고, H은행으로부터 자금지원 및 위 사업관련 수익금을 관리받기로 하는 내용의 업무약정을 체결하였다.

위 업무약정 및 S생명과의 PF 대출약정에 따르면 대출금 회수 담보를 위해 원사업자는 ① 사업대상 토지 매입 즉시 이를 S생명을 수익자로 하여 부동산신탁회사에 신탁하고, ② 아파트 사용검사시까지 대출금이 미상환될 경우 미분양아파트를 채권금융기관을 우선수익자로 하여 부동산신탁회사에 신탁해야 한다.

위 1차 PF 대출 이후 시공사 D건설이 채권은행들에 의해 부실건설사로 지정되어 퇴출되자 원사업자는 사업지속을 위한 자금확보를 위해 2009. 4. 22.~2009. 4. 30. 위 약정내용과 동일한 조건으로 5개 저축은행으로부터 추가 PF대출을 받아 개발사업을 진행하였으나, 시공사 퇴출로 인한 사업지연, 일부 수분양자의 분양계약해지 등으로 인해 분양실적이 저조하자 신속한 미분양물량 해소를 통한 자금확보를 위해 이 사건 분양대행계약을 체결하게 되었다.

한편, 원사업자는 분양실적이 저조하여 대출금 상환이 어렵게 되자, 2009. 8. 7. 위 PF대출약정에 따라 준공 후 미분양 아파트에 대해 H토지신탁과 부동산처분신탁계약을 체결하였고, 이에 따라 미분양아파트의 소유권이 H토지신탁으로 이전되었다. 수급사업자는 위 계약에 따라 2009. 6. 1.~ 2010. 3. 31. 기간 중 아파트 미분양주택 중 43세대에 대해 분양을 완료(이하 '목적물'이라 한다)하고 분양대행수수료를 원사업자에게 청구하였으나, 원사업자는 목적물 수령일로부터 60일이 초과하였음에도 총 분양대행수수료를 지급하지 아니하였다.

원사업자는 모든 자산이 H토지신탁에 신탁되어 하도급대금을 지급할 수 없다고 주장한다. 살피건대, 신탁계약에 의해 원사업자 소유 자산의 처분에 제약을 받고 있는 상황이라 하더라도 이를 이유로 수급사업자에 대한 하도급채권이 소멸되거나 법 제13조 제1항에 의한 원사업자의 수급사업자에 대한 하도급대금 지급의무가 면제되는 것은 아니라고 할 것이다. 또한 신탁된 자산의 평가액을 고려할 때 원사업자가 우선 상환하여야 할 대출금 등의 채무를 모두 상환하고도 그 잔액으로 하도급대금의 지급이 가능한 것으로 판단되므로 원사업자의 주장은 이유 없다.

8) 공정거래위원회 2010. 11. 1. 의결 2010서건1661 (시정명령)

원사업자는 하도급계약내역서상 계약특수조건 제8항[9]에 따라 발주자로부터 일부

9) 계약내역서(도급계약서의 부속서류)상 계약특수조건 8. 결제조건은 원사업자와 동일한 기준을 의미합니다.

공사대금을 지급받은 후 60일 이내에 지급하였으므로 지연지급이 아니며, 미지급 하도급대금에 대한 지연이자 기산일을 목적물 인수일이 아닌 수급사업자가 청구한 날(세금계산서 발행일)로 하여야 한다고 주장한다.

살피건대, 하도급법 제13조 제1항, 제2항 및 제8항의 규정에 의하면 원사업자가 목적물 수령일부터 60일(이하 '법정지급기일'이라 한다)을 초과하여 수급사업자에게 지급하는 것을 금지하고 있고, 원사업자가 하도급대금을 법정지급기일을 초과하여 지급하는 경우 그 초과기간에 대한 지연이자를 지급하도록 규정하고 있으므로 원사업자가 발주자로부터 공사대금을 지급받은 후 60일 이내 지급하였다고 하더라도 법정지급기일을 초과하여 지급한 하도급대금에 대해서는 지연이자를 지급하여야 할 것이다.

그리고 이 사건 공사의 계약기간(2009. 9. 29.~2009. 11. 5.)은 단기간으로 납품이 빈번하여 상호 합의하에 월 1회 이상 세금계산서를 발행하도록 정하고 있는 경우라고 볼 수 없으며, 수급사업자가 목적물을 완성하거나 인도하였음에도 원사업자가 거래상지위를 이용하여 수급사업자에게 세금계산서 발행을 늦추도록 요구할 경우 수급사업자로서는 이를 거절하기가 어려운 바, 세금계산서 발행일을 지연이자 기산일로 보게 되면 원사업자 자신의 채무이행 시기를 언제든지 지체할 수 있게 되므로 하도급거래의 법률관계(동시이행관계)를 훼손하게 되고 수급사업자의 이익을 보호하고자 하는 하도급법 목적에도 반한다고 할 것이다.

또한 하도급거래공정화지침 Ⅲ.11.다.의 규정에 의하면, 하도급대금 지급시 기산점이 되는 목적물의 수령일은 건설위탁의 경우에는 원사업자가 수급사업자로부터 준공 또는 기성부분의 통지를 받고 검사를 완료한 날로 규정하고 있다. 그러므로 이 사건 공사의 경우에는 원사업자가 2009. 12. 28. 수급사업자로부터 '공사 하도급 기성(신청)확정서[기성내역서(준공), 검사필증 포함]'를 통보받았으나 정당한 사유없이 10일 이내에 검사 결과를 서면으로 통지하지 아니하였으므로 기성통지를 받고 10일이 초과하는 날인 2010. 1. 8.을 검사에 합격한 날, 즉 이 날을 목적물의 수령일(인수일)로 봄이 상당하다고 할 것이므로 이 사건 공사의 목적물 수령일부터 61일째 되는 날(2010. 3. 9.)이 지연이자의 기산일이 된다고 할 것이다. 따라서 이 사건 공사의 미지급 하도급대금에 대한 지연이자의 기산일은 목적물 수령일(인수일)이 아니라 수급사업자가 청구한 날(세금계산서 발행일)로 하여야 한다는 원사업자의 주장은 이유 없다.

2. 원사업자를 위한 사례

1) 대법원 2011. 3. 10. 선고 2009두1990 판결 (시정명령등)

하도급법 제25조 제1항은 공정거래위원회는 하도급법 제13조 등의 규정을 위반한 원사업자에 대하여 하도급대금 등의 지급, 법위반행위의 중지, 향후 재발방지, 그 밖에 시정에 필요한 조치를 권고하거나 명할 수 있다고 규정하고 있는 바, 하도급법이 제13조 등의 위반행위 그 자체에 대하여 과징금을 부과하고(제25조의3 제1항) 형사처벌을 하도록(제30조 제1항 제1호) 규정하고 있는 것과 별도로 그 위반행위를 이유로 한 시정명령의 불이행에 대하여도 형사처벌을 하도록(제30조 제2항 제3호) 규정하고 있는 점과 이익침해적 제재규정의 엄격해석 원칙 등에 비추어 볼 때, 비록 하도급법 제13조 등의 위반행위가 있었더라도 그 위반행위의 결과가 더 이상 존재하지 않는다면 하도급법 제25조 제1항에 의한 시정명령을 할 수 없다고 보아야 한다.

2) 서울고등법원 2016. 11. 23. 선고 2015누2187 (시정명령취소, 상고하지 않아 확정)

원사업자는 이 사건 시정명령 전 원사업자가 수급사업자에 대하여 가지는 부당이득반환채권을 자동채권으로 하여 수급사업자에 대한 이 사건 하도급대금 채권과 상계한다는 의사표시를 하여 위 상계의 의사표시가 수급사업자에게 도달하였으므로, 공정거래위원회가 이 사건 시정명령을 할 당시 이 사건 하도급대금채권은 위 상계의 의사표시로 이미 소멸된 상태였다. 따라서 이와 달리 원사업자에게 이 사건 하도급대금 지급의무가 있음을 전제로 한 이 사건 시정명령은 위법하다고 주장한다.

앞서 본 사실에 의하면 원사업자는 수급사업자에 대하여 TRW 공사 하도급거래와 관련하여 20,679,300원 상당의 부당이득반환 채권이 있었다고 할 것이고(위 부당이득반환채권의 정확한 액수에 관하여는 다툼이 있을 수 있으나 적어도 이 사건 하도급대금인 10,780,000원을 초과함에는 별다른 의문이 없다), 원사업자가 이 사건 시정명령이 있기 전인 2014. 4. 30.경 수급사업자에 위 부당이득반환채권을 자동채권으로, 수급사업자의 원사업자에 대한 이 사건 하도급대금 채권을 수동채권으로 하여 대등액에서 상계한다는 상계의 의사표시가 기재된 이 사건 상계 통보서를 발송하여 위 상계 통보서가 그 무렵 수급사업자에 도달한 사실은 앞서 본 바와 같다. 따라서 원사업자의 위와 같은 상계 의사표시에 의하여 수급사업자의 원사업자에 대한 이 사건 하도급 채권 10,780,000원과 원사업자의 수급사업자에 대한 TRW 공사 하도급거래 관련 부당이득반환채권은 상계적상 당시로 소급하여 대등액의 범위에서 소멸하였다고 봄이 타당하다.

공정거래위원회는 이에 대하여 원사업자가 주장하는 자동채권인 TRW 공사 하도급거래 관련 부당이득반환채권에 관하여 원사업자와 수급사업자 사이에 소송이 진행되고 있고 구체적인 금액이 확정되지 않았으므로 원사업자의 위 상계 의사표시로 이 사건 하도급대금 채권이 소멸한 것으로 볼 수 없었다고 주장한다. 그러나 앞서 든 증거에 의하면 원사업자와 수급사업자 사이에 TRW 공사 하도급거래 관련 부당이득반환채권의 구체적 금액에 관하여 다툼이 있다고 하더라도 원사업자가 상계 의사표시를 할 당시에 위 부당이득반환채권이 유효하게 존재 또는 특정되지 않았다고 볼 수 없고, 위 채권액이 이 사건 하도급대금인 10,780,000원을 초과하고 있음은 넉넉히 인정되며 원사업자가 이 사건 상계 통보서에 의하여 상계 의사표시를 할 당시 상계 충당에 관하여 별도로 지정하지 않았으므로 상계충당의 법리에 따라 이 사건 하도급대금 및 잔금, 추가작업 대금 중 이행기가 가장 먼저 도래한 이 사건 하도급대금부터 상계충당되어 소멸되었다고 할 것이고 당사자간 채권의 존재 및 금액에 관하여 다툼이 있다는 사정만으로 원사업자의 상계 의사표시가 유효하지 않다고 보기 어려우므로 공정거래위원회의 위 주장은 받아들일 수 없다.

이 사건 하도급대금은 이 사건 시정명령이 있기 전에 원사업자의 상계 의사표시로 이미 소멸하였다고 할 것이다. 따라서 공정거래위원회가 위반행위의 결과가 더 이상 존재하지 않음에도 이 사건 하도급대금의 지급을 명하는 시정명령을 한 것은 원사업자의 나머지 주장에 관하여 더 나아가 살펴볼 필요 없이 위법하므로 시정명령을 취소하여야 한다.

3) 공정거래위원회 2019. 1. 3. 의결 2016서제0913 (경고)

원사업자는 이 사건 하도급대금 미지급금액은 수급사업자와 합의하여 자신이 수급사업자에게 갖고 있던 클레임 채권과 상계처리하기로 한 것으로서, 이러한 합의 사실은 수급사업자가 원사업자의 9회에 걸친 상계 처리시 이의를 제기하지 않은 점,

원사업자의 회계처리를 위해 수급사업자에게 보낸 채권·채무조회서에서 수급사업자도 원사업자가 상계채권을 갖고 있다고 확인하여 준 점 등에서 입증된다고 주장하는 반면, 수급사업자는 상계처리는 원사업자의 강요에 의해 이루어진 것으로 원사업자와의 계속적인 거래관계 유지를 위해서는 원사업자의 일방적인 요구를 수용할 수밖에 없는 상황이었으므로 이러한 상계처리는 유효하게 성립된 것이 아니라고 주장한다.

살피건대, 상계처리에 대하여 상기와 같이 원사업자와 수급사업자의 주장이 상이한 점, 상계처리의 유효성에 대한 명확한 사실관계를 확인할 수 있는 자료, 즉 클레임합의서나 수급사업자가 원사업자의 강요를 어쩔 수 없이 수용할 수밖에 없다는 사실을 입증하는 자료 등이 없어 법위반 여부에 대한 판단이 곤란한 점, 현재 이 사건에 대한 민사소송이 진행 중인 상황에서 상계채권의 유효하게 성립되었는지 여부는 공정거래위원회가 판단하기 보다는 법원에서 판단함이 바람직한 점 등을 고려하여 원사업자의 행위에 대해서는 공정거래위원회 회의 운영 및 사건처리 등에 관한 규칙 제46조 제4호에 따라 '심의절차종료'한다.

4) 공정거래위원회 2018. 1. 15. 의결 2014건하2215 (고발)

원사업자는 동자동현장 공사와 관련하여 2013. 1. 30. 관할 지자체의 사용승인이 있었음에도 하도급대금 21,450천 원을 미지급하였다. 수급사업자는 동자동현장 공사에 대한 하자보수보험증권을 원사업자에게 제출하지 아니하였다. 다음과 같은 사항을 고려할 때 원사업자의 행위는 법 제11조 제1항에 위반된다고 보기 어렵다.

첫째, 원사업자와 수급사업자가 동자동현장 공사계약에서 사용한 '건설공사표준하도급 계약서'는 '하자보수보증금율'을 3%로 규정하고 있어 수급사업자는 공사준공 후 하도급대금을 지급받을 때까지 하자보수보증금 42,520천 원을 현금 또는 이에 갈음하는 하자보증보험증권 등으로 원사업자에게 제출할 의무가 있으나, 수급사업자는 하자보수 이행을 위한 하자보수보험증권을 원사업자에게 제출하지 않았다.

둘째, 특별한 사정이 없는 한 수급사업자의 하자보수보증금 또는 하자보증보험증권의 제출의무는 원사업자의 공사대금채무와 그 상당액에서 동시이행관계에 있으므로 원사업자는 수급사업자가 하자보수보증금 또는 하자보증보험증권을 제출할 때까지 그 범위내에서 하도급대금을 미지급 할 수 있을 것인바, 원사업자는 수급사업자의 하자보수보증금 42,500천 원 이내인 21,450천 원의 하도급대금만을 미지급하고 있다.

5) 공정거래위원회 2013. 7. 29. 의결 2012전사4397 (시정명령)

냉동기·냉각탑 등의 목적물은 원사업자가 설치하는 기타의 빙축열설비와 결합된 이후에나 일정한 성능 발휘 여부를 점검할 수 있다는 점에서, 성능담보를 위하여 하도급대금의 일정금액의 지급 시기를 시운전완료 및 하자이행보증보험증권 접수 후로 정한 것은 타당하므로, 위 증권 접수일까지 하도급대금의 일정금액에 대하여 지급을 유보한 것으로 볼 수 있는 바, 원사업자가 시운전이 완료되고 하자이행보증보험증권이 접수된 이후부터 심의일까지 유보된 하도급대금 및 이에 대한 지연이자를 수급사업자에게 지급하지 아니한 행위만이 하도급법 제13조 제1항, 제8항에 위반되는 불공정 하도급거래행위에 해당된다.

한편, 원사업자는 수급사업자가 계약에 부합하는 시운전을 실시하지 아니하였고, 원사업자가 시운전완료확인서에 서명하기는 했지만 이는 안전 검사를 위하여 일시적으로 가동여부만을 확인하고 서명한 것에 불과하다고 주장하나, 1) 원사업자의 현장소장이 이를 확인하고 서명한 점에서 수급사업자는 계약에 따른 시운전에 합격한 것이고, 2) 설령 계약에 부합하는 시운전을 실시하지 아니하였더라도 원사업자가 이 사건 목적물을 포함하여 전체 설비공사의 기성청구서를 발주자에게 제출하고 대금을 전액 수령하였던 점에서 원사업자가 정상적으로 목적물을 수령한 것으로 보는 것이 타당하며, 3) 추후 하자가 발생하더라도 이는 민사적 절차에 따라 해결될 사안이지 하도급법상 대금지급의무를 지연하거나 면하는 정당한 사유라고 보기 어렵다.

6) 공정거래위원회 2012. 6. 22. 의결 2011부사1759 (시정명령)

제조위탁과 같이 설비기계 특히 플랜트 기계인 경우에는 지정된 장소에 설치하여 제대로 작동되는지 여부가 중요한 사항이므로 당해 업종의 특수성을 반영하여 특별약관의 내용대로 시운전 완료 후를 법정지급기일로 보아야 할 것이다.

7) 공정거래위원회 2012. 2. 29. 의결 2011협심3738 (일부인용)

원사업자와 11개 수급사업자 사이에 각 작성된 하도급대금관련 채권채무 종결 등에 대한 합의서(인감증명서 첨부)와 이에 대한 확인결과를 볼 때, 8개 수급사업자에 대한 지연이자 지급명령과 관련한 원사업자의 주장은 이유 있다.

원사업자와 8개 수급사업자 사이에 인감증명서가 첨부되어 각 작성된 채권·채무 종결 등에 대한 합의가 성립되었고 원사업자는 그 합의서를 2012. 1. 26. 공정거래위원회에 제출한바, 위원회가 8개 수급사업자에 대한 유선 확인결과 각각의 합의서가 상호 협의로 작성되었으며 8개 수급사업자들도 합의서 내용을 인정하고 원사업자와의 사이에 하도급거래와 관련한 어떠한 채권채무관계도 존재하지 않는다고 하므로 원사업자의 위 주장은 이유 있다 할 것이다.

다만, 나머지 3개 수급사업자의 경우는 합의서의 내용이 원사업자와의 하도급거래와 관련하여 채권채무관계를 종결 내지 해소한다는 합의가 아니고 단순히 하도급대금을 감액한다는 합의에 불과하므로 이에 근거하여 합의서 작성 시점에 하도급대금(지연이자) 지급채무가 소멸되었다거나 합의서 작성 이후 하도급대금 지급채무가 더 이상 존재하지 않는다고 볼 수는 없다고 할 것이고, 나아가 원심결 전에 이들 수급사업자들이 합의서와 별개로 원사업자와 하도급대금(지연이자)에 대한 채권채무관계의 종결 내지 해소에 대한 합의 등이 있었다고 볼 수 있는 증거도 없으므로 이를 받아들이지 아니한다.

이것만 알자!

- 원사업자는 법정지급기일까지 하도급대금을 지급해야 한다.
- 법정지급기간은 '목적물의 수령일로부터 60일 이내의 가능한 짧은 기한으로 정한 지급기일'이다.
- 법정지급기간을 넘기면 15.5%의 이자를 지급해야 한다.
- '하도급대금에서 지급 수단 중 현금이 차지하는 비율'을 '발주자부터 받은 도급대금에서 현금이 차지하는 비율' 이상으로 하도급대금을 지급해야 한다.
- 사업자가 지급하는 어음은 할인이 가능해야 하고, 어음을 교부하면서 어음을 교부한 날부터 어음의 만기일까지의 기간에 대한 할인료(현재 연 7.5%)를 함께 지급해야 한다.

제3절 건설위탁에서 대금지급을 보증하지 않는다? (§13의2)

CASE

원사업자는 수급사업자와 건설위탁계약을 체결하면서, "2개 이상의 신용평가회사로부터 회사채 신용평가 등급 A0 이상을 획득하였으므로 하도급 공사대금의 지급보증을 하지 않아도 괜찮다."라고 주장합니다.

I 억울할 때 읽어 보는 하도급법

1. 공사대금의 지급보증의무

하도급법은, 수급사업자가 하도급대금을 지급받지 못하는 위험에 노출되는 것을 해소하기 위해 원사업자의 하도급대금 지급보증을 의무화하고 있습니다. 즉 건설위탁의 경우 원사업자는 계약체결일부터 30일 이내에 수급사업자에게 일정한 구분에 따라 하도급대금 지급을 보증해야 합니다(하도급법 제13조의2 제1항).

이는 하도급대금의 지급기일이 도과하여 원사업자가 이행지체에 빠지는 경우 등과 같은 전형적인 사유의 발생 시 보증기관으로 하여금 지급보증책임을 이행하게 함으로써 수급사업자가 하도급대금 상당액을 안정적으로 지급받을 수 있도록 하기 위한 것입니다.

보증금액은 다음과 같이, 4개월의 공사기간을 기준으로 나뉩니다.

- 공사기간이 4개월 이하인 경우: 계약금액 - 선급금
- 공사기간이 4개월을 초과 + 기성 대가의 지급 주기가 2개월 이내인 경우

$$보증금액 = \frac{하도급계약금액 - 계약상\ 선급금}{공사기간(개월수)} \times 4$$

• 공사기간이 4개월을 초과 + 기성 대가의 지급 주기가 2개월을 초과인 경우

$$보증금액 = \frac{하도급계약금액 - 계약상\ 선급금}{공사기간(개월수)} \times 기성부분에\ 대한대가의지급주기(개월수) \times 2$$

'보증의 방법'은 현금(자기앞수표 포함) 또는 보증기관[10]이 발행하는 보증서의 교부로 합니다(하도급법 제13조의2 제5항). 이때 원사업자는 '공사기간 중에 건설위탁하는 모든 공사에 대한 공사대금의 지급보증'이나 '회계연도에 건설위탁하는 모든 공사에 대한 공사대금의 지급보증'을 하나의 지급보증서의 교부에 의하여 할 수도 있습니다(하도급법 제13조의2 제7항).

원사업자는 하도급대금을 어음으로 지급하는 경우에는 어음만기일까지, 어음대체 결제수단으로 지급하는 경우에는 하도급대금 상환 기일까지를 '보증기간'으로 해야 합니다(하도급법 제13조의2 제1항 각호 외의 부분 본문).

2. 지급보증의무가 면제되는 경우

아래의 사유에 해당하는 경우에는, 원사업자의 지급보증의무가 면제됩니다.

하도급법 제13조의2 제1항 각호 외의 부분 단서, 하도급법 시행령 제8조 제1항

① 1건 공사의 공사금액이 1천만 원 이하인 경우
② 하도급계약 체결일부터 30일 이내에 법 제14조 제1항 제2호에 따라 발주자가 하도급대금을 직접 수급사업자에게 지급하기로 발주자·원사업자 및 수급사업자 간에 합의한 경우
③ 하도급대금의 지급을 전자적으로 관리하기 위하여 운영되고 있는 시스템(하도급대금 지급관리시스템[11])을 활용하여 발주자가 원사업자 명의의 계좌를 거치지 아니하고 수급사업자에게 하도급대금을 지급하는 경우

10) 보증기관에는 공제조합, 보험회사, 신용보증기관, 전기공사공제조합, 정보통신공제조합, 주택도시보증공사 및 소방산업공제조합 등이 있습니다(하도급법 제13조의2 제5항, 하도급법 시행령 제8조 제2항). 또한 「엔지니어링산업진흥법」에 따른 엔지니어링공제조합도 포함시키는 것으로 입법예고 절차를 거쳐 개정될 예정입니다.

11) 하도급대금 지급관리시스템은 현재 '상생결제시스템'으로 활용되고 있습니다[공정거래위원회고시 제2017-8호, 2017. 6. 28., 제정], 홈페이지 http://www.winwinpay.or.kr/)

구 하도급법 시행령은, 원사업자의 신용등급이 일정 수준 이상일 때 원사업자의 지급보증의무를 면제하였습니다. 그러나 신용등급이 높은 업체라 하더라도 단기간에 경영상태가 악화되기도 하거나 하도급대금을 지급하지 않는 등 분쟁이 지속적으로 발생하였습니다. 이에 현 하도급법 시행령은 공사대금 지급보증의무 면제사유 중 '원사업자가 신용평가에서 공정거래위원회가 고시하는 기준 이상의 등급을 받은 경우'를 삭제하였습니다.

또한 구 하도급법 시행령은, 발주자가 하도급대금을 직접 수급사업자에게 지급하기로 발주자·원사업자·수급사업자가 합의한 경우 원사업자의 지급보증의무를 면제하였습니다. 그러나 구 하도급법 시행령은 직불 합의 기간을 설정하고 있지 않아서, 원사업자가 지급보증의무를 30일 내에 이행하지 않고 이후에 법 위반 상황을 회피하기 위해 뒤늦게 직불 합의를 하는 등 면제 조항을 악용하는 문제점이 있었습니다.

이에 현 하도급법 시행령은 '계약 체결일로부터 30일 이내에' 직불 합의가 이루어진 경우에만 지급보증이 면제되도록 했습니다. 하도급법에 의하면, 원사업자는 지급보증을 계약 체결일로부터 30일 이내에 해야 하므로, 직불 합의도 30일 이내에 이루어지는 경우에만 보증 의무를 면제하는 것이 맞다는 점을 고려한 것입니다.

또한 위와 같은 면제사유가 소멸했다면, 원사업자는 그 사유가 소멸한 날부터 30일 이내에 수급사업자에게 하도급 공사대금의 지급보증을 해야 합니다(하도급법 제13조의2 제2항).

3. 언제 보증금을 지급할까?

아래의 사유에 해당하여 수급사업자가 보증약관상 필요한 청구서류를 갖추어 보증금 지급을 요청하면 보증기관은 30일 이내에 수급사업자에게 보증금액을 지급해야 합니다.

하도급법 제13조의2 제6항, 하도급법 시행령 제8조 제5항

① 원사업자가 당좌거래정지 또는 금융거래정지로 하도급대금을 지급할 수 없는 경우
② 원사업자의 부도·파산·폐업 또는 회생절차 개시신청등으로 하도급대금을 지급할 수 없는 경우
③ 원사업자의 해당 사업에 관한 면허·등록 등이 취소·말소되거나 영업정지 등으로 하도급대금을 지급할 수 없는 경우
④ 원사업자가 하도급법 제13조에 따라 지급해야 할 하도급대금을 2회 이상 수급사업자에게 지급하지 아니한 경우
⑤ 원사업자가 「기업구조조정 촉진법」 제5조 제2항에 따라 관리절차의 개시를 신청한 경우
⑥ 발주자에 대한 원사업자의 공사대금채권에 대하여 제3채권자가 압류·가압류를 하였거나 원사업자가 해당 공사대금채권을 제3자에게 양도한 경우
⑦ 신용카드업자 또는 금융기관이 수급사업자에게 상환청구를 할 수 있는 어음대체결제수단으로 하도급대금을 지급한 후 원사업자가 해당 신용카드업자 또는 금융기관에 하도급대금을 결제하지 아니한 경우
⑧ 원사업자가 수급사업자에게 하도급대금으로 지급한 어음이 부도로 처리된 경우
⑨ 원사업자가 수급사업자로부터 지급기일 이후 2회 이상 하도급대금 지급에 관한 최고를 받고도 이를 이행하지 아니한 경우

4. 이행여부가 불분명하다면, 보증금지급이 보류될 수도 있다.

수급사업자가 보증금 지급을 요청한다고 해서 보증기관이 반드시 보증금을 지급하는 것은 아닙니다. 만약 보증금 지급요건 충족 여부, 지급액에 대한 이견 등의 불가피한 사유가 있는 경우 보증기관은 수급사업자에게 통지하고 일정기간 보증금 지급을 보류할 수 있습니다(하도급법 제13조의2 제6항 단서). 예를 들어 수급사업자가 주장하는 계약의 이행여부가 불명확해서 자료 보완이 필요하거나, 지급해야 할 기성금에 대해 원사업자와 수급사업자 사이에 이견이 있는 경우가 그러합니다(하도급법 시행령 제8조 제3항). 그 경우 보증기관은 30일간 보증금 지급을 보류할 수 있되, 수급사업자와 합의한 경우에는 15일의 범위에서 한 차례만 그 기간을 연장할 수 있습니다(하도급법 시행령 제8조 제4항).

5. 수급사업자의 계약이행보증의무

반대로 건설하도급의 수급사업자도 원사업자에게 계약금액의 100분의 10에 해당하는 금액으로 계약이행을 보증할 의무가 있습니다(하도급법 제13조의2 제1항). 원사업자의 대금지급의무와 수급사업자의 계약이행보증의무는 서로 동시에 이행되어야 할

의무입니다. 따라서 원사업자가 하도급대금의 지급보증을 하지 않고 있는 경우라면, 수급사업자도 계약이행의 보증을 거절할 수 있습니다(하도급법 제13조의2 제9항).

이와 관련 최근 대법원은, 원사업자가 가입한 지급보증기간이 하도급대금의 지급기일 이전에 종료되도록 단기로 정해진 경우 위 지급보증기간이 연장되거나 갱신되지 않은 채 그대로 도과된 나머지, 계약이행보증금의 청구사유가 발생한 시점을 기준으로 수급사업자가 보증기관을 상대로 보증책임을 물을 수 없게 되었다면, 원사업자로서는 처음부터 하도급대금 지급보증을 받지 아니한 경우와 마찬가지로 하도급법 제13조의2 제8항 본문에 따라 보증기관에 대하여 계약이행 보증에 대한 청구권을 행사할 수 없다고 판시한 바 있습니다(대법원 2019. 7. 25. 선고 2018다213644 계약이행보증금).

즉 원사업자가 지급보증기간을 하도급대금의 지급 기일 전으로 정함으로써 먼저 지급보증의무를 지키지 않았다면 수급사업자의 보증기관을 상대로 보증책임도 청구할 수 없습니다.

이는 하도급대금 지급보증을 받지 않았던 원사업자가 수급사업자와의 정산합의 등을 통해 대금 지급을 마침으로써 하도급대금을 제때 지급받지 못한 수급사업자의 손해가 사후적으로 전보되었다고 하여도 마찬가지입니다(대법원 2019. 7. 25. 선고 2018다213644 계약이행보증금).

Solution

하도급법 위반입니다.
구 하도급법 시행령에서는 원사업자의 신용등급이 일정 수준 이상일 때 원사업자의 지급보증의무를 면제하였습니다. 그러나 신용등급이 높은 업체라 하더라도 단기간에 경영상태가 악화되기도 하거나 하도급대금을 지급하지 않는 등 분쟁이 지속적으로 발생하였습니다. 이에 현 하도급법 시행령은 공사대금 지급보증의무 면제사유 중 '원사업자가 신용평가에서 공정거래위원회가 고시하는 기준 이상의 등급을 받은 경우'를 삭제하였습니다.
따라서 원사업자는 자신의 신용등급이 매우 높더라도 하도급대금에 대한 지급보증 의무를 이행해야 합니다.

Ⅱ 억울할 때 찾아보는 구체적인 사례들

1) 대법원 2019. 7. 25. 선고 2018다213644 판결

구 하도급거래 공정화에 관한 법률(2016. 12. 20. 법률 제14456호로 개정되기 전의 것, 이하 '하도급법'이라고 한다)에서는 하도급대금의 지급수단이 어음이나 어음대체결제수단인 경우에는 수급사업자가 하도급대금을 실질적으로 상환받을 수 있는 기한이 지급보증기간에 포함되도록 명시하고 있을 뿐 아니라, 수급사업자가 하도급법 제13조에 따른 하도급대금의 지급기일이 지나도록 대금을 지급받지 못하는 것이 지급보증금의 청구사유 중 하나로 되어 있다. 그리고 하도급법에서는 원사업자에 비해 상대적으로 열위적 지위에 있는 수급사업자가 하도급대금을 지급받지 못하는 위험 내지 그 불확실성에 노출되는 것을 해소하고자 하도급대금의 지급보증을 의무화하고 있는데, 이를 통하여 입법자는 하도급대금의 지급기일이 도과하여 원사업자가 이행지체에 빠지는 경우 등과 같은 전형적인 사유의 발생 시 보증기관으로 하여금 지급보증책임을 이행하게 함으로써 수급사업자가 하도급대금 상당액을 안정적으로 지급받을 수 있게 한 것으로 보인다. 이러한 사정을 고려하면, 하도급대금의 지급수단이 현금인 경우에도 특별한 사정이 없는 한 하도급법 제13조에 따른 하도급대금의 지급기일은 하도급법 제13조의2 제1항 본문에 따라 원사업자가 의무적으로 받아야 하는 지급보증의 보증기간 내에 포함되어야 한다.

원사업자가 가입한 지급보증기간이 하도급대금의 지급기일 이전에 종료되도록 단기로 정해진 경우 위 지급보증기간이 연장되거나 갱신되지 않은 채 그대로 도과된 나머지, 계약이행보증금의 청구사유가 발생한 시점을 기준으로 수급사업자가 보증기관을 상대로 보증책임을 물을 수 없게 되었다면, 원사업자로서는 처음부터 하도급대금 지급보증을 받지 아니한 경우와 마찬가지로 구 하도급거래 공정화에 관한 법률(2016. 12. 20. 법률 제14456호로 개정되기 전의 것) 제13조의2 제8항 본문에 따라 보증기관에 대하여 계약이행 보증에 대한 청구권을 행사할 수 없다고 봄이 타당하다. 이는 하도급대금 지급보증을 받지 않았던 원사업자가 수급사업자와의 정산합의 등을 통해 대금 지급을 마침으로써 하도급대금을 제때 지급받지 못한 수급사업자의 손해가 사후적으로 전보되었다고 하여 달리 볼 수 없다.

2) 서울고등법원 2013. 12. 26. 선고 2012누19368 (시정명령취소)

원사업자는 최초 수급사업자에 건설 위탁을 하고, 하도급대금 지급보증을 하였으나, 그 수급사업자의 부도 등으로 타절정산하였다. 이후 원사업자는 후속 수급업자에게 다시 건설위탁을 하였으나, 하도급대금 지급보증을 하지 않았다,

이에 대해 원사업자는, '건설공제조합 및 서울보증보험은 최초 수급업체에 대한 하도급대금 지급보증서 발급사실을 들어 수급사업자에 대한 하도급대금 지급보증서 이중발급을 거부하였다. 원사업자는 최초 수급업체 대표가 노임체불 문제로 도피하여 하도급대금 지급보증책임 소멸확인원을 받는 것이 현실적으로 불가능하였고, 그 결과 불가피하게 수급사업자에 지급보증서를 교부하지 못하였다. 이와 같이 원사업자 행위의 위법성 정도가 경미함에 비하여 과거 시정명령을 받은 전력이 있는 원사업자가 이 사건 경고처분으로 인하여 하도급법 제25조의4의 상습법위반사업자 공표대상자에 포함될 가능성이 커지는 등 불이익의 정도가 중대하므로, 이 사건 경고처분은 비례의 원칙에 위반하여 재량권을 일탈·남용하였다'고 주장한다.

그러나 아래 사정에 비추어 보면, 이 사건 경고 처분은 비례원칙 등을 위반하여 재량권을 일탈·남용한 위법이 있다고 볼 수 없다. 이 부분 원사업자의 주장은 받아들이지 않는다.

① 원사업자 주장과 같이 최초 수급업체 대표의 도피 등으로 지급보증서를 발급받는 것이 현실적으로 불가능하였는지 명확하지 않다. 설령 그러한 사정이 있다고 하더라도, 이는 원사업자와 최초 수급업체 사이의 내부문제로서 수급사업자와는 관계가 없고, 원사업자로서는 지급보증서 발급 대신에 현금(자기앞수표)을 지급하는 방법으로 지급보증을 할 수 있었는데도 이를 하지 않았다.

② 공정거래위원회는 원사업자가 위와 같이 지급보증을 하지 않은 행위가 하도급법 제13조의2 제1항의 규정에 위반되어 시정조치의 대상이 되지만 하도급법 위반의 정도가 경미한 점, 하도급 거래가 이미 종료되어 시정조치의 실익이 없는 점을 감안하여 이 사건 경고 처분만을 하였다.

③ 과거 원사업자의 하도급법 위반행위 전력에 따른 벌점 누적 등 원사업자가 불이익을 얻게 되는 것은 위반행위에 상응하는 결과로 보일 뿐이다.

3) 공정거래위원회 2019. 5. 9. 의결 2017건하1708 (과징금)

하도급법 제13조의2 제1항 및 법 시행령 제8조 제1항은 원사업자가 수급사업자에게 건설위탁을 하는 경우 1건의 공사금액이 1천만 원 이하인 경우 등 하도급대금 지급보증 면제사유에 해당하지 않는 한 원사업자는 수급사업자에게 계약체결일로부터 30일 이내에 하도급대금 지급보증을 하도록 규정하고 있다.

이 사건 하도급공사의 계약금액이 각 1천만 원을 초과하고 원사업자가 2개 이상의 기관으로부터 회사채 신용평가에서 A0 이상의 등급을 받은 사실이 없으며 이 사건 하도급공사와 관련하여 발주자가 수급사업자에게 하도급대금을 직접 지급하도록 합의한 사실이 없음에도 불구하고, 원사업자가 수급사업자들에게 하도급대금 지급보증을 하지 아니하거나, 하도급계약 체결일로부터 30일을 경과하여 보증한 행위는 법 제13조의2 제1항에 위반되어 위법하다.

4) 공정거래위원회 2009. 7. 13. 의결 2009하개2771 (시정명령)

원사업자는 2008. 3. 3.부터 같은 해 6. 30.까지 6개 공사현장에서 8개 수급사업자로부터 하도급계약금액의 10%에 해당하는 금액의 계약이행보증서를 받고도 동 공사에 대한 하도급대금 지급보증을 이행하지 않았다.

이에 대해서 원사업자는, 원사업자가 하도급대금 지급보증서를 미발급한 기간은 2008. 3월부터 6월 사이로 건설공제조합은 원사업자가 신용등급 재평가 기간임을 사유로 발급을 유보하였고, 신용평가결과 등급이 하향되어 보증한도가 축소되었으며, 그 결과 계약금액 및 사안별 부분적인 발급유보가 지속되어 이에 기성지급이 완료된 계약건에 대한 보증서 소멸을 신청하고 보증한도를 확보하여 유보된 건에 대한 소급발급을 진행하였으나, 건설공제조합의 요청서류 제출(기성지급확인원) 및 확인절차 등의 사유로 인해 발급기간이 지연되었고 또한 전자어음만기일이 기성지급완료일이 되므로 협력업체에서 기성지급확인에 대한 확인서 발급을 거부하는 상황이 발생되어 건설하도급 대급지급보증서 발행이 원활하게 이루어지지 못했다고 주장하고 있다.

이에 대하여 검토하건대, 건설하도급대금지급보증 행위는 원사업자가 부도를 당하거나 기타의 사유로 하도급대금을 지급하지 못할 경우 발생할 수 있는 수급사업자의 자금 및 연쇄부도, 부실시공 등을 방지하기 위한 제도적 장치로서 원사업자의 하도급대금 지급을 보증토록 의무화하는데 목적이 있다. 따라서, 원사업자의 위와 같은 사유로 건설하도급대금지급보증을 하지 못했다고 하는 주장이 대금지급보증 미이행이라는 위법성을 조각하지 못한다.

5) 공정거래위원회 2009. 2. 11. 의결 2008하개1590 (시정명령, 과징금)

① 원사업자는 15건의 공사를 지명경쟁입찰에 의하여 발주하면서, 최저가 1개 업체를 낙찰자로 선정한 후 같은 업체를 대상으로 추가로 가격협상을 하여 최저입찰금액보다 더 낮은 금액으로 하도급대금을 결정하였다.

원사업자는 그와 같이 하도급대금 결정을 하게 된 이유에 대하여 12건 공사의 경우, 실행예산을 작성하는 원도급계약 시점과 하도급공사 입찰시점 간 급격한 물가상승이 발생함에 따라, 물가상승분을 모두 반영하여 입찰에 참여한 수급사업자들의 최저가 입찰금액이 원사업자의 실행예산을 초과하였기 때문에 불가피하게 계약금액을 조정한 것이라고 주장한다.

그러나 원사업자의 실행예산은 자체적으로 정해놓은 금액에 불과하며, 입찰 대상자에게 제공한 현장설명서에도 '입찰방법은 지명경쟁 최저가 공개입찰로서, 최저견적금액으로 1등업체를 선정'이라고만 기재되어 있을 뿐 최저입찰금액이 원사업자의 실행예산 범위를 벗어나는 경우 유찰된다는 등의 설명은 전혀 나타나 있지 않다. 따라서 최저가 입찰업체들의 입찰담합, 물량 착오나 입찰자격에 대한 결격사유 등 특별한 사유가 없는 한 최저가를 제시한 사업자와 당초 입찰한 금액으로 계약을 체결하는 것이 경쟁 입찰의 취지에 부합함에도 불구하고, 원사업자가 낙찰된 최저가에서 다시 단가를 인하하여 대금을 결정한 행위는 부당한 하도급대금 결정행위에 해당한다.

② 원사업자는 보증서 발급기관인 보증보험 및 대한주택보증 등에 건설하도급대금 지급보증서 발급을 신청하였으나 원사업자의 자금사정의 어려움 때문에 하도급대금 중 일부를 지급하지 못하고 있다는 이유로 두 신용평가전문기관으로부터 건설하도급대금 지급보증서 발급이 불가하다는 통보를 받았다고 주장한다. 또한 원사업자는 발주자 및 수급사업자와의 합의를 통해 발주자 직불합의서를 작성하려 하였으나, 수급사업자들이 발주자인 시행사의 재무구조가 열악하다는 이유로 합의를 거부하여 직불합의를 하지 못함에 따라 불가피하게 건설하도급대금 지급보증을 미이행하였다고 주장한다.

그러나 원사업자가 주장하는 사유는 '원사업자의 재무구조·공사의 규모 등을 감안하여 보증을 요하지 아니하거나 보증이 적합하지 아니하다고 인정되는 경우로서 대통령령이 정하는 경우'에 해당되지 않아, 원사업자는 수급사업자들의 하도급대금에 대해 지급보증을 이행하여야 할 의무가 있으며 지급보증서 미발급 관련 귀책사유는 원사업자에게 있으므로 하도급법 제13조의2 제1항을 위반한 불공정 하도급거래행위에 해당된다.

이것만 알자!

- 건설위탁의 경우 계약체결일로부터 30일 이내에 지급보증을 해야 한다.
- 공사가 경미한 경우라면 지급보증 의무가 면제된다.
- 계약 체결일부터 30일 이내에 발주자, 원사업자, 수급사업자 간의 직접 지급합의를 한 경우에는 원사업자의 지급보증 의무가 면제된다.

제4절 원사업자가 파산했다면? (§14)

CASE

원사업자는 「채무자회생 및 파산에 관한 법률」에 따라 회생절차를 신청하고, 개시결정을 받았습니다. 그러자 수급사업자는 발주자에게 하도급대금의 직접지급을 요청하였습니다. 하지만 발주자는 위 법률에 의한 회생절차 개시결정이 있으면 회생채권에 기한 강제집행이 금지되므로 수급사업자에게 하도급대금을 직접지급 할 수 없다고 주장합니다.

I 억울할 때 읽어 보는 하도급법

1. 발주자에게 하도급대금을 직접 청구할 수 있다. '직접지급청구권'

원칙적으로 발주자와 수급사업자 사이에는 계약관계가 없으므로, 수급사업자는 발주자에게 아무런 권리가 없습니다. 따라서 수급사업자가 발주자에게 하도급대금을 직접 청구할 수 없습니다. 그런데 원사업자에게 부도가 나면 수급사업자는 원사업자로부터 하도급대금을 지급받지 못하고 그로 인하여 많은 수급사업자의 연쇄부도로 이어질 수도 있습니다.

이에 하도급법은 원사업자의 부도 등 일정한 사유가 발생한 경우에, 수급사업자에게 발주자에 대하여 원사업자의 발주자에 대한 도급대금 채권 중 수급사업자의 원사업자에 대한 하도급대금 채권에 상당하는 부분을 직접 지급 청구할 수 있도록 규정하고 있습니다(하도급법 제14조 제1항).

수급사업자의 자재와 비용으로 완성된 완성품에 대한 궁극적인 이익은 발주자가 보유하게 됩니다. 따라서 원사업자의 발주자에 대한 도급대금채권과 수급사업자의 원사업자에 대한 하도급대금채권은 서로 밀접한 상호관련성이 있습니다. 반면, 원사업자의 일반채권자들이 원사업자에 대하여 가지는 채권은 그러한 관련성이 없습니다. 그래서 원사업자의 발주자에 대한 도급대금채권 중 수급사업자의 원사업자에 대한 하도급대금 채권액에 상당하는 부분에 관하여 원사업자의 일반채권자들보다 수급사업자를 우대하는 것입니다.[12)]

2. 직접 청구를 할 수 있는 사유

수급사업자가 발주자에 대한 제조·수리·시공 또는 용역수행을 한 부분에 상당하는 하도급대금을 직접 청구할 수 있는 경우는 다음과 같습니다(하도급법 제14조 제1항).

법 제14조(하도급대금의 직접 지급) ① 발주자는 다음 각 호의 어느 하나에 해당하는 사유가 발생한 때에는 수급사업자가 제조·수리·시공 또는 용역수행을 한 부분에 상당하는 하도급대금을 그 수급사업자에게 직접 지급하여야 한다.

1. 원사업자의 지급정지·파산, 그 밖에 이와 유사한 사유가 있거나 사업에 관한 허가·인가·면허·등록 등이 취소되어 원사업자가 하도급대금을 지급할 수 없게 된 경우로서 수급사업자가 하도급대금의 직접 지급을 요청한 때
2. 발주자가 하도급대금을 직접 수급사업자에게 지급하기로 발주자·원사업자 및 수급사업자 간에 합의한 때
3. 원사업자가 하도급법 제13조 제1항 또는 제3항에 따라 지급해야 하는 하도급대금의 2회분 이상을 해당 수급사업자에게 지급하지 아니한 경우로서 수급사업자가 하도급대금의 직접 지급을 요청한 때
4. 원사업자가 하도급법 제13조의2 제1항 또는 제2항에 따른 하도급대금 지급보증 의무를 이행하지 아니한 경우로서 수급사업자가 하도급대금의 직접 지급을 요청한 때

실무적으로 1호와 2호의 사유로 직접 지급하는 경우가 많습니다. 먼저 1호 사유의 '원사업자가 하도급대금을 지급할 수 없게 된 경우'란 원사업자가 변제능력이 부족하여 즉시 변제해야 할 채무를 일반적·계속적으로 변제할 수 없는 객관적 상태, 즉 지급불능의 상태를 의미합니다(대법원 2009. 3. 12. 선고 2008다65839 판결).

한편, 2호의 사유에 해당하는지 여부는 당사자 사이의 합의 내용에 따라 달라집니다. 즉 당사자들의 의사가 '수급사업자가 하도급계약에 의하여 실제로 공사를 시행한 범위 내에서 발주자가 수급사업자에게 그 공사대금을 직접 지급하기로 하는 것'이라면 2호의 직접지급청구권에 해당합니다.

그러나 당사자들의 의사가 '도급계약 및 하도급계약에 따른 공사가 실제로 시행되었는지 여부와 상관없이 원사업자의 발주자에 대한 공사대금채권 자체를 수급사업자에게 이전하여 수급사업자가 발주자에게 직접 그 공사대금을 청구하는 취지'라면

12) 대법원 2007. 6. 28. 선고 2007다17758 판결

이는 실질적으로 원사업자가 발주자에 대한 공사대금채권을 수급사업자에게 양도하고 발주자가 이를 승낙한 것에 해당합니다. 즉 법률상 채권양도로 보고 있습니다.[13]

3. 언제 직접지급청구권이 발생하는지

제1, 3, 4호 사유의 경우에는 문언 그대로 각 요건을 충족하고 수급사업자가 하도급대금의 직접지급을 요청할 때 직접지급청구권이 성립합니다.[14] 직접 지급을 요청한 때라 함은 수급사업자의 직접지급 요청의 의사표시가 발주자에게 '도달한 때'를 말합니다. 직접 지급의 의사표시는 확정일자 있는 증서에 의하는 등의 특별한 방식이 필요한 것은 아닙니다.[15] 다만, 위와 같은 의사표시 도달 사실 역시 수급사업자가 입증해야 하므로(하도급법 시행령 제9조 제1항) 내용증명 등과 같이 객관적인 날짜를 확인할 수 있는 방법으로 하는 것이 좋습니다.

반면, 제2호 사유의 경우 제1, 3, 4호 사유와 달리 수급사업자가 직접 지급을 요청하지 않아도 합의한 시점에 하도급법에서 정한 범위 내에서 직접지급청구권이 발생합니다(대법원 2017. 4. 26. 선고 2014다38678 판결).[16]

4. 직접지급청구권이 성립하면 원사업자와의 채무관계 소멸

위와 같이 발주자에 대한 수급사업자의 직접지급청구권이 성립하면, 수급사업자의 직접지급청구권이 성립한 범위 내에서 원사업자에 대한 발주자의 대금지급채무와 수급사업자에 대한 원사업자의 하도급 지급채무는 소멸하게 됩니다(하도급법 제14조 제2항).

'수급사업자에 대한 원사업자의 하도급지급채무가 소멸한다'는 의미는, 원사업자의 발주자에 대한 도급대금채권은 동일성을 유지한 채 수급사업자에게 이전한다는

---

13) 대법원 2014. 12. 24. 선고 2012다85267 판결, 대법원은 이러한 판례 사안에서, 직접 지급에 대한 합의가 일종의 채권양도라고 보고, 발주자의 승낙이 확정일자 있는 증서에 의해 이루어지지 않았다면, 발주자는 이런 합의에 따라 수급사업자에게 직접 지급을 하더라도 원사업자의 발주자에 대한 공사대금채권을 압류한 제3채권자에게 대항할 수 없다고 판단했습니다.

14) 대법원 2007. 11. 29. 선고 2007다50717 판결, 대법원 2014. 11. 13. 선고 2009다67351 판결

15) 대법원 2012. 5. 10. 선고 2010다24176 판결

16) 2004. 1. 20. 개정 법률에서는 제2호의 사유에도 직접지급 요청이 있어야 직접지급청구권이 발생한다고 규정되어 있었으나, 2007. 7. 19. 개정되면서 직불합의만 있으면 직접지급청구권이 성립하는 것으로 되었습니다.

것입니다. 따라서 발주자는 수급사업자의 직접지급청구권이 발생하기 전에 원사업자에 대하여 대항할 수 있는 사유로써 수급사업자에게 대항할 수 있습니다. 예를 들어 직접지급청구권이 발생하기 전 발주자가 원사업자와 도급대금 지급을 제한한 사정 등이 있다면 수급사업자에게 그대로 적용할 수 있습니다.

하지만 수급사업자의 직접지급청구권이 발생한 이후에 발주자에게 원사업자에 대하여 생긴 사유로는 수급사업자에게 대항할 수 없습니다. 수급사업자의 직접지급청구권이 발생한 이후에는 원사업자의 발주자에 대한 공사대금채권이 수급사업자에게 이전되어 소멸되었다고 보기 때문입니다(대법원 2015. 8. 27. 선고 2013다81224,81231 판결).

그런데 원사업자가 발주자에게 해당 하도급계약과 관련하여 수급사업자의 임금, 자재대금 등의 지급 지체 사실(원사업자의 귀책사유로 그 지급 지체가 발생한 경우는 제외)을 입증할 수 있는 서류를 첨부하여 해당 하도급대금의 지급 중지를 요청하는 경우에는, 발주자에게 직접지급의무가 성립한 이후라도, 발주자는 수급사업자에게 하도급대금을 지급하면 안 됩니다(하도급법 제14조 제3항).[17]

5. 발주자가 지급할 구체적인 금액은?

발주자는 특별한 사정이 없는 한 원사업자에 대한 대금지급의무를 한도로 하여 하도급대금 직접지급의무를 부담하되, 수급사업자가 제조·수리·시공 또는 용역 수행한 부분에 상당하는 하도급대금에서 발주자가 원사업자에게 이미 지급한 도급대금 중 당해 수급사업자의 하도급대금에 해당하는 부분을 공제한 금액을 수급사업자에게 직접지급 해야 합니다(대법원 2011. 7. 14. 선고 2011다12194 판결). 즉 발주자가 이중으로 하도급대금을 지급할 의무는 없습니다.

17) 하도급법 [시행 2019. 11. 1.] [법률 제16423호, 2019. 4. 30., 일부개정], 하도급대금 직접지급에 대한 발주자의 재량사항을 의무사항으로 변경하고 원사업자의 귀책사유로 지급 지체가 발생한 경우는 하도급대금을 직접 지급하며 이를 위반할 경우 과징금을 부과하도록 개정되었습니다.

6. 원사업자의 협조의무

한편, 수급사업자가 발주자로부터 하도급대금을 직접 받기 위하여 기성부분의 확인 등이 필요한 경우, 원사업자는 이에 필요한 조치를 지체 없이 이행해야 합니다(하도급법 제14조 제5항). 공정거래위원회는 「하도급거래공정화지침」에서 필요한 조치를 이행해야 하는 기한을 구체적으로 정하고 있는데[18], 예를 들어 일반적으로는 수급사업자로부터 기성부분 내지 물량투입 등의 확인에 필요한 조치의 이행을 요청받은 날로부터 15일 내에, 원사업자가 직접지급 합의를 한 경우 등은 5일 내에 해야 합니다.

Solution

발주자는 원사업자에 대한 회생절차 개시결정에도 불구하고 수급사업자에게 하도급대금을 직접지급해야 합니다.

하도급법 제14조 제1항 제1호 및 제2항의 규정은 원사업자의 지급정지나 파산 등으로 인해 영세한 수급사업자가 하도급대금을 지급받지 못함으로써 연쇄부도에 이르는 것을 방지하기 위한 것입니다. 이러한 제도의 취지를 고려하면, 원사업자에 대하여 회생절차가 개시된 경우라고 하여 적용이 배제될 이유가 없기 때문입니다.

대법원 판례도 이와 동일한 입장입니다. 즉, 원사업자에 대하여 회사정리절차가 개시된 경우 '정리채권에 관하여는 정리절차에 의하지 아니하고 변제하거나 변제받거나 기타 이를 소멸하게 할 행위를 하지 못한다'고 정한 구 회사정리법(2005. 3. 31. 법률 제7428호 채무자 회생 및 파산에 관한 법률 부칙 제2조로 폐지) 제112조[19]의 규정에 의하여 하도급법 제14조의 적용이 배제되어야 한다고 볼 수 없다고 판단하였습니다(대법원 2007. 6. 28. 선고 2007다17758 판결).

18) 「하도급거래공정화지침」14-1

① 원사업자가 하도급대금을 지급할 수 없게 된 경우로서 수급사업자의 하도급대금 직접지급 요청에 따라 발주자가 하도급대금을 직접 지급하는 경우에는 수급사업자로부터 기성부분 내기 물량투입 등의 확인에 필요한 조치의 이행을 요청받은 날로부터 15일

② 발주자, 원사업자, 수급사업자 간에 직접지급 합의를 하고 수급사업자가 실제로 하도급업무를 수행하여 그 수행한 분에 대한 하도급대금의 직접지급을 요청한 경우, 또는 원사업자가 하도급대금의 2회분 이상을 지급하지 아니한 경우로서 수급사업자가 하도급대금의 직접지급을 요청한 경우, 또는 원사업자가 하도급대금 지급보증의무를 이행하지 아니한 경우로서 수급사업자가 하도급대금 직접지급을 요청한 경우에 해당하여 발주자가 직접지급하는 경우에는 수급사업자로부터 기성부분 내지 물량투입 등의 확인에 필요한 조치의 이행을 요청받은 날로부터 5일
다만, 사업자가 위 기한 내에 필요한 조치를 이행할 수 없는 특별한 사정이 있는 경우에는 그 사유와 이행 예정시기 등을 적시하여 소명자료를 위 기한 내에 공정거래위원회에 제출하여야 한다.

19) 현행 「채무자 회생 및 파산에 관한 법률」 제58조 제1항에서도 이와 동일하게 규정하고 있습니다.

Ⅱ 심플한 정리법

1. 원사업자의 발주자에 대한 채권이 가압류된 경우

발주자는 원사업자의 채권자들이 원사업자의 발주자에 대한 공사대금채권을 가압류하였기 때문에 수급사업자의 직접지급청구와 채권가압류 사이에 우열관계가 밝혀지기 전에는 수급사업자의 직접지급청구에 응할 수 없다고 주장한다.

발주자의 주장은 압류 또는 가압류 시기에 따라 맞을 수도 틀릴 수도 있습니다. 하도급법에는 발주자의 하도급대금 직접 지급사유가 발생하기 전에 이루어진 강제집행 또는 보전집행의 효력을 배제하는 규정이 없습니다. 따라서 하도급법 제14조에서 정한 '직접 지급사유가 발생하기 전'에 원사업자의 발주자에 대한 채권에 대하여 압류 또는 가압류 등이 이루어진 경우에는 그 이후에 하도급대금의 직접 지급사유에도 불구하고, 이미 집행 보전된 그 채권은 소멸하지 않습니다. 따라서 이미 압류 등으로 집행 보전된 채권에 해당하는 금액에 대하여는 수급사업자에게 직접청구권이 발생하지 않습니다. 원사업자의 발주자에 대한 공사대금채권은 집행 보전된 채권액 한도에서는 수급사업자에게 이전되지도 않습니다(대법원 2014. 12. 24. 선고 2012다 85267 판결).

반면 하도급대금의 직접 '지급사유가 발생한 후'에 원사업자의 일반채권자들이 원사업자의 발주자에 대한 공사대금채권에 대한 압류 또는 가압류를 하게 되면 어떨까요. 원사업자의 일반채권자가 원사업자의 발주자에 대한 채권에 대하여 압류 또는 가압류를 했다고 하더라도, 발주자나 일반채권자들은 그 압류 또는 가압류로써 하도급법상 직접지급청구권자인 수급사업자에게 대항할 수 없습니다(대법원 2003. 9. 5. 선고 2001다64769 판결, 서울중앙지방법원 2010. 7. 7. 선고 2009가합37669 판결). 즉 발주자는 수급사업자에게 하도급대금을 직접 지급해야 합니다.

2. 수급사업자가 가압류를 한 이후 직접지급 청구까지 한 경우

원사업자는 발주자에게 공사대금채권을 가지고 있는데, 수급사업자가 이 공사대금채권을 가압류했다. 이후 수급사업자는 발주자에게 하도급대금의 직접 지급을 청구했다.

앞의 사례에서 살펴본 것처럼 직접지급사유 발생 전에 그 가압류가 이루어진 사정이 있다면, 수급사업자의 발주자에 대한 직접지급청구권은 발생하지 않습니다. 이런 법리는 수급사업자 자신만이 원사업자의 발주자에 대한 채권을 가압류한 경우에도 마찬가지로 적용됩니다.

압류 등 집행보전과 하도급법상 직접지급청구권의 관계에 관한 법리는 원사업자의 재산을 둘러싼 여러 채권자들의 이해관계 조정의 문제를 법률관계 당사자의 지위에 따라 상대적으로 처리하기보다는 이를 일률적으로 간명하게 처리해야 하기 때문입니다(대법원 2017. 12. 5. 선고 2015다4238 판결).

따라서 위 사례에서 수급사업자는 원사업자에게 직접지급청구를 할 수 없습니다. 다만, 이 경우 가압류에 따른 집행절차를 통해 공사대금채권을 받는 방법을 고려해 볼 수 있습니다.

3. 직접지급청구한 수급사업자가 여러 명인 경우

여러 명의 수급사업자들이 연이어 발주자에게 직접지급을 청구하는 내용증명 우편을 발송했다. 발주자는 이들을 평등하게 처리해야 할지 아니면 내용증명이 먼저 도착한 순서대로 처리해야 할지 고민이다.

발주자에게 하도급대금의 직접지급을 요청한 수급사업자들이 여러 명인 경우 그들 사이의 우열관계는 채권자평등이라는 일반원칙에 의하기보다 직접지급 요청 도달일시의 선후에 따라 우열관계를 정하고, 그 도달일시가 같은 수급사업자들에 한해서만 채권액에 따라 안분배당, 즉 나누어 주어야 합니다(서울중앙지법 2010. 7. 7. 선고 2009가합37669 판결).

왜냐하면, ① 하도급법 제14조 제1항 제1호 및 제2항이 원사업자가 하도급대금을 지급할 수 없게 된 경우로서 "수급사업자가 하도급대금의 직접지급을 요청한 때" 원사업자에 대한 발주자의 대금 지급의무와 수급사업자에 대한 원사업자의 하도급대금 지급채무는 그 범위에서 소멸한 것으로 본다고 규정하고 있고, 같은 법 시행령 제4조 제1항이 수급사업자의 직접지급 요청은 그 의사표시가 발주자에게 도달한 때부터 효력이 발생한다고 규정하고 있으므로 그 문언상 수급사업자들 사이의 우선순위도 공사대금의 직접 지급을 요청하는 의사표시가 발주자에게 도달한 시점을 기준으로 하여 선착순으로 정하도록 하고 있음이 분명한 점, ② 직접청구권자들이 수인일 경우 그들 사이의 우선순위관계를 정하는 기준이 없이 그들을 모두 평등하게 취급해야 한다면, 발주자는 어느 수급사업자에게 하도급대금을 지급해야 할지 모르는 불안정한 상태에 놓이게 되는 점(흔히 공사도급계약에 있어 발주자는 원사업자나 수급사업자의 공사 완공 여부, 완공 정도, 하자보수, 공사대금정산 등의 주장을 하며 공사대금액을 확정하지 않는 경우가 많아, 발주자가 원사업자나 수급사업자에게 지급할 공사대금액을 임의적으로 정하여 변제공탁이나 집행공탁을 하도록 강제하기도 어렵습니다), ③ 직접청구를 한 수급사업자들 사이의 관계를 정하는 기준이 없이 채권자 평등의 원칙에 따라 평등하게 배당해야 한다면, 이미 직접청구를 한 수급사업자들은 그 직접지급청구 당시 하도급채권의 존부 및 범위가 모두 분명치 않은 다른 수급사업자들 전부가 직접청구할 때까지 또는 발주자가 집행공탁을 할 때까지 기다려야만 하도급대금을 지급받게 되어 그 지위가 기약할 수 없는 시기까지 장기간 불안정해지는 점(이 사건에서 발주자는 집행공탁을 하지도 않았습니다), ④ 공사대금의 직접

지급을 요청하는 의사표시가 발주자에게 도달한 시점을 기준으로 하여 선착순으로 수급사업자들 사이의 우선순위를 정하면 수급사업자들 사이 및 원사업자에 대한 일반채권자들 사이의 법률관계를 매우 간명하게 정할 수 있는 점 등 때문입니다.

4. 공사대금 전액을 공탁했다는 발주자의 주장

수급사업자는 하도급법의 직접 지급 사유가 발생하자 발주자에게 하도급대금의 직접지급을 청구했다. 그런데 이후 발주자는 원사업자의 공사대금채권을 가압류한다는 통지서를 송달 받았다. 발주자는 원사업자에게 지급해야 하는 공사대금채권 전액을 공탁했다.

직접지급청구권이 이미 성립된 이후에 공사대금 채권의 일부만이 가압류되었음에도 채권 전액을 공탁한 사안에서, 공정거래위원회는 공탁을 이유로 하도급대금의 직접지급을 거절할 수 없다고 했습니다(공정거래위원회 2012. 10. 10. 의결 2012구사1063 시정명령).

발주자가 금전채권의 일부만이 가압류 되었음에도 채권 전액을 공탁했다면, 그 공탁금 중 압류의 효력이 미치는 금전채권액은 민사집행법에 의한 집행공탁, 이를 초과하는 부분은 민법에 의한 변제공탁에 해당에 해당합니다. 그런데 수급사업자의 하도급대금 직접지급청구권은 원사업자에 대하여 직접적으로 가지는 권리로서 채권 가압류 등의 효력이 미치지 않으므로 집행공탁의 대상이 될 수 없고, 채권가압류 전에 이미 성립한 것이므로 '변제자가 과실 없이 채권자를 알 수 없는 경우'에 해당하지 않아 변제공탁도 효력이 없기 때문입니다.

따라서 발주자 입장에서는 원사업자의 공사대금채권이 가압류되었더라도, 직접지급 사유 발생 여부를 확인하고 공탁여부를 결정해야 합니다.

Ⅲ 억울할 때 찾아보는 구체적인 사례들

1. 수급사업자를 위한 사례

1) 대법원 2017. 12. 13. 선고 2017다242300 (부당이득금)

하도급법 제14조 제4항은 “제1항에 따라 발주자가 해당 수급사업자에게 하도급대금을 직접 지급할 때에 발주자가 원사업자에게 이미 지급한 하도급금액은 빼고 지급한다.”라고 규정하고, 하도급법 시행령 제9조 제3항은 “발주자는 원사업자에 대한 대금지급의무의 범위에서 하도급대금 직접지급의무를 부담한다.”라고 규정하고 있다. 이에 비추어 볼 때, 하도급법은 발주자에게 도급대금채무를 넘는 새로운 부담을 지우지 아니하는 범위 내에서 수급사업자가 시공한 부분에 상당한 하도급대금채무에 대한 직접지급의무를 부담하게 함으로써 수급사업자를 원사업자 및 그 일반채권자에 우선하여 보호하려는 것임을 알 수 있다. 이러한 입법 취지를 고려하면 특별한 사정이 없는 한 발주자로서는 하도급법 시행령 제9조 제3항에 따라 원사업자에 대한 대금지급의무를 한도로 하여 하도급대금의 직접지급의무를 부담한다고 해석함이 타당하다(대법원 2015. 5. 28. 선고 2014다203960 판결 등 참조).

또한 건설산업기본법 제35조 제7항, 건설산업기본법 시행규칙 제29조 제3항에 의하면, 수급인이 건설산업기본법 제32조 제4항, 제35조 제2항 제4호에 따라 건설기계 대여업자에게 건설기계 대여대금을 직접지급하는 경우에도 하도급법 시행령 제9조 제3항이 준용되므로, 특별한 사정이 없는 한 발주자로서는 수급인에 대한 대금지급의무를 한도로 하여 직접지급의무를 부담한다고 보아야 한다.

따라서 발주자가 하도급법 제14조 제1항 제1호 또는 건설산업기본법 제32조 제4항, 제35조 제2항 제4호에 따라 수급사금 등을 지급했다면, 이는 채무자가 아닌 제3자가 타인의 채무를 자기의 채무로 잘못 알고 자기 채무의 이행으로서 변제한 경우에 해당하므로, 특별한 사정이 없는 한 발주자는 수급사업자 등을 상대로 부당이득반환을 청구할 수 있다.

2) 대법원 2017. 4. 26. 선고 2014다38678 판결 (공사대금)[20]

수급사업자가 하도급법 제14조 제1항에서 말하는 하도급대금의 직접지급을 요청하였는지 여부는 수급사업자의 원사업자에 대한 요청 내용과 방식, 수급사업자가 달성하려고 하는 목적, 문제되는 직접지급사유와 하도급대금의 내역, 하도급대금의 증액 여부와 그 시기, 직접지급제도의 취지, 수급사업자·원사업자·발주자의 이해관계, 직접지급의 요청에 따르는 법적 효과와 이에 대한 예견가능성 등을 종합적으로 고려하여 판단하여야 한다.

발주자는 원사업자에 대한 도급대금 지급의무의 범위와 관계없이 수급사업자에게 일정한 금액의 하도급대금을 직접 지급하기로 약정하였고, 전소에서 수급사업자는 위 약정을 1차적인 근거로 삼아 당초 약정한 하도급대금과 함께 증액대금의 지급을 청구하였다. 수급사업자의 발주자에 대한 하도급법 제14조 제1항 제3호에 따른 직접지급청구권의 존부나 범위에 관해서는 전소에서 심리·판단이 이루어지지 않았는데, 수급사업자가 그 소장부본의 송달로써 하도급법상 증액대금의 직접지급을 요청하였다고 볼 경우 수급사업자로서는 증액대금에 관한 권리행사나 대금회수가 사실상 곤란해지는 결과가 된다. 이러한 사정을 기초로 전소 소장에 기재된 문언의 내용, 이 사건 사업약정과 직접지급 합의의 경위와 내용, 증액대금에 관한 변경계약의 경위, 전소에서 증액대금과 관련하여 당사자들이 했던 주장과 이에 관하여 법원이 심리·판단한 내용과 범위, 이 사건 소제기의 경위, 전소판결에 관한 당사자들의 불복 여부, 수급사업자의 진정한 의사와 발주자가 인식한 내용 등을 종합적으로 고찰해 보면, 수급사업자는 전소에서 사업약정과 지급합의에 기하여 발주자가 수급사업자에게 지급하기로 한 하도급대금을 청구한 것이고, 그것이 동시에 이 사건 증액대금에 관한 하도급법상 직접지급청구권의 발생요건인 하도급법 제14조 제1항 제3호에 따른 직접지급의 요청에 해당한다고 보기는 어렵다.

원심은, 전소의 진행경과 등의 사정을 전체적으로 살펴보지 않고 수급사업자가 당시 원사업자로부터 하도급대금의 2회분 이상을 지급받지 못하였다는 점에 주목하여 수급사업자가 전소의 소장부본 송달로써 발주자에 하도급법 제14조 제1항 제3호의 직접 지급요청을 하였다고 보아 발주자의 수급사업자에 대한 증액대금 지급의무

20) 원문에서는 '도급인, 수급인, 하수급인'이라는 용어를 사용하고 있지만, 혼선이 생길 수 있어 '발주자, 원사업자, 수급사업자'로 변경하였습니다.

가 소멸하였다고 판단하였다. 원심의 이러한 판단에는 하도급법 제14조에서 정한 직접 지급요청에 관한 법리를 오해하여 판결에 영향을 미친 잘못이 있다.

3) 대법원 2015. 8. 27. 선고 2013다81224, 81231 판결 (공사대금·공사대금)

수급사업자에게 직접지급청구권이 발생한 이후 발주자의 원사업자에 대한 지체상금채권이 발생했다면, 발주자는 수급사업자의 직접지급청구권이 발생한 후에 원사업자에 대하여 생긴 사유로는 수급사업자에게 상계를 주장하여 대항할 수 없다.

4) 대법원 2014. 12. 24. 선고 2012다85267 판결 (배당이의)

발주자·원사업자 및 수급사업자 사이에서 발주자가 하도급대금을 직접 수급사업자에게 지급하기로 합의한 경우에, 당사자들의 의사가 도급계약 및 하도급계약에 따른 공사가 실제로 시행 내지 완료되었는지 여부와 상관없이 원사업자의 발주자에 대한 공사대금채권 자체를 수급사업자에게 이전하여 수급사업자가 발주자에게 직접 그 공사대금을 청구하고 원사업자는 공사대금 청구를 하지 않기로 하는 취지라면 이는 실질적으로 원사업자가 발주자에 대한 공사대금채권을 수급사업자에게 양도하고 그 채무자인 발주자가 이를 승낙한 것에 해당한다. 그런데 이러한 채권양도에 대한 발주자의 승낙이 확정일자 있는 증서에 의하여 이루어지지 않는 이상, 발주자는 위와 같은 채권양도와 그에 기한 채무의 변제를 들어서 원사업자의 위 공사대금채권에 대한 압류채권자에게 대항할 수 없다.

반면 당사자들의 의사가 수급사업자가 하도급계약에 기하여 실제로 공사를 시행 내지 완료한 범위 내에서는 발주자가 수급사업자에게 그 공사대금을 직접 지급하기로 하고 원사업자에게 그 공사대금을 지급하지 않기로 하는 취지라면, 압류명령의 통지가 발주자에게 도달하기 전에 수급사업자가 공사를 실제로 시행 내지 완료하였는지 여부나 그 기성고 정도 등에 따라 발주자가 원사업자의 위 공사대금채권에 대한 압류채권자에게 수급사업자의 시공 부분에 상당하는 하도급대금의 범위 내에서 대항할 수 있는지 여부 및 그 범위가 달라진다. 구 하도급법 제14조 제2항의 규정 취지를 같은 조 제1항의 규정 내용에 비추어 보면, '발주자가 하도급대금을 직접 수급사업자에게 지급하기로 발주자·원사업자 및 수급사업자 간에 합의한 경우'에 발주자가 그 하도급대금 전액을 해당 수급사업자에게 직접 지급할 의무가 바로 발생하는 것이 아니라, '수급사업자가 제조·수리·시공 또는 용역수행한 분에 상당하는' 하도급대금을 해당 수급사업자에게 직접 지급할 의무가 발생하는 것이고, 그 범위 내에서 발주자의 원사업자에 대한 대금지급채무가 소멸한다고 해석함이 타당하다

5) 대법원 2008. 6. 26. 선고 2006다63884 판결 (부당이득금반환)

발주자가 원사업자에게 공사대금지급채무를 부담하고 있지 않음에도 잘못 알고, 수급사업자에게 하도급법 제14조 제1항에 따라 하도급대금을 직접 지급했다면, 수급사업자는 원사업자와의 하도급계약에 기하여 이를 받은 것으로 이를 법률상 원인 없이 하도급대금을 수령한 것으로 볼 수 없다. 따라서 발주자가 원사업자를 상대로 부당이득반환청구를 할 수는 있지만, 수급사업자를 상대로 부당이득반환청구를 할 수는 없다.

2. 발주자를 위한 사례

1) 대법원 2010. 6. 10. 선고 2009다19574 판결 (물품대금)

발주자가 하도급법 제14조 제1항에 의한 수급사업자의 직접지급요청 전에 원사업자에게 공사대금지급을 위한 어음을 발행 교부하였는데 직접지급 요청 후에 그 어음금의 지급이 이루어졌다면, 이는 직접지급 요청 후에 새로이 발생한 사유로 볼 수 없으므로, 발주자가 수급사업자에게 어음금에 해당하는 공사대금의 소멸을 주장할 수 있다.

2) 대법원 2005. 7. 28. 선고 2004다64050 판결 (공사대금)

(가) 구 하도급법 제14조 제1항과 동법 시행령 제4조 제1항 제1호에 의하면, 원사업자의 파산으로 원사업자가 하도급대금을 지급할 수 없게 된 경우로서 수급사업자가 발주자에게 하도급대금의 직접지급을 요청한 때에는 발주자는 수급사업자에게 하도급대금을 직접 지급하여야 할 의무를 부담하는 것이기는 하지만, 특별한 사정이 없는 한 발주자는 원사업자에 대한 대금지급의무의 범위 안에서만 하도급대금 직접 지급의무를 부담할 뿐이라고 할 것이다.

그런데 기록에 의하면, 원사업자와 발주자는 수급사업자의 지하 터파기 공사가 완료된 후인 2000. 10.경 암석굴삭 공사를 흙파기 공사로 설계변경한 사실을 알

수 있으므로, 발주자는 원사업자에 대하여 설계변경에 따른 공사대금만을 지급할 의무가 있고, 그에 따라 수급사업자에 대하여도 위 공사대금 지급의무의 범위 안에서만 하도급대금 직접지급의무를 부담한다고 할 것인데, 발주자가 설계변경에 따라 암석굴삭 수량으로 예정되어 있던 6,708㎥에 흙파기 단가인 ㎥당 350원을 적용하여 산출한 2,347,800원(수량 6,708㎥ × ㎥당 350원)을 지급하였음은 앞서 본 바와 같으므로, 특별한 사정이 없는 한 이 부분 공사와 관련된 발주자의 하도급대금 직접지급의무는 이미 정산되어 더 이상 존재하지 않는다고 할 것이다.

그럼에도 불구하고, 원심은 원사업자와 발주자 사이에 설계변경을 마친 것만으로는 발주자의 수급사업자에 대한 암석굴삭 공사대금의 직접지급의무가 소멸하지 않는다는 이유로 이 부분 공사와 관련된 발주자의 하도급대금 직접지급의무가 남아 있다고 판단하였으니, 이러한 원심판결에는 발주자의 하도급대금 직접지급의무에 관한 법리를 오해하여 판결에 영향을 미친 위법이 있다.

(나) 하도급법 제13조 제7항 소정의 "원사업자가 하도급대금을 목적물의 수령일부터 60일을 초과하여 지급하는 경우에는 그 초과기간에 대하여 공정거래위원회가 정하여 고시하는 이자율에 의한 이자를 지급하여야 한다."는 규정은, 원사업자가 수급사업자에 대하여 하도급대금을 지급하는 경우에 관한 규정이어서, 이 사건과 같이 발주자가 원사업자의 파산 등으로 수급사업자에게 하도급대금을 직접 지급하는 경우에는 적용될 수 없다는 원심의 판단은 정당하다.

이것만 알자!

- 수급사업자는 원사업자의 파산 등의 사유가 발생하면 발주자에게 직접 하도급대금을 청구할 수 있다.
- 수급사업자가 직접지급청구를 하기 전에, 원사업자의 발주자에 대한 대금채권에 가압류 등 집행보전조치가 있으면 직접청구권이 발생하지 않는다.
- 발주자는 원사업자에 대한 직접청구권이 발생하기 전의 사유로는 수급사업자에게 대항할 수 있고, 발생 후의 사유로는 대항할 수 없다.

제5절 설계가 변경되었는데도 증액해주지 않는다면? (§16)

CASE

원사업자는 발주자로부터 설계변경 등에 따른 두 차례의 변경계약을 통하여 공사대금을 당초 1,149,400,000원에서 1,418,900,000원이나 증액 받았습니다. 그런데 원사업자는 수급사업자에게 하도급대금을 증액하여 주지 않고 있습니다.

I 억울할 때 읽어 보는 하도급법

1. 하도급대금의 조정의무

원사업자는 발주자로부터 설계변경 또는 경제상황의 변동 등을 이유로 원도급의 계약금액을 증액 받고 동일한 이유로 하도급위탁 목적물의 완성에 추가비용이 드는 경우라면, 그 추가금액의 내용과 비율에 따라, 수급사업자에게도 하도급대금을 증액해주어야 합니다(하도급법 제16조 제1항 본문).[21] 반대로 원사업자가 발주자로부터 계약금액을 감액 받았다면, 그 내용과 비율에 따라 수급사업자에게 하도급대금을 감액할 수도 있습니다(하도급법 제16조 제1항 단서).

제16조(설계변경 등에 따른 하도급대금의 조정) ① 원사업자는 제조등의 위탁을 한 후에 다음 각 호의 경우에 모두 해당하는 때에는 그가 발주자로부터 증액받은 계약금액의 내용과 비율에 따라 하도급대금을 증액하여야 한다. 다만, 원사업자가 발주자로부터 계약금액을 감액받은 경우에는 그 내용과 비율에 따라 하도급대금을 감액할 수 있다.

1. 설계변경, 목적물 등의 납품 등 시기의 변동 또는 경제 상황의 변동 등을 이유로 계약금액이 증액되는 경우

2. 제1호와 같은 이유로 목적물 등의 완성 또는 완료에 추가비용이 들 경우

21) 하도급법 [시행 2020. 5. 27.] [법률 제16649호, 2019. 11. 26., 일부개정]은 설계변경 뿐만 아니라 공사 기간이 연장되거나 납품 시기가 늦어져 원사업자가 발주자로부터 원도급금액을 증액 받은 경우에도 증액된 내용과 비율만큼 하도급대금도 의무적으로 증액하도록 명문화 했습니다.

원사업자가 발주자로부터 설계변경 등에 따른 대금의 조정을 받았을 때 ① 추가금액의 내용과 비율이 명확한 경우에는 그 내용과 비율에 따라, ② 그 내용과 비율이 불명확하다면 발주자가 지급한 평균비율에 따라 수급사업자에게 지급해야 합니다.

보다 구체적인 기준을 살펴보겠습니다(「하도급거래공정화지침」 Ⅲ.16.). 우선, 원사업자가 발주자로부터 계약금액을 조정을 받았다면, 그 시점 이후 잔여 공사에 대하여 수급사업자에게 하도급대금을 조정해야 합니다. 반면 발주자로부터 조정을 받은 기준시점 이후에 체결된 하도급계약에 대하여는 수급사업자에게 대금을 조정해주지 않아도 됩니다. 하지만 조정 기준시점 이전에 이미 사실상 하도급거래가 있었다는 객관적인 사실이 밝혀진다면 수급사업자에게 대금을 조정해주어야 합니다.

한편, 원사업자가 발주자로부터 추가금액을 지급받았음에도, 수급사업자와의 약정이나 「국가를 당사자로 하는 계약에 관한 법률 시행령」 제64조(물가변동으로 인한 계약금액의 조정)를 이유로 하도급대금을 조정해 주지 않는다면 하도급법 제16조 위반행위에 해당합니다.

조정 기준시점 이전에 원사업자가 이미 지급한 선급금 상당액은 이미 하도급대금의 지급이 이루어진 것으로 보아, 물가변동 조정의 대상금액에서 제외할 수 있습니다. 원사업자가 발주자로부터 추가금액을 지급받을 때, 일부 공종에 있어, 하도급금액이 원도급 금액을 상회한다고 하더라도, 하도급금액을 기준으로 증액해 주어야 합니다.

2. 도급대금이 조정되면 수급사업자에게 통지해야 한다.

하도급대금을 증액하거나 감액할 경우, 원사업자는 발주자로부터 계약금액을 증액 또는 감액 받은 날로부터 15일 이내에 발주자로부터 증액 또는 감액 받은 사유와 내용을 수급사업자에게 통지할 의무도 있습니다. 다만 발주자가 그 사유와 내용을 해당 수급사업자에게 직접 통지했다면, 통지의무는 면제됩니다(하도급법 제16조 제2항).

3. 언제까지 조정 금액을 지급해야 할까?

원사업자는 발주자로부터 계약금액을 증액 또는 감액 받은 날로부터 30일 이내에는 하도급대금을 증액 또는 감액해야 하고, 그러한 사항을 기재한 서면을 수급사업자에게 발급해야 합니다(하도급법 제16조 제3항, 하도급법 시행령 제3조 제4호).

또한 원사업자가 계약금액 증액에 따라 발주자로부터 추가금액을 지급받은 날부터 15일이 지난 후에 추가 하도급대금을 지급하는 경우에는 그 초과기간에 대하여 공정거래위원회가 정하여 고시(「선급금 등 지연지급시의 지연이율 고시」)하는 이율 15.5%에 따른 지연이자를 지급해야 합니다(하도급법 제16조 제4항).

Solution

하도급법 위반에 해당할 가능성이 높습니다.

원사업자는 발주자로부터 추가공사 등에 따라 계약금액을 증액 받았음에도 수급사업자와의 하도급계약금액은 증액하지 않아 하도급법 제16조 제1항의 위반행위에 해당할 수 있기 때문입니다(공정거래위원회 2014. 7. 1. 의결 2013서건2932 시정명령).

Ⅱ 심플한 정리법

1. 증액받은 사유를 통지하지 않았지만 실제로 증액해 주었다는 주장

원사업자는 수급사업자에게 발주자로부터 계약금액을 조정 받은 날부터 15일 이내에 조정 받은 사유와 내용을 통지하지 않았지만 30일 이내에 하도급대금을 실제로 증액하여 하도급법 제16조 제3항을 준수하였다. 따라서 법 제16조 전반의 취지에 반하는 결과를 초래하지 아니하였고, 수급사업자에게도 실질적인 피해가 발생하지 않았으므로 하도급법을 위반하지 않았다고 주장한다.

원사업자는 하도급법 제16조 제2항의 통지의무를 위반하였습니다. 제16조 제2항의 통지의무는 제3항의 하도급대금 조정의무와는 구별되는 독립적인 절차규정으로서 수급사업자가 설계변경 등으로 인한 하도급대금 조정이 이루어지기 전에 그 사유 및 내용에 대한 충분한 정보를 제공받아 불이익한 하도급대금 조정행위에 대비할 수 있도록 하기 위한 조항입니다.

따라서 원사업자가 제16조 제3항을 준수하였다고 해서 제2항의 위법성을 조각시키는 사유가 될 수 없으므로 원사업자의 위 주장은 타당하지 않습니다(공정거래위원회 2018. 4. 11. 의결 2016서건2713 과징금).

Ⅲ 억울할 때 찾아보는 구체적인 사례들

1. 수급사업자를 위한 사례

1) 서울고등법원 2019. 5. 30. 2019누36966 판결 (시정명령취소, 심리불속행기각)

원사업자와 C는 2009. 4. 17. 발주자인 H공단으로부터 공사(이하 '이 사건 원도급공사'라 한다)를 공동이행방식으로 공동으로 도급받아(출자비율 원사업자 20% : C 80%) 그 중 일부 공사를 2013. 2. 27. 수급사업자에게 건설위탁하면서 하도급계약서에 공동 원사업자로 날인하고, 2013. 12. 27. 및 2014. 12. 29. 발주자로부터 이 사건 원도급공사의 설계변경으로 계약금액을 증액 받았음에도 수급사업자에게 하도급대금을 조정하지 아니하거나 발주자로부터 계약금액을 증액 받은 날부터 15일을 경과하여 조정하였다.

이에 대해서 원사업자는, "이 사건 원도급공사와 관련한 발주자와의 변경계약, 수급사업자와의 이 사건 하도급공사 계약 어느 것에도 관여한 바 없고, 공동수급체 대표사인 C가 해당 업무를 담당하였다. 따라서 수급사업자에 대한 하도급대금 조정의무와 계약금액 조정사유 및 내용에 관한 통지의무(이하 '이 사건 하도급대금 조정의무 및 통지의무'라 한다)의 이행주체는 C만이고 원사업자는 아니라고 보아야 하므로 원사업자에 대한 이 사건 처분은 자기책임의 원칙에 반하여 위법하다."고 주장한다.

살피건대, ① 하도급법 제16조는 명시적으로 원사업자의 하도급대금 조정의무 및 통지의무를 규정하고 있다. 반면, 공동이행방식으로 도급을 받은 원사업자들이 공동수급체의 대표자를 정한 경우 대표자만 위와 같은 하도급대금 조정의무 및 통지의무를 부담하고, 대표자가 아닌 원사업자는 그러한 의무를 면한다고 규정한 내용은 없다(중략).

② 공사 업무와 변경계약에 대한 협의 등 대부분의 공사 관련 업무를 공동수급체 대표인 C가 수행하였고, 원사업자는 직원 1명을 공사현장에 파견하여 자재 검사, 콘크리트 품질검사 등의 품질관리 업무만을 수행하였고 C가 공사비용을 집행하고 사후적으로 출자비율에 따라 원사업자에게 정산한 사실은 인정된다. 그러나 이와 같이 C가 공사 관련 업무를 수행하였다는 사정만으로 원사업자가 하도급대금 증액

의무 및 통지의무를 면한다고 볼 수는 없다. 오히려 원사업자는 C와 공동으로 이 사건 원도급공사를 도급받아 공동으로 수급사업자에게 이 사건 하도급공사를 건설위탁한 자로서 설계변경에 따른 하도급대금의 조정에 관하여 계약상 C와 함께 연대책임을 지는 점, 수급사업자가 C를 상대로 기성금을 청구하고 세금계산서를 발행하였으며, 하도급대금도 C가 지급하였으나, 원사업자는 C와 함께, 발주자로부터 설계변경으로 인한 계약금액을 조정 받았고, 하도급대금을 비롯한 모든 비용도 사후 정산하는 방법으로 분담하였던 점 등을 고려하면 원사업자도 이 사건 하도급대금 조정의무 및 통지의무를 부담한다고 보아야 한다.

③ 원사업자가 하도급계약에 관한 결정 권한이 없었다고 하더라도, 적어도 공사도급변경계약서에 서명날인을 할 당시에는 원도급계약금액이 증액되었다는 사정을 인식하였으므로, C 또는 발주자에게 문의하여 변경이 이루어진 공사부분의 내용이나 담당 하도급업체가 누구인지 파악하는 것이 곤란하였다고 보이지는 않는다. 그럼에도 불구하고 원사업자는 C가 이 사건 하도급대금 조정의무 및 통지의무를 이행하였는지 여부를 확인하거나 이행을 촉구하는 등의 최소한의 조치조차 이행하지 아니하였다.

또한 원사업자는, "대표사인 C가 발주자 및 수급사업자에 대한 관계에서 공동수급체를 대표하여 설계변경 및 계약금액 증액을 결정하였고, C가 설계변경 및 계약금액 증액 내용을 원사업자에게 통지하지 않았기 때문에 원사업자로서는 그 내용이나 사유를 인식할 수 없었다. 그럼에도 불구하고 공정거래위원회는 이러한 사유를 고려하지 않은 채 이 사건 처분을 하였으므로 재량권을 일탈·남용한 위법이 있다."고 주장한다.

살피건대, ① 원사업자는 이 사건 하도급대금 조정의무 및 통지의무를 이행할 수 없는 정당한 사유가 있었다고 주장하나, 이를 인정하기 어렵다. 오히려 원사업자는 원사업자로서 수급업자에 대하여 이 사건 하도급대금 조정의무 및 통지의무를 이행하여야 할 지위에 있음에도 불구하고, C에게 모든 책임을 전가하고 만연히 의무이행을 해태하였다.

원사업자와 C 사이에 지분비율이나 업무역할 등에 차이가 있다고 하나, 이는 당사자 사이의 자유로운 의사결정에 따른 내부적 업무분담 문제에 불과하고, 수급사업자에 대하여 통일한 하도급대금 지급의무를 연대하여 부담하는 공동 원사업자라는 점에서는 차이가 없다. 따라서 이와 같은 사정만으로는 원사업자에 대하여 C와 동일한 내용의 처분을 한 것이 평등의 원칙에 위배된다고 볼 수도 없다.

2) 공정거래위원회 2017. 5. 17. 의결 2016건하2546 (과징금)

원사업자는 발주자로부터 계약 금액을 감액받고도 감액 받은 날부터 15일 이내에 해당 수급사업자에게 발주자로부터 감액받은 사유와 내용 등을 통지하지 않았다.

원사업자는 자신이 발주자와 해당 공사의 준공일 연장 및 감액을 논의하는 회의에 수급사업자의 기술영업총괄이사도 함께 참석하였으므로 수급사업자가 이 사건 감액에 관한 사실을 충분히 인지할 수 있었고, 이후 원사업자가 감액사실을 별도로 통보하기도 하였으므로 위법이 아니라고 주장한다.

살피건대 ① 원사업자가 주장하는 수급사업자 원사업자, 발주자가 참석한 회의는 원사업자가 발주자로부터 감액받은 날 전인 2015. 9. 25. 개최되었으므로 '감액받은 날부터 15일 이내' 요건을 충족하였다고 볼 수 없는 점, ② 관련 회의에 참석한 것을 '수급사업자에게 통지'한 것으로도 볼 수 없는 점, ③ 이후 원사업자가 구두로 통지하였다는 수급사업자의 확인서에도 원사업자가 감액받은 사유 및 내용에 대해서는 아무런 언급이 없으므로 원사업자가 적법하게 통지한 것으로 볼만한 객관적인 증거가 없는 점 등을 종합적으로 고려할 때 원사업자의 주장은 이유 없다.

3) 공정거래위원회 2015. 8. 10. 의결 2013서건1689 (과징금)

원사업자는 이 사건 공사와 관련하여 발주자로부터 설계변경에 따른 추가공사대금을 2012. 9. 28.에 지급받았음에도 불구하고, 법정지급기일(발주자로부터 지급받은 날부터 15일)을 642일 초과하여 2014. 7. 17.에 추가 하도급대금 26,202천 원을 지급하였으며, 이와 같이 추가 하도급대금 지연지급에 따라 발생한 지연이자는 9,217천 원이다.

한편, 원사업자는 법원 판결에 따라 확정된 추가 하도급대금 26,202천 원과 이에 대한 지연이자 2,759천 원만 2014. 7. 17.에 수급사업자에게 지급하고, 나머지 지연이자 6,458천 원은 심의종결일 현재까지 지급하지 아니하고 있다.

원사업자가 설계변경에 따른 추가대금을 발주자로부터 지급받았음에도, 법정지급기일을 초과하여 수급사업자에게 추가 하도급대금을 지급하면서 그 초과기간에 대하여 발생한 지연이자 9,217천 원 중, 6,458천 원을 심의종결일 현재까지 지급하지 아니한 행위는 법 제16조 제4항의 규정에 위반된다.

원사업자는 법원 판결에 따라 추가공사대금과 이에 대한 지연이자를 수급사업자에게 모두 지급하였으므로 더 이상 지급할 금액은 없다고 주장하나, 하도급법이 적용되는 하도급거래에서의 지연손해금(지연이자)에 대해서는 공정거래위원회가 정하여 고시한 이율에 의하고, 그 한도에서 민법 또는 상법상의 법정이율이나 일반적인 특례인 '소송촉진 등에 관한 특례법'에서 정한 이율은 적용되지 아니한다는 판례에 비추어 볼 때, 원사업자의 주장은 이유 없다.(대법원 2010. 10. 28. 선고 2010두16561 판결 참조).

4) 공정거래위원회 2009. 3. 23. 의결 2008하개4185 (시정명령)

원사업자는 발주자로부터 설계변경, 물가변동 등의 사유로 증액조정을 받았음에도 불구하고 법정기한을 14~159일 지연하여 6개 수급사업자에게 하도급대금을 증액 조정하였다.

원사업자는 수급사업자에게 하도급대금을 지연하여 조정한 것은 수급사업자가 발주자로부터 증액 받은 내용 및 비율 이상으로 증액을 요구하였고, 신규품목이 추가되어 당사자간 협의가 필요하였으며, 수급사업자 스스로 변경계약을 추후에 체결할 것을 요청하거나 원사업자의 대금 조정 관련 공문에 대한 수급사업자의 회신이 지연되는 등 수급사업자의 귀책사유로 인한 것이므로 위법성이 인정되지 않는다고 주장한다.

살피건대, 본 건 지연조정행위는 원사업자가 증액받은 내용과 비율에 따라 추가금액을 조정해야 함에도 수급사업자에게 발주처로부터 조정 받은 내용을 제시하지 않고 원하는 증액금액을 신청하라고만 통보하는 등 원사업자의 귀책사유에 기인하는 것으로 보이므로 원사업자의 주장은 인정할 수 없다.

2. 원사업자를 위한 사례

1) 서울고등법원 2010. 10. 13. 선고 2009누31429 판결 (시정명령 등 처분취소, 상고기각)

원사업자와 수급사업자는 이 사건 하도급공사에 대한 설계변경 등에 따라 이 사건 하도급 공사대금을 정산하여야 하는 경우에는 공종별 개개공사내역의 수량 변동을 계산의 기초로 삼을 것이 아니라 원도급계약의 공사대금 중 이 사건 공사에 해당하는 순공사비 총액을 기준으로 정산하기로 하는 특약(이하 '이 사건 특약'이라 한다)을 체결한 것으로 봄이 상당하다.

하도급법은 그 조항에 위반된 하도급약정의 효력에 관하여는 아무런 규정을 두지 않는 반면 위의 조항을 위반한 원사업자를 벌금형에 처하도록 하면서 그 조항 위반행위 중 일정한 경우만을 공정거래위원회로 하여금 조사하게 하여 그 결과에 따라 원사업자에게 시정조치를 명하거나 과징금을 부과하도록 규정하고 있을 뿐이어서 그 조항은 그에 위배한 하도급인과 수급사업자 사이의 계약의 사법상의 효력을 부인하는 조항이라고 볼 것은 아닌바(대법원 2000. 7. 28. 선고 2000다20434 판결, 대법원 2003. 5. 16. 선고 2001다27470 판결 등 참조), 위 법리와 관계법령을 이 사건 특약에 비추어 살펴보면, 하도급대금의 산정방식에 비추어 보더라도 이 사건 특약이 하도급법 제16조 제1항을 위배하거나 이를 우회하여 하도급법 제11조 제1항을 실질적으로 면탈하기 위한 것이라고 볼 수 없고, 이 사건 하도급 공사대금을 정산함에 있어서는 유효한 이 사건 특약을 하도급법 제16조 제1항에 우선하여 적용하여야 할 것이다.

이것만 알자!

- 도급금액이 조정되면 하도급대금도 조정해야 한다.
- 도급대금의 ① 추가금액의 내용과 비율이 명확한 경우에는 그 내용과 비율에 따라, ② 그 내용과 비율이 불명확하다면 발주자가 지급한 평균비율에 따라 조정해야 한다.
- 도급대금이 조정되면 15일 이내에 수급사업자에게 통지해야 한다.
- 원사업자는 설계변경 등에 따른 하도급대금 조정 사유 발생시 30일 이내에 하도급대금을 증액 또는 감액 해야 하고, 발주자로부터 추가금액을 지급받았다면 15일 이내에 추가 하도급대금을 지급해야 한다.

제6절 원가가 상승했다면? (§16의2)

1. 공급원가 상승으로 납품단가를 인상해야 한다면, 하도급대금조정협의 신청

원재료 가격의 급격한 변동으로 납품단가를 인상해야 할 필요성이 생기더라도 거래 단절 등의 우려 때문에 수급사업자가 원사업자를 상대로 납품단가의 인상을 요구하는 것은 현실적으로 어려운 일입니다.

이에 하도급법은 목적물 등 공급원가가 변동하는 등의 사정[22] 이 발생하여 하도급대금의 조정이 불가피한 경우에, 수급사업자가 원사업자에게 직접 하도급대금의 조정을 신청할 수 있도록 규정하고 있습니다.

> **제16조의2(공급원가 등의 변동에 따른 하도급대금의 조정)** ① 수급사업자는 제조등의 위탁을 받은 후 다음 각 호의 어느 하나에 해당하여 하도급대금의 조정(調整)이 불가피한 경우에는 원사업자에게 하도급대금의 조정을 신청할 수 있다.
> 1. 목적물등의 공급원가가 변동되는 경우
> 2. 수급사업자의 책임으로 돌릴 수 없는 사유로 목적물등의 납품등 시기가 지연되어 관리비 등 공급원가 외의 비용이 변동되는 경우

2. 직접 신청하기 어렵다면, 중소기업협동조합에 협의대행을 신청

하도급법은, 중소기업협동조합이 수급사업자를 대신하여 원사업자에게 하도급대금의 조정을 신청할 수 있는 제도를 마련해 두었습니다. 즉 중소기업협동조합은 목적물 등의 공급원가가 아래의 기준 이상으로 변동되어 조합원인 수급사업자의 하도급대금 조정이 불가피한 경우에는, 해당 수급사업자의 신청을 받아 원사업자와 하도급대금의 조정을 위한 협의를 할 수 있습니다.다만, 원사업자와 수급사업자가 같은 조합의 조합원인 경우에는 조합의 협의를 대행할 수 없습니다.

22) 하도급법 [시행 2018. 7. 17.] [법률 제15362호, 2018. 1. 16., 일부개정]에서는 하도급대금 조정신청 및 협의의 대상사유를 '원재료의 가격변동'에서 '목적물 등의 공급원가의 변동'으로 확대하여, 수급사업자의 보호범위를 확대했습니다. 그리고 하도급법[시행 2020. 5. 27.] [법률 제16649호, 2019. 11. 26., 일부개정]은 목적물 등의 공급원가가 변동되는 경우뿐만 아니라 수급사업자의 책임으로 돌릴 수 없는 사유로 목적물 등의 납품 등 시기가 지연되어 관리비 등 공급원가 외의 비용이 변동되는 경우도 대상사유로 명문화하였습니다(하도급법 제16조의2 제1항 제2호).

하도급법 제16조의2 제2항, 하도급법 시행령 제9조의2 제2항.

① 특정 원재료에 소요되는 재료비가 하도급 계약금액의 10퍼센트 이상을 차지하고 그 원재료 가격이 변동된 경우: 10퍼센트
② 원재료의 가격 상승에 따라 재료비가 변동된 경우: 나머지 목적물 등에 해당하는 하도급대금의 3퍼센트
③ 노무비가 하도급 계약금액의 10퍼센트 이상을 차지하는 경우로서 「최저임금법」 제10조에 따라 고용노동부장관이 고시하는 최저임금이 변동된 경우: 최근 3년간의 평균 최저임금 상승률. 다만, 최근 3년간의 평균 최저임금 상승률이 7퍼센트를 넘는 경우에는 7퍼센트
④ 임금상승에 따라 노무비가 변동된 경우: 나머지 목적물 등에 해당하는 하도급대금의 3퍼센트
⑤ 공공요금, 운임, 임차료, 보험료, 수수료 및 이에 준하는 비용 상승에 따라 경비가 변동된 경우: 나머지 목적물 등에 해당하는 하도급대금의 3퍼센트

이때 신청 대상인 원사업자는 '상호출자제한 기업집단 소속회사 또는 연간 매출액 3,000억 원 이상 중견기업'이고, 신청기간은 '계약 체결 후 60일 이상 경과한 이후'로 제한되어 있습니다(하도급법 시행령 제9조의2 제3항).

그러나 조정 신청 요건이 까다로워 중소기업협동조합을 통한 대금 조정이 활성화되지 못하고 있다는 지적이 많았습니다. 실제로 전체 중견기업의 대부분을 차지하고 있는 매출액 3,000억 원 미만의 중견기업이 신청대상 원사업자의 범위에서 제외됨에 따라 신청 대상이 매우 제한적인 상황이었습니다.

이에 공정거래위원회는 신청 대상 원사업자의 범위를 '상호출자제한 기업집단 소속회사 또는 전체 중견기업'으로 확대하고, '60일의 경과 기간 없이' 바로 신청할 수 있도록 하는 개정안을 마련하고, 입법예고 절차를 거치고 있습니다.[23]

한편, 수급사업자로부터 이러한 신청을 받은 조합은 20일 이내에 원사업자에게 하도급대금의 조정을 신청해야 합니다. 다만, 그 전에 수급사업자가 원사업자에게 직접 조정신청을 하였다면, 중소기업협동조합의 조정신청 절차는 중단됩니다(하도급법 제16조의2 제3항, 제4항).

---

23) 2020. 5. 6.가지 입법예고를 진행하는 등 개정안 시행을 위한 절차를 진행하고 있습니다.

원사업자는 조합의 신청이 있은 날로부터 10일 안에 하도급대금 조정을 위한 협의를 개시해야 하며, 정당한 사유 없이 협의를 거부하거나 게을리할 수 없습니다(같은 조 제7항).

수급사업자 또는 조합의 조정 협의 신청에 대하여 아무런 응답을 하지 않거나, 협의를 개시하겠다고 통보해 놓고 회의 개최, 의견 교환 등의 실질적인 협의 절차를 진행하지 않는 경우, 조합 등이 조정협의를 신청한지 30일이 경과하였음에도 실질적인 하도급대금 조정 권한이 있는 책임자가 협의에 임하지 아니하는 경우 등이 조정협의를 거부하거나 게을리하는 대표적인 예에 해당합니다.

한편, 조합은 납품 중단을 결의하는 등 부당하게 경쟁을 제한하거나 부당하게 원사업자의 사업내용 또는 활동을 제한하는 행위를 하여서는 안됩니다(하도급법 제16조의2 제5항).

3. 원사업자가 움직이지 않으면, 하도급분쟁조정협의회에 조정 신청

수급사업자나 조합이 협의를 신청했음에도, 원사업자가 10일이 지나도 협의를 개시하지 않으면 수급사업자나 조합은 하도급분쟁조정협의회에 조정을 신청할 수 있습니다. 또한 원사업자가 협의를 개시했더라도, 수급사업자나 조합의 신청이 있은 날로부터 30일이 지나도 합의에 도달하지 못한 경우, 원사업자나 수급사업자가 협의 중단 의사를 밝힌 경우 등에도 원사업자나 수급사업자는 하도급분쟁조정협의회에 조정을 신청할 수 있습니다(하도급법 제16조의2 제8항).

이것만 알자!

- 공급원가가 오르면 원사업자에게 하도급대금 조정을 신청할 수 있다.
- 원사업자와의 협상이 안되면 중소기업협동조합에 대행을 신청하고 하도급분쟁조정협의회에 조정을 신청할 수 있다.
- 수급사업자 또는 조합이 하도급분쟁조정협의회에 조정신청을 한 것을 이유로, 원사업자가 수급사업자에 대하여 수주기회를 제한하거나, 거래의 정지, 그 밖의 불이익을 주는 행위를 할 경우 보복조치 금지의무 위반에 해당한다.

제7절 하도급대금을 물품으로 지급하려고 한다면? (§17)

CASE 원사업자는 수급사업자에게 전기공사를 위탁하면서, 원사업자가 신축한 주택 및 상가들을 선급금 대신 지급하였고, 수급사업자도 동의했다고 주장합니다.

1. 물품으로 지급할 수 없다. '대물변제의 금지'

하도급대금은 현금, 금융기관에서 할인 가능한 어음, 어음대체결제수단으로 지급하는 것이 원칙입니다(하도급법 제13조). 그런데 원사업자는 수급사업자에게 미분양 아파트 등의 물품으로 하도급대금을 변제하는 경우가 더러 있습니다. 이를 '대물변제'라고 합니다. 하지만 이런 물품은 현금화하는데 어려움이 있는 경우가 다반사이고, 간혹 가압류, 가처분 등이 되어 처분이 제한되는 경우도 있습니다.

하도급법은 대물변제의 피해로부터 수급사업자를 보호하기 위하여 원칙적으로 대물변제를 금지하고, 예외적으로 대물변제가 인정되는 경우에도 일정한 절차를 준수하도록 강제하고 있습니다(하도급법 제17조). 여기서 말하는 물품은 현금, 금융기관에서 할인 가능한 어음, 어음대체결제수단을 제외한 모든 재산을 의미한다고 해석됩니다.

2. 예외적으로 대물변제가 가능한 경우

하도급법 제17조 제1항 단서는 다음과 같이 예외적으로 대물변제가 인정되는 사유를 열거하고 있습니다.

법 제17조(부당한 대금변제의 금지) ① 원사업자는 하도급대금을 물품으로 지급하여서는 아니 된다. 다만, 다음 각 호의 어느 하나에 해당하는 사유가 있는 경우에는 그러하지 아니하다.
1. 원사업자가 발생한 어음 또는 수표가 부도로 되거나 은행과의 당좌거래가 정지 또는 금지된 경우
2. 원사업자에 대한 채무자 회생 및 파산에 관한 법률에 따른 파산신청, 회생절차개시 또는 간이회생절차개시의 신청이 있은 경우
3. 그 밖에 원사업자가 하도급대금을 물품으로 지급할 수밖에 없다고 인정되는 대통령령으로 정하는 사유가 발생하고, 수급사업자의 요청이 있는 경우[24)]

그러나 하도급법은 이러한 경우라 하더라도 수급사업자를 보호하기 위하여 원사업자가 일정한 절차를 준수하도록 규정하고 있습니다(하도급법 제17조 제2항).

우선, 원사업자는 대물변제를 하기 전에 소유권, 담보제공 등 물품의 권리의무관계를 확인할 수 있는 자료를 수급사업자에게 미리 주어야 합니다(하도급법 제17조 제2항). 여기서 말하는 물품의 권리의무관계를 확인할 수 있는 자료란 ① 권리의무관계에 관한 사항을 등기 등 공부(公簿)에 등록해야 하는 물품의 경우에는 해당 공부의 등본(사본 포함), ② 그 밖의 물품의 경우에는 해당 물품에 대한 권리의무관계를 적은 공정증서를 의미합니다.

원사업자는 위와 같은 자료를 문서로 인쇄하거나 전자적 파일 형태로 담은 자기디스크를 직접 또는 우편으로 보내야 합니다. 원사업자가 이메일의 발송도달시간의 확인이 가능한 자동수신사실 통보장치를 갖춘 컴퓨터를 이용할 수 있는 경우에는 위와 같은 자료의 전자적 파일을 수급사업자의 이메일로 보낼 수도 있습니다(하도급법 시행령 제9조의4 제2항).

24) 「기업구조조정 촉진법」에 따라 금융채권자협의회가 원사업자에 대하여 공동관리절차 개시의 의결을 하고 그 절차가 진행 중인 경우로서 수급사업자의 요청이 있는 경우에는 예외적으로 원사업자가 물품으로 하도급대금을 지급할 수 있다고 정하고 있습니다(하도급법 시행령 제9조의4).

Solution

하도급법 위반에 해당할 가능성이 높습니다.

종전 하도급법 제17조 제1항은 "원사업자는 수급사업자의 의사에 반하여 하도급대금을 물품으로 지급하여서는 아니 된다."라고 규정하고 있었으나, 2017. 4. 18.자 개정으로 모든 대물변제를 금지하고 단서규정으로 예외적으로 정당한 사유가 있는 경우에 인정하는 것으로 개정되었습니다.

따라서 하도급법 개정 이후에는 원사업자와 수급사업자의 합의에 의한 대물변제가 있었다 하더라도 예외사유에 해당하지 않는다면 하도급법위반으로 보아야 합니다.

이것만 알자!

- 하도급대금을 대물로 변제하면 안된다.
- 예외적으로 대물변제 하기 전에 이미 제시한 물품의 권리의무관계가 변경되었는지를 확인하고, 변경된 내용이 반영된 자료를 수급사업자에게 지체 없이 다시 제시해야 한다.
- 물품의 권리의무를 확인할 수 있는 자료를 수급사업자에게 제시한 후에도 수급사업자가 자료를 제시받은 사실 등과 원사업자와 수급사업자의 서명 또는 기명날인을 적은 서면을 작성하여 수급사업자에게 주어야 하고, 원사업자와 수급사업자 모두 해당 서면을 보관해야 한다.

제4장

하도급법이 적용될 수 있는 거래

제4장

하도급법이 적용될 수 있는 거래

제1절 하도급법은 누구에게 적용되는지? (§2)

CASE

자동차회사의 협력사인 수급사업자는 같은 협력사인 원사업자로부터 자동차 부품 등의 제조 위탁을 받았습니다. 그런데 원사업자는 대금을 어음으로 지급하겠다면서 어음 수수료를 수급사업자가 부담하라고 합니다. 수급사업자는 원사업자의 주장이 하도급법 위반이라고 항의하였지만, 원사업자는 자신은 하도급법상의 원사업자가 아니기 때문에 하도급법이 적용되지 않는다고 주장합니다. 이유인즉 원사업자 요건을 판단할 때 '연간 매출액 기준'은 하도급거래가 이루어진 사업장을 기준으로 하여 유상사급[1] 에 해당되는 부분을 제외하고 산정해야 하는데, 이러한 기준에 따르면 원사업자가 수급사업자보다 직전연도 연간매출액이 훨씬 적기 때문이라고 합니다.

1) 유상사급은 원재료구입비를 포함한 금액을 수익으로 인식합니다. 원재료를 공급하면서 가공해달라고 할 때, 무상사급은 가공비만 매출액으로 잡지만 유상사급은 가공비와 원재료구입비를 합한 금원을 매출액으로 잡습니다. 원사업자의 유상사급 거래 부분을 제외해야 한다는 주장은 원재료구입비는 빼고 가공비만 매출로 잡아야 한다는 뜻입니다. 그럴 경우 매출액은 훨씬 줄어듭니다.

I 억울할 때 읽어 보는 하도급법

1. 원사업자, 수급사업자란?

일반적인 의미에서 원사업자는 제조등을 위탁하는 사람을, 수급사업자는 그 일을 위탁받는 사람을 말하지만, 하도급법에서 말하는 원사업자 및 수급사업자에 해당하기 위해서는 법에서 정한 요건을 갖추어야 합니다. 우선 원사업자에 해당하는 경우는 다음과 같습니다

하도급법에서의 원사업자

1. 중소기업자가 아닌 사업자로서 중소기업자에게 제조 위탁을 한 경우(법 제2조 제2항 제1호)
2. 중소기업자이기는 하지만 위탁을 받는 중소기업자보다 직전 연도의 연간매출액보다 많은 경우(법 제2조 제2항 제2호)[2]
3. 원사업자의 요건에 해당하는 사업자가 중간에 계열회사를 통해서 중소기업자에게 위탁하는 경우 그 계열회사(법 제2조 제4항)
4. 「독점규제 및 공정거래에 관한 법률」(약칭 '공정거래법') 제9조 제1항에 의해 상호출자제한기업집단에 속하는 회사

수급사업자는 원사업자로부터 제조등의 위탁을 받는 중소기업자를 말합니다(하도급법 제2조 제3항). 수급사업자의 요건을 구체적으로 파악하기 위해서는 중소기업자의 기준에 대해서 알아야 합니다. 중소기업자의 요건은 「중소기업기본법」에서 정하고 있습니다. 여러 가지 유형이 있지만 일정한 규모 이하의 영리를 목적으로 사업을 하는 기업을 의미합니다. 보다 구체적인 조건은 아래와 같습니다.

하도급법에서의 수급사업자

1. 업종별로 매출액 및 자산총액 등의 기준을 충족될 것
2. 소유와 경영의 실질적인 독립성이 충족될 것
3. 영리를 목적으로 사업할 것

즉, 중소기업자는 평균매출액 또는 연간매출액은 업종별로 400억 원 이하부터 1,500억 원 이하 사이에, 자산총액은 5,000억 원 미만이어야 합니다(구체적인 매출액과 자산총액의 기준은 아래에서 다시 살펴보겠습니다). 그리고 대기업으로부터 소유와 경영의 측면에서 독립된 기업이어야 합니다. 또한 학술, 종교, 자선, 기예, 사교

2) 하도급법 개정([시행 2015. 7. 24.] [법률 제13451호, 2015. 7. 24., 일부개정]) 전에는 상시고용 종업원 수의 기준도 있었지만 현재는 위 기준은 삭제되고 연간매출액 기준으로 일원화되었습니다.

기타 영리 아닌 사업을 목적으로 하는 경우는 포함되지 않습니다.

하도급법의 적용을 받는 수급사업자는 일단 위 중소기업자 요건에 해당해야 합니다. 다만 중소기업의 규모가 확대되어 더 이상 중소기업에 해당하지 아니하게 된 때에도 그 사유가 발생한 연도의 다음 연도부터 3년간은 중소기업으로 보는 경우도 있으므로 (중소기업기본법 제2조 제3항[3]), 유의해야 합니다.

반면 원사업자는 중소기업자이든 아니든 관계없습니다. 다만 하도급계약을 체결한 시점을 기준으로 원사업자의 직전연도의 연간매출액은 수급사업자의 직전연도의 연간매출액보다는 높아야 합니다.[4] 관계법률에 따라 시공능력평가액을 적용 받는 건설하도급의 경우에는 연간매출액이 아니라 하도급계약 체결 당시에 최근 공시된 시공능력평가액을 기준으로 합니다(하도급법 제2조 제2항 제2호 본문). 여기에도 예외는 있습니다. 만약 원사업자의 연간매출액 또는 시공능력이 너무 영세한 경우에는 설사 수급사업자의 직전연도 연간매출액보다 원사업자의 연간매출액이 더 높더라도 하도급법이 적용되지 않습니다(하도급법 제2조 제2항 제2호 단서 및 하도급법 시행령 제2조 제4항[5]).

만약 사업자가 합병, 영업양수, 상속 등을 통하여 권리의무를 포괄적으로 승계하는 경우에는 어떨까요. 이 때 권리의무를 승계한 사업자는 이전 사업자의 하도급거래에 따른 모든 권리의무를 승계한 것으로 봅니다. 따라서 그 사업자는 권리의무를 승계한 시점에서 당사자의 요건을 충족하지 않는다고 하더라도 이미 성립한 하도급거래에 따른 당사자 지위가 유지됩니다(「하도급거래공정화지침」 II.2.가.나)

2. 중소기업자에 해당하기 위한 평균매출액 등

수급사업자의 요건인 '중소기업자의 업종별 평균매출액 또는 연간매출액' 등은 아래의 표와 같습니다(중소기업기본법 시행령 제3조 제1항 제1호 및 별표 1).

---

3) 종래에는 위 기준이 포함되지 않았다가(대법원 2010. 4. 29., 선고, 2008두14296, 판결), 하도급법이 개정([시행 2010. 10. 13.] [법률 제10250호, 2010. 4. 12., 타법개정])됨으로써 포함되게 되었습니다. 다만, 중소기업 외의 기업과 합병하는 등의 사유로 중소기업에 해당하지 아니하게 된 경우에는 적용되지 않습니다.

4) 예외적으로 하도급대금의 지급과 관련하여서는 중소기업자로 의제되는 일정 규모 미만의 중견기업도 포함됩니다(하도급법 제13조 제11호).

5) 구체적인 기준은 아래와 같습니다.
1. 제조위탁·수리위탁의 경우: 연간매출액이 20(개정안 30) 억 원 미만인 중소기업자
2. 건설위탁의 경우: 시공능력평가액이 30(개정안 45) 억 원 미만인 중소기업자
3. 용역위탁의 경우: 연간매출액이 10 억 원 미만인 중소기업자

중소기업자의 업종별 평균매출액

해당 기업의 주된 업종	매출액
의복, 의복 액세서리 및 모피제품 제조업, 가죽, 가방 및 신발 제조업, 펄프, 종이 및 종이제품 제조업, 1차 금속 제조업, 전기장비 제조업, 가구 제조업	1,500 억 원 이하
농업, 임업 및 어업, 광업, 식료품 제조업, 담배 제조업, 섬유제품 제조업(의복 제조업은 제외), 목재 및 나무제품 제조업(가구 제조업은 제외), 코크스, 연탄 및 석유정제품 제조업, 화학물질 및 화학제품 제조업(의약품 제조업은 제외), 고무제품 및 플라스틱제품 제조업, 금속가공제품 제조업(기계 및 가구 제조업은 제외), 전자부품, 컴퓨터, 영상, 음향 및 통신장비 제조업, 그 밖의 기계 및 장비 제조업[6], 자동차 및 트레일러 제조업, 그 밖의 운송장비 제조업, 전기, 가스, 증기 및 공기조절 공급업, 수도업, 건설업, 도매 및 소매업	1,000 억 원 이하
음료 제조업, 인쇄 및 기록매체 복제업, 의료용 물질 및 의약품 제조업, 비금속 광물제품 제조업, 의료, 정밀, 광학기기 및 시계 제조업, 그 밖의 제품 제조업, 수도, 하수 및 폐기물 처리, 원료재생업(수도업은 제외), 운수 및 창고업, 정보통신업	800 억 원 이하
산업용 기계 및 장비 수리업, 전문, 과학 및 기술 서비스업, 사업시설관리, 사업지원 및 임대 서비스업(임대업은 제외), 보건업 및 사회복지 서비스업, 예술, 스포츠 및 여가 관련 서비스업, 수리(修理) 및 기타 개인 서비스업	600 억 원 이하
숙박 및 음식점업, 금융 및 보험업, 부동산업 임대업, 교육 서비스업	400 억 원 이하

3. 연간매출액, 시공능력평가액, 자산총액의 세부기준

공정거래위원회는 「하도급거래공정화지침」을 통해 연간매출액, 시공능력평가액, 자산총액에 대한 상세한 기준을 제시하고 있습니다. 주된 내용은 아래와 같습니다.

「하도급거래공정화지침」 중 일부

- '연간매출액'은, 사업자의 하도급계약체결시점의 직전 사업년도의 매출총액을 말합니다. 이는「주식회사의 외부 감사에 관한 법률」에 의거 작성된 감사보고서 또는 관할세무서장이 확인·발급하는 '재무제표증명원'의 손익계산서상의 매출액을 원칙으로 합니다. 그러나 불가피한 경우 '부가가치세 과세제표준 증명원'상 매출과세표준의 합계금액으로 할 수 있습니다(「하도급거래공정화지침」 Ⅱ.1.나).
- '시공능력평가액'은 사업자의 하도급계약 체결시점에 적용되는 시공능력평가액을 말하고, 수개 공종(공사의 종류)을 등록한 경우에는 위 금액을 합산합니다(「하도급거래공정화지침」 Ⅱ.1.다).
- '자산총액'은 사업자의 하도급계약 체결시점의 직전 사업년도의 자산총액을 말하고 「주식회

6) 자동차용 신품 의자 제조업, 철도 차량 부품 및 관련 장치물 제조업 중 철도 차량용 의자 제조업, 항공기용 부품 제조업 중 항공기용 의자 제조업의 규모 기준은 평균매출액등 1,500 억 원 이하로 합니다.

사의 외부감사에 관한 법률」에 의거 작성된 감사보고서 또는 관할세무서장이 확인·발급하는 '재무제표증명원'의 재무상태표상의 자산총액을 기준으로 합니다(「하도급거래공정화지침」 Ⅱ.1.라).

- 신규사업자로서 하도급계약시점의 직전년도의 자산총액, 매출액을 정할 수 없을 경우의 '자산총액'은 사업개시일 현재의 재무상태표상에 표시된 자산총액을 적용합니다. 매출액은 사업개시일부터 하도급계약체결일까지의 매출액을 1년으로 환산한 금액을 각각 적용합니다(「하도급거래공정화지침」 Ⅱ.1.마).
- 1개 사업자가 2개 이상의 업종(예: 건설, 제조)을 영위할 경우 그 사업자의 매출액, 자산총액, 상시고용종업원수를 업종별로 구분하지 않고 합산하여 산출합니다(「하도급거래공정화지침」 Ⅱ.1.바).

Solution

하도급법이 적용될 가능성이 높습니다.

원사업자와 수급사업자의 직전연도 연간매출액을 산정할 때는 하도급계약 체결 직전 사업연도의 손익계산서에 표시된 매출액을 기준으로 할 뿐이고(하도급법 시행령 제2조 제1항), 이와 달리 그 하도급거래가 이루어진 사업장에 한정하거나 유상사급과 관련된 부분을 제외할 근거는 없습니다. 유사한 사례에서도 공정거래위원회는 같은 취지로 판단했습니다(공정거래위원회 2017. 4. 12. 재결 2017협심0819 재결기각).

Ⅱ 심플한 정리법

1. 당해년도 또는 직전 연도 중에 사업을 시작한 경우

올해 사업을 시작한 원사업자로서는 직전연도의 연간매출액 또는 자산총액은 알기 어렵기 때문에 하도급법이 적용되지 않는다고 한다.

원사업자와 수급사업자의 연간매출액은 하도급계약을 체결하는 사업연도의 직전 사업연도의 손익계산서에 표시된 매출액으로 합니다. 하지만 당해년도 또는 직전 사업연도 중에 사업을 시작한 원사업자의 직전 사업연도의 매출액을 정확하게 파악하기 어렵습니다. 그렇다고 해서 하도급법 적용을 피해갈 수 있는 것은 아닙니다. 직전연도 중에 사업을 시작한 경우에는 해당기간을 직전연도 1년으로 환산한 연간매출액을 기준으로 합니다. 해당 사업연도에 사업을 시작한 경우에도 사업 시작일부터 하도급계약 체결일까지의 매출액을 1년으로 환산한 금액으로 합니다(하도급법 시행령 제2조 제1항).

연간매출액이 적용되는 경우는, 하도급계약을 체결하는 사업연도의 직전 사업연도 종료일 현재의 재무상태표에 표시된 자산총액을 기준으로 합니다. 해당 사업연도에 사업을 시작한 경우에는 사업 시작일 현재의 재무상태표에 표시된 자산총액을 기준으로 합니다(하도급법 시행령 제2조 제2항).

2. 원사업자와 수급사업자 사이에 계열회사가 있다는 주장

원사업자가 계열회사에게 위탁하였고, 계열회사가 수급사업자에게 위탁을 하였는데, 계열회사는 수급사업자보다 직접연도의 연평균매출액이 적기 때문에 하도급법이 적용되지 않는다고 한다.

위와 같이 원사업자가 하도급법 적용을 피하기 위해서 직접 수급사업자와 거래하지 않고 중간다리 역할을 하는 계열사를 끼워 넣는 경우에도 하도급법은 적용됩니다(하도급법 제2조 제4항). 위 사안에서도 하도급법이 적용되는 이상 계열회사도 원사업자에 해당합니다(같은 취지의 사안으로서 공정거래위원회 2006. 3. 10. 의결 2005부사1163, 2006부사9176 시정명령). 이때의 계열회사란 공정거래법에 따른 동일한 기업집단에 속하는 경우를 의미합니다.

그리고 공정거래위원회가 지정한 상호출자제한기업집단에 속하는 기업이 하도급 거래를 위탁한 경우에는 연평균매출액과 관계없이 그 기업은 원사업자가 되고 그와 거래한 중소기업자는 수급사업자가 됩니다. 반대로 만약 상호출자제한기업집단에 속하는 기업이 위탁 받은 경우에는 중소기업인지 여부와 관계없이 하도급법 적용이 배제됩니다(하도급법 제2조 제5항).

3. 계약상 명의자와 실제 당사자가 다르다는 주장

원사업자는 자신의 도급내역상 직접공사비 항목의 값을 합한 금액보다 낮은 가격으로 하도급대금을 결정했다. 하지만 원사업자는, 수급사업자가 건설업 무등록자에게 건설업 등록증 명의를 대여했으므로 자신과 수급사업자와의 거래는 하도급법이 적용되지 않는다고 한다.

원사업자의 주장이 맞습니다. 형식적 하도급관계와 사실상의 하도급관계가 다를 경우에는 사실상의 하도급거래를 적용대상으로 합니다. 공정거래위원회도 위 하도급 거래의 사실상의 당사자는 수급사업자가 아니라, 명의를 대여받아 공사를 수행한 무등록자이므로 하도급법상 '수급사업자 요건'을 충족하지 않아 하도급법을 적용하지 않았습니다(공정거래위원회 2018. 6. 18. 의결 2017부사1118 심의절차종료, 「하도급거래공정화지침」 Ⅲ.1.다.(10), (가), ①). 즉, 무등록자는 건설업을 하기 위하여 필수적으로 거쳐야 하는 등록을 받지 않은 상태에서 건설공사를 하였기 때문에 수급사업자로서 보호를 받지 못하는 것입니다.

4. 원사업자가 직영하기로 했다는 주장

원사업자는, 수급사업자와의 거래는 원사업자가 직영하기로 하였으므로 하도급법이 적용되지 않는다고 한다.

형식상 수급사업자와의 거래를 직영한다고 하더라도 반드시 하도급법이 배제되는 것은 아닙니다. 원사업자가 사실상의 수급사업자와 하도급관계를 맺고 있으면서 형식상으로는 원사업자가 직영하는 것으로 되어 있을 경우, 다음과 같은 추가 사실관계가 밝혀지면 하도급관계로 간주되어 하도급법이 적용됩니다.

(「하도급거래공정화지침」 Ⅲ.1.다.(10), (가))

- 수급사업자가 원사업자에 대하여 당해 공사에 관하여 계약이행을 보증한 사실 또는 담보책임을 부담한 사실이 있는 경우
- 수급사업자가 당해 공사와 관련된 인부의 산재보험료를 부담한 사실이 있는 경우
- 형식상으로는 수급사업자가 당해 공사에 전혀 관련이 없는 자로 되어 있으나 당해 공사를 시공함에 있어 공사일지, 장비가동일보, 출력일보, 유류 사용대장 등에 수급사업자의 책임하에 장비, 인부 등을 조달하여 당해 공사를 시공한 것이 확인되는 경우
- 형식상으로는 수급사업자가 원사업자의 소장으로 되어 있으나 수급사업자가 동 공사기간 중 원사업자로부터 봉급을 받은 사실이 없는 경우
- 「총포·도검·화약류 등 단속법」 등 관계법령에 따라 수급사업자가 직접 허가를 받아 시공한 경우

이것만 알자!

- 수급사업자는 중소기업자여야 한다.
- 중소기업자는 대기업으로부터 독립되고, 업종에 따른 매출액이 일정액 이하로 영리를 목적으로 해야 한다.
- 원사업자는 수급사업자보다 직전연도 연간매출액이 높아야 한다.
- 사업자가 합병, 영업양수 등을 통해 권리의무를 승계하면 승계 이후에 당사자 요건이 충족되지 않아도 이미 성립된 하도급거래의 지위는 유지된다.

제2절 하도급법은 어떤 거래에 적용되는지? (§2)

CASE

컴퓨터 주변기기 도매업을 하는 수급사업자는 컴퓨터 관련 물품 판매업을 하는 원사업자로부터 주문자 상표부착(OEM) 컴퓨터 모니터 납품을 의뢰받았습니다. 수급사업자는 별도로 구매한 모니터와 그에 따른 포장용 박스를 별도로 제작하여 원사업자의 로고와 상호를 인쇄하여 납품하였는데, 원사업자가 부당하게 반품을 하고 있습니다. 수급사업자는 원사업자에게 하도급법 위반이라고 항의했습니다. 하지만 원사업자는 수급사업자가 납품한 모니터에 인쇄된 원사업자의 로고와 상호를 약품으로 제거해서 다른 곳에 판매할 수 있으므로 하도급법이 적용되는 제조위탁 거래가 아니라고 합니다.

I 억울할 때 읽어 보는 하도급법

1. 하도급법이 적용되는 거래는?

통상적인 의미에서 '하도급거래'는 원사업자가 다른 사업자로부터 위탁받은 것을 수급사업자에게 다시 위탁하는 경우를 말합니다. 건설산업기본법 제2조 제12호도 "하도급이란, 도급받은 건설공사 전부 또는 일부를 다시 도급하기 위하여 수급인이 제3자와 체결하는 계약을 말한다."라고 하여, 이와 같이 통상적인 경우를 의미한다고 규정하고 있습니다.

그러나 하도급법은 위와 같이 통상적으로 '하도급거래'라고 부르는 경우뿐만 아니라 원사업자가 수급사업자에게 '직접' 제조위탁·수리위탁 또는 건설위탁을 하는 경우도 '하도급거래'로 규정하여 하도급법을 적용하도록 정하고 있습니다(하도급법 제2조 제1항). 따라서 하도급법은 그 명칭과 달리 일반적으로 흔히 말하는 하도급관계뿐만 아니라 원도급관계도 규제하고 있습니다.[7]

7) 하도급법 제2조 제2항에 의하면, 하도급법의 적용 범위는 하도급관계냐 아니냐에 따르는 것이 아니라 원사업자의 규모에 의하여 결정된다는 점을 알 수 있다(대법원 2003. 5. 16. 선고 2001다27470 판결).

제2조(정의) ① 이 법에서 "하도급거래"란 원사업자가 수급사업자에게 제조위탁(가공위탁을 포함한다. 이하 같다)·수리위탁·건설위탁 또는 용역위탁을 하거나 원사업자가 다른 사업자로부터 제조위탁·수리위탁·건설위탁 또는 용역위탁을 받은 것을 수급사업자에게 다시 위탁한 경우, 그 위탁(이하 "제조등의 위탁"이라 한다)을 받은 수급사업자가 위탁받은 것(이하 "목적물등"이라 한다)을 제조·수리·시공하거나 용역수행하여 원사업자에게 납품·인도 또는 제공(이하 "납품등"이라 한다)하고 그 대가(이하 "하도급대금"이라 한다)를 받는 행위를 말한다.

2. 하도급법이 적용되는 위탁거래 유형은?

하도급법은 원사업자와 수급사업자 사이에 모든 유형의 거래에 적용되는 것은 아닙니다. 하도급법은, 원사업자가 우월한 지위를 남용할 여지가 많은 몇 가지 분야(제조위탁·수리위탁·건설위탁·용역위탁)에만 적용되고 그것을 '하도급거래'라고 합니다(하도급법 제2조 제1항).

여기서 '위탁'이란, 규격 또는 성능·품질 등을 지정하여 제품·부품·금형 등의 제작을 주문하는 경우를 생각하면 됩니다. 따라서 자기가 소비할 목적으로 단순히 일반사무용품을 구매하는 경우는 '위탁'에 해당하지 않습니다. 한편, 거래관행상 시방서 등 성능·품질·규격을 지정한 주문서가 없더라도 지정된 시간과 장소에 납품하도록 제조를 의뢰하는 경우는 '위탁'에 해당할 수 있습니다. 레미콘이나 아스콘의 제작을 위탁하는 경우가 여기에 해당합니다(「하도급거래공정화지침」 Ⅲ.3.가.). 각 위탁 유형에 대한 구체적인 설명은 다음 파트에서 자세히 하겠습니다.

한편, 하도급법이 적용되기 위해서는 제조등의 위탁을 '업으로' 해야 합니다. 여기서 '업으로' 한다는 의미는 그 명칭이나 명목 여하에 상관없이 실질적으로 일정한 행위를 계속하여 반복할 의사로 영위하는 것을 말합니다.[8] 관련 법령에 따라 등록 또는 신고를 마친 사업자에 국한되는 것은 아니고 일정기간 계속 반복적으로 그러한 행위를 수행하는 경우도 포함되지만, 단순히 잠재적 능력을 가지고 있는 것만으로는 '업으로' 한다고 볼 수 없을 것입니다.[9]

8) 대법원 2012. 7. 12. 선고 2012도4390 판결, 헌법재판소 2013. 12. 26. 2012헌바35 결정 등
9) 공정거래위원회 2017. 12. 12. 재결 2017협심2589

이것만 알자!

- 하도급법은 그 명칭과 달리 일반적으로 흔히 말하는 하도급관계뿐만 아니라 원도급관계도 규율하고 있다.
- 모든 하도급거래에 하도급법이 적용되는 것은 아니다. 제조위탁·수리위탁·건설위탁·용역위탁의 경우에만 하도급법이 적용된다
- 그리고 원사업자와 수급사업자는 이런 제조위탁·수리위탁·건설위탁·용역위탁을 '업으로' 수행해야 하도급법이 적용된다. 일부 예외는 있다.

II 심플한 정리법

1. 제조위탁

제조위탁은, 물품의 제조·판매·수리·건설을 위탁하는 것을 말합니다(하도급법 제2조 제6항). 여기서 물품은 동산을 의미하고 부동산은 포함되지 않습니다. 따라서 건물의 수리를 맡기는 것은 '물품의 수리를 위탁하는 것'에는 포함되지 않고 '건설을 위탁하는 것'에는 해당될 수 있습니다.

「제조위탁의 대상이 되는 물품의 범위 고시」에 따른 보다 구체적인 범위는 아래와 같습니다.

「제조위탁의 대상이 되는 물품의 범위 고시」[10)]

<table>
<tr><td rowspan="8">제조위탁</td><td rowspan="5">물품의 범위</td><td>제조, 수리, 판매의 대상이 되는 완제품(당해 물품의 생산을 위한 기계·설비는 제외)</td></tr>
<tr><td>물품의 제조·수리과정에서 투입되는 중간재로서 규격 또는 품질 등을 지정하여 주문한 원자재(대량생산품목으로 샘플 등에 의해 단순 주문한 것은 제외)</td></tr>
<tr><td>부품, 반제, 물품의 제조를 위한 금형, 사형, 목형등,</td></tr>
<tr><td>물품의 구성에 부수되는 포장용기, 라벨, 견본품, 사용안내서등</td></tr>
<tr><td>물품의 제조·수리를 위한 도장, 도금, 주조, 단조, 조립, 염색, 봉제 등 (임)가공</td></tr>
<tr><td rowspan="3">건설을 업으로 하는 경우</td><td>건설공사에 소요되는 자재, 부품 또는 시설물로서 규격 또는 성능등을 지정한 도면, 설계도, 시방서등에 따라 주문 제작한 것(가드레일, 표지판, 밸브, 갑문, 엘리베이터 등)</td></tr>
<tr><td>건설공사에 투입되는 자재로서 거래관행상 별도의 시방서등의 첨부없이 규격 또는 품질 등을 지정하여 주문한 것(레미콘, 아스콘 등)</td></tr>
<tr><td>건축공사에 설치되는 부속시설물로서 규격 등을 지정한 도면, 시방서 및 사양서 등에 의하여 주문한 것(신발장, 거실장, 창틀등)</td></tr>
</table>

10) [시행 2015. 10. 23.] [공정거래위원회 고시 제2015-15호, 2015. 10. 23. 일부개정]

2. 수리위탁

'수리위탁'이란 사업자가 주문을 받아 물품을 수리하는 행위의 전부 또는 일부를 다른 사업자에게 위탁하는 경우와 사업자가 자기가 사용하는 물품을 스스로 수리하는 행위의 전부 또는 일부를 다른 사업자에게 위탁하는 경우를 모두 포함합니다(하도급법 제2조 제8항). 특히 후자의 경우는, 자사의 공장에서 사용하고 있는 기계 등의 수리를 사내에서 행하면서 그 수리의 일부를 다른 사업자에게 맡기는 경우 등을 의미합니다.

3. 건설위탁

'건설위탁'이란 건설업자 등의 사업자가 건설공사의 전부 또는 일부를 다른 건설업자 등에게 위탁하는 경우를 말합니다(하도급법 제2조 제9항). 이때 건설공사를 '업으로' 해야 하기 때문에, 원칙적으로 건설업자가 건설업자에게 위탁하는 경우에 하도급법이 적용됩니다. 다만, 예외적으로 '경미한 공사'를 위탁하는 경우에는 건설업자가 일반사업자에게 위탁하는 경우에도 하도급법이 적용될 수 있습니다.

경미한 공사의 경우를 제외하고 원사업자의 업무와 동일한 업종 내에서 수급사업자에게 위탁되어야 하고(대법원 2003. 5. 16. 선고 2001다27470 판결), 다른 업종 내에서 위탁되는 경우에는 하도급법이 적용되지 않습니다. 따라서 토공사업에만 등록한 전문건설업자가 미장공사업에 등록한 전문건설업자에게 미장공사를 시공의뢰 한 경우에는 건설위탁으로 보지 않습니다. 마찬가지로 전기공사업 등록증을 소지하지 아니한 일반건설업자가 전기공사가 주인 공사를 전기공사업 등록증을 소지한 사업자에게 전기공사를 시공하도록 의뢰한 경우도 '건설위탁'으로 보지 않습니다. 다만, 건설업자가 시공자격이 없는 공종을 부대공사로 도급 받아 시공자격이 있는 다른 건설업자에게 위탁한 경우에는 '건설위탁'이 될 수 있습니다(「하도급거래공정화지침」 Ⅲ.1.다).

또한 건설업을 영위하는 사업자가 아파트신축공사 등 건설공사를 자기가 발주하여 다른 건설업자에게 공사의 전부 또는 일부를 위탁하는 경우와 같이 자체 발주공사의 건설위탁도 하도급법 적용대상에 해당합니다.

그리고 형식적 하도급관계와 사실상의 하도급관계가 다를 경우에는 사실상의 하도급거래를 기준으로 하도급법 위반 여부를 판단해야 합니다. 즉 원사업자(A)가 사실상의 수급사업자(B)와 하도급관계를 맺고 있으면서 형식상으로는 A가 직영하는 것으로 되어 있는 경우 A와 B 사이에 하도급관계가 있는 것으로 봅니다.

한편, 사업자가 건설업자 요건 등을 충족하지 않은 상태에서 거래를 하다가 이후 해당 요건을 충족한 경우에는 새로운 하도급계약(변경 포함)분부터 하도급법의 당사자가 될 수 있습니다(「하도급거래공정화지침」 Ⅲ.1.다).

4. 용역위탁

"용역위탁"이란 지식·정보성과물의 작성 또는 역무(役務)의 공급을 업으로 하는 용역업자가 그 업에 따른 용역수행행위의 전부 또는 일부를 다른 용역업자에게 위탁하는 것을 말하고(하도급법 제2조 제8항), 구체적인 지식·정보성과물과 역무의 내용은 아래와 같습니다. 쉽게 말해 대부분의 창작물과 서비스가 포함된다고 보시면 됩니다.

지식·정보성과물, 역무의 범위

지식·정보성과물	역무
하도급법 제2조 제12항 제4호	하도급법 제2조 제13항 제5호
1. 정보프로그램(「소프트웨어산업 진흥법」 제2조 제1호에 따른 소프트웨어, 특정한 결과를 얻기 위하여 컴퓨터·전자계산기 등 정보처리 능력을 가진 장치에 내재된 일련의 지시·명령으로 조합된 것을 말한다) 2. 영화, 방송프로그램, 그 밖에 영상·음성 또는 음향으로 구성되는 성과물 3. 문자·도형·기호의 결합 또는 문자·도형·기호와 색채의 결합으로 구성되는 성과물(「건축사법」 제2조 제3호에 따른 설계 및 「엔지니어링산업 진흥법」 제2조 제1호에 따른 엔지니어링활동 중 설계를 포함한다)	1. 「엔지니어링산업 진흥법」 제2조 제1호에 따른 엔지니어링활동(설계는 제외한다) 2. 「화물자동차 운수사업법」에 따라 화물자동차를 이용하여 화물을 운송 또는 주선하는 활동 3. 「건축법」에 따라 건축물을 유지·관리하는 활동 4. 「경비업법」에 따라 시설·장소·물건 등에 대한 위험발생 등을 방지하거나 사람의 생명 또는 신체에 대한 위해(危害)의 발생을 방지하고 그 신변을 보호하기 위하여 하는 활동
용역위탁 중 지식·정보성과물의 범위 고시	용역위탁 중 역무의 범위 고시
1. 정보프로그램 작성을 업으로 하는 사업자가 다른 사업자에게 아래와 같은 성과물의 작성	1. 「물류정책 기본법」 제2조 제2호 규정에 의한 물류사업을 업으로 하는 사업자가 다른 물류업자에

지식·정보성과물	역무
을 위탁하는 경우 가. 「소프트웨어산업 진흥법」 제2조 제1호 규정에 의한 소프트웨어(패키지 소프트웨어(게임소프트웨어 포함), 임베디드 소프트웨어의 개발·공급 및 특정고객의 주문에 의하여 주문형 소프트웨어를 개발·공급(데이터베이스 및 웹사이트의 개발·공급을 포함한다) 및 상용소프트웨어 구매를 수반한 소프트웨어 설계·개발을 포함한다), 소프트웨어 개발을 위한 제안서·마스터플랜, 시스템 구축 관련 설계(하드웨어, 소프트웨어, 네트워크 등), 시스템개발(하드웨어, 소프트웨어, 네트워크 설치 등 및 상용소프트웨어 구매를 수반한 시스템개발을 포함한다) 나. 「저작권법」 제2조 제16호 규정에 의한 컴퓨터프로그램저작물 2. 영화, 방송프로그램, 그 밖에 영상·음성 또는 음향에 의하여 구성되어 지는 성과물의 작성 등을 업으로 하는 사업자가 다른 사업자에게 아래와 같은 성과물의 기획·편성·제작 등을 위탁하는 경우 가. 「영화 및 비디오물의 진흥에 관한 법률」 제2조 제1호 규정에 의한 영화 및 동법 제2조 제12호 규정에 의한 비디오물(컴퓨터프로그램에 의한 것을 포함한다) 나. 「게임산업진흥에 관한 법률」제2조 제1호 규정에 의한 게임물 다. 「방송법」제2조 제17호 규정에 의한 방송프로그램(텔레비전방송, 라디오방송, 데이터방송, 이동멀티미디어방송, 「인터넷 멀티미디어 방송사업법」제2조 제1호에 따른 인터넷멀티미디어방송을 포함한다)] 라. 「음악산업진흥에 관한 법률」제2조 제3호 규정에 의한 음원, 동법 제2조 제4호 규정에 의한 음반, 동법 제2조 제5호 규정에 의한 음악파일, 동법 제2조 제6호 규정에 의한 음악영상물, 동법 제2조 제7호 규정에 의한 음악영상파일 마. TV, 홍보영상, 라디오, 신문, 잡지, 온라인 광고 등의 광고제작·편집물 (콘티, 썸네일 등의 작업 및 편집, 음향 등 후반작업(Post Production)을 포함한다)	게 아래와 같은 활동을 위탁하는 경우 가. 「물류정책 기본법」 제2조 제2호 규정에 의한 화물운송업, 물류시설 운영업, 물류서비스업의 활동 나. 「항만운송 사업법」 제2조 제1항 규정에 의한 항만운송 및 제2조 제4항의 규정에 의한 항만용역업·물품공급업·선박급유업(船舶給油業) 및 컨테이너수리업의 활동 2. 「건축물분양에 관한 법률」 제2조 제3호에 따른 분양사업자가 다른 사업자에게 분양업무 활동을 위탁하는 경우 3. 「건축법」 제2조 제1항 제16호의2 규정에 의한 건축물(주거용, 비주거용, 사업시설을 포함한다)의 유지·관리를 업으로 하는 사업자가 다른 사업자에게 아래와 같은 활동을 위탁하는 경우 가. 청소, 폐기물의 수집 및 처리, 운반 등의 활동을 위탁하는 경우 나. 조경 관리 및 유지 서비스 활동 (조경수 및 관목의 보호를 위한 활동을 포함한다) 4. 「소프트웨어산업 진흥법」 제2조 제4호에 따른 소프트웨어사업자가 다른 사업자에게 아래와 같은 활동을 위탁하는 경우 가. 수요자의 요구에 의하여 컨설팅, 요구분석, 시스템통합 시험 및 설치, 일정기간 시스템의 운영 및 유지보수(소프트웨어산업진흥법 제2조 제1항 제1호에 의한 정보프로그램(상용소프트웨어를 포함한다)의 운영 및 유지·보수 활동을 포함한다) 등의 활동 나. 전산자료처리, 호스팅 및 관련서비스, 포털 및 기타 인터넷 정보매개 서비스 또는 컴퓨터의 기억장치에 데이터를 저장하거나 이를 검색 또는 제공하는 등의 활동 5. 광고를 업으로 하는 사업자가 다른 사업자에게 아래와 같은 활동을 위탁하는 경우 가. 광고와 관련된 판촉, 행사, 조사, 컨설팅, (사진)촬영 등의 활동 나. 광고와 관련된 편집, 현상, 녹음, 촬영 등의 활동 다. 전시 및 행사와 관련된 조사, 기획, 설계, 구성 등의 활동 6. 「공연법」 제2조 제1호 규정에 의한 공연 또는 공

지식·정보성과물	역무
	연의 기획을 업으로 하는 사업자가 다른 사업자에게 편집, 현상, 녹음, 촬영, 음향, 조명, 미술 등의 위탁을 하는 활동 7. 다음 각 호에 해당하는 활동을 업으로 하는 사업자가 다른 사업자에게 측량, 지질조사 및 탐사 등의 활동을 위탁하는 경우 가. 「건축사법」 제2조 제3호에 따른 설계 나. 「엔지니어산업진흥법」 제2조 제1호에 따른 엔지니어링활동 중 설계 다. 측량, 지질조사 및 탐사, 지도제작 8. 이상에서 열거한 역무의 공급을 위탁받은 사업자가 위탁받은 역무의 전부 또는 일부를 다른 사업자에게 위탁하는 행위

Ⅲ 억울할 때 찾아보는 구체적인 사례들

1. 수급사업자를 위한 사례

1) 서울고등법원 2018. 1. 11. 선고 2017누64523 판결 (시정명령등취소, 심리불속행기각)

범용이 가능한 펌웨어[Firmware]를 기반으로 한 음성펜이라고 하더라도 원사업자가 의뢰한 소프트웨어가 탑재되고 원사업자의 상표를 제품 겉면에 인쇄하도록 위탁하여 제작되고 공급된 것이라면, 반제품에 일부 공정을 추가하여 완제품을 만들어 낸 가공위탁으로서 '제조위탁'에 해당한다.

2) 서울고등법원 2008. 6. 18. 선고 2008누3816 판결 (시정명령등취소, 심리불속행기각)

원사업자가 수급사업자에게 점퍼, 자켓을 주문 생산하기로 하고 자신이 선택한 샘플을 기준으로 색상, 크기, 수량, 사용 원·부자재의 종류, 치수, 제작방법 등을 수급사업자에게 구체적으로 지시하는 방법으로 제조를 위탁한 경우에는 제조위탁으로서 하도급법 적용대상에 해당한다.[11)]

3) 서울고등법원 2007. 7. 16. 선고 2007누31661 판결 (시정명령등 처분취소, 상고하지 않아 확정)

원사업자가 수급사업자에게 미리 샘플을 제시하거나 수급사업자가 샘플을 만들어 원사업자로부터 제품공급에 대한 사전승낙을 받는 방법으로 원사업자가 색상과 강도를 미리 지정한 점, 원사업자가 물품을 공급받지 않으면 다른 업체가 물품의 색상과 강도 등에 만족하여 이를 구입하지 않는 한 수급사업자로서는 다른 업체의 요구에 맞추어 색상이나 강도 등을 일부 변형하여 판매할 수밖에 없는 점에 비추어 볼 때, '제조위탁'에 해당한다.

11) 원사업자는 수급사업자가가 생산하는 각종 제품의 샘플 중에서 원사업자가 필요로 하는 일정 제품을 선택하여 구입한 것이고, 수급사업자가 원·부자재 구입, 생산관리, 검사, 운송, 납품 등 생산의 전 과정을 담당하여 완제품을 생산, 공급하였으므로, 원사업자와 수급사업자의 거래는 하도급법의 적용대상 거래가 아니라고 주장했습니다만 받아들여지지 않았습니다.

4) 서울고등법원 2006. 11. 9. 선고 2006누2420 판결 (시정명령등취소, 상고기각)

일반건설업자로서 토목건축공사업의 면허를 소지한 원사업자는 토목공사업과 건축공사업의 업무내용에 속한 공사를 모두 시공할 수 있으므로 전문건설업자에게 구조물의 설치 및 해체공사를 위탁한 경우에는 '건설위탁'에 해당한다.

5) 서울고등법원 2004. 7. 15. 선고 2003누5602 판결 (시정명령취소, 상고기각)

의류 제조업자가 원단의 규격 또는 품질 등을 지정하여 그 제조를 위탁하는 경우에는 그 원단이 대량생산품목으로 샘플 등에 의해 단순 주문한 것이라거나, 제조위탁을 받은 자가 위탁 받은 목적물을 제3자에게 제조위탁하지 않고 단순구매하여 납품한 것이라는 등의 특별한 사정이 없는 한 '제조위탁'에 해당한다.

6) 서울고등법원 2001. 5. 10. 선고 2000누11910 판결 (불공정하도급거래행위행정처분취소, 상고하지 않아 확정)

수급사업자가 '폐기물 매립장 침출수 방지용 차수벽 설치공법'이라는 신기술을 보유하고 있고 그 신기술의 사용을 승인할 위치에 있다고 하더라도 그 신기술을 사용하도록 하도급거래는 '건설위탁'에 해당한다.

2. 원사업자를 위한 사례

1) 서울고등법원 2018. 12. 19. 선고 2018누52756 판결 (시정명령 및 과징금납부명령취소, 심리불속행기각)

① 레미콘 구매거래는 제조위탁 중 거래관행상 시방서 등 성능, 품질, 규격 등을 지정한 주문서가 없더라도 지정된 시간과 장소에 납품하도록 제조를 위탁하는 것으로서 레미콘에 대한 공급에 해당하므로 제조위탁에 해당하지만, ② 철근 구매거래는, 원사업자가 견적서 및 구매계약서에 첨부된 명세서에 기하여 철근을 주문하였는데, 각 문서에는 철근의 품명 등이 명시되어 있고, 철근의 품명과 규격이 적시 되어 있는 반면 이보다 더 상세하고 특화된 사양서, 도면, 시방서 또는 이에 준하는 문서에 의하여 주문이 이루어진 것으로는 보이지 않으므로 제조위탁에 해당하지 않는다.[12]

12) 원사업자는 레미콘 구매거래와 철근 구매거래가 제조위탁에 해당하지 않는다고 주장하였지만, 법원은 레미콘 구매거래는 제조위탁에 해당하고 철근 구매거래는 제조위탁에 해당하지 않는다고 판단했습니다.

2) 서울고등법원 2018. 12. 5. 선고 2018누38378 판결 (시정명령취소, 심리불속행기각)

원사업자가 수급사업자로부터 범용으로 판매하는 여러 규격의 수리장비 제품의 카탈로그를 제공받아 그 중 필요한 제품을 선택하여 구매한 것의 실질은 '구매계약'에 불과하며 제조위탁으로 볼 수 없기 때문에 하도급법이 적용되지 않는다.

3) 서울고등법원 2000. 12. 5. 선고 2003두3797 판결 (공정거래위원회의결취소)

건설업법상 건설업자가 전기공사를 함께 발주 받아 전기공사업자에게 위탁하는 것은 불가능하므로 건설업자가 그 건설공사와 관련된 전기공사를 전기공사업자에게 도급주는 것은 하도급법상의 '건설위탁'에 해당하지 않는다.

Solution

하도급법이 적용될 가능성이 높습니다.

수급사업자가 납품한 모니터에 인쇄된 원사업자의 로고는 실크인쇄한 것으로 쉽게 제거할 수 없습니다. 비록 약품 등으로는 제거할 수 있지만 상품가치가 손상될 가능성이 높습니다. 위 거래는 단순한 모니터 등의 매매거래가 아닌 원사업자를 위한 '제조위탁'에 해당하고, 하도급법이 적용되어서 수급사업자는 하도급법 위반을 주장할 수 있을 것입니다.

대법원 2002. 4. 12. 선고 2001누3655 판결과 서울고등법원 2007. 7. 16. 선고 2007누31661 판결도 마찬가지로 판시했습니다.

제5장

공정거래위원회의 사건 처리

제5장
공정거래위원회의 사건 처리

제1절 사건 처리 절차

I 하도급법 위반행위에 대한 신고 (§22)

하도급법 위반행위에 대하여는 수급사업자 뿐만 아니라 누구든지 공정거래위원회에 신고할 수 있습니다(하도급법 제22조 제1항 전단).[1] 물론 공정거래위원회는 그러한 신고가 없어도 필요한 조사를 할 수 있습니다(하도급법 제22조 제2항).

또한 공정거래위원회는 신고자가 동의하면 원사업자에게 신고가 접수된 사실을 통지해야 합니다(하도급법 제22조 제1항 후단). 공정거래위원회가 원사업자에게 통지를 하면, 민법 제174조에 따른 최고가 있는 것으로 봅니다(하도급법 제22조 제3항). 수급사업자가 하도급대금을 받지 못했다고 하더라도 원사업자에 대한 통지 이후 6월 이내에 소 제기, 압류 또는 가압류, 가처분 등을 하게 되면 통지 시에 시효중단의 효력이 발생한다는 것을 의미합니다. 따라서 위와 같은 후속조치가 없다면 시효는 중단되지 않습니다. 다만 신고가 하도급법의 적용대상이 아니거나, 거래가 끝난 후 3년(기술자료 제공 요구 금지의 경우 7년, 이하 같음)이 경과하거나, 무혐의 또는 신고가 취하된 경우에는 그러한 효력에 주어지지 않습니다(하도급법 제22조 제3항).

1) 하도급위반행위에 대한 신고는 공정거래위원회 홈페이지의 온라인 사건신청(https://case.ftc.go.kr/main.do)을 통해 가능합니다.

법 제22조(위반행위의 신고 등) ① 누구든지 이 법에 위반되는 사실이 있다고 인정할 때에는 그 사실을 공정거래위원회에 신고할 수 있다. 이 경우 공정거래위원회는 대통령령으로 정하는 바에 따라 신고자가 동의한 경우에는 원사업자에게 신고가 접수된 사실을 통지하여야 한다.
② 공정거래위원회는 제1항 전단에 따른 신고가 있거나 이 법에 위반되는 사실이 있다고 인정할 때에는 필요한 조사를 할 수 있다.
③ 제1항 후단에 따라 공정거래위원회가 원사업자에게 통지한 때에는 「민법」 제174조에 따른 최고(催告)가 있은 것으로 본다. 다만, 신고된 사실이 이 법의 적용대상이 아니거나 제23조제1항 본문에 따른 조사대상 거래의 제한 기한을 경과하여 공정거래위원회가 심의절차를 진행하지 아니하기로 한 경우, 신고된 사실에 대하여 공정거래위원회가 무혐의로 조치한 경우 또는 신고인이 신고를 취하한 경우에는 그러하지 아니하다.
④ 공정거래위원회는 다음 각 호의 구분에 따른 기간이 경과한 경우에는 이 법 위반행위에 대하여 제25조제1항에 따른 시정조치를 명하거나 제25조의3에 따른 과징금을 부과하지 아니한다. 다만, 법원의 판결에 따라 시정조치 또는 과징금 부과처분이 취소된 경우로서 그 판결이유에 따라 새로운 처분을 하는 경우에는 그러하지 아니하다.
1. 공정거래위원회가 이 법 위반행위에 대하여 제1항 전단에 따른 신고를 받고 제2항에 따라 조사를 개시한 경우: 신고일부터 3년
2. 제1호 외의 경우로서 공정거래위원회가 이 법 위반행위에 대하여제2항에 따라 조사를 개시한 경우: 조사개시일부터 3년

⑤ 공정거래위원회는 제4조, 제8조제1항, 제10조, 제11조제1항 · 제2항 또는 제12조의3제3항을 위반한 행위를 신고하거나 제보하고 그 위반행위를 입증할 수 있는 증거자료를 제출한 자에게 예산의 범위에서 포상금을 지급할 수 있다.
⑥ 제5항에 따른 포상금 지급대상자의 범위 및 포상금 지급의 기준 · 절차 등에 필요한 사항은 대통령령으로 정한다.
⑦ 공정거래위원회는 제5항에 따라 포상금을 지급한 후 다음 각 호의 어느 하나에 해당하는 사실이 발견된 경우에는 해당 포상금을 지급받은 자에게 반환할 금액을 통지하여야 하고, 해당 포상금을 지급받은 자는 그 통지를 받은 날부터 30일 이내에 이를 납부하여야 한다.
1. 위법 또는 부당한 방법의 증거수집, 거짓신고, 거짓진술, 증거위조 등 부정한 방법으로 포상금을 지급받은 경우
2. 동일한 원인으로 다른 법령에 따라 포상금 등을 지급받은 경우
3. 그 밖에 착오 등의 사유로 포상금이 잘못 지급된 경우

⑧ 공정거래위원회는 제7항에 따라 포상금을 반환하여야 할 자가 납부 기한까지 그 금액을 납부하지 아니한 때에는 국세 체납처분의 예에 따라 징수할 수 있다.

Ⅱ 공정거래위원회의 서면실태 조사 (§22의2)

공정거래위원회는 하도급거래가 공정하게 이루어지는지를 감독하기 위하여 매년 원사업자와 수급사업자들을 상대로 서면실태조사를 실시하여, 그 결과를 공표하고 있습니다. 또한 공정거래위원회는 이러한 서면실태조사를 토대로 법 위반 혐의가 있는 경우에는 현장 직권조사도 실시하고 있습니다.

이때 공정거래위원회는 이 경우 조사대상자에게 하도급거래 실태 등 조사에 필요한 자료의 제출을 요구할 수 있습니다. 원사업자가 공정거래위원회의 위와 같은 요구에 대하여 자료를 제출하지 아니하거나 거짓으로 자료를 제출하면 500만 원 이하의 과태료가 부과됩니다(하도급법 제30조의2 제4항).

또한 서면실태조사의 정확성과 실효성을 제고하기 위하여, 원사업자가 수급사업자로 하여금 공정거래위원회의 자료제출 요구에 대하여 자료를 제출하지 아니하게 하거나 거짓 자료를 제출하도록 요구하면 안 됩니다(하도급법 제22조의2 제4항[2]). 이를 위반할 경우 원사업자에게 5000만 원 이하, 그 원사업자의 임원, 종업원, 이해관계인에게는 500만 원 이하의 과태료가 부과될 수 있습니다(하도급법 제30조의2 제3항).[3]

2) 하도급법 [시행 2018. 10. 18.] [법률 제15612호, 2018. 4. 17., 일부개정]

3) 이와 별개로 형사상 업무방해죄등이 성립될 수도 있습니다.

Ⅲ 조사대상의 제한 (§23)

조사개시 대상이 되는 하도급거래는, 그 거래가 끝난 날부터 3년이 지나지 아니한 것으로 한정됩니다. 하지만 예외적으로 거래가 끝난 날부터 3년 이내에 ① 신고된 경우, ② 조정 요청된 경우(원사업자 또는 수급사업자에 의하여 분쟁조정이 요청된 경우)에는, 거래가 끝난 날로부터 3년이 경과하였어도, 공정거래위원회가 조사를 개시할 수 있습니다(하도급법 제23조 제1항 단서). 각 하도급거래의 종류별로 '거래가 끝난 날'의 의미는 다음과 같습니다(하도급법 제23조 제2항).

하도급거래의 종류	거래가 끝난 날
제조위탁, 수리위탁, 용역위탁 중 지식, 정보성과물의 작성위탁	목적물을 납품, 인도한 날
용역위탁 중 역무의 공급위탁	역무공급을 완료한 날
건설위탁	공사가 완공된 날
하도급계약의 중도해지, 중지	하도급계약이 해지 또는 중지된 날

그런데 하도급법은 기술자료 요구·유용행위(제12조의3 제3항)에 한하여 조사 시효를 현행 '거래종료 후 3년'에서 '거래종료 후 7년'으로 개정되었습니다(하도급법 제23조 제1항[4]). 원사업자의 부당한 기술자료 요구 및 유용으로부터 수급사업자를 장기간 동안 보호하려는 취지입니다.

위 개정규정의 부칙은 개정규정의 시행일인 2018. 4. 17. 당시 거래가 끝난 날부터 3년이 경과하지 아니한 하도급거래부터 적용하는 것으로 규정했습니다(부칙 제3조). 예를 들어 하도급거래가 2016. 4. 19.에 있었다면 위 개정규정이 적용되어 아직 조사시효가 종료되지 않은 것입니다.

4) 하도급법 [시행 2018. 4. 17.] [법률 제15612호, 2018. 4. 17., 일부개정]

Ⅳ 하도급분쟁조정협의회(§24)의 분쟁 조정

하도급법은 분쟁의 신속하고 자율적인 해결 등을 도모하기 위하여 한국공정거래조정원에 하도급분쟁조정협의회를 설치하도록 하고, 사업자단체[5] 역시 공정거래위원회의 승인을 얻어 협의회를 설치할 수 있도록 하고 있습니다(하도급법 제24조 제1항, 제2항).

원사업자, 수급사업자, 중소기업협동조합은 위 협의회에 하도급거래의 분쟁에 대하여 조정을 신청할 수 있습니다(하도급법 제24조의4 제1항).[6] 협의회는 분쟁당사자로부터 위와 같이 조정요청을 받은 때에는 이를 공정거래위원회에 보고해야 합니다(같은 조 제3항).

분쟁당사자가 하도급분쟁조정협의회에 조정의 신청을 하는 경우에도 시효중단의 효력이 인정됩니다(하도급법 제24조의4 제4항[7] 본문). 조정신청으로 인하여 중단된 시효는, ① 조정이 성립되어 조정조서를 작성하거나, ② 조정이 성립되지 아니하고 조정절차가 종료된 때에, 새로이 진행됩니다(같은 조 제5항). 다만 조정 신청이 부적법하여 각하[8]되거나 신청인이 신청을 취하한 경우에는 시효중단의 효력이 없습니다(같은 조 제4항 단서). 그러나 이러한 경우라도 각하되거나 취하한 때로부터 6개월 이내에 소제기, 압류 또는 가압류, 가처분을 한다면, 시효는 최초의 분쟁조정의 신청 당시부터 중단됩니다(같은 조 제6항).

또한 공정거래위원회도 원사업자와 수급사업자 간의 하도급거래의 분쟁에 대하여 협의회에 그 조정을 의뢰할 수 있습니다(같은 조 제2항). 협의회가 분쟁당사자로부터 분쟁조정을 신청받은 때에는 지체 없이 그 내용을 공정거래위원회에 보고해야 합니다(같은 조 제3항).

5) 현재 한국공정거래조정원, 중소기업중앙회, 건설협회 및 전문건설협회(공동설치), 한국소프트웨어산업협회, 한국정보통신공사협회 등에서 하도급분쟁조정협의회를 설치·운용하고 있습니다.

6) 분쟁당사자가 각각 다른 협의회에 분쟁조정을 신청했다면, 수급사업자 또는 조합이 분쟁조정을 신청한 협의회가 이를 담당합니다(하도급법 제24조의 4 제1항 후단).

7) 하도급법[시행 2018. 7. 17.] [법률 제15362호, 2018. 1. 16., 일부개정]

8) 여기서 조정신청이 부적법하여 각하되는 경우란 ① 조정신청의 내용과 직접적인 이해관계가 없는 자가 조정신청을 한 경우, ② 하도급법 적용대상이 아닌 사안에 관하여 조정신청을 한 경우, ③ 조정신청이 있기 전에 공정거래위원회가 하도급법 제22조 제2항에 따라 조사를 개시한 사건에 대하여 조정신청을 한 경우를 말합니다(하도급법 제24조의5 제3항).

그러나 ① 분쟁당사자가 협의회의 권고나 조정안을 수락하거나 스스로 조정하는 등 조정이 성립되는 경우, ② 하도급법 제24조의4 제1항에 따른 조정의 신청을 받은 날 또는 같은 조 제2항에 따른 의뢰를 받은 날로부터 60일[9]이 경과하여도 조정이 성립되지 아니하는 경우, ③ 분쟁당사자 일방이 조정을 거부하거나 해당 분쟁조정사항에 대하여 법원에 소를 제기하는 등으로 조정절차를 진행할 실익이 없는 경우, 협의회는 조정절차를 종료해야 합니다(하도급법 제24조의5 제4항).

공정거래위원회는 분쟁조정사항에 대하여 조정절차가 종료될 때까지 원사업자에게 시정명령이나 시정권고를 할 수 없습니다. 다만 공정거래위원회가 이미 조사 중이었던 사건에 대하여는 시정명령 등을 할 수 있습니다(하도급법 제24조의5 제6항).

조정이 성립된 경우 협의회는 조정조서를 작성합니다(하도급법 제24조의6 제1항). 분쟁당사자가 조정절차를 개시하기 전에 조정사항을 스스로 조정하고 조정조서의 작성을 요구한 경우에도 협의회는 그 조정조서를 작성해야 합니다(같은 조 제2항).

이때 조정조서는 재판상 화해와 동일한 효력을 갖습니다(같은 조 제5항[10]). 따라서 하도급분쟁조정협의회에서 작성된 조정조서를 통해 수급사업자는 법원의 집행문 부여를 통하여 보다 용이하게 권리를 실현할 수 있게 되었습니다. 공정거래위원회는 이처럼 조정조서가 작성되고, 분쟁당사자가 조정조서에 기재된 사항을 이행했다면 시정조치나 시정권고를 하지 않습니다(하도급법 제24조의6 제4항).

9) 분쟁당사자 쌍방이 기간연장에 동의한 경우에는 90일입니다.
10) 하도급법 [시행 2018. 7. 17.] [법률 제15362호, 2018. 1. 16., 일부개정]

제2절 행정 제재

Ⅰ 시정조치, 시정권고 및 공표명령 (§25와 §25의5)

공정거래위원회는 대금, 지연이자, 어음할인료 등의 미지급이나 부당특약 등의 하도급법 규정을 위반한 발주자, 원사업자에 대하여 하도급대금 등의 지급, 법위반행위의 중지, 특약의 삭제나 수정, 향후 재발 방지, 그 밖에 시정에 필요한 조치를 명할 수 있습니다(하도급법 제25조 제1항).

그런데 원사업자의 공정거래위원회법 위반행위가 있었더라도, 변제, 상계, 정산 등으로 위반행위의 결과가 더 이상 존재하지 않는다면, 공정거래위원회는 그 결과의 시정을 명하는 시정명령을 할 수 없습니다(대법원 2010. 11. 11. 선고 2008두20093 판결). 시정명령은 당해 위반행위로 인하여 현실적으로 존재하는 위법한 결과를 바로잡는 것을 내용으로 하는데 이미 변제, 상계 등이 되었다면 위반행위로 인한 위법한 결과가 시정된 것으로 보아야 하기 때문입니다.

공정거래위원회는 시정조치를 하면서, 원사업자에게 시정조치를 받았다는 사실을 공표할 것을 명할 수도 있습니다(하도급법 제25조 제3항). 시정명령 사실을 공포함으로써 원사업자로 하여금 법 위반행위를 방지하도록 하고 소비자에게는 보다 정확한 정보를 제공해주기 위해서입니다.

이행기한의 만료 후 10일 이내에 이행여부를 확인하고, 공정거래위원회는 공표명령을 이행하지 아니할 경우 10일 이내의 기간을 정하여 1차 촉구하고 1차 촉구기간이 경과한 후에도 이행하지 아니할 경우 10일 이내의 기간을 정하여 2차 촉구하고 불이행시 정당한 사유가 없는 한 고발하므로, 주의를 요합니다(「공정거래위원회로부터 시정명령을 받은 사실의 공표에 관한 운영지침」 7.가.).

공정거래위원회는 하도급법을 위반한 발주자와 원사업자에게 시정방안을 정하여 권고할 수도 있습니다. 이때 발주자와 원사업자가 권고를 수락하면 시정조치를 받은 것과 같은 효력이 있습니다(하도급법 제25조의5).

대법원 2016. 2. 18. 선고 2012두15555 판결 (시정명령등취소청구의소)

하도급법령이 정한 시정조치 관련 규정의 포괄성, 일률적인 비율에 의한 단가 인하가 있는 경우 정당한 하도급대금액을 상정하기 어려운 점 등에 하도급법 제4조 제2항 제1호 위반행위 및 지급명령의 법적 성격 등을 종합하여 보면, 하도급법 제4조 제2항 제1호 위반행위에 대한 시정조치로서 일률적인 비율에 의한 단가 인하의 기준이 된 가격과 실제 하도급대금의 차액의 지급을 명하는 시정명령은 허용될 수 없다.

대법원 2018. 3. 13. 선고 2016두59430 판결 (시정명령 및 과징금 납부명령 취소)

하도급법 제4조 위반으로 인한 지급명령은 공정거래위원회가 간편하게 손해배상 등의 지급을 명하는 것이라고 할 수 있다. 하도급법 제4조 제2항 제1호나 제5호 위반으로 인한 지급명령이 허용된다면 그 지급명령은 당사자 사이의 사적 자치에 따라 정하여졌을 대금액을 전제로 하여야 한다. 그런데 제1호 위반행위나 제5호 위반행위가 있다고 하더라도 각 품목이나 거래별로 개별적 사정이 있을 수 있어 위반행위 전의 단가가 당연히 지급명령액 산정의 기준액이 된다고 단정할 수 없고, 제1호 위반행위나 제5호 위반행위의 성질상 이러한 위반행위가 없었더라면 원사업자와 수급사업자가 실제 정하였을 대금액을 상정하기도 어렵다. 따라서 제1호 위반행위 또는 제5호 위반행위에 대한 시정조치로서 지급명령은 원칙적으로 허용되지 않는다.

서울고등법원 2018. 7. 5. 선고 2018누30749 판결 (불공정거래행위처분 취소, 상고하지 않아 확정)

수급사업자가 협력업체에게 하도급대금 채권을 양도한 이상, 이에 대한 지연이자 채권도 양도된 것이므로, 원사업자에 대하여 수급사업자에게 지연이자를 지급하라는 공정거래위원회의 시정명령은 위법하다.

공정거래위원회는, 위와 같은 시정명령은 원사업자에 대하여 채무이행의 상대방을 불문하고 지연이자 지급의무를 이행하라는 취지라고 주장하나, 시정명령은 그 문언상 원사업자의 수급사업자에 대한 지연이자 지급의무가 있음을 전제로 한 것이지 그 이행의 상대방이 누구인지를 고려하지 않은 것이라 볼 수 없다. 더욱이 하도급법 제30조 제2항 제3호는 하도급법 제25조에 따른 명령불이행을 형사처벌 대상으로 삼고 있음을 고려하면, 공정거래위원회의 위 주장은 불이익처분에 관한 엄격해석 원칙과 시정명령의 구체성·명확성의 원칙에도 부합하지 않는다.

서울고등법원 2018. 7. 18. 선고 2018누36112 판결 (시정명령등취소, 상고하지 않아 확정)

공정거래위원회는 현행 하도급법 제25조 제1항에 따라 하도급 위반행위의 결과가 제거된 후에도 향후 재발방지를 명할 수 있다 할 것이다.

공정거래위원회로서는 향후 재발방지를 명할 필요성이 있다고 인정되는 경우 재발방지 명령을 할 수 있다 할 것이고, 향후 동일 또는 유사한 위반행위가 반복될 우려가 있는 경우에는 위와 같은 필요성이 있다 할 것이며, 원사업자의 주장과 같이 향후 동일유사한 하도급법 위반행위를 다시 저지를 개연성이 높은 예외적인 경우에만 재발방지명령을 할 수 있다고 볼 수는 없다.[11]

Ⅱ 공탁 (§25의2)

원사업자나 발주자가 공정거래위원회의 시정명령을 받거나 시정권고를 수락하였지만 수급사업자가 변제를 받지 않거나 변제를 받을 수 없는 경우 또는 원사업자나 발주자의 과실 없이 수급사업자를 알 수 없는 경우 원사업자나 발주자는 수급사업자를 위하여 변제의 목적물을 공탁함으로써 공정거래위원회의 시정조치나 시정권고의 이행의무를 면할 수 있습니다(하도급법 제25조의2).

Ⅲ 과징금 (§25의3)

공정거래위원회는 일정한 하도급법 위반 행위[12]를 한 발주자, 원사업자, 수급사업자에게 하도급대금의 2배를 초과하지 아니하는 범위에서 과징금을 부과할 수 있습니다. 구체적인 과징금의 액수는 공정거래위원회의 재량사항입니다만(대법원 2009. 4. 9. 선고 2008두21829 판결), 공정거래위원회는 과징금을 부과함에 있어 위반행위의 내용 및 정도, 기간 및 횟수, 취득한 이익의 규모 등을 참작해야 하고(하도급법 제25조의3, 공정거래법 제55조의3 제1항), 과징금의 액수는 당해 위반행위의 구체적 태양 등에 기하여 판단되는 위법성의 정도 뿐만 아니라, 이득 액의 규모와도 상호 균형을 이루어야 합니다. 이러한 균형을 상실한 경우에는 비례의 원칙에 위배되어, 재량권의 일탈, 남용에 해당하여 과징금 처분이 취소될 수 있습니다(대법원 2010 1. 14. 선고 2009두11843 판결).

공정거래위원회가 과징금을 부과하는 세부 기준은 하도급법 시행령 제13조 제1항 [별표2] 과징금 부과기준 및 「하도급법 위반사업자에 대한 과징금 부과기준에 관한 고시」에 규정되어 있습니다. 이에 따른 구체적인 과징금 산정 절차는 다음과 같습니다.

11) 서울고등법원이 원사업자가 향후 동일 또는 유사한 위반 행위를 반복할 우려가 있다고 판단한 근거를 주목할 필요가 있습니다. 법원은 원사업자의 어음대체결제수수료와 지연이자 미지급행위가 약 3년간 장기간 걸쳐 반복적으로 이루어진 점, 미지급 대상 수급사업자의 수가 6개에 이르는 점, 미지급한 위 수수료와 지연이자의 금액도 경미하지 않은 점, 원사업자가 공정거래위원회의 조사가 시작되자 그제서야 위 수수료 및 지연이자를 지급했다는 점에서, 원사업자가 향후 동일하거나 유사 위반행위를 반복할 우려가 있다고 보았습니다.

12) 이에 대하여는 하도급법 제25조의3 제1항 각호 참조

기본 산정금액 ⇨ 1차 조정 ⇨ 2차 조정 ⇨ 부과과징금 결정

- 기본 산정금액은 위반행위의 중대성 정도에 따라 산정됩니다. 구체적으로는 관련 하도급대금의 2배에 위반금액의 비율을 곱한 다음, 위반행위 중대성의 정도별 부과기준율을 곱하여 도출합니다(= 관련 하도급대금의 2배 × 위반금액의 비율 × 부과기준율).[13]

- 1차 조정은 위반행위의 횟수, 피해 수급사업자의 수를 고려하여 기본 산정금액을 가중하는 것을 말합니다. 먼저 위반행위의 횟수에 따라 과거 3년간 4회 이상 법 위반으로 조치(경고 이상)를 받고 벌점 누산 점수가 2점 이상인 경우는 100분의 20 이내, 과거 3년간 3회 법 위반 조치(경고이상)를 받고 벌점 누산 점수가 2점 이상인 경우에는 100분의 10 이내를 기본 산정금액에 가중합니다. 그리고 피해 수급사업자 수에 따라 피해 수급사업자 수가 70개 이상인 경우는 100분의 20 이내, 50개 이상 70개 미만인 경우는 100분의 10 이내를 기본 산정금액에 가중합니다.

- 2차 조정이란 위반사업자의 위반의 정도, 자진 시정 및 조사 협력 등을 고려하여, 1차 조정된 금액을 가감하는 것을 의미합니다. 해당 사유별 가중비율에서 각 감경비율의 합을 뺀 비율을 1차 조정된 기본산정기준 금액에 곱하여 산출된 금액을 1차 조정된 산정기준 금액에 더하거나 빼는 방법으로 산정합니다. 가중사유로는 위반사업자가 보복조치금지(제19조)를 위반한 경우로서 가중비율은 100분의 20 이내입니다. 감경사유로는 위반행위를 자진시정한 경우, 조사에 협력한 경우로서 감경비율은 그 정도에 따라 100분의 10 내지 100분의 20 입니다.

- 2차 조정된 산정기준이 ① 위반사업자의 현실적 부담능력 위반행위가 시장에 미치는 효과 및 위반행위로 인해 취득한 이익의 규모 등을 충분히 반영하지 못하여 과중한 경우, ② 하나의 사업자가 행한 여러 유형의 위반행위에 대하여 과징금을 부과하는 경우 2차 조정된 산정기준을 감면하는 등의 방법으로 조정하는 것을 '부과과징금 결정'이라고 합니다. 위반사업자는 '현실적 부담능력'이나 '시장 또는 경제여건'과 관련하여 2차 조정된 산정기준을 조정할 필요가 있다는 사실을 증명하기 위해서 공정거래위원회에 객관적인 자료를 제출하여야 합니다. 이 경우 '현실적 부담능력' 입증과 관련해서는 개별 또는 별도 재무제표가 포함된 사업보고서를 제출하여야 하며, 예상 과징금액이 충당부채, 영업외비용 등에 미리 반영되어 있는 경우 이를 제외하여 다시 작성한 재무제표도 추가로 제출하여야 합니다.

13) 이하 「하도급법 위반사업자에 대한 과징금 부과기준에 관한 고시」 Ⅳ 과징금 산정 부분 참조

대법원 2018. 12. 13. 선고 2018두51485 판결 (시정명령등취소)

공동이행방식의 공동수급체구성사업자 중 1인이 공동수급체 구성사업자 전원을 위한 하도급 계약을 체결한 경우일지라도, 개별 구성원으로 하여금 지분비율에 따라 직접 수급사업자에 대하여 채무를 부담하도록 약정하는 경우 등과 같은 특별한 사정이 없다면, 그 구성사업자 1인의 하도급법 위반행위에 대한 과징금 산정의 기초가 되는 '하도급대금' 역시 '하도급계약에 따라 수급사업자에게 지급해야 할 대금'을 기준으로 함이 원칙이다. 이 경우 그 1인은 수급사업자에게 대금 전액을 지급할 책임이 있고, 그가 공동수급약정에 따라 최종적으로 부담하게 될 내부적 채무 비율은 공동수급체의 내부 사정에 불과하기 때문이다.[14)]

대법원 2018. 10. 4. 선고 2016두59126 판결 (과징금부과처분취소청구의소)

하도급법 제25조의3 제1항에서 규정한 과징금 산정의 기준이 되는 '하도급대금'은 '위반행위와 관련한 하도급거래의 계약금액 전액'을 의미하는 것으로 보는 것이 옳다. 하도급계약 체결 후 일부는 정상적으로 이행되고 일부 거래만 부당하게 위탁취소되었다고 하더라도, 여기에서 말하는 '하도급대금'이 부당 위탁취소 금액 부분에 한정된다고 볼 수는 없다.

서울고등법원 2018. 12. 19. 선고 2018누52756 판결 (시정명령및과징금납부명령취소, 심리불속행기각)

처분을 할 것인지 여부와 처분의 정도에 관하여 재량이 인정되는 과징금 납부명령에 대하여 그 명령이 재량권을 일탈· 남용하였을 경우 법원으로서는 재량권의 일탈·남용 여부만 판단할 수 있을 뿐이지 재량권의 범위 내에서 어느 정도가 적정한 것인지에 관하여는 판단할 수 없어 그 전부를 취소할 수밖에 없고, 법원이 적정하다고 인정되는 부분을 초과한 부분만 취소할 수는 없다.[15)]

14) 대법원은 공동수급체 구성사업자 중 1인이 전원을 위한 하도급계약을 체결한 경우라고 하더라도 '하도급계약에 따라 수급사업자에게 지급해야 할 대금 전액'을 기준으로 함이 원칙이라고 보았습니다. 1인이 공동수급약정에 따라 최종적으로 부담하게 될 내부적 채무비율은 공동수급체의 내부 사정에 불과하다는 것이 그 이유입니다. 다만 대법원은 예외적으로 공동수급체의 개별 구성원이 지분 비율에 따라 직접 수급사업자에 대하여 채무를 부담하도록 약정하는 경우 등과 같은 특별한 사정이 있는 경우라면 달리 보아야 한다고 판시했습니다.

15) 공정거래위원회는 원사업자의 어음할인료, 어음수수료 미지급의 금액을 통틀어서, 2015. 7. 25. 전의 위반행위에 대해서는 과징금을 773,000,000원으로, 2015. 7. 25. 이후의 위반행위에 대해서는 229,000,000원으로 산정하여 합계 1,002,000,000원의 과징금을 부과했습니다. 그러나, 서울고등법원은 원사업자와 3개사 간의 거래관계는 하도급법 적용대상이 아님에도 공정거래위원회가 이들에 대한 하도급대금 및 어음할인료, 어음수수료 미지급 금액까지 하도급대금 및 위반금액에 포함시켜 과징금 산정을 한 사실, 다른 업체에 대한 어음할인료 미지급행위는 2016. 7. 25. 전후로 나뉘어져 있어 이 시기 전후로 나뉘어 산정한 각 과징금 모두에 영향을 미치는 점을 근거로, 공정거래위원회는 3개사에 관한 부분을 제외하고 다시 과징금을 계산해야 한다고 보았습니다. 그리고 서울고등법원은 과징금 납부명령에 대하여 적정하다고 인정되는 부분을 초과한 부분만 취소할 수는 없고, 위 명령을 전부 취소할 수밖에 없다고 보아, 원사업자의 과징금납부명령에 대한 취소 청구를 전부 인용했습니다.

서울고등법원 2018. 6. 14. 선고 2017누82088 판결 (시정명령등취소, 상고기각)

하도급계약의 내용에 관한 추가·변경이 있는 경우 원사업자는 그 추가되거나 변경되는 공사에 착수하기 이전에 수급사업자에게 하도급대금과 그 지급방법 등 일정한 사항을 기재한 서면을 작성하여 교부해야 할 의무를 부담하며, 공사가 완공된 이후 공사대금 정산 합의가 있었다는 등의 사정만으로 위법행위의 시정이 이루어진 것으로 볼 수도 없다.[16)]

공정거래위원회 2019. 2. 18. 결정 2019기감0265 등 (과징금 납부기한 연장 및 분할납부 신청에 대한 건)

하도급법 제25조의3 제2항에 따라 준용되는 독점규제 및 공정거래에 관한 법률 제55조의4 제1항의 각 호에서 규정하고 있는 사유 중 하나인 과징금의 일시 납부에 따라 자금사정에 현저한 어려움이 예상되는 경우란 ① 납부기한 연장 또는 분할납부 신청 당시 직전 3개 사업연도 동안 연속하여 당기순손실이 발생한 경우, ② 납부기한 연장 또는 분할납부 신청 당시 자본총액의 2배를 초과하는 부채를 보유한 경우, ③ 납부기한 연장 또는 분할납부 신청 당시 과징금 대비 현금보유액(납기일로부터 2개월 이내 상환이 도래하는 차입금을 공제한 금액) 비율이 50% 미만인 경우를 말한다. 원사업자는 이 사건 신청당시인 2018년 12월 말 기준 과징금 대비 현금보유액 비율이 34.2%로서 실체적 요건을 충족한다.

그러나 원사업자의 과징금 납부기한의 연장 및 분할납부 신청이 절차적 요건을 충족하기 위해서는 독점규제 및 공정거래에 관한 법률 제55조의4 제1항 및 법 시행령 제62조 제1항의 규정에 따라 당초 부과 받은 과징금이 관련매출액에 100분의 1을 곱한 금액 또는 10억 원을 초과하여야 하나, 원심결의 과징금액이 10억 원을 초과하지 아니하므로 위 절차적 요건을 충족하지 아니한다. 원사업자의 과징금 납부기한 연장 및 분할납부 신청을 기각한다.

16) 원사업자는 추가 공사 착수 이전에 제작도면을 승인 및 교부하였고, 합의서에 따라 사후적으로 물량정산을 완료하였으므로, 서면미발급 행위에 대하여 공정거래위원회의 심의일 이전에 자진시정이 있었던 것이라고 주장했습니다. 따라서 과징금 부과와 관련하여 자진시정에 따른 감경율을 산정함에 있어, 서면 미발급행위에 대하여 자진시정 감경율 0%를 적용한 것은 과징금 부과의 재량권 행사 기초가 되는 사실 인정에 오류가 있거나, 재량권을 일탈 남용한 것으로 위법하다고 주장했습니다. 그러나 서울고등법원은 원사업자가 교부했다는 위 제작도면은 설계내용이 담긴 도면일 뿐 하도급법 제3조에서 요구하는 사항이 기재된 서면이 아니고, 추가공사가 완공 된 이후에 공사대금 정산 합의가 이루어졌다고 해서 원사업자의 서면 미발급 행위의 위법이 시정된다고도 볼 수 없다고 보았습니다. 따라서 공정거래위원회가 서면미발급 행위에 대한 자진시정에 따른 감정률에 대하여 0%를 적용한 것은 적법하다고 보았습니다.

Ⅳ 상습 하도급법 위반사업자에 대한 명단공표 (§25의4)

공정거래위원회는 ① 직전연도부터 과거 3년간 하도급법 위반을 이유로 공정거래위원회로부터 경고, 시정권고, 시정조치를 3회 이상 받았고 ② 누산점수 4점을 초과하는 상습법위반사업자 명단을 공표하여야 합니다(하도급법 제25조의4 제1항, 하도급법 시행령 제15조 제1항). 이때 공정거래위원회는 상습법위반사업자명, 대표자, 사업장 주소인 명단을 관보 또는 공정거래위원회 인터넷 홈페이지에 1년간 게시하는 방법으로 명단을 공표합니다(하도급법 시행령 제15조 제3항).

Ⅴ 입찰참가자격 제한 요청 (§26)

공정거래위원회는 제3조 제1항부터 제4항까지 및 제9항, 제3조의4, 제4조부터 제12조까지, 제12조의2, 제12조의3, 제13조, 제13조의2, 제14조부터 제16조까지, 제16조의2 제7항 및 제17조부터 제20조까지의 규정을 위반한 원사업자 또는 수급사업자에 대하여 그 위반 및 피해의 정도를 고려하여 대통령령으로 정하는 벌점을 부과하고, 그 벌점이 대통령령으로 정하는 기준을 초과하는 경우에는 관계 행정기관의 장에게 입찰참가자격의 제한, 「건설산업기본법」 제82조 제1항 제7호에 따른 영업정지, 그 밖에 하도급거래 공정화를 위하여 필요한 조치를 취할 것을 요청하여야 합니다 (하도급법 제26조 제2항).

입찰참가자격 제한의 요청의 경우에는, 누산점수가 5점을 초과하면 공정거래위원회는 입찰참가자격 제한 요청을 할 수 있습니다(하도급법 시행령 제17조 제2항). '누산점수'란 시정조치를 받는 직전 3년 동안 해당 사업자가 받은 모든 벌점을 더한 점수에서, 해당 사업자가 받은 모든 경감점수를 더한 점수를 빼고 모든 가중점수를 더한 점수를 더한 점수를 말합니다(하도급법 시행령 [별표 3] 벌점의 부과기준 1호 라목)

이와 관련해 최근 공정거래위원회는 벌점 경감 사유를 개선하는 하도급법 시행령 개정안을 입법예고했습니다. 눈 여겨볼 부분은 원사업자가 수급사업자의 피해를 자발적으로 구제한 경우에는 벌점의 50%를 경감해 주는 규정이 신설된다는 것입니다.

이에 따른 요약 사항은 아래의 표와 같습니다.[17]

벌점 경감 사유 개선 요약 사항

연번	경감사유	최대 경감점수		개정사항
		현행	개정안	
1	표준계약서 사용 우수	2	2	경감요건 완화
2	하도급대금 현금결제비율 우수	1	1	현행유지
3	건설하도급 입찰시 입찰정보공개 우수	-	1	신설
4	공정거래협약 이행평가 우수업체	3	3	현행유지
5	하도급거래 모범업체(중소기업 대상)	-	3	신설
6	자율준수 프로그램(CP) 평가 우수업체	-	2	신설
7	사업자간 합의를 통한 직불	0.5	1	경감항목 통합, 경감폭 확대
	하도급대금지급관리시스템을 활용한 직불	0.5		
8	수급사업자 피해를 구제	-	벌점의 50%	신설
	하도급법 특별교육 이수	0.5	-	삭제
	공정거래위원장 등이 수여하는 표창 수상	2		삭제
	하도급업체 선정시 전자입찰비율 우수	0.5		삭제

공정거래위원회 2019. 4. 23. 의결 2018기정2381 (입찰참가자격제한요청)

표준하도급계약서를 직전 1년동안 계속하여 사용한 경우는 2점이 경감되는데 원사업자는 이와 관련하여, ① 직전 1년 기간 중 표준하도급계약서가 개정(2016. 12. 30.)됨에 따라 그 도입을 위한 검토과정으로 인해 일정기간 동안만 개정된 표준하도급계약서를 사용하지 못하게 된 것이고, ② 개정된 표준하도급계약서를 도입하기 전까지 사용한 계약서도 개정 전 표준하도급계약서를 수정 없이 반영한 것으로서 표준하도급계약서라고 볼 수 있으며, ③ 위원회 스스로 2017년 말 경까지 표준하도급계약서를 하도급계약에 반영할 경우에는 관련 불이익이 없을 것이라고 의견을 밝힌 바 있으므로, 원사업자가 직전 1년 동안 계속하여 표준하도급계약서를 사용한 것으로 인정하여 벌점을 경감하여야 한다고 주장한다.

그러나, ① 표준하도급계약서가 개정되었음에도 개정된 것을 사용하지 아니한 기간이 직전 1년 기간 중 약 8개월에 이르러 합리적인 수준이라고 보기 어렵고 직전 1년이 경과한 이후인 2017. 10. 1.에 비로소 개정된 표준하도급계약서를 사용한 점, ② 법 제3조의2에서 규정하고 있는 표준하도급계약서는 위원회가 사용·권장하는 것으로서 최근 거래환경을 반영하여 개정될 경우 새로 개정되어 시행된 것이 표준하도급계약서로서의 지위를 가지게 되는 점, ③ 원사업자는 위원회가 2017년 내로 표준하도급계약서를 도입할 경우 불이익이 없을 것이라는 취지로 언급하였다고 하나 이는 벌점 경감이 아닌 공정거래협약 이행평가에 관한 것으로서 원사업자의 신뢰보호와 관계가 없는 점 등을 고려할 때, 위의 주장은 이유 없다.

17) 공정거래위원회 2020. 3. 26. 보도자료 중 일부를 발췌하였습니다.

공정거래위원회 2019. 3. 22. 의결 2018기정3456 (입찰참가자격제한요청)

원사업자는 하도급법 제22조 제4항 처분시효 규정을 근거로, 원사업자에게 부과된 7. 75점 중 5.75점은 이미 3년의 시효가 경과되어 소멸되었다고 주장하나, 위 규정은 하도급법 제25조 제1항의 시정조치와 하도급법 제25조의3의 과징금 부과와 관련한 처분시효 규정으로, 하도급법 제26조에 따른 입찰참가자격제한 요청에 적용되는 규정은 아니고, 입찰참가자격제한 요청의 누산점수 산정은 법 시행령 제17조 [별표 3]의 규정에 따라 '해당 사업자가 위원회로부터 시정조치를 받은 날로부터 직전 3년간 받은 벌점총계에서 경감점수총계를 빼고 가중점수총계를 더한 점수'로 산정하도록 되어 있으므로, 원사업자의 주장은 이유 없다.

Ⅵ 과태료 (§30조의2)

공정거래위원회는 ① 하도급위반행위에 대한 조사 등에 정당한 사유 없이 불출석한 자, ②보고 또는 필요한 자료나 물건의 제출을 하지 아니하거나 허위의 보고 또는 허위의 자료나 물건을 제출하는 자, ③ 조사를 거부, 방해 또는 기피한 자나 ④심판정의 질서 유지 규정에 위반하여 질서유지의 명령에 따르지 아니한 자에 대하여 과태료를 부과, 징수하고 있습니다(하도급법 제30조의2).

공정거래위원회 2005. 12. 2. 의결 2005하기0095 (과태료)

조사현장에서 우발적으로 이루어지는 물리적 조사방해행위는 개인의 행위라는 성격이 강하지만, 본건은 원사업자에서 미리 작성되어 직원들에게 배포된 "지침"에 따라 조사방해행위가 발생한 것으로 법인의 대표가 아닌 직원 개인이 구체적인 행위를 하였다고 하더라도, 동인들의 행위는 개인적인 이익을 위하거나 또는 원사업자의 의사결정에 반한 것이 아니고, 객관적으로 업무관련성이 있는 것이 명백하므로, 원사업자의 기업활동의 일환으로 행하여진 것으로 이들의 행위를 원사업자의 행위로 귀속시킬 수 있다. 그러므로 법인인 원사업자 또한 본건 조사방해행위에 따른 행정질서벌(과태료) 부과대상이 된다.

이에 대해 원사업자는 하도급법 제31조(양벌규정)는 제30조(벌칙)에서 규정한 위반행위에 대하여만 적용되는 것이고, 따로 하도급법 제30조의2에 대하여는 양벌규정의 적용이 없다. 그러므로 행위자인 개인(종업원)이외에 따로 법인인 원사업자에 대하여는 처벌을 할 수 없는 것이며, 000은 원사업자의 단순한 직원에 불과하고 법인의 대표자 등 기관이 아니기 때문에 동인들의 행위를 법인의 행위로 볼 수도 없는 것이라고 주장한다.

하지만 공정거래법 제69조의2 제1항 제7호는 조사를 거부·방해·기피한 사업자 또는 사업자단체에게 행정질서벌(과태료)를 부과한다고 명시적으로 규정하고 있는 바, 하도급법 제30조의2 제1항 제3호는 위 공정거래법 규정과 동일한 문언으로 행정법상의 의무위반행위를 열거한 다음 그에 해당하는 경우 과태료를 부과하는 입법형식을 취하고 있다.공정거래법과 하도급법의 수범자는 원칙적으로 사업자 또는 사업자단체인 점, 공정거래법과 하도급법이 동일한 형식과 법률용어를 사용하고 있어 두 법률을 해석함에 있어 차이를 둘 만한 특별한 이유가 없는 점 등에 비추어 조사방해행위의 처벌대상에서 법인을 제외할 이유는 없다.

조사현장에서 우발적으로 이루어지는 물리적 조사방해행위는 개인의 행위라는 성격이 강하지만, 본건은 원사업자에서 미리 작성되어 직원들에게 배포된 "지침"에 따라 조사방해행위가 발생한 것으로 비록 원사업자의 직원에 불과할 뿐 법인의 대표가 아닌 000이 구체적인 행위를 하였다고 하더라도 동인들의 행위는 개인적인 이익을 위하거나 또는 원사업자의 의사결정에 반한 것이 아니고, 객관적으로 업무관련성이 있는 것이 명백하므로 원사업자의 기업활동의 일환으로 행하여진 것으로 이들의 행위를 원사업자의 행위로 귀속시킬 수 있다. 그러므로 법인인 원사업자 또한 본건 조사방해행위에 따른 행정질서벌(과태료) 부과대상이 된다.

제3절 원사업자에게 부과되는 형사 제재

I 벌금 (§30조)

아래의 하도급법 위반행위를 한 원사업자는 수급사업자에게 제조 등 위탁을 한 하도급대금의 2배에 상당하는 금액 이하의 벌금에 처해집니다(하도급법 제30조 제1항).

위반행위	관련 규정
서면발급의무 위반	제3조
부당한 특약 금지 위반	제3조의4
부당한 하도급대금의 결정 금지	제4조
물품 등의 구매강제 금지	제5조
선급금의 지급 의무 위반	제6조
내국 신용장의 개설 의무 위반	제7조
부당한 위탁취소의 금지 위반	제8조
검사의무 위반	제9조
부당반품의 금지 위반	제10조
감액 금지 위반	제11조
물품구매대금의 부당결제 청구의 금지위반	제12조
경제적 이익의 부당요구 금지 위반	제12조의2
기술자료 제공 요구 금지 위반	제12조의3
하도급대금 지급 의무 위반	제13조
공사대금 지급보증 의무 위반	제13조의2
관세 등 환급액의 지급 의무 위반	제15조
설계변경 등에 따른 하도급대금의 조정 의무 위반	제16조
원재료의 가격 변동에 따른 하도급대금의 조정 협의 의무 위반	제16조의2
부당한 대물변제 금지 의무 위반	제17조

그리고 보복조치 금지의무(하도급법 제19조)를 위반하여 불이익을 주는 행위를 한 자는 3억 원 이하의 벌금에, 부당한 경영간섭의 금지의무(제18조)를 위반한 자, 탈법행위 금지의무(제20조)를 위반한 자, 공정거래위원회의 시정조치 명령(제25조)에 따르지 아니한 자는 1억 5천 만 원 이하의 벌금에 처해집니다(하도급법 제30조 제2항).

Ⅱ 고발 (§32조)

그런데 위에서 살펴본 제30조의 범죄는 공정거래위원회의 고발이 있어야만 공소를 제기할 수 있습니다. 이를 공정거래위원회의 전속고발권이라 하는데, 공정거래위원회는 고발을 할지 여부에 대해서 재량권이 있습니다.

다만 하도급법은 위와 같은 공정거래위원회의 전속고발권 내지 고발재량에 대하여 일정한 제한을 가하고 있습니다. 공정거래위원회가 위 죄 중 위반 정도가 객관적으로 명백하고 중대하여 하도급거래 질서를 현저히 저해한다고 인정한다면 검찰총장에게 고발할 의무가 있습니다. 또한 검찰총장은 위와 같은 고발 요건에 해당하는 사실이 있음을 공정거래위원회에 통보하여 고발을 요청할 수도 있습니다. 뿐만 아니라, 공정거래위원회가 고발요건에 해당하지 않는다고 결정하더라도 감사원장이나 중소벤처기업부장관이 공정거래위원회에 고발을 요청하면, 공정거래위원회위원장은 검찰총장에게 고발을 해야 합니다. 한편 공정거래위원회는 공소가 제기된 후에는 고발을 취소할 수 없습니다.

공정거래위원회 2019. 2. 28. 결정 2016부사3649 등 (고발)

원사업자가 수급사업자들에게 해양플랜트 또는 선박 구성부분품의 제조를 위탁함에 있어 수급사업자들과 실질적인 협의과정 없이 일방적으로 수정추가공사의 하도급대금을 결정한 사실이 인정되는 점, 원사업자의 내부자료 및 예산사정, 공정관리자 대상 원사업자의 내부 설문, 인터뷰 조사 내용, 본공사와 수정추가공사의 능률 사례분석 결과, 수급사업자들의 답변서 등을 종합해 볼 때 수정추가공사에 적용된 능률이 본 공사 능률 보다 현저히 낮아 수정추가공사의 하도급대금을 본공사보다 낮게 결정하였다는 사실이 인정되는 점, 수정추가 작업에 대한 원단위 자체가 없고 시수가 물량을 반영하지 못한다는 사실을 익히 알고 있었음에도 이를 수급사업자들에게 철저하게 비밀로 한 점 등을 고려할 때, 법 위반의 정도가 중대하여 하도급거래질서를 현저히 저해하는 경우에 해당되므로, 원사업자를 고발한다.

제4절 공정거래위원회 처분에 대한 불복

공정거래위원회에 대한 이의신청

공정거래위원회의 시정명령 및 공표명령, 과징금 및 과태료 납부명령 등에 대하여 불복이 있는 자는 공정거래위원회에 이의신청을 할 수 있습니다. 그러나 이러한 절차는 행정소송을 제기하기에 앞서 필수적으로 거쳐야 하는 것은 아닙니다.

불복이 있는 자는 처분의 통지를 받은 날로부터 30일 이내에 사유를 갖추어 공정거래위원회에 이의신청을 할 수 있습니다(하도급법 제27조 제1항, 공정거래법 제53조 제1항). 공정거래위원회는 이에 대하여 60일 이내 재결을 하는 것이 원칙입니다. 다만 부득이한 경우에는 30일의 범위 안에서 그 기간을 연장할 수도 있습니다(공정거래법 제53조 제2항).

이러한 이의신청의 신청기간이 경과되거나 사유를 갖추지 못한 경우에는 각하되고, 이의신청이 이유 없는 경우에는 기각되며, 이의신청이 이유 있는 경우에는 처분 등이 취소 또는 변경될 수 있습니다(「공정거래위원회 회의 운영 및 사건절차 등에 관한 규칙」 제70조).

공정거래위원회는 시정조치명령을 받은 자가 이의신청을 제기한 경우에, 이로 인하여 발생할 수 있는 회복하기 어려운 손해를 예방하기 위하여 필요하다고 인정하는 때에는 당사자의 신청이나 공정거래위원회의 직권에 의하여, 집행정지를 결정할 수 있습니다(하도급법 제27조 제1항, 공정거래법 제53조의2 제1항). 집행정지란 쉽게 말해 시정조치의 집행이나 효력이 일시적으로 정지되는 것으로, 집행정지가 결정되면 마치 시정조치가 없는 것과 같은 효과가 발생할 수 있습니다. 다만 그러한 효과는 잠정적이고 일시적인 것에 불과합니다. 따라서 공정거래위원회는 집행정지의 결정을 한 후에 집행정지의 사유가 없어진 경우에는 당사자의 신청 또는 직권에 의하여 집행정지의 결정을 취소할 수 있습니다(공정거래법 제53조의2 제2항).

제5절 불복 수단으로서 행정소송 및 집행정지

공정거래위원회의 처분을 받은 자는 처분을 받은 날 또는 이의신청에 대한 재결서의 정본을 송달 받은 날로부터 30일 이내에 서울고등법원에 불복의 소를 제기할 수도 있습니다(하도급법 제27조 제1항, 공정거래법 제54조 제1항). 위 30일의 기간은 불변기간이라고 하여, 이 기간을 넘겨 소를 제기하면 특별한 사정이 없는 한 그 소는 부적법하여 각하되므로, 주의를 요합니다. 또한 다른 법원에 소를 제기할 수 없고 반드시 서울고등법원에 제기해야 합니다(공정거래법 제55조).

마찬가지로 불복의 소를 제기하면서, 시정명령의 집행 등으로 인하여 생길 회복하기 어려운 손해를 예방하기 위하여 긴급한 필요가 있다는 점을 소명하여, 행정소송법 제23조에 의한 집행정지를 신청할 수 있습니다.

제6절 손해배상책임

위에서 살펴본 바와 같이, 하도급법은 원사업자가 하도급법을 위반한 경우 시정조치를 명하거나 과징금, 과태료, 벌금을 부과하고 있습니다. 그러나 현행 하도급법에는 원사업자로 하여금 수급사업자에게 발생한 손해의 배상을 명하는 규정은 없습니다.

따라서 수급사업자가 손해를 배상 받기 위하여 원사업자를 상대로 민사소송을 제기할 수밖에 없는 것이 현실입니다. 그러나 하지만 소송에는 시간과 비용이 상당히 많이 들고, 시정명령 등 공정거래위원회 또는 법원의 선행 판단 없이는 승소한다는 보장도 없습니다. 이에 현행 하도급법 제35조는 수급사업자의 보호를 위하여 민사소송과정에서의 특별한 규정을 두고 있습니다.

첫 번째는 입증책임의 전환으로, 일반적인 손해배상책임에서는 피해자가 가해자의 고의나 과실이 있음을 입증해야 하나, 하도급법 제35조는 원사업자가 고의나 과실이 없다는 점에 대하여 스스로 입증해야만 손해배상책임이 면책된다는 점입니다.

두 번째는 일정한 하도급법 위반에 대하여 징벌적 손해배상제도를 도입했다는 점입니다. 일반적으로 손해배상이란, 손해를 끼친 피해에 상응하는 액수만을 보상하는 것을 말합니다. 그런데 이와 달리 징벌적 손해배상이란 징벌 내지 처벌, 즉 가해자의 반사회적이고 악의적인 행위에 대한 비난의 성격이 가미되고 장래 유사행위 반복을 억제하는 의미에서 손해를 끼친 피해의 범위를 넘는 손해를 배상하도록 하는 제도를 말합니다. 하도급법 제35조 제2항은 원사업자가 부당한 하도급대금 결정 금지를 위반한 경우(제4조), 부당한 위탁취소 금지를 위반한 경우(제8조), 부당한 반품의 금지를 위반한 경우(제10조), 하도급대금 감액 금지를 위반한 경우(제11조), 수급사업자로부터 취득한 기술자료를 자기 또는 제3자를 위하여 유용한 경우(제12조의3 제3항), 보복조치 금지의무를 위반한 경우(제19조)에는, 이로 인하여 발생한 손해의 3배 이하의 범위에서 손해배상 책임을 지게 하였습니다.

또한 법원은 하도급법 위반행위로 인하여 손해가 발생한 사실은 인정되나, 구체적인 손해의 액수를 증명하는 것이 곤란한 경우에는, 변론 전체의 취지와 증거조사의 결과에 기초하여 비록 손해액에 대한 구체적인 입증이 없더라도 상당한 손해액을 인정할 수도 있습니다(하도급법 제35조 제4항, 공정거래법 제57조). 변론 전체의 취지란 재판 중에 나온 증거 외에도, 쉽게 말해 판사가 재판이 진행되면서 보고 느낀 모든 상황과 사정들을 말합니다.

제6장

부 록

하도급거래공정화지침시행[시행2018.7.17.][공정거래위원회예규제304호,2018.7.17.,일부개정],2020.11.18.까지 효력			
II. 용어의 정의	1. 상시고용종업원수, 연간매출액, 시공능력평가액, 자산총액	가. “상시고용종업원수”라 함은 사업자가상시고용하고 있는 하도급계약체결시점의 직전사업년도 말의 종업원수를 말하며 이의판단은 사업자가 관할 세무서장에게 신고한 “원천징수이행상황신고서”상의 12월말 월급여간이세율(A01)의 총인원을 기준으로 함 나. “연간매출액(이하‘매출액’이라한다)”이라함은 사업자의 하도급계약체결시점의 직전사업년도의 매출총액을 말하며 이의판단은 「주식회사의 외부감사에관한법률」에 의거작성된 감사보고서 또는 관할세무서장이 확인·발급하는 “재무제표증명원”의손익계산서상의 매출액을 원칙으로 하나, 불가피한 경우 “부가가치세과 세제표준증명원”상매출과세표준의 합계금액으로 할 수 있음 다. “시공능력평가액”이라 함은 사업자의 하도급계약체결시점에 적용되는 시공능력평가액을 말하며, 수개공종의 등록을 한경우에는 이를 합산함 라. “자산총액”이라 함은 사업자의 하도급계약체결시점의 직전사업년도의 자산총액을 말하며, 이의판단은 「주식회사의 외부감사에 관한법률」에 의거작성된 감사보고서 또는 관할세무서장이 확인·발급하는 “재무제표증명원”의 대차대조표상의 자산총액으로 함 마. 신규사업자로서 하도급계약시점의 직전년도의 자산총액, 상시고용종업원수, 매출액을 정할수 없을 경우의 “자산총액”은 사업개시일현재의 대차대조표상에 표시된자산총액, “상시고용종업원수”는 하도급계약체결일 현재상시고용하고 있는 종업원수, 매출액은 사업개시일부터 하도급계약체결일 까지의 매출액을 1년으로 환산한금액을 각각 적용함 바. 1개 사업자가 2개이상의 업종(예:건설,제조)을 영위할 경우그사업자의 매출액, 자산총액, 상시고용종업원수를 업종별로 구분하지 않고 합산하여산출함	
	2. 할인가능어음	“할인가능어음”이라 함은 다음의 금융기관에 의하여 어음할인 대상업체로 선정된 사업자가 발행·배서한 어음 또는 신용보증기금 및 기술신용보증기금이 보증한 어음을 말함	가. 「은행법」 및 관련특별법에 의하여 설립된 은행 나. 「종합금융회사에 관한법률」에 의하여 설립된 종합금융회사 다. 「보험업법」에 의해 설립된 생명보험회사 라. 「상호저축은행법」에 의해 설립된 상호저축은행 마. 「여신전문금융업법」에 의해 설립된 여신전문금융회사 바. 「새마을금고법」에 의해 설립된 새마을금고 사. 「상법」에 의해 설립된 팩토링업무 취급기관
	3. 기간계산	가. 법에서의 기간계산은 「민법」의 일반원칙에 따라 초일을 산입하지 아니하고 당해기간의 말일이 토요일 또는 공휴일에 해당하는 때에는 기간은그익일에 만료함(개정2008.12.5.) 나. 이지침에서 과거1년간 또는 과거3년간 등기간산정의 시기(始期)를 결정함에 있어서 신고사건의 경우는 신고접수일을, 직권조사사건의 경우는 직권조사계획발표일 또는 조사공문발송일중뒤의 날을 기준으로 한다.	
	4. 하도급거래 승계	가. 사업자가합병,영업양수,상속등을 통하여권리의무를 포괄적으로 승계하는 경우에는 하도급거래에 따른 전사업자의 제반권리의무를 승계한것으로봄 나. 권리의무를 승계한사업자는 승계한시점에서 당사자의 요건을 충족하지 아니하더라도 이미 성립한 하도급거래에 따른 당사자로 봄 다. 건설관계법령〈「건설산업기본법」,「전기공사업법」,「정보통신공사업법」,「소방시설공사업법」 및 법시행령 제2조(중소기업자의 범위등)제7항에서 열거한법을 포함함 이하같음〉에 의하여 등록·지정을 받은 권한을 양수한자는 양수이전(양수시점에서 이미 시공완료된 공사는 제외)의 공사부문에 대하여도 하도급거래당사자로 봄 라. 건설관계법령의 규정에 의하여 영업정지, 등록의취소, 시공자의 지위상실 및 기타의 사유로 자격을 상실한사업자 또는 그 포괄승계인이동처분전의 공사를 계속 시공할경우에는 같은 처분이전의 공사부분에 대해서는 물론, 처분이후의 공사부분에 대해서도 하도급거래당사자로 봄	
	5. 회사 임직원의 행위	회사의 임직원이 그의 업무와 관련하여 행한 행위는 회사의 행위로 봄	
	6. 참작사유	법제33조의 규정에 의하여 원사업자에게 시정조치를 함에 있어 수급사업자에게 책	가. 하도급대금에 관한분쟁이 있어의견이 일치된부분의 대금에 대하여원사업자가수급사업자에게 지급하거나 공탁한 경우

		임이 있는 이유로 참작할수 있는 경우의 예시	나. 원사업자가 수급사업자에게 선급금에 대한 정당한보증을 요구하였으나 이에 응하지않거나 지연되어,선급금을 지급하지 않거나 지연지급하는 경우 다. 목적물을납품·인도한후원사업자가 정당하게 수급사업자에게 요구한 하자보증의 무등을 수급사업자가 이행하지않아 그범위내에서 대금지급이 지연된 경우 라. 목적물의 시공 및 제조과정에서 수급사업자의 부실시공등수급사업자에게 책임을 돌릴 수 있는 사유가 있음이 명백하고 객관적인증거에 의하여 입증되어 같은 수급사업자의 귀책부분에 대하여 하도급대금을 공제 또는 지연지급하는 경우(예 : 재판의결과또는수급사업자스스로의인정등으로확인된경우)		
Ⅲ. 공정화 지침	1. 법적용 대상이 되는 제조·수리·건설 및 용역위탁의 범위		(1) 사업자가 물품의 제조·판매·수리를 업으로 하는 경우	(가) 제조·판매·수리의대상이 되는 완제품(주문자 상표부착 방식제조 포함)을 제조위탁하는 경우	①자기 소비용의 단순한 일반 사무 용품의 구매나 물품의 생산을 위한 기계·설비 등을 단순히 제조위탁하는 경우는 해당되지 않음 ②위탁받은 목적물을 제3자에게 제조위탁하지 않고 단순 구매하여 납품한 경우는 해당되지 않음 ③위탁받은 사업자가 자체 개발한 신제품을 위탁한 사업자의 승인하에 제조하는 경우는 해당됨
				(나) 물품의 제조·수리과정에서 투입되는 중간재(원자재, 부품, 반제품 등)를 규격 또는 품질 등을 지정하여 제조위탁 하는 경우	①자동차·기계·전자 제조업자 등이 부품 제조를 의뢰하거나 부품의 조립 등 임가공을 위탁하는 경우 ②섬유·의류 제조업자가 원단의 제조를 위탁하거나 염색 또는 봉제 등 임가공을 위탁하는 경우
				(다) 물품의 제조에 필요한 금형, 사형, 목형 등을 제조위탁 하는 경우	
				(라) 물품의 제조과정에서 도장, 가공, 조립, 주단조, 도금 등을 위탁하는 경우	
				(마) 수리업자가 물품의 수리에 필요한 부품 등의 제조를 위탁하는 경우	①차량 수리업자가 차량의 수리에 필요한 핸들, 브레이크 카바 등 자동차 부품을 제조위탁하는 경우 ②선박수리업자가 선박의 수리에 필요한 부품·선 각 제조 및 도장, 용접 등을 위탁하는 경우 ③발전기 수리업자가 발전기의 수리에 필요한 부품 등을 제조위탁하는 경우

				(바) 물품의 제조나 판매에 부속되는 포장용기, 라벨, 견본품 및 사용안내서 등을 제조위탁 하는 경우	
				(사) (가)부터 (바)까지 관련하여 위탁받은 사업자가 제조설비를 가지고 있지 않더라도 위탁받은 물품의 제조에 대해서 전책임을 지고 있는 경우에는 제조위탁을 받은 것으로 봄 다만, 무역업자가 제조업자의 요청으로 단순히 수출을 대행하는 경우에는 제조위탁으로 보지 않음	
			(2) 사업자가 건설을 업으로 하는 경우	(가) 건설에 소요되는 시설물을 제조위탁 하는 경우로서, 규격 또는 성능 등을 지정한 도면, 설계도, 시방서 등에 의해 특수한 용도로 주문제작한 것 : 방음벽, 갑문, 수문, 가드레일, 표지판, 주차기, 엘리베이터 등	
				(나) 건축공사에 설치되는 부속시설물로서 규격 등을 지정한 도면, 시방서 및 사양서 등에 의해 주문한 것 : 주방가구, 신발장, 거실장, 창틀 등	
				(다) 건설자재·부품에 대하여 규격 등을 지정한 도면, 시방서 및 사양서 등에 의해 주문한 것	①거래관행상 시방서 등 성능, 품질, 규격 등을 지정한 주문서가 없더라도 지정된 시간과 장소에 납품하도록 제조를 위탁하는 것은 해당됨:레미콘, 아스콘 등 ②규격·표준화된 자재라 하더라도 특별히 설명서, 도면, 시방서 등을 첨부하여 제조위탁하는 경우에는 포함됨 ③단순한 건설자재인 시멘트, 자갈, 모래는 제외되나 규격·품질 등을 지정하여 골재 등을 제조위탁하거나 석산 등을 제공하여 임가공 위탁하는 경우는 해당됨
		나. 수리위탁의 범위	수리사업자가 그 수리행위의 전부 또는 일부를 다른 수리사업자에게 위탁하는 경우	①차량수리업자가 차량의 수리를 다른 사업자에게 위탁하는 경우 ②선박수리업자가 선박의 수리를 다른 사업자에게 위탁하는 경우 ③발전기수리업자가발전기의 수리를 다른 사업자에게 위탁하는 경우	
		다. 건설위탁의 범위	(1) 「건설산업기본법」상건설업자의건설위탁	(가) 「건설산업기본법」제9조(건설업의 등록 등)에 따라 종합공사를 시공하는 업종 또는 전문 공사를 시공하는 업종을 등록한 건설업자가	

				시공 자격이 있는 공종에 대하여 당해 공종의 시공 자격을 가진 다른 등록업자에게 시공 위탁한 경우	
				(나) 건설업자가 시공자격이 없는 공종을 부대공사로 도급받아 동 공종에 대한 시공자격이 있는 다른 사업자에게 시공 위탁 한 경우	①전기 공사업 등록증을 소지하지 아니한 일반건설업자가 전기공사가 주인공사를 전기 공사업 등록증을 소지한 사업자에게 전기공사를 시공하도록 의뢰한 경우는 시공을 위탁한 일반건설업자가 전기 공사업 등록증을 소지하지 아니하였으므로 이는“건설위탁”으로 보지 않음다만, 전기공사가 부대적인 공사인 경우에는“건설위탁”으로 봄 ②토공사업에만 등록한 전문건설업자가 미장공 사업에 등록한 전문건설업자에게 미장 공사를 시공 의뢰한 경우에는 건설위탁으로 보지 않음
			(2) 전기공사업자의 건설위탁	「전기공사업법」 제2조 제3호에 따른 공사업자가 도급받은 전기공사의 전부 또는 일부를 전기공사업 등록을 한 다른 사업자에게 시공위탁 한 경우	
			(3) 정보통신공사업자의 건설위탁	「정보통신공사업법」제2조 제4호에 따른 정보통신공사업자가 도급받은 정보통신공사의 전부 또는 일부를 정보통신공사업 등록을 한 다른 사업자에게 시공위탁 한 경우	
			(4) 소방시설공사업자의 건설위탁	「소방시설공사업법」 제2조 제1항 제2호에 따른 소방시설공사업 등록을 한 사업자가 도급받은 소방시설공사의 전부 또는 일부를 소방시설공사업 등록을 한 다른 사업자에게 시공위탁 한 경우	
			(5) 주택건설 등록업자의 건설위탁	「주택법」 제9조에 따른 주택건설사업 등록사업자가 그 업에 따른 주택건설공사의 전부 또는 일부를 시공자격이 있는 다른 사업자에게 시공위탁 한 경우	
			(6) 환경관련 시설업자의 건설위탁	「환경기술 및 환경산업 지원법」 제15조에 따른 등록업자가 그 업에 따른 해당 환경전문 공사의 전부 또는 일부를 시공자격이 있는 다른 사업자에게 시공위탁 한 경우	
			(7) 에너지관련 건설업자의 건설위탁	「에너지이용 합리화법」 제37조에 따른 등록업자, 「도시가스사업법」 제12조에 따른 시공자가 그 업에 따른 해당 에너지 관련 시설공사를 시공자격이 있는 다른 사업자에게 시공위탁 한 경우	

		(8) 경미한 공사의 건설위탁	「건설산업기본법」상의 건설업자 및 「전기공사업법」상의 공사업자가 건설산업기본법시행령제8조 및 전기공사업법 시행령 제5조의 규정에 의한 경미한 공사를 상기 법령에 의한 등록을 하지 아니한 사업자에게 위탁한 경우	
		(9) 자체 발주공사의 건설위탁	건설업을 영위하는 사업자가 아파트신축공사 등 건설공사를 자기가 발주하여 다른 건설업자에게 공사의 전부 또는 일부를 위탁하는 경우	
		(10) 형식적 하도급관계와 사실적 하도급관계	형식적 하도급관계와 사실상의 하도급관계가 다를 경우에는 사실상의 하도급거래를 적용대상으로 하고, 이를 예시하면 다음과 같음	(가)원사업자(A)가 사실상의 수급사업자(B)와 하도급관계를 맺고 있으면서 형식상으로는 A가직영하는 것으로 되어 있을 경우 다음에 예시 하는 바와 같은사실에 의해서 사실상의 관계가 입증되면 A와B 사이에 하도급관계가 있다고 봄 •B가A에 대하여 당해공사에 관하여 계약이행을 보증한 사실 또는 담보책임을 부담한 사실이있는 경우 •B가 당해공사와 관련된 인부의 산재보험료를 부담한 사실이 있는 경우 •형식상으로는 B가당해공사에 전혀관련이없는자로 되어있으나 당해공사를 시공함에 있어공사일지, 장비가동일보, 출력일보, 유류사용대장등에B의책임하에장비,인부등을조달하여당해공사를시공한것이확인되는경우 •형식상으로는 B가A의 소장으로 되어 있으나 B가동공사기간 중 A로부터 봉급을 받은 사실이 없는 경우 •「총포·도검·화약류등단속법」등 관계 법령에 따라 B가 직접허가를 받아시공한 경우 ①원사업자(A)와 수급사업자(B)가 하도급계약을 맺었으나 실제공사는 B로부터 등록증을 대여 받은 무등록건설업자(C)

<table>
<tr><td></td><td></td><td></td><td></td><td></td><td>가시공했을 경우C는 무등록사업자이므로 하도급법적용대상으로 보지 않음</td></tr>
<tr><td></td><td></td><td></td><td>(11) 하도급계약체결이후건설업자요건등충족시 법적용가능성</td><td colspan="2">사업자가 건설업자 요건 등을 충족하지 않은 상태에서 거래를 하다가 이후 동 요건을 충족한 경우에는 새로운 하도급계약(변경 포함)분부터 법상 당사자가 될 수 있음</td></tr>
<tr><td rowspan="3"></td><td rowspan="3"></td><td rowspan="3">라. 용역위탁의 범위</td><td rowspan="3">〈지식·정보성과물의작성위탁의 법적용예시〉</td><td>(1) 사업자가 정보프로그램 작성을 업으로 하는 경우</td><td>(가)「소프트웨어산업진흥법」제2조제1호의 규정에 의한 소프트웨어 (컴퓨터·통신·자동화등의장비와그주변장치에 대하여 명령·제어·입력·처리·저장·출력·상호작용이가능하도록하게 하는 지시·명령〈음성이나 영상정보등을 포함한다〉의 집합과 이를 작성하기 위하여 사용된 기술서나 그밖의 관련자료를 말함 이하 같음)의 작성을 위탁하는 것
예)소프트웨어개발을 위한 제안서·마스터플랜, 시스템 구축 관련 설계(하드웨어, 소프트웨어, 네트워크 등), 시스템개발(하드웨어 및 소프트웨어개발, 네트워크설치 등)
(나)「국가정보화기본법」제3조제1호의 규정에의한“정보”(특정목적을위하여광(光)또는전자적방식으로처리되어부호·문자·음성·음향및영상등으로표현된모든종류의자료또는지식을말한다)의작성을다른사업자에게위탁하는것</td></tr>
<tr><td colspan="2">(2) 사업자가 영화, 방송프로그램 그 밖에 영상·음성 또는 음향에 의하여 구성되어지는 성과물의 작성을 업으로 하는 경우 영화, 방송프로그램, 영상광고 등의 제작을 다른 사업자에게 위탁하는 것</td></tr>
<tr><td>(3) 사업자가 문자·도형·기호의 결합 또는 이것들과 색채의 결합에 의하여 구성되어 지는</td><td>(가)「건축사법」제2조 제3호의 규정에 의한 설계도서의 작성을 다른 사업자에게 위탁하는 것</td></tr>
</table>

				성과물의 작성을 업으로 하는 경우	예) 건축물의 건축·대수선, 건축설비의 설치 또는 공작물의 축조를 위한 도면, 구조계획서 및 공사시방서 (나)「엔지니어링산업진흥 법」제2조 제1호의 규정에 의한 엔지니어링 활동 중 설계를 다른 사업자에게 위탁하는 것 예) 과학기술의 지식을 응용한 사업 및 시설물에 관한 설계 (다) 애니메이션, 만화 등의 제작을 다른 사업자에게 위탁하는 것 (라) 상품의 형태, 용기, 포장 및 광고 등에 사용되는데 자인의 제작을 다른 사업자에게 위탁하는 것
			〈역무의공급위탁의 법적용예시〉	(1) 사업자가 엔지니어링 활동을 업으로 하는 경우	(가)「엔지니어링산업진흥 법」상 엔지니어링 활동을 업으로 하는 사업자가 공장 및 토목공사의 타당성 조사, 구조계산을 다른 사업자에게 위탁하는 것 (나)시험, 감리를 다른 사업자에게 위탁하는 것 (다)시설물의 유지관리를 다른 사업자에게 위탁하는 것
				(2) 「화물자동차운수사업법」상운수사업자가화물자동차를이용한화물의운송또는화물운송의주선을다른사업자에게위탁하는것	
				(3) 「건축법」상건축물의유지·관리를업으로하는사업자가건축물의유지·보수,청소,경비를다른사업자에게위탁하는것	
				(4) 사업자가 경비를 업으로 하는 경우	(가)「경비업법」상경비를 업으로 하는 사업자가 시설·장소·물건 등에 대한 위험 발생 등을 방지하는 활동을 다른 사업자에게 위탁하는 것 (나)「경비업법」상경비를 업으로 하는 사업자가 사람의 생명 또는 신체

					에 대한 위해의 발생을 방지하고 그 신변을 보호하기 위하여 행하는 활동을 다른 사업자에게 위탁하는 것
				(5) 사업자가 물류 등을 업으로 하는 경우	(가)「물류정책기본법」상 물류 사업을 업으로 하는 사업자 또는 국제물류주선업을 업으로 하는 사업자가 화물의 운송, 보관, 하역 또는 포장과 이와 관련된 제반 활동을 위탁하거나 화물 운송의 주선을 다른 사업자에게 위탁하는 것 (나)「항만운송사업법」상항만 운항 업자가 같은 법 제2조 제1항에 의한 항만운송 및 제2조 제4항 항만운송 관련 사업 중 항만 용역업을 다른 사업자에게 위탁하는 것 (다)한국철도공사 등 철도운송업자가 「한국철도공사법」제9조 제1항 제1호의 규정에 의한 운송 사업을 다른 사업자에게 위탁하는 것
				(6) 사업자가 「소프트웨어산업진흥법」제2조제3호에따른소프트웨어사업을업으로하는경우	(가)수요자의 요구에 의하여 컨설팅, 요구분석, 시스템통합 시험 및 설치, 일정 기간시스템의 운영 및 유지·보수 등을 다른 사업자에게 위탁하는 것 (나)소프트웨어 관련 서비스 사업을 업으로 하는 사업자가 데이터베이스 개발·공급 및 컨설팅, 자료입력 등 단위 서비스 제공 사업을 다른 사업자에게 위탁하는 것 (다)위탁을 하는 사업자가 연구 및 개발을 업으로 하는 경우, 다른 사업자에게 기술시험, 검사, 분석, 사

					진촬영 및 처리, 번역 및 통역, 포장, 전시 및 행사 대행 등을 다른 사업자에게 위탁하는 것(단, 법 제2조 제13항 제1호의 규정에 의한 엔지니어링 활동은 제외)
				(7) 사업자가 광고를 업으로 하는 경우	(가) 광고와 관련된 판촉, 행사, 조사, 컨설팅 등을 다른 사업자에게 위탁하는 것 (나) 영상광고와 관련된 편집, 현상, 녹음, 촬영 등을 다른 사업자에게 위탁하는 것 (다) 전시 및 행사와 관련된 조사, 기획, 설계, 구성 등을 다른 사업자에게 위탁하는 것
				(8) 사업자가 방송·방송영상제작, 영화제작, 공연기획을 업으로 하는 경우 녹음, 촬영, 음향, 조명, 보조출연, 미술, 편집 등을 다른 사업자에게 위탁하는 것	
				(9) 사업자가 「건축법」 제2조 제1항 제12호의 규정에 의한 건축주 등 부동산공급을 업으로 하는 경우 「건축물의 분양에 관한 법률」제2조 제2호의 규정에 의한 분양의 업무를 다른 사업자에게 위탁하는 것	
				(10) 사업자가 도·소매를 업으로 하는 경우 물품의 판매를 다른 사업자에게 위탁하는 것	
				(11) 이상에서 열거한 역무의 공급을 위탁받은 사업자가 위탁받은 역무의 전부 또는 일부를 다른 사업자에게 위탁하는 것	
	2. 법적용 대상이 되는 사업자(폐지:2011.4.29.,시행:2011.6.30.)				
	3. 서면의발급(법제3조, 시행령제3조)	적법한 서면발급여부에 관한 판단기준의 예시	(1) 기본계약서 또는 개별계약서에 위탁일, 품명, 수량, 단가, 하도급대금, 납기 등 법에서 규정하고 있는 중요기재사항을 담은 서면을 발급한 경우는 적법한 서면발급으로 봄		
			(2) 빈번한 거래에 있어 계약서에 법정기재사항의 일부가 누락되어 있으나, 건별 발주 시 제공한 물량표 등으로 누락사항의 파악이 가능한 경우는 적법한 서면발급으로 봄		
			(3) 법정기재사항의 일부분이 누락되었으나 업종의 특성이나 현실에 비추어 볼 때 거래에 큰 문제가 없다고 판단되는 경우는 적법한 서면발급으로 봄		
			(4) (삭제 : 2010.7.23.)		
			(5) 기본계약서를 발급하고 FAX, 기타 전기·전자적인 형태 등에 의해 발주한 것으로 발주내용이 객관적		

<table>
<tr><td></td><td></td><td colspan="2">으로 명백하다고 판단되는 경우 적법한 서면발급으로 봄</td></tr>
<tr><td></td><td></td><td colspan="2">(6) 기본계약서를 발급하고 수출용물품을 제조위탁 하는 경우 수급사업자가 원사업자에게 제출한 물품매도확약서(offer sheet)를 개별계약서로 갈음할 수 있음</td></tr>
<tr><td></td><td></td><td colspan="2">(7) 양당사자의 기명날인이 없는 서면을 발급한 경우는 서면미발급으로 봄</td></tr>
<tr><td></td><td></td><td colspan="2">(8) 실제의 하도급거래관계와 다른 허위사실을 기재한 서면을 발급한 경우는 서면미발급으로 봄</td></tr>
<tr><td></td><td></td><td colspan="2">(9) 1건의 하도급공사에 대하여 2종 이상의 계약서(계약서로 간주될 수 있는 서류 포함)가 존재할 때는 실제의 하도급거래관계에 입각한 서면을 적법한 것으로 봄 다만, 실제의 거래관계를 구체적으로 입증하지 못하는 경우에는 계약의 요건을 보다 충실하게 갖춘 서면(예 : 발주처에 통보한 서면 등)을 적법한 서면으로 봄</td></tr>
<tr><td></td><td></td><td>(10) 추가공사의 위탁과 관련한 경우</td><td>(가) 경미하고 빈번한 추가 작업으로 인해 물량 변동이 명백히 예상되는 공종에 대해 시공 완료 후 즉시 정산 합의서로 계약서를 대체한 경우는 적법한 서면발급으로 봄
(나) 추가 공사 범위가 구분되고 금액이 상당함에도 불구하고 이에 대한 구체적인 추가 계약서나 작업지시서 등을 발급하지 아니한 경우는 서면 미발급으로 봄
(다) 시공과정에서 추가 또는 변경된 공사 물량이 입증되었으나 당사자 간의 정산에 다툼이 있어 변경 계약서 또는 정산서를 발급하지 아니하는 경우는 원사업자가 구체적으로 적시하지 않은 책임이 있는 것으로 보아 서면 미발급으로 봄
(라) 구체적인 계약서 형태를 갖추지 않았으나 원사업자의 현장관리자가 추가 공사에 대한 금액 산정이 가능한 약식서류 등을 제공한 경우는 불완전한 서면발급으로 봄
(나) 추가 공사 범위가 구분되고 금액이 상당함에도 불구하고 이에 대한 구체적인 추가 계약서나 작업지시서 등을 발급하지 아니한 경우는 서면 미발급으로 봄
(다) 시공과정에서 추가 또는 변경된 공사 물량이 입증되었으나 당사자 간의 정산에 다툼이 있어 변경 계약서 또는 정산서를 발급하지 아니하는 경우는 원사업자가 구체적으로 적시하지 않은 책임이 있는 것으로 보아 서면 미발급으로 봄
(라) 구체적인 계약서 형태를 갖추지 않았으나 원사업자의 현장관리자가 추가 공사</td></tr>
<tr><td></td><td>3-1. 하도급계약 추정제에서의 통지와 회신</td><td colspan="3">하도급법시행령 제5조 제3항에 따라 공정거래위원회가 정하여 보급할 수 있는 통지와 회신의 양식은 [서식1]과 [서식2]와 같음</td></tr>
</table>

<table>
<tr><td>의 양식(법 제3조, 시행령 제5조 제3항)</td><td colspan="4"></td></tr>
<tr><td colspan="5">4. 부당한하도급대금의결정(법제4조)(폐지:2007.7.25.)</td></tr>
<tr><td>5. 물품등의구매강제금지(법제5조)</td><td colspan="4">발주자나 고객이 목적물의 제조 또는 시공의뢰 시, 특정물품 및 장비 등을 사용토록 요구하는 경우에는 부당한 물품의 구매강제행위에 해당되지 않음</td></tr>
<tr><td>6. 선급금의지급(법제6조)</td><td>가. 선급금의 지연지급에 대한 지연이자 계산</td><td>(1)법정 지급기일(원사업자가 발주자로부터 선급금을 지급받은 날로부터 15일, 제조 등의 위탁을 하기 전에 선급금을 받은 경우에는 위탁한 날로부터 15일)을 초과하여 선급금을 지급한 경우에는 법정 지급기일을 초과한 날로부터 지급기일까지의 기간 일수를 산정하여 이자를 부과함 다만, 원사업자가 발주자로부터 선급금을 지급받은 후 수급사업자에게 선급금 반환을 보증하는 증서(이하 '선급금 보증서'라 한다) 제출을 요청한 날로부터 수급사업자가 선급금 보증서를 제출한 날까지의 기간 일수는 지연이자 계산 시 공제할 수 있음</td><td>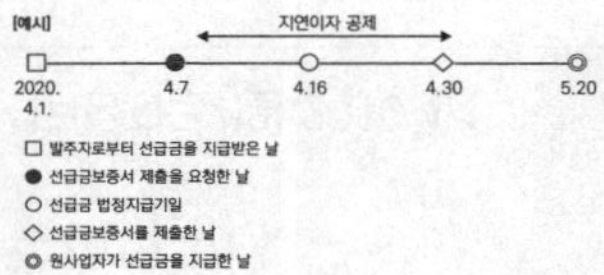
</td><td>- 이자부과 일수 계산예
법정 지급기일을 초과하여 지급한 일수(34일)에서 선급금 보증서를 요청한 날로부터 제출한 날까지 일수(23일)를 뺀 11일</td></tr>
</table>

<table>
<tr>
<td></td>
<td></td>
<td></td>
<td></td>
<td>•선급금을 미지급한 경우

총계약금액:5,000만원

선급금:1,000만원
(공사금액의20%)

발주자로부터 선급금을 지급받은 날:2010.3.17.

선급금지급기일:2010.4.1</td>
<td>
<table>
<tr><th rowspan="2">구 성</th><th colspan="2">기성금액</th><th rowspan="2">당해
선급금1」</th><th rowspan="2">선급금
기산일2」</th><th rowspan="2">선급금
지연일수3」</th><th rowspan="2">지연
이자4」</th></tr>
<tr><th>일자</th><th>금액</th></tr>
<tr><td>1회기성</td><td>2010. 4. 30</td><td>1,000</td><td>200</td><td>2010. 4. 2</td><td>29</td><td>3.1</td></tr>
<tr><td>2회기성</td><td>5. 31</td><td>1,000</td><td>200</td><td>″</td><td>60</td><td>6.5</td></tr>
<tr><td>3회기성</td><td>6. 30</td><td>1,000</td><td>200</td><td>″</td><td>90</td><td>9.8</td></tr>
<tr><td>4회기성</td><td>7. 31</td><td>1,000</td><td>200</td><td>″</td><td>121</td><td>13.2</td></tr>
<tr><td>5회기성</td><td>8. 31</td><td>1,000</td><td>200</td><td>″</td><td>152</td><td>16.6</td></tr>
<tr><td>계</td><td></td><td>5,000</td><td>1,000</td><td></td><td></td><td>49.2</td></tr>
</table>
주1」선급금×당해기성금/총계약금액으로 계산
주2」선급금 지급기일을 초과한 날
주3」기산일로 부터 실제 기성금 지급일까지의 기간
주4」당해 선급금×20%(공정위가 고시하는 지연이자율)×선급금지연일수/365일
</td>
</tr>
<tr>
<td></td>
<td></td>
<td></td>
<td>(2)선급금을 지급하지 않은 상태에서 기성금을 지급하는 경우 선급금 일부가 당해 기성금에 포함된 것으로 간주하여 지급기일을 초과한 날로부터 당해 기성금 지급일까지의 기간에 대한 이자를 부과함</td>
<td>•선급금을 일부만 지급하면서 지연지급한 경우</td>
<td>총계약금액:10,000만원

선급금:2,000만원(공사금액의20%)

선급금지급기일:2010.4.30

선급금지급금액:1,000만원
(2010.5.10.일 현금지급)

⇒지급지연일수:10일

•선급금중1,000만원(공사금액의10%)의지연지급에따른지연이자:5.4만원

-1,000만원×20%(공정위가고시하는지연이자율)×10(지급기일을초과한날로부터실제지급일까지의기간)/365=5.4만원</td>
</tr>
</table>

•선금금중1,000만원을미지급함에따라발생한지연이자:45.2만원

구 성	기성금액		당해 선금금1」	선금금 기산일2」	선급금 지연일수3」	지연 이자4」
	일자	금액				
1회기성	2010. 5. 31	2,000	200	2010. 5. 1	31	3.4
2회기성	6. 30	3,000	300	"	61	10.0
3회기성	7. 31	1,000	100	"	92	5.0
4회기성	8. 31	2,000	200	"	123	13.5
5회기성	9. 30	2,000	200	"	153	16.7
계		10,000	1,000			45.2

주1」미지급한선급금×당해기성금/총계약금액
주2」선급금지급기일을초과한날
주3」기산일로부터실제기성금지급일까지의기간
주4」당해선급금×20%(공정위가고시하는지연이자율)×선급금지연일수/365일

(3)선급금지급에대한지연이자등의지급기준

•선급금의"법정지급기일"이라함은발주자로부터선급금을받은날(또는원사업자가제조등의위탁을한날)로부터15일째되는날을말함

(가) 수급사업자에게 법정지급기일을 초과하여 현금으로 지급하는 경우 : 법정지급기일을 초과한 날부터 지급일까지의 기간에 대한 지연이자 부과

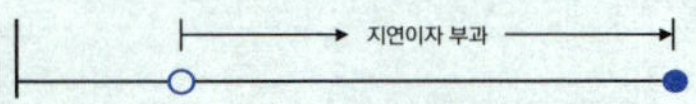

(나) 수급사업자에게 법정지급기일내에 어음 등으로 지급하는 경우 : 법정지급기일을 초과한 날부터 어음만기일까지의 기간에 대한 할인료 부과

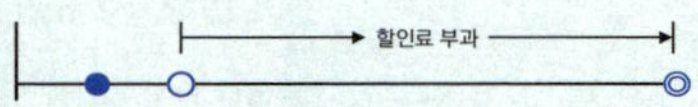

(다) 수급사업자에게 법정 지급기일을 초과하여 어음 등으로 지급하는 경우:법정 지급기일을 초과한 날로부터 어음교부인까지의 기간에 대한 지연이자 부과 및 어음 교부일부터 만기일까지의 기간에 대한 할인료 부과

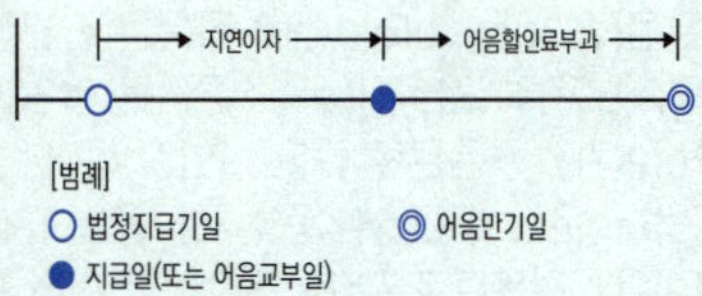

<table>
<tr><td rowspan="2"></td><td rowspan="2">나. 원사업자가 발주자로부터 받은 선급금의 내용과 비율에 따른 판단 기준</td><td>(1) 발 주자가 선급금을 지급하면서 특정한 공사나 품목을 지정하여 선급금을 지급하는 경우에는 발주자가 지정하는 용도에 한정하여 원사업자는 수급사업자에게 선급금을 지급하면 됨</td><td>A라는 토목건축공사에 토공사, 철근콘크리트공사, 조경석재공사, 승강기설치공사 등 4개의 전문건설공사가 있다고 가정할 경우, 선급금을 지급하면서 토공사와 철근콘크리트공사에만 사용하도록 공사부문을 지정하였다면 토공사와 철근콘크리트공사부문 수급사업자에게만 선급금을 지급하여야 하고, 철근자재 구입에만 사용하도록 품목을 지정하였다면 철근자재를 사용하는 공사부문 수급사업자에게만 선급금을 지급하여야 하며, 선급금 지급대상 공사 또는 품목전체에서 해당 공사가 차지하는 금액비율로 수급사업자에게 선급금을 지급하여야 함</td></tr>
<tr><td colspan="2">(2) 발주자가 선급금을 지급하면서 특정한 품목이나 공사부문을 지정하지 않은 경우 원사업자는 전체 공사대금 중 하도급계약금액의 비율에 따라 수급사업자에게 해당 선급금을 지급하여야 함</td></tr>
<tr><td rowspan="3">7.내국신용장의개설
(법제7조)</td><td>가. 원사업자가 수출할 물품을 수급사업자에게 제조위탁하면서 내국신용장을 미개설 하더라도 다음의 경우는 정당한 사유가 있는 것으로 봄</td><td colspan="2">(1) 수급사업자가 내국신용장의 개설을 원하지 아니한 사실이 명백한 경우
(2) 원사업자가 내국신용장개설은행에 연체 및 대지급당한 상태에 있거나 개설 한도 부족 등으로 인하여 내국신용장 개설이 불가능한 경우</td></tr>
<tr><td colspan="3">나. 수급사업자가 제조위탁을 받은 날로부터 15일을 초과하여 물품매도확약서를 제출하는 경우 원사업자가 물품매도확약서를 제출받은 후 지체 없이 내국신용장을 개설한 경우에는 위법한 것으로 보지 않음</td></tr>
<tr><td colspan="3">다. 월 1회 이상 일괄하여 내국신용장을 개설하기로 원사업자와 수급사업자가 명백히 합의한 경우에는 그 정한 날에 내국신용장을 개설하면 위법한 것으로 보지 않음</td></tr>
<tr><td colspan="4">8. 부당한 수령 거부의 금지(법 제8조)(폐지:2013.11.29.)</td></tr>
<tr><td rowspan="2">8-1. 검사의 방법및 시기
(법 제9조)</td><td colspan="3">가. 검사의 방법으로는 당사자 간에 합의가 있다는 전제하에 전수검사, 발췌검사, 제3자에 대한 검사의뢰, 수급사업자에게 검사위임, 무검사 합격 등이 있음</td></tr>
<tr><td>나. 검사결과의 통지기간의 예외 사유로 인정될 수 있는 '정당한 사유가 있는 경우'에 대한 판단기준을 예시하면 다음과 같음</td><td colspan="2">(1) 일일 평균 검사물량의 과다, 발주처에의 납기 준수 등 통상적인 사유에는 인정되지 않음
(2) 거대한 건설공사(댐·교량공사, 대단위 플랜트 공사 등), 시스템통합 용역 등 복잡·다양한 기술적 검사가 필요하여 장기간의 검사가 불가피하게 요구되는 경우에는 정당한 사유로 인정할 수 있음</td></tr>
<tr><td colspan="4">9. 부당반품의 금지 (법 제10조)(폐지 : 2013.11.29.)</td></tr>
<tr><td colspan="4">10. 부당감액의 금지 (법 제11조)(폐지 : 2007. 7.25)</td></tr>
<tr><td>10-1. 경제적 이익의 부당요구 금지(법 제12조의2)</td><td>원사업자의 경제적 이익의 부당요구행위의 예시</td><td colspan="2">가. 원사업자의 수익 또는 경영여건 악화 등 불합리한 이유로 협찬금, 장려금, 지원금 등 경제적이익(재물 및 경제적 가치 있는 이익을 포함 이하 같음)을 요구하는 경우
나. 하도급거래개시 또는 다량 거래 등을 조건으로 협찬금, 장려금, 지원금 등 경제적이익을 요구하는 경우
다. 기타 수급사업자가 부담하여야 할 법률상 의무가 없음에도 협찬금, 장려금, 지원금 등 경제적이익을 요구하는 경우</td></tr>
<tr><td colspan="4">10-2. 기술자료 제공 요구 금지 등(법 제12조의3)(폐지 : 2011.8.16)</td></tr>
</table>

11. 하도급대금의 지급 (법 제13조)

가.(삭제:2008.12.5)

나. 하도급대금을 어음으로 지급하였으나 지급받은 어음이 부도 처리된 경우에는 하도급대금을 지급하지 아니한 것으로 봄

다. 하도급대금 지급 시 기산점이 되는 목적물의 수령일은 제조·수리 위탁의 경우에는 원사업자가 수급사업자로부터 목적물의 납품을 받은 날, 건설위탁의 경우에는 원사업자가 수급사업자로부터 준공 또는 기성부분의 통지를 받고 검사를 완료한 날(법 제8조 제2항 단서의 규정에 의한 목적물의 진수일)을 말함다만, 납품이 빈번하여 상호 합의하에 월 1회 이상 세금계산서를 발행하도록 정하고 있는 경우에는 일괄 마감하는 날(세금계산서 발행일)을 말함

12. 현금비율 적용기준 (법 제13조 제4항)

가. 원사업자가 발주자로부터 지급받은 현금비율이 일정하지 아니한 경우 수급사업자에게 하도급대금을 지급함에 있어서는 하도급대금을 지급하기 직전에 원사업자가 발주자로부터 지급받은 현금비율 이상으로 지급하여야 함 원사업자가 발주자로부터 제1회 도급대금을 지급받기 전까지 수급사업자에게 하도급대금을 지급하는 경우에는 그러하지 않음 다만 원사업자가 수급사업자에게 금회 하도급대금을 지급한 후 차회 하도급대금을 지급하기 전까지 발주자로부터 2회 이상 도급대금을 지급받은 경우에는 각각의 현금비율을 산술평균한 비율 이상으로 지급하여야 함

※ 현금비율은 다음과 같이 산정함
- 원사업자가 발주자로부터 지급받은 현금비율:현금수령액/도급대금 수령액
- 원사업자가 수급사업자에게 지급하는 현금비율:현금 지급액/하도급대금 지급액
- 금액 단위는 천 원으로 하고 천 원 미만은 버린다.
- 현금비율 산정 시 현금수령액(현금 지급액)은'현금','수표','만기일이 채권 발행일 바로 다음날 도래하는 외상 매출채권'에 의한 수령액(지급액)의 합계액을 말함

도급대금 수령		하도급대금 지급	
수령일자	결제비율(현금:어음)	지급일자	현금결제비율
2. 1	50 : 50	1. 8	예외가능
5. 1	50 : 50	3. 5	50% 이상
5.15	60 : 40	4. 5	50% 이상
8. 1	20 : 80	7. 1	43% 이상[1]
8. 1	40 : 60	9. 1	40% 이상

주1) 원사업자가 발주자로부터 5.1, 5.15, 6.1 지급받은 것을 산술평균한 비율 [(50+60+20)/3]

나. 원사업자가 다수의 발주자에게 납품하는 물품을 다수의 수급사업자에게 제조 등을 위탁하는 경우에 특정 수급사업자가 납품한 물품이 공급되는 발주자가 명확한 경우에는 당해 발주자로부터 원사업자가 받은 현금비율을 적용하고, 불명확할 경우에는 원사업자가 다수의 발주자로부터 받은 현금비율을 산술평균하여 적용함

다. 원사업자가 발주자로부터 선급금을 받은 때에도 그 지급받은 현금비율 이상으로 수급사업자에게 지급하여야 함

라. 법 제13조 제4항에 의한 현금비율유지 및제13조 제5항에 의한 어음만기일 유지는 1999.4.1 이후 하도급계약이 체결된 하도급거래에 적용함 하도급계약의 체결시점을 판단하는데 있어서 제조위탁의 경우 기본계약이 아니라 발주서 등에 의한 개별계약의 체결시점을 기준으로 하며, 건설위탁의 경우 원칙적으로 당초 하도급계약 체결시점을 기준으로 함

[적용기준 예시]

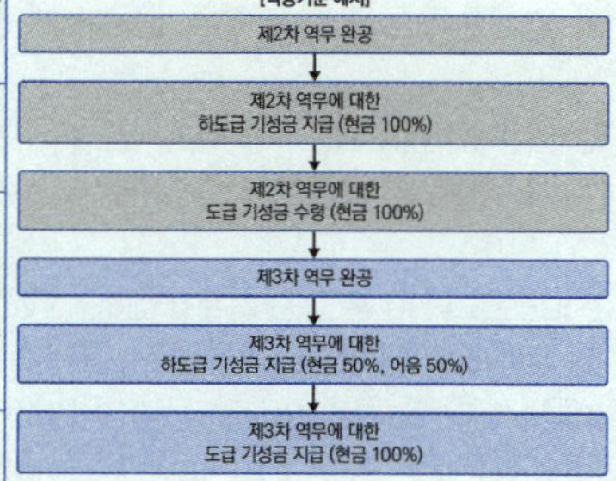

마. 전체 목적물 중 일부 목적물에 대해 하도급대금이 도급대금보다 먼저 지급되는 경우 하도급대금의 지급이 현금비율 유지 의무를 준수했는지는 나중에 지급되는 도급대금 지급 시점까지 하도급대금이 현금화된 정도를 고려하여 판단함

	*제3차 역무에 대한 도급기 성금을 수령하기 전까지 어음으로 지급한 제3차 역무에 대한 하도급기 성금이 현금화되었다고 하면, 현금비율 유지 의무를 준수한 것으로 봄	
13. 어음만기일 유지 (법 제13조 제5항)	가. 원사업자가발주자로부터 교부 받은 어음의 지급기간 (발행일로부터 만기일까지)이일정하지 아니한 경우 수급사업자에게 하도급대금을 지급함에 있어서는 하도급대금을 지급하기직전에 원사업자가발주자로부터 교부받은 어음의지급기간을 초과하는 어음으로 하도급대금을 지급하여서는 안됨 원사업자가 발주자로부터 제1회 도급대금을 지급받기전 까지 수급사업자에게 하도급대금을 지급하는 경우에는 예외로 할 수있음 다만, 원사업자가수급사업자에게 금회하도급대금을 지급한 후차회하도급대금을 지급하기 전 까지 발주자로부터 2회 이상 도급대금을 지급받은 경우에는 각각의 어음지급기간을 산술평균하여 적용함 나. 원사업자가 다수의 발주자에게 납품하는 물품을 다수의 수급사업자에게 제조 등 위탁하는 경우에 특정 수급사업자가 납품한 물품이 공급되는 발주자가 명확한 경우에는 당해 발주자로부터 원사업자가 받은 어음 지급 기간을 적용하고, 불명확할 경우에는 원사업자가 다수의 발주자로부터 교부받은 어음 지급 기간을 산술평균하여 적용함 다. 발주자가 타인발행의 어음으로 도급대금을 지급한 경우에 어음의 지급 기간은 원사업자가 어음을 교부받은 날로부터 만기일까지로 봄 라. 원사업자가 발주자로부터 선급금을 지급받은 때에 어음이 포함되어 있는 경우 교부	
14. 건설하도급대금지급보증 (법 제13조의2)	가. (삭제 : 2014.11.29.)	
	나. 원사업자는 하도급대금이나 공사기간이 조정되어 그에 따른 지급보증 변경이 필요한 경우 그 조정 시점에서 변경된 내용에 따라 수급사업자에게 추가로 대금지급을 보증하여야 함 다만, 추가공사의 공사금액이 1,000만원 이하의 경미한 공사인 경우에는 예외로 함(개정 2013.12.18.)	
	다. 하도급대금의 지급을 이미 보증한 사업자와 합병을 하거나 상속, 영업양수 등을 통하여 그 지위를 승계한 원사업자는 수급사업자에게 동 하도급대금에 대하여 별도의 지급보증을 하지 않아도 됨 다만, 대금지급보증의무 대상사업자가 대금지급보증면제대상 사업자의 원사업자 지위를 승계한 경우에는 수급사업자에게 승계당시 잔여공사에 대하여 하도급대금의 지급을 보증하여야 함	
	라. 하도급계약 체결 후, 원사업자에 대한 신용평가등급이 변경되어 하도급대금 지급보증 면제대상에서 제외된 경우에는 기존 하도급 계약에 있어 아직 대금지급이 이루어지지 아니한 부분에 대하여 지급보증 면제대상에서 제외된 날부터 30일 이내에 지급보증을 하여야 함	
	마. (삭제)	
	바. 평가대상인 회사채는 원칙적으로 무보증회사채를 기준으로 하며, 회사채에 대한 신용평가 등급은 당해 평가의 유효기간 내에서 효력이 있음	
	사. 원사업자의 하도급대금 지급보증의무는 수급사업자와의 합의로 면제되지 않음	
14-1 하도급대금의 직접 지급	법 제14조 제5항과 관련하여, 수급사업자가 발주자로부터 하도급대금을 직접 지급받을 수 있도록 하기 위해 원사업자가 필요한 조치를 이행하여야 하는 기한	가. 법 제14조 제1항 제1호의 사유에 따라 발주자가 하도급대금을 직접 지급하는 경우에는 수급사업자로부터 기성부분 내지 물량 투입 등의 확인에 필요한 조치의 이행을 요청받은 날로부터 15일 나. 법 제14조 제1항 제2호 내지 제4호의 사유에 따라 발주자가 하도급대금을 직접 지급하는 경우에는 수급사업자로부터 기성부분 내지 물량 투입 등의 확인에 필요한 조치의 이행을 요청받은 날로부터 5일 다. 다만, 사업자가 위기 한내에 필요한 조치를 이행할 수 없는 특별한 사정이 있는 경우에는 그 사유와 이행 예정 시기 등을 적시하여 소명자료를 위기 한내에 공정거래위원회에 제출하여야 함
15. 관세 등의 환급	관세 등 환급액의 지연지급에 해당되지	가. 수급사업자가 기초 원재료 납세증명서 등 관세환급에 필요한 서류를 원사업자에게 인도하지 아니하

(법 제15조)	않는 경우의 예시	거나 지연하여 인도한 경우 나. 기초 원재료 납세증명서 등 관세환급에 필요한 서류상의 기재 내용이 실 거래와 상이하여 관세환급을 받을 수 없는 경우 다. 수급사업자가 직접 관세 등을 환급받는 경우에는 수급사업자로부터 관세 등 환급에 필요한 환급위임장의 발급을 요청받았을 때 원사업자가 이를 지체 없이 발급해준 경우
16. 설계변경 등에 따른 하도급대금의 조정 (법 제16조)	가. 원사업자가 발주자로부터 설계변경 등에 따른 하도급대금의 조정을 받은 경우 추가 금액의 내용과 비율이 명확한 경우에는 그 내용과 비율에 따라 수급사업자에게 지급하여야 하고, 내용이 불명확한 경우에는 발주자가 지급한 평균 비율을 적용 지급하여야 함 나. 원사업자가 발주자로부터 물가 변동 등 경제 상황의 변동에 따른 하도급대금의 조정을 받은 경우, 하도급계약이 발주자로부터 조정 받기 이전에 체결되었다 하더라도 발주자로부터 조정 받은 기준시점 이후 잔여공사에 대하여 수급사업자에게 대금을 조정해준 경우에는 적법한 것으로 봄 다. 발주자로부터 조정 받은 기준시점 이후에 체결된 하도급계약분에 대하여는 수급사업자에게 대금을 조정해 주지 않아도 적법하다. 다만, 조정기준시점 이전에 이미 선시공 등 사실상 하도급거래가 있었다는 객관적인 사실이 입증되는 경우에는 상기"가"항에 따라 적용함 라. 원사업자가 발주자로부터 물가 변동과 관련 추가 금액을 지급받고도 원사업자와 수급사업자 간 약정이나 국가를 당사자로 하는 계약에 관란 법률 시행령 제64조(물가 변동으로 인한 계약 금액의 조정)를 이유로 조정해 주지 않은 경우에는 법 위반행위로 봄 마. 물가 변동과 관련 발주자로부터 조정 받은 추가 금액을 수급사업자에게 조정해주는 데 있어서 물가 변동 조정기준 시	
16-2. 원재료가격 변동에 따른 하도급대금의 조정(법 제16조의2)(폐지 : 2014. 1. 1.)		
17. 부당한 경영간섭의 금지 (법 제18조)	가. 판단기준	법18조에 규정된 경영간섭 행위의 부당성은 수급사업자가 자율적으로 결정할 수 있는 사안에 대해 간섭하는 원사업자의 행위로서 그 행위가 원사업자 자신이나 특정한 자(회사 또는 자연인)의 사적 이득을 위한 것인지, 국민경제 발전 도모라는 공익을 위한 것인지, 수급사업자에게 불이익한 결과를 초래하는지, 비용 절감·품질 향상 등 효율성 증진 효과 또는 수급사업자의 경영여건이나 수급사업자 소속 근로자의 근로조건 개선 효과를 나타낼 수 있는지 여부 등을 종합적으로 고려하여 판단함
	나. 원사업자의 부당한 경영간섭행위의 예시	(1) 수급사업자가 임직원을 선임·해임함에 있어 자기의 지시 또는 승인을 얻게 하거나 수급사업자의 의사에 반하여 특정인을 채용하게 하는 등의 방법으로 인사에 간섭하는 행위 (2) 수급사업자의 생산품목·시설 규모 등을 제한하는 행위 (3) 1차 수급사업자의 재하도급 거래에 개입하여 자신의 위탁한 목적물의 품질유지 및 납기 내 납품 여부 등 하도급거래의 목적 달성과 관계없이 원사업자 자신이나 특정한 자(회사 또는 자연인)의 사적 이득을 위해 2차 수급사업자의 선정·계약조건 설정 등재 하도급거래 내용을 제한하는 행위 (4) 수급사업자가 정상적으로 공사를 시공 중에 있음에도 불구하고 수급사업자의 의사에 반하여 현장 근로자를 동원하여 공사를 시공케 하는 행위 (5) 수급사업자로 하여금 자신 또는 자신의 계열회사의 경쟁 사업자와 거래하지 못하도록 하는 행위 (6) 원사업자가 자신이 위탁한 목적물의 품질유지 및 납기 내 납품 여부 등 하도급거래의 목적 달성과 관계없이 원사업자 자신이나 특정한 자(회사 또는 자연인)의 사적 이득을 위해 수급사업자의 사업장

		에 출입하여 생산과정, 투입인력, 재료 배합 등을 실사하는 행위. 다만, 건설위탁의 경우 원사업자가 공사현장에 출입하는 행위는 이에 해당하지 않음	
	다. 부당한 경영간섭행위에 해당되지 아니하는 행위	(1) 원사업자가 하도급법 제3조의3에 근거한 협약(이하 '협약'이라 함) 체결의 대상이 되는 수급사업자에게 행하는 다음과 같은 행위	①2차 또는 그 이하 수급사업자와 협약을 체결하도록 권유하는 행위 ②원사업자가 수급사업자에게 지원한 범위 안에서 2차 또는 그 이하 수급사업자에게 지원하도록 요청 내지 권유하는 행위 ③2차 또는 그 이하 수급사업자에 대한 지원 실적의 증빙자료를 제출하도록 요청하는 행위
		(2) 원사업자가 협약을 체결하지 않은 경우일지라도 수급사업자에게 다음과 같은 행위를 통해 지원하면서 수급사업자로 하여금 2차 또는 그 이하 수급사업자에게도 동일한 행위를 하도록 요청 또는 권유하는 행위	①표준하도급 계약서를 사용하여 계약을 체결하는 행위 ②하도급대금 지급 관리 시스템을 통해 하도급대금을 지급하는 행위 ③하도급대금을 일정한 기한 내에 일정한 현금결제비율로 지급하는 행위 ④인건비·복리후생비 지원 등 근로조건을 개선하는 행위 ⑤직업 교육·채용박람회 실시 및 채용연계 등 일자리 창출을 지원하는 행위 ⑥①~⑤이외의 행위로서 효율성 증진·경영여건 개선·소속 근로자 근로조건 개선 등의 효과를 발생시키는 행위
17-1. 보복조치의 금지 (법 제19조)	가. 원사업자의 '그 밖의 불이익을 주는 행위'의 예시	(1) 원사업자가 기존의 생산계획 등에 따라 생산을 하여야 하는 상황이거나 발주자로부터 향후 확보할 수 있는 예상 물량이 충분함에도 불구하고 법 제19조 각호의 신고, 조정 신청, 조사협조를 한 수급사업자에 대해 정당한 사유 없이 기존 하도급거래상의 물량과 비교하여 발주물량을 축소하여 불이익을 주는 행위 (2) 법 제19조 각호의 신고, 조정 신청, 조사협조를 한 수급사업자에 대해 원사업자가 정당한 사유 없이 그간 지급·제공하던 원재료, 자재 등의 공급을 중단하거나 회수하는 등의 방법으로 수급사업자의 사업활동을 곤란하게 하는 행위 (3) 원사업자가 동종업계 다른 원사업자들로 하여금 법 제19조 각호의 신고, 조정 신청, 조사협조를 한 수급사업자를 대상으로 거래정지, 수주 기회 제한, 위(1),(2)의 행위를 하도록 하는 행위 (4) 기타 합리성·객관성이 결여되거나 일반적인 거래관행상 통용되지 않는 수단·방법을 활용해 법 제19조 각호의 신고, 조정 신청, 조사협조를 한 수급사업자에 대해 불이익을 주는 행위	
	나. 인과관계 여부의 판단기준	수급사업자의 법 제19조 각호의 신고, 조정신청, 조사협조와 원사업자의 해당 수급사업자에 대한 수주기회 제한, 거래정지, 그 밖의 불이익을 주는 행위 간에 인과관계가 있는지 여부는 해당 수급사업자가 신고, 조정신청 등을 한 시점과 원사업자의 수주기회 제한 등의 행위가 발생한 시점간의 격차, 해당 수급사업자를 제외한 동종업계 다른 수급사업자들과 그 원사업자간의 거래내용 및 상황, 해당 수급사업자와 그 원사업자간의 거래이력, 발주자의 발주물량 축소 등의 거래여건의 변화 등 행위 당시의 구체적인 사정을 고려하여 개별적으로 판단함	
18. 탈법행위의 금지	예시	가. 공정거래위원회의 시정 조치에 따라 하도급대금 등을 수급사업자에게 지급한 후 이를 회수하거나	

(법 제20조)		납품대금에서 공제하는 등의 방법으로 환수하는 행위 나. 어음할인료·지연이자 등을 수급사업자에게 지급한 후 이에 상응하는 금액만큼 일률적으로 단가를 인하하는 행위 다. 수급사업자에게 선급금 포기각서 제출을 강요한 후 선급금을 지급하지 않는 행위	
19. 하도급분쟁조정협의회 조정요청 범위(법 제24조, 제24조의2, 제24조의3, 제24조의4, 제24조의5, 제24조의6)	가. 하도급분쟁조정협의회에 조정을 의뢰할 수 있는 분쟁사건의 범위	(1) 제조·수리위탁의 경우	제조·수리위탁에 대한 분쟁으로서 원사업자의 하도급계약체결시점의 직전사업연도 매출액이 1조 5천억원 미만인 경우의 분쟁
		(2) 건설위탁의 경우	(가) 「건설산업기본법」에 의한 공사에 대한 분쟁인 경우 ①원사업자가 일반건설업자로서 •하도급계약 체결 시점의 직전사업연도 매출액이 1조 5,000억 원 미만인 사업자의 경우 •토목·건축 등록증만을 소지한 사업자의 경우 ②원사업자가 전문건설업자인 경우 (나) 「전기공사업법」, 「정보통신공사업 법」, 「소방시설공사업 법」에 의한 공사에 대한 분쟁 (다) 법 제2조(정의) 제9항 제5호에 의한 건설업자가 다른 건설업자에게 위탁한 경우의 분쟁 (라) 건설업자가 법 시행령 제2조(중소기업의 범위 등) 제6항의 경미한 공사를 다른 사업자에게 위탁한 경우의 분쟁
		(3) 용역위탁의 경우	(가) 용역위탁에 대한 분쟁으로서 원사업자의 하도급계약체결 시점의 직전사업연도 매출액이 1천 500억원 미만인 경우의 분쟁
	나. "가"에 해당되더라도 다음의 경우에는 공정거래위원회가 직접 처리하여야 함	피조사인이 과거(신고접수일 기준) 1년간 법위반실적이 있고 과거 3년간 부여받은 벌점의 누계가 4점 이상인 경우 또는 과거 1년간 법위반행위를 한 것으로 인정되어 분쟁조정협의회로부터 조정안을 제시받은 횟수가 3회 이상인 경우	
	다. 위 "가"에 해당하지 않더라도 하도급분쟁조정협의회에 조정을 의뢰할 수 있는 원사업자 또는 발주자의 법 위반행위	(1) 법 제6조 위반행위 (2) 법 제13조 제①항, 제 ③항 내지 제 ⑧항 위반행위 (3) 법 제14조 제①항 위반행위 (4) 법 제15조 위반행위 (5) 법 제16조 제①항, 제 ③항 및 제 ④항 위반행위 (6) 법 제5조 위반행위 (7) 법 제12조의 2위반행위 (8) 법 제17조 위반행위	
	라. 신청인이 협의회에 분쟁조정을 신청한 사건에 대하여 협의회로부터 조정불성립을 통보받고 공정거래위원회에 분쟁조정신청과 동일한 내용으로 신고한 경우, 신고인이 분쟁조정기관에 제출한 조정신청서를 공정위에 대한 불공정하도급거래행위 신고서로 갈음할 수 있음.		

20. 제3자의 신고사건 처리기준(법 제22조)(폐지 : 2014. 1. 1.)		
21. 하도급법위반사업자에 대한 조치	가. 하도급법위반사업자에 대한 누적벌점 관리	하도급법위반사업자에 대한 누산벌점관리는 하도급법시행령제17조 제1항및 별표 3의 규정에 의함
	나. (삭제: 2010.7.23.)	
	다. 상습법위반사업자 개별통지 및 관계기관 통보	(1) 공정거래위원회는 일정한 시점을 기준으로 상습범 위반 사업자 요건을 충족하는 사업자에 대해 당해 사업자가 상습범 위반업체에 해당된다는 사실과 향후 추가로 법을 위반할 경우 과징금 부과·가중 및 형사고발될 수 있다는 사실을 통보할 수 있음(신설 2008.12.5) (2) 공정거래위원회는 하도급법 집행의 실효성을 제고하기 위하여 필요하다고 판단되는 경우 상습범 위반 사업자 명단을 관련 부처(기관)에 통보하여 공정한 하도급거래질서 확립을 위한 협조를 요청할 수 있음(신설 2008.12.5)
	라. 공정거래위원회로부터 시정명령을 받은 사실 공표	법위반사업자에게 공정거래위원회로부터 시정명령을 받은 사실의 공표를 명함에 있어서는"공정거래위원회로부터 시정명령을 받은 사실의 공표에 관한 운영지침"을 따르되, 위반행위의 내용·정도, 위반동기 등을 종합적으로 감안하여 공표여부를 결정함
	마. (삭제)	
	바. 기타 시정조치에 관하여 필요한 기준은 공정거래위원회가 제정한 공정거래위원회 회의운영 및 사건절차 등에 관한 규칙에 의함	
	사. 공정거래위원회는 조사개시일(신고사건의 경우 신고접수일, 직권조사 사건의 경우 직권조사계획 발표일 또는 조사공문 발송일 중 뒤의 날) 이전에 해당 사업자가 자체적으로 점검하여 확인한 법위반 행위에 대해 대금지급, 특약 삭제·수정 등 스스로 시정(수급사업자에게 피해가 발생한 경우 그 피해구제 조치 완료도 포함)한 사안에 대해서는 법 제25조,법 제25조의3,법 제26조 제②항, 법 제32조에 따른 조치를 배제할 수 있음	
22. 과법료의 부과방법 (법 제30조의2 제1항)	과태료는 총 하도급 거래금액 중 법위반금액 비율, 기업규모, 고의성 여부 및 과거 법위반실적 등을 감안하여 부과함	
23. 직권실태조사 면제	공정거래위원회는 하도급거래 모범업체로 선정된 사업자에 대해 1년간(익년도) 하도급거래 직권실태조사를 면제할 수 있음	

하도급법		하도급법 시행령	부당특약심사지침[시행2020.1.1.] [공정거래위원회예규제336호,2019.12.31.,폐지제정], 2022. 12. 31.까지 효력	
제3조의 4제1항	수급사업자의 이익을 부당하게 침해하거나 제한하는 계약조건(이하 "부당한 특약"이라 한다)을 설정하여서는 안 됨		수급자의 이익	수급사업자가 원사업자와 하도급거래를 함으로 인하여 얻게 되는 이윤발생, 기업성장, 사업확대, 종사원의 소득증대, 기술축적 등의 다양한 유무형의 경제적인 혜택을 말함
			판단기준	원사업자와 수급사업자 간에 제조 등의 위탁과 관련하여 체결한 하도급거래의 계약조건이 공정하고 타당한지 여부를 기준으로 판단함 즉, 제조 등의 위탁과 관련된 계약조건이 원사업자와 수급사업자가 서로 동등한 입장에서 충분한 협의과정을 거쳐 결정하였는지 여부, 원사업자가 수급사업자에게 목적물 등의 품명, 내용, 규격, 수량, 재질, 공법 등 하도급대금을 결정하는데 필요한 자료·정보를 성실하게 제공하였는지 여부, 당해 업종의 통상적인 거래관행에 어긋나는지 여부, 이 법 및 건설산업기본법 등 관계법령의 취지에 부합하는지 여부, 목적물 등의 내용 및 특성, 수급사업자가 입은 불이익의 내용과 정도 등을 종합적으로 고려하여 판단함
제3조의 4 제2항 제1호	원사업자가 제3조제1항의 서면에 기재되지 아니한 사항을 요구함에 따라 발생된 비용을 수급사업자에게 부담시키는 약정		위법성 판단기준	서면에 명시되지 아니한 사항에 대하여 현장설명서 등의 서류에 기재되어 있음을 이유로 원사업자가 수급사업자에게 제조 등의 위탁수행을 요구하고 이로 인하여 발생되는 비용을 수급사업자에게 부담시키는 약정에 해당하는지 여부를 기준으로 판단함
			서면에 기재되지 아니한 사항에 포함되는 경우	•원사업자가 입찰 참가 예정자 또는 수의계약 예정자에게 배부한 서류 중 하도급계약 체결 시 서면에 포함되지 아니한 다음의 각종 서류에 기재된 사항 -(예시) 현장설명서, 입찰 및 견적 일반조건·특수조건, 설계도면, 시방서, 물량내역서, 유의 서, 입찰제안요청서 등 •하도급계약 체결 과정에서 면과 별개로 작성된 다음의 각종 서류에 기재된 사항 -(예시) 계약 일반조건·특수조건, 계약 특약조건, 도급 업무내역서, 환경에 관한 협약서, 하자 보수에 관한 협약서, 안전 관리 및 품질관리에 관한 협약서, 제조물책임에 관한 협약서, 각서, 확약서, 합의서 등
			부당특약 예시	①철근, 원심력 철근콘크리트 관(흄관) 등 자재(발주자 또는 원사업자가 수급사업자에게 지급한 자재를 말한다)의 하차비, 추가 장비 사용료, 야적장 임대료(보관·관리비) 등의 모든 비용은 수급사업자가

<table>
<tr><th colspan="2">하도급법</th><th>하도급법 시행령</th><th colspan="2">부당특약심사지침[시행2020.1.1.] [공정거래위원회예규제336호,2019.12.31.,폐지제정], 2022. 12. 31.까지 효력</th></tr>
<tr><td></td><td></td><td rowspan="3"></td><td></td><td>부담한다는 약정이 서면에는 기재되지 않고 현장설명서에만 기재된 경우
②서면에 기재되지 아니한 추가 공사 또는 계약사항 이외 시공 부분에 대한 비용은 수급사업자가 부담한다는 약정</td></tr>
<tr><td rowspan="2">제3조의 4 제2항 제2호</td><td rowspan="2">원사업자가 부담하여야 할 민원처리, 산업재해 등과 관련된 비용을 수급사업자에게 부담시키는 약정</td><td>판단기준</td><td>(1)"민원처리와 관련된 비용"이라 함은 제조 등의 위탁과 관련하여 발생하는 소음·분진·진동 등으로 인한 환경민원, 용지보상 분쟁 및 이와 유사한 각종 민원에 대 한민·형사상의 분쟁 등을 해결·처리하는데 소요되는 비용을 말함
(2)"산업재해와 관련된 비용"이라 함은 제조 등의 위탁과 관련하여 수급사업자 소속 근로자가 업무와 관계되는 작업을 수행하는 과정에서 사망, 부상, 질병 등의 재해를 입은 경우 이에 대한 치료비, 보상금, 합의금 등에 소요되는 비용을 말함
(3)법 제3조의 4 제2항 제2호의 위법성은 관계법령(고용보험 및 산업재해보상보험의 보험료 징수 등에 관한 법률·산업안전보건법·산업재해보상보험법 등),당해 업종의 통상적인 거래 관행, 목적물 등의 특성 등을 고려할 때 원사업자가 부담하여야 할 민원처리 및 산업재해비용을 수급사업자에게 부담시키는 약정에 해당하는지를 기준으로 판단함</td></tr>
<tr><td>부당특약 예시</td><td>①하도급 공사를 하는 도중에 발생하는 모든 민원을 수급사업자의 비용으로 처리하여야 한다는 약정
②수급사업자는 하도급계약의 이행과 관련하여 어떠한 민원이 발생하더라도 수급사업자의 비용으로 최우선적으로 처리하여야 하고, 원사업자에게 일체로 이의를 제기하지 못한다는 약정
③수급사업자 소속 근로자의 산업재해로 발생한 진료비, 노무비, 산업재해자 및 유가족과의 합의, 산업재해 처리와 관련된 관계 기관과의 업무협의 등에 소요되는 비용은 전적으로 수급사업자가 부담한다는 약정
④산업 재해를 입은 근로자가 산업재해보상보험법에서 인정하는 금액 외에 추가적으로 요구하는 민형사상의 요구 및 부대비용을 수급사업자가 전적으로 부담한다는 약정
⑤수급사업자는 하도급 공사 중에 발생하는 모든 산업재해에 대하여</td></tr>
</table>

하도급법		하도급법 시행령			부당특약심사지침[시행2020.1.1.] [공정거래위원회예규제336호,2019.12.31.,폐지제정], 2022. 12. 31.까지 효력		
							전적으로 책임지며, 산업재해사고 발생 및 처리를 이유로 원사업자에게 추가 금액이나 공사기간 연장을 요구할 수 없다는 약정
제3조의 4 제2항 제3호	원사업자가 입찰내역에 없는 사항을 요구함에 따라 발생된 비용을 수급사업자에게 부담시키는 약정				판단기준		원사업자가 산출내역서 외의 다른 서류에 반영한 사항이나 산출내역서에 포괄적으로만 반영한 사항에 대하여 수급사업자에게 제조 등의 위탁수행을 요구하고 이로 인하여 발생되는 비용을 수급사업자에게 부담시키는 약정에 해당하는지 여부를 기준으로 판단함 다만, 원사업자가 수급사업자에게 입찰금액을 산출하기 위한 자료나 정보를 충분히 제공하였음에도 불구하고 수급사업자의 견적 누락(단가 미기재 등) 또는 견적 착오(규격·수량·단위 등 오기) 등으로 발생한 비용을 수급사업자에게 부담시킨 경우는 제외함
					부당특약 예시		①현장설명서 등에 명기된 사항이 산출내역서에 없더라도 공사 수행상 당연히 시공하여야 할 부분이 있는 경우 수급사업자가 전적으로 비용을 부담하여 시공한다는 약정 ②시방서에 특별히 지정되지 않은 품목이라도 전체 공사 시공에 필요하다고 인정되는 품목은 산출내역서에 포함된 것으로 본다는 약정 ③원사업자가 수급사업자에게 배부한 물량내역서에 구체적인 항목·수량·단위 등을 제시하지 아니하고 견적금액 또는 견적단가에는 하도급 공사에 필요한 모든 비용이 반영된 것으로 간주한다는 약정 ④주요자재 항목으로 구분되지 않은 소형 강재(건설공사 등의 재료로 쓰기 위하여 압연의 방법으로 가공을 한상철) 등의 자재비는 시공비에 반영되어 있다는 약정 ⑤수급사업자는 입찰 전 현장답사, 설계도면 및 시방서를 충분히 숙지하고 입찰내역서를 작성하므로 원사업자에게 어떠한 경우에도 추가 비용을 요구할 수 없다는 약정
제3조의 4 제2항 제4호	그 밖에 이 법에서 보호하는 수급사업자의 이익을 제한하거나 원사업자에게 부과된 의무를 수급사업자에게 전가하는 등 대통령령으로 정하는 약정	제6조의 2 제1호 가목	비용이나 책임을 수급사업자에게 부담시키는 약정	관련 법령에 따라 원사업자의 의무사항으로 되어 있는	위법성은 제조 등의 위탁과 관련하여 발생하는 비용이나 책임이 관계법령 등 제반사항을 고려할 때 원사업자가	판단기준	(가)"인·허가와 관련된 비용"이라 함은 제조 등의 위탁과 관련된 법령(건축법, 도로법, 지하수법, 하수도법 등)에 따른 각종 신고, 허가·승인·인가·면허 등의 취득, 명령 또는 각종 수검 의무 이행 등에 소요되는 비용을 말함 (나)"환경 관리와 관련된 비용"이라 함은 제조 등의 위탁과 관련한 대기오염, 수질오염, 소음, 진동, 악취 등의 제거를 위하여 관계법령(대기 환경보전법, 소음·진동관리법, 폐기물 관리법, 하수도법, 지

하도급법		하도급법 시행령			부당특약심사지침[시행2020.1.1.] [공정거래위원회예규제336호,2019.12.31.,폐지제정], 2022. 12. 31.까지 효력		
							하수법 등)을 준수하는데 소요되는 비용을 말함 (다)"품질관리와 관련된 비용"이라 함은 건설기술관리법 등 제조 등의 위탁과 관련된 법령에 따른 품질관리 활동(자재 시험·품질시험·성능검사·계측·교육 등)에 소요되는 비용을 말함
				인·허가, 환경관리 또는 품질관리 등과 관련하여 발생하는 비용	부담하는 것이 타당함에도 불구하고 이를 수급사업자에게 부담시키는 약정에 해당하는지 여부를 기준으로 판단함	부당특약 예시	①관청으로부터의 건축 허가를 수급사업자의 비용으로 받아야 한다는 약정 ②수급사업자는 하도급 공사 진행 중에 야기되는 관공서 및 관계 기관(한국전력공사, 한국 전기안전공사 등)에 대한 인·허가 수속, 각종 수 검·협조업무를 수급사업자의 책임하에 행하고 그 소요비용은 수급사업자가 일체 부담한다는 약정 ③공사현장에서 발생하는 환경오염물질(폐기물·소음·진동·먼지·오수·폐수 등)의 처리 및 재활용과 관련된 각종 비용은 수급사업자가 일체 부담한다는 약정 ④수급사업자가 환경 관련 법령(폐기물 관리법, 소음·진동관리법 등) 위반 시기 성금 공제 등의 불이익에 대하여 원사업자에게 일체로 이의를 제기하지 않기로 한다는 약정 ⑤발주자 또는 원사업자가 수급사업자에게 지급한 자재의 품질 및 시공 검사를 위한 시험 절차 등에 소요되는 비용은 수급사업자의 부담으로 한다는 약정
		제6조의2 제1호 나목		원사업자(발주자를 포함한다)가 설계나 작업내용을 변경함에 따라 발생하는 비용		판단기준	(가)"설계의 변경에 따른 비용"이라 함은 수급사업자가 하도급계약을 이행하는 도중에 발주자 또는 원사업자의 지시이나 요구에 의해 당초 설계를 변경함으로 인하여 발생하는 비용을 말함 (나)"작업 내용의 변경에 따른 비용"이라 함은 수급사업자가 하도급계약을 이행하는 도중에 발주자 또는 원사업자의 지시나 요구에 의해 제조 방법, 시공 공법, 자재 등을 변경함으로 인하여 발생하는 비용을 말한다
						부당특약 예시	①수급사업자가 설계변경에 따른 추가 공사를 하였더라도 원사업자가 발주자로부터 설계변경에 대한 기성금을 받지 못한 경우 수급사업자에게 추가 공사로 증액된 금액을 지급하지 않는다는 약정 ②발주자의 요청에 의한 하드웨어 구성, 소프트웨어 개발, 장비 규격

하도급법		하도급법 시행령			부당특약심사지침[시행2020.1.1.] [공정거래위원회예규제336호,2019.12.31.,폐지제정], 2022. 12. 31.까지 효력		
							의 변경 등으로 발생한 비용은 설계변경 없이 수급사업자가 부담하여야 한다는 약정 ③수급사업자는 설계도면과 현장을 사전에 충분히 확인하고 하도급계약을 체결하였으므로 작업 내용의 변경으로 경미한 공사가 발생하는 경우에 소요되는 비용을 원사업자에게 요청하지 못한다는 약정 ④수급사업자가 발주자의 지시나 요구에 의한 작업 내용의 변경으로 계약사항 외에 시공한 부분에 대한 비용은 수급사업자의 부담으로 한다는 약정 ⑤원사업자의 지시로 사토장(흙을 버리기 위한 장소)까지의 거리가 증가하여 발생한 추가 비용을 수급사업자가 원사업자에게 청구하지 못한다는 약정
		제6조의2 제1호 다목		원사업자의 지시(요구, 요청 등 명칭과 관계없이 재작업, 추가작업 또는 보수작업에 대한 원사업자의 의사표시를 말한다)에 따른 재작업, 추가작업 또는 보수작업으로 인하여 발생한 비용 중 수급사업자		판단기준	(가)"재작업으로 인한 비용"이라 함은 수급사업자가 하도급계약, 설계도면, 시방서 등에 적합하게 제조 등의 위탁업무를 수행하는 과정에 수급사업자의 귀책사유 없이 원사업자의 지시 또는 요구에 따라 수급사업자가 이미 수행한 위탁업무를 다시 작업함으로 인하여 발생되는 비용을 말함 (나)"추가 작업으로 인한 비용"이라 함은 수급사업자의 귀책사유 없이 하도급계약에 포함되지 않는 업무내용에 대하여 원사업자의 지시 또는 요구에 따라 수급사업자가 별도로 작업을 수행함으로 인하여 발생되는 비용을 말함 (다)"보수작업으로 인한 비용"이라 함은 수급사업자가 목적물 등을 완성하여 원사업자에게 납품·인도 또는 제공한 후 수급사업자의 귀책사유 없이 당해 목적물이 파손·훼손된 경우 원사업자의 지시 또는 요구에 의해 수급사업자가 보수작업을 수행함으로 인하여 발생되는 비용을 말함 (라)"수급사업자의 책임 없는 사유"라 함은 수급사업자가 제조 등의 위탁업무를 수행하는 과정에서 하도급계약, 설계도면, 시방서 등에 기재된 작업 공법, 자재, 품질·성능검사 절차 등을 철저히 준수한 경우를 말함
						부당특약 예시	①원사업자 소속 현장소장의 지시로 수급사업자가 재작업을 수행한

하도급법		하도급법 시행령			부당특약심사지침[시행2020.1.1.] [공정거래위원회예규제336호,2019.12.31.,폐지제정], 2022. 12. 31.까지 효력		
				의 책임 없는 사유로 발생한 비용			비용은 일체 인정하지 않는다는 약정 ②입주자의 요구에 따라 재료의 재질(색상 등)이 변경되는 경우 수급사업자의 부담으로 재작업하여야 한다는 약정 ③수급사업자가 원사업자의 지시로 추가 작업을 수행함으로 인하여 발생하는 비용이 총 계약 금액 대비 일정 비율(예, 5%)을 초과하지 아니하는 경우 그 추가 비용은 수급사업자가 부담한다는 약정 ④원사업자의 지시에 따라 수급사업자가 돌관 공사(예정된 공사 기간보다 공사 기간을 단축하기 위한 목적으로 급하게 하는 공사를 말한다)·휴일 공사를 수행함으로 인하여 발생된 추가 공사비용은 수급사업자의 부담으로 한다는 약정 ⑤수급사업자가 원사업자에게 목적물을 인도한 후부터 원도급 공사 준공 시까지 당해 목적물이 훼손된 경우 공사비 증액 없이 보수작업을 하여야 한다는 약정 ⑥수급사업자는 비록 설계도면에 명시되지 아니한 사항이라도 공사의 경미한 변경이나 구조상 필요한 경미한 공사에 대하여는 계약 금액 범위 내에서 시공하여야 한다는 약정
		제6조의2 제1호 라목		관련 법령, 발주자와 원사업자 사이의 계약 등에 따라 원사업자가 부담하여야 할 하자담보책임 또는 손해배상책임		판단기준	(가)"발주자와 원사업자 사이의 계약"이라 함은 발주자가 제조·수리·시공 또는 용역 수행을 도급하기 위하여 원사업자와 체결한 계약을 말함 (나)"하자담보책임"이라 함은 목적물 등에 하자가 있을 때 관련 법령 등에 따라 발주자 또는 구매자 등에 대하여 부담하는 담보책임을 말함 (다)"손해배상책임"이라 함은 제조 등의 위탁과 관련하여 고의 또는 과실로 타인 등에게 손해를 입힌 경우 그 손해를 배상하여야 할 책임을 말함
						부당특약 예시	①수급사업자가 완성하여 소비자에게 판매된 제품의 하자 처리와 관련한 모든 비용은 수급사업자의 부담으로 한다는 약정 ②수급사업자의 하자 보수 보증 증권 상의 보증기간은 하도급계약으로 정한 하자담보책임기간보다 몇 년(예, 1년)을 더 길게 산정하여

하도급법	하도급법 시행령		부당특약심사지침[시행2020.1.1.] [공정거래위원회예규제336호,2019.12.31.,폐지제정], 2022. 12. 31.까지 효력	
				야 한다는 약정 ③수급사업자는 원사업자가 하자라고 확정한 경우, 이에 대하여 일체의 이의를 제기할 수 없다는 약정 ④원사업자가 제공한 재료로 수급사업자가 가공했을 경우 해당 제품의 하자에 대해서는 수급사업자가 일체의 책임을 진다는 약정 ⑤목적물의 하자로 볼 수 없는 경우까지 수급사업자는 원사업자가 요구한 시한 이내에 수급사업자의 비용으로 당해 목적물(예, 소프트웨어)과 동일한 사양으로 교체하여야 한다는 약정 ⑥수급사업자가 하자담보책임기간 중에 하자 보수 의무를 이행하지 아니하여 원사업자가 이를 시행하는 경우에는 당해 보수 비용의 몇 배(예, 3배)를 원사업자에게 지불해야 한다는 약정
	제6조의2 제2호	천재지변, 매장문화재의 발견, 해킹·컴퓨터바이러스 발생 등으로 인한 작업기간 연장 등 위탁시점에 원사업자와 수급사업자가 예측할 수 없는 사항과 관련하여 수급사업자에게 불합리하게 책임을 부담시키는 약정	판단기준	(1)"위탁 시점"은 원사업자와 수급사업자가 제조 등의 위탁과 관련하여 작성한 하도급거래 계약서에 서명 또는 기명날인한 날짜(이하"체결일"이라 한다)를 말함다만 실질적인 위탁 시점이 하도급거래 계약서 체결일보다 빠를 경우에는 원사업자와 수급사업자가 상호 합의한 날짜를 위탁 시점으로 봄 (2)"예측할수없는사항"이라함은태풍·홍수·지진·기타악천후등천재지변또는전쟁·사변·화재·전염병·폭동,제3자의전국적인노조파업,매장문화재발견,해킹·컴퓨터바이러스발생등원사업자와수급사업자의통제범위를벗어나는경우를말함 (3)"수급사업자에게 불합리하게 책임을 부담시키는 지지 여부"는 원사업자와 수급사업자의 책임 형량에 기초하여 판단한즉, 정상적인 거래관행상 공정성과 타당성을 결여하여 수급사업자에게 책임이 무겁게 지워진 경우가 여기에 해당하는 것으로 봄
			부당특약 예시	①하도급 계약기간 중에 수해 눈 피해 등이 발생하더라도 공사기간 연장은 없다는 약정 ②전염병(예, 조류독감)의 창궐 시 이를 예방하기 위한 의약품, 의료소모품 등을 구입하는데 소요되는 모든 비용은 수급사업자가 부담한다는 약정 ③제3자의 전국적인 노조 파업에 따른 하도급 공사의 공사기간 연장으로 발생한 추가 비용은 수급사업자가 전적으로 부담하여야 한다

<table>
<tr><th colspan="2">하도급법</th><th colspan="2">하도급법 시행령</th><th colspan="3">부당특약심사지침[시행2020.1.1.] [공정거래위원회예규제336호,2019.12.31.,폐지제정], 2022. 12. 31.까지 효력</th></tr>
<tr><td rowspan="3"></td><td rowspan="3"></td><td></td><td></td><td rowspan="3"></td><td></td><td>는 약정
④수급사업자가 건물 부지를 파는 도중 문화재가 발굴되더라도 작업의 중지, 공사기간 연장 등으로 인해 추가적으로 발생하는 비용은 수급사업자의 부담으로 한다는 약정
⑤수급사업자가 전사적 자원관리 시스템(ERP)을 제작하는 도중에 신종 바이러스가 출현하더라도 시스템 대응 방안 마련을 위한 작업기간의 연장은 인정되지 않는다는 약정</td></tr>
<tr><td rowspan="2">제6조의2 제3호</td><td rowspan="2">해당 하도급거래의 특성을 고려하지 아니한 채 간접비(하도급대금 중 재료비, 직접노무비 및 경비를 제외한 금액을 말한다)의 인정범위를 일률적으로 제한하는 약정. 다만, 발주자와 원사업자 사이의 계약에서 정한 간접비의 인정범위와 동일하게 정한 약정은 제외함</td><td>판단기준</td><td>(1)"하도급거래의 특성"이라 함은 하도급거래 계약기간, 투입 인력수, 업종 형태(토공, 기계설비 등), 작업 지역(서울 또는 울릉도), 작업환경(평지 또는 산지 등), 목적물 등의 종류·규격·품질·용도·원재료·제조공정·시 공공 법 등의 차이를 말함
(2)"간접비"라 함은 제조 등의 위탁과 관련한 직접 이 항목(재료비, 직접노무비, 경비)을 제외한 간접노무비, 일반관리비(사무실 직원의 급료, 복지후생비 등) 및 이윤 등 명칭 여하를 불문하고 제반 관리 활동 부문에서 발생하는 비용을 말함
(3)"인정범위"라 함은 원사업자가 지정한 간접비의 금액 또는 총 계약금액에서 간접비가 차지하는 비율의 상한을 말함
(4)"일률적 제한"이라 함은 하도급거래의 특성을 고려하지 아너하고 간접비의 인정범위를 동일하거나 일정한 기준에 따라 획일적으로 제한하는 것을 말함다만, 당해 업종의 통상적인 거래 관행, 하도급 거래 규모, 목적물의 특성 등에 비추어 적정하다고 인정되는 경우에는 제외함</td></tr>
<tr><td>부당특약 예시</td><td>①안전 관리비, 퇴직공제부금(일용근로자의 고용 개선을 위하여 도입된 제도로 인하여 발생되는 비용을 말한다)은 반드시 견적 기준을 준수하여 입찰하여야 하고 이 기준을 초과할 경우 원사업자가 입찰금액을 조정할 수 있다는 약정
②수급사업자의 공과 잡비(일반관리비, 이윤)는 직접 공사비 대비 견적기준(예, 토목현장 6%, 건축현장 4%)을 초과하지 못한다는 약정
③수급사업자의 이윤은 별도 산정하지 않고, 직접 공사비의 각 공동단가에 포함한다는 약정</td></tr>
</table>

하도급법	하도급법 시행령		부당특약심사지침[시행2020.1.1.] [공정거래위원회예규제336호,2019.12.31.,폐지제정], 2022. 12. 31.까지 효력		
					④수급사업자의 일반관리비는 직접 공사비의 일정 비율(예, 5%) 범위 내에서 계상하되, 각종 이행보증수수료(계약 이행, 선급금이 행, 하자 이행) 및 사용자 배상책임보험(민간보험회사가 의무가입이 아닌 사용자를 대상으로 산재보험과 유사한 내용을 담아 판매하는 사보험을 말한다) 료를 포함한다는 약정 ⑤수급사업자는 일반관리비, 이윤, 안전 관리비, 사용자 배상책임보험료, 고용보험료, 산재보험료 등을 간접비로 별도 표기하지 않고 견적단가에 포함하여 견적하여야 한다는 약정
	제6조의2 제4호	계약기간 중 수급사업자가 법 제16조의2에 따라 하도급대금 조정을 신청할 수 있는 권리를 제한하는 약정		판단기준	(1)"계약기간"이라 함은 원사업자와 수급사업자 간에 하도급거래 계약을 체결한 날로부터 목적물 등을 원사업자에게 납품·인도(제조·수리 위탁 및 지식·정보 성과물), 완료(역무 공급), 완공(건설위탁) 한 날까지를 말함다 만 원 사업자와 수급사업자가 합의한 유효기간이 있을 경우에는 이를 계약 기간으로 봄 (2)"하도급대금 조정을 신청할 수 있는 권리"이라 함은 법 제16조 2에 근거하여 수급사업자가 원재료의 가격 변동에 따른 하도급대금의 조정을 원사업자에게 직접 신청하거나 중소기업 협동조합으로 하여금 원사업자와 하도급대금의 조정을 협의할 수하도록 중소기업 협동조합에 신청할 수 있는 권리를 말함
				부당특약 예시	①수급사업자는 원사업자에게 하도급계약기간 중 어떠한 사유로도 계약 금액의 증액 등 조정을 일체 요구하지 못한다는 약정 ②원사업자와 수급사업자가 하도급대금의 조정에 관하여 합의에 이르지 못한 경우 양 당사자는 하도급분쟁 조정 협의회에 조정을 신청하지 않겠다는 약정 ③중소 기업 협동조합이 수급사업자에게 원사업자와의 하도급대금을 조정하기 위한 협의 신청을 요청하더라도 이에 응하지 않는다는 약정 ④수급사업자는 인건비 상승 등 기타 어떠한 경우에도 계약된 하도급 금액 이외 공사비의 증액을 요구하지 않을 것이며, 이를 이유로 공사 지연 및 공사 거부 행위를 일절 하지 않겠다는 약정 ⑤하도급 계약기간 중 원부자재 인상으로 납품단가의 변동이 발생 시

하도급법		하도급법 시행령		부당특약심사지침[시행2020.1.1.] [공정거래위원회예규제336호,2019.12.31.,폐지제정], 2022. 12. 31.까지 효력		
						하도급계약기간이 만료된 이후 납품단가를 재조정할 수 있다는 약정 ⑥수급사업자는 자신이 소속된 중소기업 협동조합에 원재료의 가격 변동에 따른 하도급대금의 조정 협의를 신청하지 않겠다는 약정
		제6조의2 제5호	그 밖에 제1호부터 제4호까지의 규정에 준하는 약정으로서 법에 따라 인정되거나 법에서 보호하는 수급사업자의 권리·이익을 부당하게 제한하거나 박탈한다고 공정거래위원회가 정하여 고시하는 약정	부당특약고시Ⅱ.부당특약의유형제1호-법에규정된수급사업자의권리를제한하는경우	부당특약의 유형 제1호 가목[수급사업자가 법 제3조 제5항에 따라 위탁내용의 확인을 요청할 수 있는 권리를 제한하는 약정]의 판단기준	(가)"법 제3조 제5항에 따른 위탁내용"이라 함은 원사업자로부터 위탁받은 작업의 내용, 위탁받은 일시, 하도급대금, 원사업자와 수급사업자의 사업자명과 주소 등 수급사업자가 과업을 수행함에 있어 필요한 내용을 말함 (나)"확인을 요청할 수 있는 권리"라 함은 수급사업자가 위탁내용을 내용증명우편, 전자 문서 등 서면으로 통지하고, 원사업자가 통지를 받은 날부터 15일 이내에 그 내용에 대한 인정 또는 부인의 의사를 서면으로 회신하도록 요청하는 것을 말함
					부당특약 예시	①수급사업자는 원사업자에게 어떠한 경우에도 위탁내용의 확인을 일체 요청하지 않기로 한다는 약정 ②계약서면에 위탁내용이 명확하게 기재되지 않았더라도 원사업자가 이미 서면을 교부한 경우에는 위탁내용 확인 요청에 응하지 않겠다는 약정 ③수급사업자의 위탁내용 확인 요청으로 인한 공기 또는 납기지연 등의 문제가 발생할 경우 수급사업자가 전적으로 책임을 져야 한다는 약정
					부당특약의 유형 제1호 나목[수급사업자가 법 제13조의2 제9항에 따라 계약이행 보증을 아니 할 수 있는 권리를 제한하는 약정]의 판단기준	(가)"계약이행보증"이라 함은 수급사업자가 원사업자에게 하도급계약 내용을 신의성실의 원칙하에 이행한다는 것을 유가증권 형태로 보증 기관의 명의로 보증하는 것을 말함 (나)"법 제13조의 2 제9항에 따라 계약이행보증을 아니할 수 있는 권리"라 함은 원사업자가 계약 체결일(지급보증 면제 사유가 소멸한 날 또는 최초의 장기 계속 건설하도급계약 체결일을 포함)로부터 30일 이내에 공사대금의 지급이행을 보증 기관의 명의로 보증하지 않는 경우 수급사업자가 계약 이행을 보증하지 않을 수 있는 권리를 말함
					부당특약 예시	①발주자인 동시에 원사업자에 해당하는 경우 하도급법 제14조에 따라 하도급대금을 직접 지급하는 것으로서 원사업자는 공사대금 지급

하도급법		하도급법 시행령		부당특약심사지침[시행2020.1.1.] [공정거래위원회예규제336호,2019.12.31.,폐지제정], 2022. 12. 31.까지 효력		
						보증이 면제되고, 수급사업자는 계약 이행을 보증해야 한다는 약정 ②발 주자가 원사업자 명의의 계좌를 거치는 하도급대금 지급 관리 시스템을 이용하여 대금을 지급하는 경우, 원사업자는 공사대금 지급보증이 면제되고, 수급사업자는 계약 이행을 보증해야 한다는 약정 ③원사업자가 하도급대금 지급보증서를 미리 교부하지 않았음에도 수급사업자의 계약 이행보증서 제출기한을 특정하여 이행보증을 요구하는 약정
					(3)부당특약의유형제1호다목[수급사업자가법제19조각호의어느하나에해당하는행위를하는것을제한하는약정]의판단기준	(가)"법 제19조 각 호의 어느 하나에 해당하는 행위"라 함은 원사업자의 하도급법 위반 행위를 관계기관에 신고하거나, 관계기관에서 요구한 자료를 제출하는 등 조사에 협조하는 행위 등을 말함
					부당특약 예시	①법 제19조 각호의 어느 하나에 해당하는 행위로 원사업자에게 업무방해 및 명예훼손 등 불이익을 초래한 경우 계약의 전부 또는 일부를 해제 또는 해지할 수 있다는 약정 ②수급사업자가 관계 기관에 신고하거나 조사에 협조할 경우 원사업자의 협력업체에서 배제시키거나 수급사업자의 신용등급을 하향 조정한다는 약정 ③수급사업자가 반복적으로 진행되어 왔던 거래 관행에 대해 관계 기관에 신고할 경우, 모든 민형사상의 책임을 져야 한다는 약정
				부당특약고시Ⅱ.부당특약의유형제2호-수급사업자의기술자료등에대한권리를제한하는경우	부당특약의 유형 제2호 가목[수급사업자가 하도급거래를 준비하거나, 수행하는 과정에서 취득한 정보, 자료, 물건 등의 소유, 사용 등의 권리를 원사업자에게 귀속시키는 약	(가)"일반적으로 지급되는 대가"는 원사업자와 수급사업자가 서로 동등한 입장에서 충분한 협의를 거쳐, 정상적인 거래 관행에 비추어 일반적으로 지급되는 대가인지를 고려하여 판단하고, 신규 기술과 같이 동종 또는 유사한 것이 존재하지 아니하거나 그것을 알 수 없는 경우에는 공신력 있는 평가 전문기관의 가치 평가에 따라 산출한 대가를 기준으로 판단함 (나)"정당한 사유"에 해당되는지는 원사업자가 소유권을 주장할 만한 객관적이고 합리적인 근거가 있는지 등을 종합적으로 고려하여

하도급법		하도급법 시행령		부당특약심사지침[시행2020.1.1.] [공정거래위원회예규제336호,2019.12.31.,폐지제정], 2022. 12. 31.까지 효력		
					정. 다만, 원사업자가 수급사업자의 취득 과정에 소요되는 제반비용의 상당한 부분을 부담하거나, 동종 또는 유사한 것에 대해 동일 또는 근접한 시기에 정상적인 거래관계에서 일반적으로 지급되는 대가를 지급하기로 하는 등 정당한 사유가 있는 경우는 제외함]의 판단기준	판단함 (다)부당특약의 유형제2호가 목의 위법성은 수급사업자가 하도급거래를 준비, 수행하는 과정에서 취득한 정보, 자료, 물건 등이 원칙적으로 수급사업자에게 귀속되는지(이때 원사업자가 제공한 정보, 자료 물건 등은 제외한다), 정보 등에 대한 권리귀속관계, 제공 및 활용 범위 등을 사전에 공정하게 협의하였는지, 원사업자가 소유권을 주장할 만큼 정당한 대가를 지급하였는지 등을 종합적으로 고려하여 판단함
					부당특약 예시	①수급사업자가 제조 등의 위탁을 수행하는 과정에서 취득한 지식재산권, 노하우 등의 소유권은 모두 원사업자에게 귀속된다는 약정(단, 취득한 지식재산권 등의 개발을 본래 목적으로 하는 연구개발 위탁 등은 제외) ②수급사업자가 원사업자로부터 목적물 설계를 위해 별도의 연구개발비 등이 아닌 단순노무비를 지급받은 경우에도 원사업자에게 설계도면 등에 대한 소유권이 있다는 약정 ③원사업자의 위탁 사양 등에 대한 정보를 담은 자료(예, 승인도) 등에 대해 원사업자에게 지속적으로 확인·점검을 받은 경우에는 공동의 결과물로 간주하여 원사업자에게도 소유권이 있다는 약정
					부당특약의 유형 제2호 나목[하도급거래를 준비하거나, 수행하는 과정에서 취득하는 상대방의 정보, 자료 등에 대한 비밀준수의무	(가)"비밀준수 의무"라 함은 정보, 자료 등에 대해 비밀이라고 인식될 수 있는 표시·고 지하는 행위, 자료에 접근할 수 있는 대상자나 접근 방법을 제한하는 행위, 자료에 접근한 자에게 비밀유지의 의무를 부과하는 행위 등을 모두 포함하는 것을 말함 (나)"수급사업자만 정보, 자료 등을 취득하는 경우"라 함은 수급사업자가 하도급거래를 준비하거나 수행하기 위해 원사업자의 정보,

하도급법		하도급법 시행령		부당특약심사지침[시행2020.1.1.] [공정거래위원회예규제336호,2019.12.31.,폐지제정], 2022. 12. 31.까지 효력		
					를 수급사업자에게만 부담시키는 약정. 다만, 수급사업자만 정보, 자료 등을 취득하는 경우는 제외함]의 판단기준	자료 등을 원사업자로부터 제공받는 반면, 원사업자에게 수급사업자 자신의 정보, 자료 등은 제공하지 않는 경우를 말함
					부당특약 예시	①수급사업자가 원사업자에게 서면 등을 통해 정보, 자료 등에 대해 비밀준수를 하도록 요청할 수 없다는 약정 ②원사업자와 수급사업자 간 체결한 비밀유지 계약서에서 원사업자에게만 계약 내용에 따르지 않을 수 있는 예외사유(예, 업무상 필요)를 두어 사실상 수급사업자에게만 비밀준수 의무가 부과되는 약정
				부당특약고시Ⅱ.부당특약의유형제3호-수급사업자의의무를법이정한기준보다높게설정하는경우	부당특약의유형제3호가목[정당한사유없이법제13조의2에규정된계약이행보증금액의비율을높이거나,수급사업자의계약이행보증기관선택을제한하는약정]의판단기준	(가)"정당한 사유"에 해당되는지는 목적물의 특성과 그 시장 상황, 수급사업자의 귀책사유 조부, 보증 기관의 재무 상태, 보증영역, 불공정약관 여부, 수급사업자의 추가 비용 발생 여부 등 제반 상황을 종합적으로 고려하여 판단함 (나)"법 제13조의 2에 규정된 계약이행보증금액의 비율"이라 함은 계약 금액의 100분의 10에 해당하는 금액을 말함
					정당한 사유의 예시	①특정 보증 기관의 약관이 공정위 등 관계 부처로부터 불공정약관 결정을 받았으나 시정되지 않은 상황에서 그 보증 기관으로부터 보증서를 발급받는 것을 제한하는 경우 ②보증 기관의 재무 상태, 보증영역 등을 고려할 때 수급사업자가 제출하고자 하는 보증 기관이 해당 공사를 보증하는 것이 불가능하여 그 보증 기관으로부터 보증서를 발급받는 것을 제한하는 경우
					부당특약 예시	①다른 보증 기관에 비해 수급사업자에게 불리한 조건을 적용하고 있는 특정 보증 기관의 보증서를 발급받아야 한다는 약정 ②수급사업자에게 2개 이상의 보증 기관으로부터 보증서를 발급받는 것을 요구하는 약정

하도급법		하도급법 시행령		부당특약심사지침[시행2020.1.1.] [공정거래위원회예규제336호,2019.12.31.,폐지제정], 2022. 12. 31.까지 효력		
					부당특약의 유형 제3호나 목[수급사업자가 법 제13조의 2 규정에 준하여 계약이행을 보증하였음에도 수급사업자가 아닌 자로 하여금 계약 책임, 불법행위책임에 대해 연대보증을 하도록 하는 약정]의 판단 기준	(가)"계약 책임"이라 함은 민법 제390조에 근거하여 원사업자와 수급사업자 간 계약관계를 전제로 수급사업자의 계약 위반행위에 대한 책임을 말함 (나)"불법행위책임"이라 함은 민법 750조에 근거하여 수급사업자가 계약관계없는 불특정 다수인 사이에서 발생 가능한 가해행위를 했을 경우, 그 가해행위에 대한 책임을 말함 (다)"연대보증"이라 함은 보증인이 주채무자와 함께 채무를 부담함으로써 주채무의 이행을 담보하는 보증채무를 말함
					부당특약 예시	①수급사업자가 법인인 경우 법인의 실질 지배자 등 제3자가 수급사업자의 모든 채무에 대하여 연대보증을 하여야 한다는 약정 ②고가 사 급 재의 멸실·훼손 등을 방지하기 위해 수급사업자 대표이사 개인의 연대보증을 요구하는 약정
				부당특약 고시 II. 부당특약의 유형 제4호 -사업자의 의무를 수급사업자에게 전가하는 경우	부당특약의 유형제4호가 목[법 제9조 제2항의 목적물 등의 검사 비용을 수급사업자에게 부담시키는 약정]의 판단 기준	(가)"검사 비용"이라 함은 수급사업자가 원사업자에게 납품 등을 한 목적물에 대한 최초 검사의 비용을 말함단, 검사의 불합격에 따라 수급사업자가 목적물 등을 보완한 이후 재검사를 실시한 경우의 검사 비용은 제외함 (나)부당특약의 유형제4호가 목의 위법성은 하도급계약의 이행으로 납품한 목적물의 검사 비용을 원사업자가 원칙적으로 부담하도록 하였는지와 특별한 사정이 있어 사회통념상 합리적인 범위 내에서 검사 비용 중 일부를 수급사업자에게 분담하였는지를 기준으로 판단함
					부당특약 예시	①검사 항목, 검사기관 등 납품한 제품의 검사 방법을 미리 정하지 않고 검사에 소요되는 비용을 수급사업자에게 부담시키는 약정 ②수급사업자가 납품한 제품이 원사업자의 검사에 불합격하는 경우에는 수급사업자의 귀책사유 여부와 관계없이 검사에 소요된 모든 비용을 수급사업자가 부담해야 한다는 약정 ③수급사업자가 납품한 제품이 원사업자의 검사에 합격하더라도, 발

하도급법		하도급법 시행령		부당특약심사지침[시행2020.1.1.] [공정거래위원회예규제336호,2019.12.31.,폐지제정], 2022. 12. 31.까지 효력	
					주자의 검사에 불합격하는 경우에는 원사업자의 검사에 소요된 모든 비용을 수급사업자가 부담해야 한다는 약정 ④수급사업자의 귀책사유가 없음에도 검사에 필요한 비용과 검사를 하는 과정에서 발생하는 파손 등 손상에 관한 모든 비용을 수급사업자가 부담하여야 한다는 약정
				부당특약의 유형제4호나 목[법 제9조 제2항의 목적물 등의 검사 결과 통지에 대한 수급사업자의 이의 제기를 제한하는 약정]의 판단 기준	"검사 결과 통지"라 함은 원사업자가 수급사업자로부터 목적물 등을 수령한 날(제조위탁의 경우에는 기성부분을 통지받은 날, 건설위탁의 경우에는 준공 또는 기성부분은 통지받은 날)부터 10일 이내에 검사 결과를 수급사업자에게 통지하는 것을 말한다
				부당특약 예시	①목적물에 대한 검사 결과, 원사업자로부터 불합격 통지서를 받더라도 일체로 이의를 제기하지 않기로 한다는 약정 ②수급사업자와 협의하여 원사업자가 제3자에게 검사를 의뢰한 경우에는 검사 결과에 대해 일체 이의 제기를 할 수 없다는 약정 ③검사 결과에 대한 이의 제기하는 경우 재검사 비용은 수급사업자가 모두 부담하여야 한다는 약정
				부당특약의 유형제4호 다목[원사업자가 부담하여야 할 안전조치, 보건조치 등 산업재해예방비용을 수급사업자에게 부담시키는 약정]의 판단 기준	(가)"안전조치"라 함은 제조 등의 위탁과 관련하여 수급사업자 소속 근로자가 업무와 관계되는 작업을 수행하는 과정에서 발생할 수 있는 발화·추락·충돌 등 인재 또는 천재지변으로 인한 위험을 예방하기 위해 필요한 조치를 말함 (나)"보 건조치"라 함은 제조 등의 위탁과 관련하여 수급사업자 소속 근로자가 업무와 관계되는 작업을 수행하는 과정에서 사망, 부상, 질병 등 건강장해를 입는 것을 예방하기 위해 필요한 조치를 말함
				부당특약 예시	①수급사업자가 현장을 관리하는 경우 작업을 수행하는 과정에서 발생할 수 있는 안전 위해 요소의 제거에 관한 모든 비용을 수급사업자의 부담으로 한다는 약정 ②원사업자의 다른 수급사업자와 공통적으로 필요한 안전·보건조치

하도급법		하도급법 시행령		부당특약심사지침[시행2020.1.1.] [공정거래위원회예규제336호,2019.12.31.,폐지제정], 2022. 12. 31.까지 효력		
						외에 수급사업자 소속 근로자가 사용하는 안전장비 또는 수급사업자의 단독 공정에 사용되는 안전장비 등에 관한 모든 비용은 수급사업자가 부담해야 한다는 약정
				부당특약 고시 Ⅱ. 부당특약의 유형 제5호 -수급사업자의 계약상 책임을 가중하는 경우	부당특약의 유형제5호가 목[계약 내용에 대하여 구체적인 정함이 없거나 당사자 간 이견이 있을 경우 계약 내용을 원사업자의 의사에 따라 정하도록 하는 약정]의 판단 기준	(가)"계약 내용"이라 함은 원사업자와 하도급업체가 체결한 하도급 계약서에 포함된 하도급대금과 그 지급 방법, 하도급대금의 조정 요건, 방법 및 절차 등 제조 등의 위탁과 관련한 제반사항을 말함 (나)부당특약의 유형제5호가 목의 위법성은 당해 업종의 통상적인 거래 관행, 하도급거래 규모, 목적물 등의 특성 등을 고려할 때 원사업자가 계약 내용을 정함에 있어 수급사업자와의 협의를 거쳤는지와 계약 내용이 공정성과 타당성을 결여하여 수급사업자에게 부담이 되는지를 기준으로 판단함
					부당특약 예시	①하도급 계약서에 기재되지 아니한 사항은 원사업자의 규정 또는 지침에 따라 정한다는 약정(단, 원사업자의 특정 규정 및 지침이 계약체결 시 또는 계약이전에 교부된 경우는 제외) ②계약 내용에 대해 당사자 간 이견이 있을 경우 그 분쟁의 발생 원인이나 내용을 불문하고 원사업자의 결정에 따른다는 약정 ③계약의 조문 해석에 쌍방 협의가 이루어지지 않을 경우 원사업자의 유권해석에 따르기로 하는 약정
					부당특약의 유형제5호나 목[수급사업자에게 발주자와 원사업자 간 계약조건이 제공되지 않은 상황에서 이를 원사업자와 수급사업자 간 계약에 적용하기로 하는 약정]의 판단 기준	(가)"발주자와 원사업자 간 계약조건"이라 함은 발주자가 제조·수리·시공 또는 용역 수행을 도급하기 위하여 원사업자와 체결한 계약서에 포함된 위탁내용과 대금 지급조건 등 위탁과 관련한 제반사항을 말함 (나)"원 사업자와 수급사업자 간 계약"이라 함은 원사업자가 제조·수리·시공 또는 용역 수행을 하도급하기 위하여 수급사업자와 체결한 계약을 말함 (다)부당특약의 유형제5호나 목의 위법성은 발주자와 원사업자 간 계약조건을 수급사업자의 노력만으로 알 수 없는 상황에서 위계 약조건에 수급사업자의 이익 또는 의무사항이 귀속되어 있어 수급사업자에게 불합리한 책임을 부담시켰는지를 기준으로 판단함

하도급법	하도급법 시행령	부당특약심사지침[시행2020.1.1.] [공정거래위원회예규제336호,2019.12.31.,폐지제정], 2022. 12. 31.까지 효력	
		부당특약 예시	①계약 보증금, 하자 보증기간 등에 대한 구체적인 수치를 명시하지 않고, 발주처와 원사업자 간 계약조건과 동일 조건으로 한다는 약정 ②원사업자와 수급사업자의 계약조건에 대해 이견이 있을 경우 발주처와 원사업자의 계약조건을 그대로 적용한다는 약정
		부당특약의 유형제5호 다목[원사업자의 손해배상책임을 관계 법령, 표준하도급 계약서 등의 기준에 비해 과도하게 경감하거나, 수급사업자의 손해배상책임, 하자 담보책임을 과도하게 가중하여 정한 약정]의 판단 기준	(가)부당특약의 유형 제5호 다목의 위법성은 목적물 등의 특성, 원사업자와 수급사업자의 거래상 지위, 거래 규모, 거래 의존도, 거래 기간, 해당 업종의 통상적인 거래 관행 등을 종합적으로 고려할 때, 객관적이고 합리적인 사유 없이 관계법령, 표준하도급 계약서 등의 기준에 비해 손해배상책임, 하자 담보책임에 대해 수급사업자에게 불리한 내용이 설정되었는지 등을 기준으로 판단함
		부당특약 예시	①수급사업자의 책임 있는 사유로 원사업자에게 손실이 발생할 경우에 표준하도급 계약서상 손실 범위를 초과하여 계약이행보증금(계약 금액의 10%) 전액이 원사업자에게 귀속된다는 약정 ②계약 이행보증 이외에 수급사업자의 채무불이행(예, 노무, 자재, 장비)에 대비하여 추가 지급(이행) 보증 또는 현금 예치를 요구하는 약정 ③하자 담보책임에 대한 기산점을 수급사업자의 위탁 종료일이 아닌 원사업자의 위탁 종료일로 한다는 약정
		부당특약의 유형제5호라 목[원사업자가 수급사업자에게 제공한 자재, 장비, 시설 등(이하"자재 등"이라 한다)이 수급사업자의 책임 없는 사유로 멸실, 훼손된 경우	(가)"수급사업자의 책임 없는 사유"라 함은 원사업자가 수급사업자에게 제공한 자재 등이 멸실, 훼손된 사정이 원사업자나 외부환경의 변화에 있고, 수급사업자에게는 귀책사유가 없음을 말함 (나)부당특약의 유형제5호라 목의 위법성은 수급사업자가 자재 등을 계약상 용도에 맞게 사용하였는지, 제3자에게 사용 수익하게 하였는지, 수급사업자의 소유의 자산과 명확히 구분하여 관리하였는지 등 수급사업자의 선량한 관리자의 주의의무준수 여부와 자재 등의 멸실, 훼손에 대한 원사업자의 귀책사유와 수급사업자에게

하도급법		하도급법 시행령		부당특약심사지침[시행2020.1.1.] [공정거래위원회예규제336호,2019.12.31.,폐지제정], 2022. 12. 31.까지 효력		
					에도 수급사업자에게 자재 등에 대한 책임을 부담시키는 약정]의 판단 기준	불가항력적인 사유의 존부 등을 기준으로 판단함
					부당특약 예시	①원사업자가 지급한 자재 등이 멸실 또는 훼손되는 경우 수급사업자의 책임 여부와 관계없이 수급사업자가 변상해야 한다는 약정 ②천재지변 등 위탁 시점에서 원사업자와 수급사업자가 모두 예측할 수 없는 사유로 자재 등이 멸실 또는 훼손된 경우에도 수급사업자가 전적으로 변상해야 한다는 약정
					부당특약의 유형제5호마목[계약해제·해지의 사유를 원사업자의 경우 관계법령, 표준하도급 계약서 등의 기준에 비해 과도하게 넓게 정하거나, 수급사업자의 경우 과도하게 좁게 정하는 약정]의 판단 기준	부당특약의 유형 제5호 마목의 위법성은 제5호 다목과 마찬가지로 목적물 등의 특성, 원사업자와 수급사업자의 거래 상황, 해당 업종의 통상적인 거래 관행 등을 종합적으로 고려할 때, 계약 해제·해지의 사유가 객관적이고 합리적인 사유 없이 관계법령, 표준하도급 계약서 등의 기준에 비해 수급사업자에게 불리한 내용이 설정되었는지를 기준으로 판단함
					부당특약 예시	①약정기한 보다 지연될 경우 원사업자는 계약 해지를 요청할 수 있으며, 수급사업자는 이의 없이 수용해야 한다는 약정 ②수급사업자는 계약을 체결한 후 물가 상승, 납품 조건 및 도면 내용에 대한 견적 누락 등을 이유로 계약 변경 및 해제를 요구할 수 없다는 약정 ③수급사업자가 원사업자로부터 발주서, 작업지시서 등 서면을 전달받은 이후에는 어떠한 사유로도 계약을 해지할 수 없도록 제한하는 약정 ④원사업자가 부도 등으로 발주자와의 계약을 이행할 수 없는 경우에는 하도급계약과 관련한 수급사업자의 권리 일체 또한 즉시 포기하여야 한다는 약정

하도급법		하도급법 시행령		부당특약심사지침[시행2020.1.1.] [공정거래위원회예규제336호,2019.12.31.,폐지제정], 2022. 12. 31.까지 효력	
				(6) 부당특약의 유형제5호 발목[원사업자가 수급사업자에게 제공한 자재 등의 인도 지연, 수량 부족, 성능 미달 등 수급사업자의 책임 없는 사유에 의해 추가로 발생한 비용, 지체책임을 수급사업자에게 부담시키는 약정]의 판단 기준	(가)"수급사업자의 책임 없는 사유"이라 함은 추가 비용, 지체책임 등이 발생하게 된 사정이 원사업자나 외부환경의 변화에 있고, 수급사업자에게는 귀책사유가 없음을 말함 (나)부당특약의 유형제5호 발목의 위법성은 수급사업자가 자재 등을 수령한 후 신속하게 검사하여 품질, 수량 등을 확인하는 등 선량한 관리자의 주의의무준수 여부와 인도 지연, 수량 부족, 성능 미달 등에 대한 원사업자의 귀책사유와 수급사업자에게 불가항력적인 사유의 존부 등을 기준으로 판단함
				부당특약 예시	①원사업자가 공급한 자재 등이 불량으로 판정되더라도 납기일은 반드시 준수해야 한다는 약정 ②공급받은 자재 등의 수량이 부족하여 수급사업자가 원사업자에게 추가 공급을 요청하더라도 운반·보관비용, 지체상금 등은 별도로 수급사업자가 부담해야 한다는 약정 ③납기지연 일자를 산정함에 있어 분할할 수 있는 기성부분 또는 목적물 수령 거부 지연 등 원사업자의 귀책사유가 있는 부분이 있음에도 불구하고 이를 고려하지 않고 손해배상액, 지체상금 등을 산정하도록 하는 약정

하도급법		부당한 하도급대금 결정 및 감액행위에 대한 심사지침[시행 2019. 11. 29.] [공정거래위원회예규 제331호, 2019. 11. 28., 폐지제정], 2022. 11. 28.까지 효력		
제4조 제1항	부당한 하도급대금의 결정	Ⅱ. 용어의 정의	1. 하도급대금의 결정	원사업자가 수급사업자에게 제조(가공위탁 포함)·수리·건설 또는 용역을 위탁(이하 "제조 등의 위탁"이라 함)할 때 수급사업자가 위탁받은 것(이하 "목적물 등"이라 함)을 제조·수리·시공 또는 용역수행 하여 원사업자에게 납품·인도 또는 제공(이하 "납품 등"이라 함)하고 수령할 대가(이하 "하도급대금"이라 함)를 정하는 행위를 말함
			2. 하도급대금의 감액	원사업자가 수급사업자에게 제조 등의 위탁을 할 때 정한 하도급대금을 그대로 지급하지 아니하고, 그 금액에서 감하여 지급하는 행위를 말함
			3. 위탁을 할 때	원칙적으로 원사업자가 수급사업자에게 제조 등의 위탁을 하는 시점을 말함 다만, 하도급거래가 빈번하여 계약기간·대금결제·운송·검수·반품 등의 거래조건, 규격·재질, 제조공정 등과 관련된 일반적인 내용을 기본계약서에 담고, 단가, 수량 등 하도급대금과 관련한 내용은 특약서 또는 발주서 등으로 위임하여 별도의 특약 또는 발주내용에 의거 하도급대금이 결정되는'계속적 거래계약'의 경우에는 해당 특약 또는 발주내용이 수급사업자에게 통지되는 시점을 "위탁을 할 때"로 봄
		Ⅲ. 하도급대금의 결정과 감액의 구분 및 판단기준		1."하지 도금 대금의 결정"과"하도급대금의 감액"에 대한 구분은 원칙적으로 위 Ⅱ.(용어의 정의) 1. 내지 2.에 의하여 판단함 2.계속적 거래 계약의 경우 계약기간 중(계약기간 만료에 따른 계약기간 자동 연장의 경우를 포함한다)에 이미 발주한 수량과 상관없는 새로운 수량을 발주하면서 단가를 변경하는 것은 "하도급대금의 결정"으로, 이미 발주한 수량에 대해 단가를 인하하는 것은"하도급대금의 감액"으로 봄 한편, 수량 없이 단가만 먼저 확정한 후 수량을 발주하는 경우 발주 이후에 단가를 인하하는 것은"하도급대금의 감액"으로 봄 3.신규 개발품 등과 같이 원사업자가 제조 등의 위탁을 할 때 하도급대금을 확정하지 못하여 임시 단가(또는 가다가)를 정해 위탁한 뒤 나중에 대금을 확정하기로 수급사업자와 합의한

하도급법	부당한 하도급대금 결정 및 감액행위에 대한 심사지침[시행 2019. 11. 29.] [공정거래위원회예규 제331호, 2019. 11. 28., 폐지제정], 2022. 11. 28.까지 효력		
			경우에는 나중에 대금을 확정하는 것을"하도급대금의 결정"으로 봄
부당하게	Ⅳ. 부당한 하도급대금 결정 행위의 위법성에 대한 심사기준	부당하게의 판단기준	원칙적으로 하도급대금의 결정과 관련하여 그 내용, 수단·방법 및 절차 등이 객관적이고 합리적이며 공정·타당한지 여부 즉, 하도급대금의 결정 과정에서 원사업자가 수급사업자에게 목적물 등의 내용, 규격, 품질, 수량, 재질, 용도, 공법, 운송, 대금결제조건 등 가격결정에 필요한 자료·정보·시간 등을 성실하게 제공하였는지 여부, 수급사업자와 실질적이고 충분한 협의를 하였는지 여부와 거래상의 지위를 이용하여 수급사업자의 자율적인 의사를 제약하였는지 여부 또는 정상적인 거래관행에 어긋나거나 사회통념상 올바르지 못한 것으로 인정되는 행위나 수단 등을 사용하였는지 여부 등을 종합적으로 고려하여 판단함
		부당하게의 예시	①원사업자가 수급사업자들로부터 낮은 견적이를 받기 위해 발주 수량, 규격(사양), 품질, 원재료, 결제수단·운송·반품 등의 거래 조건, 민원처리 비용 부담 주체 등 목적물 등의 대가 결정에 영향을 미치는 주요 내용이나 자료·정보 등을 수급사업자에게 충분히 제공하지 아니하거나 사실과 다르게 제공하는 경우 ②원사업자가 최저가 지명경쟁입찰에 참여를 거부하거나 일정 횟수 이상 낙찰되지 아니하는 수급사업자에 대해 다음 거래 시 물량 감축 등의 불이익을 제공토록 하는 내용의 협력업체 관리 내규를 이용하여 지명경쟁입찰가격을 낮게 결정하도록 하는 경우 ③원사업자가 수량과 단가에 근거하여 하도급대금을 결정하였음에도 하도급대금 합의서 작성 시 수량을 제외하고 단가만 명시(단가 합의서 작성) 하여 수량을 미확정 상태로도 고매 발주 시마다 수량을 통보하는 방법으로 하도급대금을 결정하는 경우 ④정당한 이유 없이 위탁할 때 하도급대금(단가 및 수량)을 확정하지 아니하는 경우 ⑤원사업자가 단가 결정 시 부득이한 사정에 의해 예상 수량으로 단가를 정하고 추후 수량을 확정하여 정산을 하는 경우

하도급법		부당한 하도급대금 결정 및 감액행위에 대한 심사지침[시행 2019. 11. 29.] [공정거래위원회예규 제331호, 2019. 11. 28., 폐지제정], 2022. 11. 28.까지 효력		
				사전에 수급사업자에게 불리하지 아니한 내용으로 수량 증감에 따른 단가 조정기준을 정하지 아니하는 경우
				⑥원사업자가 계속적 거래 관계에 있는 수급사업자에게 확정되지 아니한 초안 상태의 생산량 감축 계획 관련 문건을 보여주는 등의 방법으로 거래 중단이나 물량 감축 의사를 내비치는 등 수급사업자의 자율적 의사를 억압하거나 제한하는 방법을 이용하는 경우 ⑦원사업자가 수급사업자의 거래 관련(인감) 도장을 맡아 보관하면서 일방적으로 이를 하도급대금 결정에 합의한 것으로 사용하는 경우 ⑧원사업자가 가격 책정 모델 또는 기법을 적용하여 산출한 금액을 가격 인상 근거자료로는 활용하지 아니하고 가격 인하 근거로만 활용하는 경우 ⑨원사업자가 거래 의존도가 높은 수급사업자에 대해 거래처 변경 시 경영상 어려움이 가중될 우려가 있는 것을 이용하여 가격 인하에 불응할 경우 거래처 변경 가능성을 내세워 가격을 인하하는 경우 ⑩임시 단가(또는 가다가)를 정해 위탁한 뒤 나중에 원가계산, 견적가격 등의 산출이 가능할 때(예컨대, 제1회차 납품 후) 대금을 확정하기로 수급사업자와 합의한 후 정당한 이유 없이 1회차 목적물이 납품된 후 상당한 기간을 경과하여 대금을 확정하는 경우 ⑪신규 개발품이 아님에도 원사업자가 임시 단가(또는 가다가)로 발주받았다는 이유로 수급사업자에게 임시 단가로 위탁한 후발 주자가 가격을 인하할 경우 그만큼을 인하하여 단가를 확정하는 경
				⑯원사업자가 수급사업자의 납품 관련 기술 자료(설계도서, 시방서, 특수한 공정·공법 등과 이에 대한 견적이 산출내역 등) 등을 다른 사업자에게 제공하고 그 다른 사업자가 이를 이용하여 제출한 견적가격 등을 근거로 하도급대금을 결정하는 경우

하도급법		부당한 하도급대금 결정 및 감액행위에 대한 심사지침[시행 2019. 11. 29.] [공정거래위원회예규 제331호, 2019. 11. 28., 폐지제정], 2022. 11. 28.까지 효력		
				⑰원사업자가 건설산업기본법·령, 국가계약법·령 또는 지방자치단체계약법·령에 의거 하도급계약 금액 또는 수급사업자의 견적이를 포함한 하도급 관리 계획을 발주처에 제출하여 발주받은 후 하도급계약 금액을 하도급 관리계획상의 하도급계약 금액보다 낮은 수준으로 재조정하거나, 견적이 보다 낮은 금액으로 하도급계약을 체결하는 경우 ⑱원사업자가 발주자와의 협상 과정에서 수급사업자의 업무량을 일방적으로 추가시키고 하도급대금은 증액하지 아니하는 경우 ⑲원사업자가 수급사업자의 제조원가명세서 등을 제출받아 수급사업자의 이익률이 높다는 이유를 내세워 계약 갱신 시 동일한 목적물에 대해 하도급대금을 낮게 결정하는 경우 ⑳설계변경 등에 따른 신규 항목 등에 대한 물량 및 단가를 수급사업자의 의사와 무관하게 원사업자가 일방적으로 결정·작성한 변경 내역서를 제시하며, 변경 계약에 서명할 때까지 기성금 지급을 유보하는 등의 방법으로 수급사
	목적물 등과 같거나 유사한 것에 대하여 일반적으로 지급되는 대가보다 낮은 수준		판단기준	목적물 등과 같거나 유사한 것에 대해 정상적인 거래관계에서 일반적으로 지급되는 대가보다 낮은 수준 인지의 여부를 기준으로 판단
			같거나 유사한 것	목적물 등의 종류, 거래규모, 규격, 품질, 용도, 원재료, 제조공정, 공법 등을 고려하여 판단
			일반적으로 지급되는 대가	①목적물 등과 같은 것에 대해 동일 또는 유사한 시기에 정상적인 거래 관계에서 다른 사업자에게 지급한 대가 ②목적물 등과 유사한 것에 대해 동일 또는 유사한 시기에 정상적인 거래 관계에서 다른 사업자에게 지급한 대가 ③종전에 목적물 등과 같거나 유사한 것에 대해 해당 수급사업자에게 지급한 대가가 있는 경우에는 그 대가에 소비자물가 상승률, 원자재 가격변동률 등을 고려하여 산출한 대가 ④최저가 경쟁입찰에서 최저가로 입찰한 금액(일반적으로 지급되는 대가의 최저 수준) ⑤신규 개발품과 같이 목적물 등과 같거나 유사한 것이 존재하

<table>
<tr><th colspan="2">하도급법</th><th colspan="4">부당한 하도급대금 결정 및 감액행위에 대한 심사지침[시행 2019. 11. 29.]
[공정거래위원회예규 제331호, 2019. 11. 28., 폐지제정], 2022. 11. 28.까지 효력</th></tr>
<tr><td></td><td></td><td rowspan="5"></td><td colspan="2"></td><td>지 아니하거나 그것을 알 수 없는 경우에는 해당 목적물 등에 대한 제조 등의 원가에 해당 원사업자가 거래 중에 있는 같거나 유사한 업종에 속하는 수급사업자들의 전년도 평균 영업이익률에 상당하는 금액을 더 한 대가
⑥원사업자가 건설산업기본법·령, 국가계약법·령 또는 지방자치단체계약법·령에 의거 발주처에 제출하는 하도급 관리 계획에 포함된 하도급계약 금액 또는 수급사업자의 견적가격</td></tr>
<tr><td></td><td></td><td colspan="2">낮은 수준</td><td>원칙적으로 결정된 하도급대금과 목적물 등과 같거나 유사한 것에 대해 일반적으로 지급되는 대가와의 차액규모, 목적물 등의 수량과 해당 시장 및 전·후방 시장상황 등을 고려하여 판단함 최저가 경쟁입찰에서 최저가로 입찰한 금액보다 하도급대금이 낮은 경우, 계속적으로 거래해 오고 있는 수급사업자가 납품하는 목적물의 제조에 필요한 원자재 가격이나 인건비가 인상되었음에도 원사업자가 단가를 인하하는 경우</td></tr>
<tr><td rowspan="3">제4조 제2항 제1호</td><td rowspan="3">정당한 사유 없이 일률적인 비율로 단가를 인하하여 하도급대금을 결정하는 행위</td><td rowspan="2">정당한 사유</td><td>판단기준</td><td>일률적인 비율로 단가를 인하해야 하는 객관적이고 합리적인 근거가 있는지 여부로 판단</td></tr>
<tr><td>〈정당한 사유의 예시〉</td><td>①종전 계약에 비해 수급사업자별 또는 품목별로 발주물량이 동일한 비율로 증가한 경우 그에 따른 고정비의 감소분을 반영하기 위해 객관적이고 합리적으로 산출된 근거에 따라 종전 계약 금액을 기준으로 일률적인 비율로 인하하여 하도급대금을 결정하는 경우
②종전 계약에 비해 원자재 가격이 하락하여 동일한 원자재를 사용하는 품목별로 그 하락률을 객관적이고 합리적으로 산출한 근거에 따라 종전 계약 금액을 기준으로 일률적인 비율로 인하하여 하도급대금을 결정하는 경우
③일률적 비율에 의한 단가 결정이 개별적 단가 결정에 비해 수급사업자에게 유리한 경우(단, 원사업자가 이를 객관적으로 입증하는 경우에 한한다)</td></tr>
<tr><td>일률적인 비율</td><td>의미</td><td>둘 이상의 수급사업자나 품목에 대해 수급사업자별 경영상황이나 시장상황, 목적물 등의 종류, 거래규모, 규격, 품질, 용도, 원재료,</td></tr>
</table>

하도급법		부당한 하도급대금 결정 및 감액행위에 대한 심사지침[시행 2019. 11. 29.] [공정거래위원회예규 제331호, 2019. 11. 28., 폐지제정], 2022. 11. 28.까지 효력		
				제조공정, 공법 등의 특성이나 차이를 고려하지 아니하고 동일하거나 일정한 규칙에 따라 획일적으로 적용하는 비율을 말함 결정된인하율이수급사업자에따라어느정도편차가있다고하더라도,전체적으로동일하거나일정한구분에따른비율로단가를인하한것으로볼수있다면,"일률적인비율"이적용된것으로봄
			〈일률적인 비율의 예시〉	①둘 이상의 수급사업자 또는 하나의 수급사업자가 납품하는 두 종류 이상의 목적물 등에 대해 종전 계약단가를 기준으로 동일한 비율로 단가를 인하하는 경우 ②수급사업자의 거래 규모별, 경영상황별(영업이익 규모 등) 또는 품목별로 단가 인하 비율을 정하여 수급사업자들에게 획일적으로 적용하는 경우 ③원사업자가 목적물 등에 대한 단가를 결정하면서 수급사업자별 또는 목적물별 단가가 다름에도 불구하고 종전 계약가격 또는 견적가격 등을 기준으로 동일한 금액을 획일적으로 인하하거나 일반적으로 지급되는데 가 보다 낮은 특정한 금액으로 단가를 인하하여 획일적으로 정하는 경우
			법위반 예시	①원사업자가 경영상 어려움을 이유로 종전 계약 단가를 기준으로 일방적으로 일정률씩 획일적으로 인하하는 행위 ②수급사업자의 전년도 영업이익률이 원사업자보다 높다는 이유로 종전 계약단가를 기준으로 거래 규모에 따라 일정률씩(예컨대, 100억 이상인 수급사업자들에게 7%씩, 50억~100억인 수급사업자들에게 5%씩, 50억 이하인 수급사업자들에게 3%씩) 단가를 인하하기로 정하여 획일적으로 적용하는 행위 ③객관적이고 합리적인 산출 근거 없이 종전 계약단가를 기준으로 수급사업자의 납품단가 규모별로 일정률씩(예컨대, 10만 원 이상 품목은 5%씩, 10만 원 미만 품목은 3%씩) 인하하기로 정하여 획일적으로 적용하는 행위 ④완성차 제조원 사업자가 신규로 다수의 부품 제조 수급사업자를 선정하면서 정당한 이유 없이 수급사업자의 견적이를 기준으로 위탁품목별로 일정률씩(예컨대, 엔진 제조 수급사업자에 대해서는 10%씩, 타이어 제조 수급사업자에 대해서는 5%

하도급법		부당한 하도급대금 결정 및 감액행위에 대한 심사지침[시행 2019. 11. 29.] [공정거래위원회예규 제331호, 2019. 11. 28., 폐지제정], 2022. 11. 28.까지 효력			
					씩, 브레이크 제조 수급사업자에 대해서는 3%씩) 단가를 획일적으로 인하하는 행위 ⑤원사업자가 수급사업자들의 종전 계약가격이 A는 250원, B는 300원, C는 350원으로 각자 다름에도 불구하고 객관적이고 합리적인 산출 근거 없이 200원으로 획일
제4조 제2항 제2호	협조요청 등 어떠한 명목으로든 일방적으로 일정금액을 할당한 후 그 금액을 빼고 하도급대금을 결정하는 행위		협조요청 등 어떠한 명목으로든 일방적으로 일정금액을 할당한 후 그 금액을 빼고 하도급대금을 결정하는 행위	판단기준	원사업자가 협조요청이나 상생협력 등의 명목여하 또는 수급사업자의 합의여부에 불문하고 일방적으로 일정금액을 할당하여 그 금액을 빼고 하도급대금을 결정하였는지 여부에 따라 위법성을 판단함 원사업자가 일방적으로 수급사업자별로 일정금액을 할당한 후에 수급사업자와 협의과정에서 일부 수급사업자의 경우 할당한 금액대로 반영되지 아니하였다고 하더라도 위법성이 있는 것으로 판단할 수 있음
				법위반 예시	①원사업자가환율변동,임금상승,물가인상,가격경쟁심화등과 같은 경제여건의 변화에 따른 수지개선 또는 이익극대화를 위한 방안으로 구매비용절감(원가절감)목표를 정하여이를 수급사업자별로 일방적으로 절감액을 할당한 후 수급사업자의 견적가격 또는 종전단가를 기준으로 일정금액을 빼고수급사업자들에게 협조를 요청하는 등의 방법으로 하도급대금을 결정하는 행위 ②수급사업자들에게 협조를 요청하는 방법으로 공정거래위원회의 과징금납부명령이나시정명령 또는 원사업자의자진시정에 따라 이미 납부하거나 지급한 과징금, 어음할인료, 지연이자 등의 전부 또는 일부만큼 낮은금액으로 하도급대금을 결정하는 행위 ③원사업자가발주자와의 협상에 의해추가된 비용을 수급사업자들에게 전가하기 위하여 수급사업자 별로 일방적으로 절감액을 할당한 후 사정변경을 이유로 그 금액을 빼고 하도급대금을 결정하는 행위
제4조 제2항 제3호	정당한 사유 없이 특정 수급사업자를 차별취급 하여 하도급대금을 결정하는 행위		정당한 사유	판단기준	수급사업자별 경영상황, 생산능력, 작업의 난이도, 거래규모, 거래의존도, 운송거리·납기·대금지급조건 등의 거래조건, 거래기간, 수급사업자의 귀책사유 존부 등 객관적이고 합리적인 차별사유에 해당되는지 여부로 판단함

하도급법		부당한 하도급대금 결정 및 감액행위에 대한 심사지침[시행 2019. 11. 29.] [공정거래위원회예규 제331호, 2019. 11. 28., 폐지제정], 2022. 11. 28.까지 효력			
				법위반 예시	①원사업자가 목적물의 종류, 사양, 대금지급 조건, 거래수량, 작업의 난이도 등이 차이가 없음에도 특정 수급사업자에 대해 자신의 경쟁사업자와 거래한다는 이유 또는 자신이 지정한 운송회사를 이용하지 않는다는 이유 등으로 하도급대금을 차별하여 결정하는 행위
제4조 제2항 제4호	수급사업자에게 발주량 등 거래조건에 대하여 착오를 일으키게 하거나 다른 사업자의 견적 또는 거짓견적을 내보이는 등의 방법으로 수급사업자를 속이고 이를 이용하여 하도급대금을 결정하는 행위		수급사업자에게 발주량 등 거래조건에 대하여 착오를 일으키게 하거나 다른 사업자의 견적 또는 거짓견적을 내보이는 등의 방법으로 수급사업자를 속이고 이를 이용하여 하도급대금을 결정하는 행위"	판단기준	하도급대금의 결정과정에서 수급사업자에게 착오를 일으키게 하거나 수급사업자를 속인 사실이 있는지 여부에 따라 위법성을 판단함 수급사업자를 속인 사실의 여부는 거래의 종류 및 상황, 상대방인 수급사업자의 업종, 규모, 거래 경험, 원사업자와 수급사업자의 거래상 지위 등 행위 당시의 구체적 사정을 고려하여 개별적으로 판단함
				법위반 예시	①원사업자가 확정되지 아니한 초안 상태의 생산량 증대 계획 또는 신규수주 계획 문건 등을 수급사업자에게 보여주면서 마치 종전 계약보다 발주량을 대폭 늘려줄 것처럼, 또는 그와 같이 수주가 이루어질 것처럼 언질을 주어 하도급대금을 낮게 결정한 후 실제로는 발주량을 늘려주지 않는 행위 ②다른 사업자의 견적서를 위·변조하거나 허위로 작성하여 그것을 보여주는 방법으로 하도급대금을 결정하는 행위 ③해당단가인하분을타품목이나타공사등을위탁할때보전해줄것처럼하면서단가를인하한후그것을이행하지아니하는행위 ④원사업자가 하도급대금 결정을 위한 협의 과정에서 하도급대금을 30일 이내에 현금으로 지급하기로 한 다른 수급사업자의 계약조건과 동일한 지급조건인 것처럼 내비쳐 단가를 낮게 책정한 후 실제로는 만기 6개월의 어음으로 지급하는 행위
제4조 제2항 제5호	원사업자가 일방적으로 낮은 단가에 의하여 하도급대금을 결정하는 행위		원사업자가 일방적으로 낮은 단가에 의하여 하도급대금을 결정하는 행위	일방적으로	원사업자가 하도급대금을 결정하는 과정에서 수급사업자와 실질적이고 충분한 협의를 거쳐 하도급대금을 결정하였는지 여부 및 이 과정에서 수급사업자가 의사표시의 자율성을 제약받지 아니한 상태였는지 여부를 기준으로 판단함
				낮은 단가	결정된 단가의 부당성 여부는 원칙적으로 객관적이고 타당한 산출근거에 의하여 단가를 낮게 결정한 것인지 여부를 기준으로 판단하

<table>
<tr><th colspan="2">하도급법</th><th colspan="4">부당한 하도급대금 결정 및 감액행위에 대한 심사지침[시행 2019. 11. 29.]
[공정거래위원회예규 제331호, 2019. 11. 28., 폐지제정], 2022. 11. 28.까지 효력</th></tr>
<tr><td></td><td></td><td></td><td></td><td></td><td>되, 수급사업자 등이 제시한 견적가격(복수의 사업자들이 견적을 제시한 경우 이들의 평균 견적가격), 목적물 등과 같거나 유사한 것에 대해 일반적으로 지급되는 대가, 목적물의 수량, 해당 목적물의 시장상황 등을 고려하여 판단</td></tr>
<tr><td></td><td></td><td></td><td></td><td>법위반 예시</td><td>①원사업자가 종전 계약의 목적물과 동일한 것에 대해 하도급대금을 새로이 결정하면서 미리 정한 자신의 원가절감 목표액을 수급사업자들의 의사와 무관하게 할당한 후 해당 수급사업자가 제출한 견적이를 기준으로 동수 급사업자에 해당하는 할당금액을 빼고 하도급대금을 결정하는 행위
②원사업자가 계속적인 거래 관계에 있는 수급사업자에게 신규 품목에 대해 종전 가격보다 낮게 임시 단가(또는 가다가)를 정하여 위탁한 후 단가를 확정하기 위한 추가적인 협의 없이 원사업자 일방의 의사결정을 통해 임시 단가 그대로 하도급대금을 결정하는 행위
③단가를 결정하지 않은 채 위탁하여 목적물의 납품이 완료된 후 수급사업자의 가격 협상력이 낮은 상태를 이용하여 수급사업자의 제조원가보다 낮게 하도급대금(단가)을 결정하는 행위
④원사업자가 신개발품을 발주하면서 우선 임시 단가(또는 가다가)를 정하고 추후 목적물의 최초 납품분에 대한 가격 산출이 가능한 때 단가를 확정하기로 수급사업자와 합의하였으나 이후 해당 합의를 무시하고 객관적이고 합리적인 산출 근거 없이 임시 단가보다 낮게 하도급대금을 결정하는 행위
⑤합의(서)가 존재하더라도 원사업자가 객관적·합리적 절차와 방법을 결여하고 원가절감, 생산성 향상 등 원사업자 일방의 영업수지 개선 계획에 따라 협조요</td></tr>
<tr><td>제4조 제2항 제6호</td><td>수의계약으로 하도급계약을 체결할 때 정당한 사유 없이 대통령령이 정하는 바에 따른 직접공사비 항목의 값을 합한 금액보다 낮은 금</td><td></td><td>수의계약으로 하도급계약을 체결할 때 정당한 사유 없이 대통령령이 정하는 바에 따른 직접공사비 항목의 값을 합한 금액보다 낮은 금액으로 하도급대금을 결정하는 행위</td><td>정당한 사유</td><td>정당한 사유"에 해당되는지는 공사현장의 여건, 수급사업자의 시공 능력 등을 고려하여 판단하되, 다음 각호의 하나에 해당하는 경우 영재 7조(부당한 하도급대금 결정 금지) 제2항의 규정에 의거 하도급대금의 결정에 정당한 사유가 있는 것으로 추정함
1.수급사업자가 특허공법 등 지적재산권을 보유하여 기술력이 우수한 경우</td></tr>
</table>

하도급법		부당한 하도급대금 결정 및 감액행위에 대한 심사지침[시행 2019. 11. 29.] [공정거래위원회예규 제331호, 2019. 11. 28., 폐지제정], 2022. 11. 28.까지 효력		
	액으로 하도급대금을 결정하는 행위			2.「건설산업기본법」제31조의 규정에 따라 발주자가 하도급계약의 적정성을 심사하여 그 계약의 내용 등이 적정한 것으로 인정한 경우
			"대통령령이 정하는 바에 따른 직접공사비 항목의 값을 합한 금액	원사업자의 도급내역상의 재료비, 직접노무비 및 경비의 합계 금액을 말함 다만, 경비 중 원사업자와 수급사업자가 합의하여 원사업자가 부담하기로 한 비목(費目) 및 원사업자가 부담하여야 하는 법정경비를 제외(영 제7조 제1항)
제4조 제2항 제7호	경쟁입찰에 의하여 하도급계약을 체결할 때 정당한 사유 없이 최저가로 입찰한 금액보다 낮은 금액으로 하도급대금을 결정하는 행위	수의계약으로 하도급계약을 체결할 때 정당한 사유 없이 대통령령이 정하는 바에 따른 직접공사비 항목의 값을 합한 금액보다 낮은 금액으로 하도급대금을 결정하는 행위	정당한 사유	공사현장의 여건, 수급사업자의 시공능력 등을 고려하여 판단하되, 다음 각호의 하나에 해당하는 경우 영 제7조(부당한 하도급대금 결정 금지) 제2항의 규정에 의거 하도급대금의 결정에 정당한 사유가 있는 것으로 추정함
			〈정당한 사유의 예시〉	①최저가 경쟁입찰에서 낙찰된 수급사업자가 핵심기술인력의 갑작스러운 사망 등과 같이 예상치 못한 사유로 인하여 목적물 등의 일부에 대해 제조 등을 수행할 수 없어 수급사업자가 그 부분에 대한 감액을 요청하는 경우 ②최저가 경쟁입찰에서 낙찰자가 결정된 직후 미리 예상치 못한 발주물량의 증가 등으로 인해 총 계약 금액이 증가함에 따라 객관적이고 합리적인 산출 근거에 의해 단가를 최저가 보다 낮게 결정하는 경우
			법위반 예시	①원사업자가 최저가 경쟁입찰에서 최저가로 입찰한 수급사업자에게 업계 관행을 이유로 다시 대금 인하 협상을 하여 최저가 입찰금액보다 낮은 가격으로 하도급대금을 결정하는 행위 ②원사업자가 최저가 경쟁입찰에서 최저가로 입찰한 수급사업자에게 입찰조건과 달리 하도급대금을 더 낮춰줄 것을 요구하여 거절당하자, 최저가 입찰자 이외의 입찰자와 단가 협상을 통해 최저가 입찰금액보다 낮은 가격으로 하도급대금을 결정하는 행위 ③원사업자가 경쟁입찰을 실시하면서 최저입찰가가 원사업자의 예정 가격을 초과하는 경우에 재입찰을 실시한다는 점을 사전 고지하지 않았음에도 이를 이유로 최저입찰가를 제시한 업체

<table>
<tr><th colspan="2">하도급법</th><th colspan="4">부당한 하도급대금 결정 및 감액행위에 대한 심사지침[시행 2019. 11. 29.]
[공정거래위원회예규 제331호, 2019. 11. 28., 폐지제정], 2022. 11. 28.까지 효력</th></tr>
<tr><td></td><td></td><td rowspan="4"></td><td></td><td></td><td>를 낙찰자로 선정하지 아니하고 그 업체를 포함하여 상위 2개 또는 3개 업체를 대상으로 재입찰을 실시하여 그중 가장 낮은 가격을 제시한 업체를 낙찰자로 선정함으로써 당초 최저입찰가보다 낮게 하도급대금을 결정하는 행위

※최저입찰가가 원사업자의 예정 가격을 초과하는 경우에 재입찰을 실시한다는 점을 사전 고지하였다고 하더라도, 예정 가격에 대한 공증을 받는 등 사후에라도 낙찰자 선정에 대한 이의나 분쟁이 발생한 경우 원사업자의 예정 가격을 확인할 수 있도록 하는 것이 필요하다. 또한 예정 가격은 단지 원사업자 자신의 외주비를 절감하기 위한 목적이 아니라 원사</td></tr>
<tr><td rowspan="3">제4조 제2항 제8호</td><td rowspan="3">계속적 거래계약에서 원사업자의 경영적자, 판매가격 인하 등 수급사업자의 책임으로 돌릴 수 없는 사유로 수급사업자에게 불리하게 하도급대금을 결정하는 행위</td><td>계속적 거래계약에서 원사업자의 경영적자, 판매가격 인하 등 수급사업자의 책임으로 돌릴 수 없는 사유로 수급사업자에게 불리하게 하도급대금을 결정하는 행위</td><td>판단기준</td><td>계속적 거래계약 기간 중 원사업자가 경영적자, 판매부진, 경쟁심화에 따른 판매가격 인하 등 수급사업자의 책임으로 돌릴 수 없는 사유로 새로이 인하된 하도급대금을 결정하는 경우에 그 내용이나 절차가 정상적인 거래관행에 비추어 볼 때 공정하고 타당한지 여부로 위법성을 판단함</td></tr>
<tr><td></td><td>수급사업자의 책임으로 돌릴 수 없는 사유</td><td>새로이 하도급대금을 결정하게 된 사정이 원사업자나 외부환경의 변화 등에 있고 수급사업자에게는 귀책사유가 없음</td></tr>
<tr><td></td><td>수급사업자에게 불리하게</td><td>새로이 인하된 하도급대금을 결정하는 절차 및 그 결정된 내용이 정상적인 거래관행상 공정성과 타당성이 결여되었음을 말하며, 이는 아래의 사항을 고려하여 판단함

•원사업자가 새로이 하도급대금을 인하 결정하게 된 사정, 과정 및 그 결과와 관련하여 필요한 자료나 정보 등을 수급사업자에게 성실하게 제공하였는지
•원사업자가 객관적이고 합리적인 절차에 따라 수급사업자와 실질적인 협의를 거쳤는지
•인하된 하도급대금의 환원이나 인상 등에 대해 실효성 있는 방안을 마련·제공하고 추후 이를 실행하였는지
•새로이 인하된 하도급대금을 결정한 사정과 수급사업자가 납</td></tr>
</table>

<table>
<tr><th colspan="2">하도급법</th><th colspan="3">부당한 하도급대금 결정 및 감액행위에 대한 심사지침[시행 2019. 11. 29.]
[공정거래위원회예규 제331호, 2019. 11. 28., 폐지제정], 2022. 11. 28.까지 효력</th></tr>
<tr><td></td><td></td><td></td><td></td><td></td><td>품하는 목적물 등이 연관성이 있는지
•원사업자와 수급사업자 간 부담의 분담 정도가 합리적인 지

결국 원사업자는 계속적 거래 계약기간 중에 수급사업자의 책임으로 돌릴 수 없지만 경영상 불가피한 사유를 이유로 이러한 이유와 직접 관련이 있는 목적물에 대해 새로이 하도급대금을 인하 결정할 수 있음다만, 새로이 하도급대금을 인하 결정하는 과정에서 원사업자가 수급사업자와 충분하고 실질적인 협의를 거치고 이러한 협의 결과를 토대로 그 부담을 수급사업자와 합리적으로 분담하는 것이 필요하다.

예를 들면 계속적 거래 계약기간 중원 사업자가 판매가 부진한 제품에 대하</td></tr>
<tr><td></td><td></td><td></td><td></td><td>법위반 예시</td><td>①계속적 거래 계약기간 중 수급사업자가 납품한 목적물이 부수된 제품의 경우 판매 호조로 원사업자 경영적자의 원인이 아님에도 원사업자가 경영적자를 이유로 해당 수급사업자에 대해서도 종전에 비해 낮은 단가로 하도급대금을 결정하는 행위
②원사업자의 임금 인상이나 노조 파업 등에 따른 비용 발생분을 수급사업자에게 전가하기 위하여, 계속적 거래 계약기간 중원 사업자가 종전에 비해 낮은 단가로 하도급대금을 결정하는 행위
③계속적 거래 계약기간 중원 사업자가 글로벌 가격경쟁 심화나 환율 변동 등을 이유로 사전협의 과정 없이 종전에 비해 낮은 단가로 하도급대금을 일방적으로 결정해서 수급사업자에게 통보하는 행위</td></tr>
<tr><td>제11조 제1항</td><td>원사업자는제조등의위탁을할때정한하도급대금을감액하여서는아니됨 다만, 원사업자가 정당한 사유를 입증한 경우에는 하도급대금을</td><td colspan="2">V. 하도급대금 감액 행위의 위법성에 대한 심사기준</td><td>판단기준</td><td>감액의"정당성"여부는 하도급계약 체결 및 감액의 경위, 계약이행 내용, 목적물의 특성과 그 시장상황, 감액된 하도급대금의 정도, 감액방법과 수단, 수급사업자의 귀책사유 등 여러 사정을 종합적으로 고려하여 판단함 감액은 명목이나 방법, 시점, 금액의 다소를 불문하고, 원사업자가 수급사업자의 귀책사유 등 감액의 정당한 사유를 입증하지 못하는 경우에는 법위반으로 판단함</td></tr>
</table>

하도급법		부당한 하도급대금 결정 및 감액행위에 대한 심사지침[시행 2019. 11. 29.] [공정거래위원회예규 제331호, 2019. 11. 28., 폐지제정], 2022. 11. 28.까지 효력		
	감액할 수 있음		〈정당한 사유의 예시〉	①하도급 계약 체결 후에 원사업자가 수급사업자가 제출한 하도급대금 산정 자료에 중대하고 명백한 착오를 발견하여 이를 정당하게 수정하고 그 금액을 감액하는 경우 ②수급사업자가 위탁 내용과 다른 목적물 또는 불량품을 납품하거나 정해진 납기일을 초과하여 납품하는 등 수급사업자의 귀책사유로 인해 온 사업자가 납품된 목적물을 반품하고, 반품된 해당 목적물의 하도급대금을 감액하는 경우 ③수급사업자가 수리가 가능한 불량품을 납품하였으나 반품을 하여 수리를 시킬 시간적 여유가 없어 원 사업자가 스스로 수리하여 사용하고 그 비용을 감액하는 경우. 단, 사전에 수급사업자가 납득할 수 있는 구체적인 수리 비용 산정기준이 필요하며, 감액은 이러한 산정기준에 따라 산출된 금액에 한정되어야 함 ④원사업자가 수급사업자에게 무상으로 장비를 사용할 수 있도록 하였으나, 수급사업자의 장비관리 소홀로 인해 장비가 훼손되어 해당 장비에 대한 적정 수리비를 하도급대금에서 공제하는 경우
			법위반 예시	①원사업자가 수급사업자로부터 위탁 목적물을 수령하여 자신의 물류센터에 보관하는 과정에서 폭우로 인해 유실된 수량에 해당하는 금액을 하도급대금 지급 시 공제하는 행위 ②건설업자인 원사업자가 수급사업자로부터 교량 신축공사의 목적물을 인수하여 관할 지방자치단체에 준공검사를 신청하였으나 원사업자가 제공한 설계도면의 하자에 의한 부실공사로 인해 준공검사를 득하지 못하였음에도 그것을 이유로 하도급대금을 감액하는 행위 ③공정 거래 위원회의 과징금 납부명령이나 시정명령 또는 원사업자의 자진시정으로 인해 이미 납부하거나 지급한 과징금, 어음할인료, 지연이자, 하도급대금 등의 전부 또는 일부 금액을 감액하여 지급하는 행위 ④법정검사 기간 경과 후 불량 등을 이유로 반품하고 그만큼 감액하여 하도급대금을 지급하는 행위

하도급법		부당한 하도급대금 결정 및 감액행위에 대한 심사지침[시행 2019. 11. 29.] [공정거래위원회예규 제331호, 2019. 11. 28., 폐지제정], 2022. 11. 28.까지 효력			
					⑤구두로 납기 등을 연기한 후 당초 서면 계약서상의 납기를 준수하지 아니한 것으로 처리하여 감액하는 행위 ⑥당초 계약 내용과 달리 간접노무비, 일반관리비, 이윤, 부가가치세 등을 감액하는 행위 ⑦목적물을 저가로 수주하였다는 등의 이유로 당초 계약과 다르게 하도급대금을 감액하는 행위 ⑧단가 및 물량에는 변동이 없으나 운송 조건, 납품기한 등의 거래 조건을 당초 계약 내용과 달리 추가 비용이 발생하는 내용으로 변경
제11조제2항	다음 각 호의 어느 하나에 해당하는 원사업자의 행위는 정당한 사유에 의한 행위로 보지 아니함	제1호	위탁할 때 하도급대금을 감액할 조건 등을 명시하지 아니하고 위탁 후 협조 요청 또는 거래 상대방으로부터의 발주 취소, 경제 상황의 변동 등 불합리한 이유를 들어 하도급대금을 감액하는 행위	판단기준	"위탁할 때 하도급대금을 감액할 조건"을 명시한 경우에도 감액조건이 수급사업자에게 일방적으로 불리한 것인지 여부, 객관적이고 합리적 정당성을 가지는 것인지의 여부를 기준으로 판단함
				법위반 예시	①원사업자가 불경기에 따른 소비 위축으로 목적물 등에 대한 판매 부진을 만회하기 위해 광고·경품 등의 마케팅 비용의 지출을 늘린 후 그 비용의 일부를 하도급대금에서 공제하는 행위 ②원사업자가 자재 및 장비 등을 공급하기로 한 경우 이를 지연하여 공급하거나 일방적으로 무리한 납기·공기를 정해놓고 이 기간 내에 납품 또는 준공하지 못함을 이유로 감액하는 행위 ③장기·계속적 발주를 이유로 이미 확정된 하도급대금을 감액하는 행위 ④하도급대금을 총액으로 확정하여 계약한 후공정 또는 공종 등에 대한 구체적 산출내역 상수 급사업자의 이익률이 높게 반영되었다는 이유로 하도급대금을 감액하는 행위 ⑤원사업자가 자신의 검수 조건에 따라 수급사업자로부터 납품받은 목적물에 대해 발주자로부터 불량제품이라는 이유로 반품되자 이에 대한 책임소재를 분명하게 가리지 않고 일방적으로 그 제조공정에 관련된 수급사업자들에게 그 비용을 분담시키는 행위

하도급법		부당한 하도급대금 결정 및 감액행위에 대한 심사지침[시행 2019. 11. 29.] [공정거래위원회예규 제331호, 2019. 11. 28., 폐지제정], 2022. 11. 28.까지 효력			
		제2호	수급사업자와 단가인하에 관한 합의가 성립된 경우 그 합의 성립 전에 위탁한 부분에 대하여도 합의내용을 소급하여 적용하는 방법으로 하도급대금을 감액하는 행위	판단기준	단가인하에 관한 합의가 성립된 시점 또는 그 이후에, 해당 합의 성립 전에 위탁한 부분까지 합의한 단가를 소급 적용하여 하도급대금을 감액한 사실이 있는지를 따져 법위반 여부를 판단함
				법위반 예시	①원사업자가 수급사업자와 단가인하에 관한 합의가 성립한 경우, 합의일 이전에 위탁한 목적물 등에 대하여 인하된 단가를 적용하여 하도급대금을 지급하는 행위
		제3호	하도급대금을 현금으로 지급하거나 지급기일 전에 지급하는 것을 이유로 하도급대금을 지나치게 감액하는 행위	판단기준	"지나친 감액"의 해당 여부는 현금지급, 조기지급 등의 지급조건 변경이 당초 계약 시 약정한 지급수단이나 지급기일 등의 조건에 비해 수급사업자에게 유리한 것인지 여부와 감액규모, 지급조건 변경에 따른 수급사업자의 이익정도와 경영상황, 금리수준 등 금융시장상황 등을 고려하여 판단함
				법위반 예시	①하도급대금을 목적물 수령일로부터 60일째 되는 날만 기 2개월 어음으로 지급하기로 계약하였으나 원사업자가 일방적으로 현금으로 지급하면서 당시의 예금은행 가중평균 여신 금리(한국은행 발표)에 해당하는 금액을 초과하여 감액하는 행위 ②하도급대금을 목적물 수령일로부터 60일째 되는 날 현금으로 지급하기로 계약한 후원사업자가 일방적으로 30일 앞당겨 현금으로 지급하면서 당시의 예금은행 가중평균 여신 금리(한국은행 발표)에 해당하는 금액을 초과하여 감액하는 행위
		제4호	원사업자에 대한 손해발생에 실질적 영향을 미치지 아니하는 수급사업자의 과오를 이유로 하도급대금을 감액하는 행위	판단기준	수급사업자의 과오가 원사업자의 손해발생에 실질적으로 영향을 미쳤는지의 여부, 즉 수급사업자의 과오와 원사업자의 손해발생 간 직접적인 인과관계가 존재하는지 여부를 기준으로 위법성을 판단함
				법위반 예시	①수급사업자가 원사업자로부터 제공받은 규격과 재질, 성능 등 모든 조건을 충족한 완제품 조립용 부품을 원사업자의 검수를 거쳐 원사업자가 지정한 장소로 운송하는 과정에서 발생한 단순한 포장지의 오·훼손을 이유로 원사업자가 하도급대금을 감액하는 행위

하도급법	부당한 하도급대금 결정 및 감액행위에 대한 심사지침[시행 2019. 11. 29.] [공정거래위원회예규 제331호, 2019. 11. 28., 폐지제정], 2022. 11. 28.까지 효력			
	제5호	목적물 등의 제조·수리·시공 또는 용역 수행에 필요한 물품 등을 자기로부터 사게 하거나 자기의 장비 등을 사용하게 한 경우에 적정한 구매대금 또는 적정한 사용대가 이상의 금액을 하도급대금에서 공제하는 행위	판단기준	"적정한 구매대금 또는 적정한 사용대가"인지 여부는 원사업자가 공제한 해당 물품·장비 등의 구매대금 또는 사용대가가 당시의 동일·유사한 물품·장비 등의 시장가격이나, 원사업자가 다른 수급사업자에게 판매하거나 사용하게 한 물품·장비 등에 대한 판매대금 또는 사용대가를 기준으로 판단함
			법위반 예시	①원사업자가 토목공사에 필요한 자기소유의 중장비를 수급사업자에게실비로 임대하는 조건으로 하도급계약을 체결한 후 하도급대금지급시에 시장가격 보다 비싸게장비임대료를 공제하는 행위 ②원사업자가자기의 계열회사의 장비를 사용하게하고 제1회차 대금지급시아직사용하지 아니한 기간 동안의 장비사용료를 모두 선공제하는 행위
	제6호	하도급대금 지급시점의 물가나 자재가격 등이 납품 등의 시점에 비하여 떨어진 것을 이유로 하도급대금을 감액하는 행위	판단기준	제조 등의 위탁을 할 때 정한 하도급대금은 납품 등이 이루어지기 이전에 합리적 정당성을 가지는 이유에 의한 단가 등의 변경이 없는 한 제조 등의 위탁을 할 때 정한 단가 등에 의하여 산출된 하도급대금을 지급하는 것이 타당하므로 납품 등이 이루어진 이후에 발생한 사유를 들어 감액하는 것은 원칙적으로 위법한 것으로 판단함
			법위반 예시	①목적물등의제조등에소요되는원자재의가격이목적물을발주또는납품할당시까지는변동이없었으나,발주또는납품이이루어진 이후에하락하였음을이유로 하도급대금 지급시감액하는행위
	제7호	경영적자 또는 판매가격 인하 등 불합리한 이유로 부당하게 하도급대금을 감액하는 행위	판단기준	"불합리한 이유로 부당한"것인지의 여부는 원사업자의 경영실책이나 가격경쟁력 상실 등 자신의 귀책사유에 따른 손실을 수급사업자에게 전가하는 경우와 같이 감액이유 및 방법이 합리적 타당성이 인정되지 아니하는 경우에 해당하는지 여부 등을 기준으로 판단함
			법위반 예시	①원사업자가전년도의임직원임금인상,신규투자증대,판매부진,환율변동등에따른적자폭의증가를이유로당초계약된하도급대금을일방적으로감액하는행위 ②환율변동으로원사업자가목적물등에대한수출가격이하락하였다는이유로계약조건과달리환차손실을수급사업자에게분담할 것을협조요청하는방법으로전가시키는행위

하도급법		부당한 하도급대금 결정 및 감액행위에 대한 심사지침[시행 2019. 11. 29.] [공정거래위원회예규 제331호, 2019. 11. 28., 폐지제정], 2022. 11. 28.까지 효력			
					③원사업자의노사분규로인한경영손실을고통분담차원에서수급사업자의하도급대금에서감액하는행위
		제8호	"고용보험 및 산업재해보상보험의 보험료징수 등에 관한 법률, 산업안전보건법등에 따라 원사업자가 부담하여야하는 고용보험료, 산업안전보건관리비 그 밖의 경비 등을 수급사업자에게 부담시키는 행위	판단기준	관계법령에 따라 보험료 등을 원사업자가 부담하도록 의무화되어 있는 것인지의 여부를 기준으로 위법성을 판단함
				법위반 예시	①원사업자가관계법령에따라부담해야할고용보험료나산업안전보건관리비를수급사업자로하여금지급하도록하고이를보전해주지아니하는행위 ②원사업자가접대비등의영업활동비를목적물의수주와관련있다는이유로수급사업자에게부담시키는행위

부당한위탁취소, 수령거부 및 반품행위에 대한 심사지침[시행2019.11.29.][공정거래위원회예규제332호,2019.11.28.,폐지제정], 2022. 11. 28.까지 효력				
Ⅱ. 용어의 정의	1. 위탁의 취소	원사업자가 수급사업자에게 제조(가공위탁을 포함함 이하 같다)·수리·건설 또는 용역의 위탁을 한 후 임의로 다음 각 목의 행위를 하는 것	가. 제조등의위탁을취소(해제·해지를포함함이하같다)하는행위 나. 위탁을할때정한발주량,사양등위탁한내용을변경(해제·해지를포함함이하같다)하는행위	
	2. 수령의 거부	원사업자가 제조 등의 위탁을 한 후 수급사업자가 목적물 등을 원사업자에게 납품·인도 또는 제공하는 시기 및 장소에서 목적물 등의 수령 또는 인수를 거부하거나 지연하는 행위	원사업자가 용역위탁 가운데 역무의 공급을 위탁한 경우는 제외	
	3. 반품	원사업자가 수급사업자로부터 목적물 등을 수령 또는 인수한 후에 형식에 상관없이 수령 또는 인수한 목적물 등을 수급사업자에게 되돌려 보내는 모든 행위	원사업자가 용역위탁 가운데 역무의 공급을 위탁한 경우는 제외	
	4. 위탁의 시점	원사업자가수급사업자에게 제조등의 위탁을 하는 시점,다만,계속적거래계약처럼하도급거래가 빈번하여 대금결제·운송·검수·반품등의 거래조건,규격·재질,제조공정등과 관련 된 일반적인내용을 기본 계약서에 담고, 납품등의 수량·단가·시기·장소등 직접적이고 구체적인 발주내용은 특약서 또는 발주서등으로 위임하여 발주가 이루어지는 경우에는 해당특약서또는 발주서가 수급사업자에게 통지되는시점	예시) 계속적 거래계약에서 생산계획 수립, 위탁 및 입고 등 일련의 과정이 전산시스템인 전사적 자원관리시스템(Enterprise Resource Planning, ERP)을 통해 관리되는 경우로서 주별 또는 월별 단위의 예상물량 통보(Forecast, FO), 납품 등의 수량·단가·시기·장소 등이 기재된 발주(Purchase Order, PO), 납품 지시(Delivery Order) 등이 순차적으로 이루어지는 경우에는 원칙적으로 발주(PO) 내용이 수급사업자에게 통지되는 시점을 위탁의 시점으로 봄. 다만, 가령 계속적 거래계약 기간 중 원사업자의 사양변경·생산계획 변경·모델단종 등을 이유로 위탁이 중단된 경우로서 해당 목적물 등의 종류 및 특성, 거래규모, 해당 수급사업자의 생산능력, 제조 등의 공정 및 공법, 계속적 거래계약의 내용, 거래조건의 동일성, 해당 수급사업자와의 거래유지기간, 관련 산업의 특성 및 시장상황, 정상적인 거래관행 등을 종합적으로 고려할 때 사실상 납품 등의 수량·단가 등이 발주(PO) 시점 이전에 결정되는 것으로 인정되는 경우에는 그 시점을 위탁의 시점으로 봄.	
Ⅲ. 부당한 위탁취소, 수령거부 및 반품행위에 대한 심사기준	1. 부당한 위탁취소	가. 대상행위	"부당한 위탁취소"라 함은 원사업자가 수급사업자에게 제조 등의 위탁을 한 후 수급사업자의 책임으로 돌릴 사유가 없음에도 불구하고 임의로 제조 등의 위탁을 취소하거나 위탁을 할 때 정한 발주량 또는 사양 등 위탁한 내용을 변경하는 행위를 말한다	
		나. 위법성의 판단기준	(1) 부당한 수령거부 행위의 위법성	원사업자가 수급사업자의 책임으로 돌릴 사유가 없음에도 불구하고 위탁을 할 때 정한 납기 및 장소에서 수급사업자로부터 목적물 등을 수령 또는 인수(이하 "수령"이라 한다)하는 것을 거부하거나 지연(이하 "거

				부"라 한다) 했는지 여부를 중심으로 판단하되, 위탁계약 체결 및 수령거부의 경위, 위탁계약의 내용, 수령거부한 목적물 등의 범위, 계약이행 내용 등 여러 사정을 종합적으로 고려함
			(2) 수급사업자의 책임으로 돌릴 사유	수급사업자의 귀책사유로 인해 계약을 이행할 수 없는 경우 또는 수급사업자가 계약내용을 위반하여 계약목적을 달성할 수 없는 경우 등을 말함
				①수급사업자에게 파산·회생 절차의 신청 등 경영상의 중대한 사유가 발생하고 그로 인하여 계약내용을 정상적으로 이행할 수 없다고 인정되는 경우 ②수급사업자가 감독관청으로부터 영업취소·영업정지 등의 처분을 받은 경우로서 계약 내용을 정상적으로 수행할 자격·능력이 없다고 인정되는 경우 ③수급사업자가 특별한 이유 없이 목적물 등의 제조·수리·시공 또는 용역의 착수·착공을 거부하여 납품 등의 시기(이하"납기"라 한다)에 완성·완공할 가능성이 없다고 인정되는 경우 ④수급사업자가 목적물 등의 품질에 영향을 미치는 주요 공정·공법 등을 임의로 변경하는 등 계약의 중요한 내용을 위반하고 그 위반으로 인하여 계약의 목적을 달성할 수 없다고 인정되는 경우
			(3) "임의로" 위탁을 취소하는 행위	원사업자가 수급사업자와 실질적인 협의 없이 일방적으로 위탁을 취소하는 행위를 말함
				①위탁취소의 사유가 해당 하도급거래 계약서에 규정되어 있고 위탁취소가 위 계약서에 따른 내용 및 절차에 따라 이루어졌는지 ②원사업자와 수급사업자 간에 실질적인 협의가 있었는지. 이때 실질적인 협의 여부는 위탁취소의 사유 등이 정상적인 거래 관행에 어긋나거나 협의 과정에서 원사업자가 사회통념상 올바르지 못

				한 것으로 인정되는 수단·방법을 사용한 것인지 및 협의 과정이 충분했는지 등을 기준으로 판단함 만약 원사업자의 사실상의 강요에 의하거나 수급사업자의 자유로운 의사결정이 저해된 상태에서 합의서가 작성되는 등 합의의 진정성이 인정되지 않는 경우에는 실질적인 협의가 없었던 것으로 봄 ③원사업자가 위탁을 취소함으로써 수급사업자가 입게 될 손실에 대하여 양 당사자가 충분한 협의를 거쳐 정당한 보상을 하고 위탁을 취소하였는지
		다. 부당한 위탁취소행위의예시	〈예시 1〉 원사업자의 판매량 감소·사 양 변경·모델 단종·생산계획 변경·내부자금 사정 악화 또는 발주자로부터의 발주 취소·발주 중단 등 원사업자의 경영상황 또는 시장 여건의 변동 등을 이유로 임의로 위탁을 취소하는 행위	〈참조 사례〉 ①원사업자가 제조위탁한 물량의 일부만을 입고시키고 나머지 물량은 판매 부진, 내부자금 사정 등을 이유로 일방적으로 취소한 경우 ②원사업자가 제조위탁을 한 후 수급사업자가 공정을 상당 부분 진행한 시점(85%)에 발주자의 부도를 이유로 일방적으로 제작 중단 통보를 하면서 상당 기간(11개월)이 지난 시점까지 제작을 진행하라는 지시를 하지 아니한 경우 ③원사업자가 수급사업자에게 일정한 사양을 제시하며 소프트웨어 개발을 위탁한 후발주자와의 최종협의 결과 사양이 변경되었다는 이유로 일방적으로 위탁을 변경한 경우
			〈예시 2〉 원사업자가 제조 등의 위탁을 한 후 원사업자 자신이 직접 수행하거나 다른 수급사업자에게 대신 수행하게 하기 위해 일방적으로 위탁을 취소하는 행위	〈참조 사례〉 ①원사업자가 제조위탁을 하고 상당 기간이 지난 후 자신의 계열사인 다른 수급사업자에게 발주하기 위해 이미 발주한 제조위탁을 일방적으로 취소한 경우 ②수급사업자가 위탁받은 공사에 대한 작업을 중단하여 공사 계약 해지를 통보하였으나, 수급사업자가 작업을 중단하기 전에 다른 수급사업자에게 수급사업자의 작업을 대신하도록 하였고, 수급사

				업자의 사업 중단에 대해 시정요구 및 이의를 제기한 사실이 없는 경우
			〈예시 3〉 원사업자가 수급사업자에게 부당하게 하도급대금 감액 등의 요구를 하고 수급사업자가 이에 응하지 아니함을 이유로 위탁을 취소하는 행위	
			〈예시 4〉 용지보상 지연, 문화재 발굴 등 수급사업자의 책임으로 돌릴 수 없는 사유로 인해 공기가 상당기간 지연되었음에도 원사업자가 간접비 등 추가 소요비용에 대해 수급사업자가 부담을 떠안을 것을 요구하고 수급사업자가 이에 응하지 아니함을 이유로 위탁을 취소하는 행위	
			〈예시 5〉 원사업자가 공급하기로 되어 있는 원자재 또는 장비 등을 지연하여 공급하는 등 원사업자의 책임으로 인해 수급사업자가 계약내용을 이행할 수 없게 되었음에도 수급사업자에게 그 책임을 물어 위탁을 취소하는 행위	〈참조 사례〉 ①원사업자는 수급사업자에게 아파트철근콘크리트 공사를 위탁 한 후 선행공종인토공사와 파일공사가상당기간(2개월)지체되고 발주자의 자재수급이원활히 이루어지지 아니하여 수급사업자의 체불금이 누적되어 공사진행이 어려웠음에도 불구하고 일방적으로 위탁을 해지한 경우 ②수급사업자가 선박 거주 구의 납기를 준수하지 아니한 것을 이유로 후속 선박 거주 구의 위탁계약을 취소하였으나 원사업자가 제공하도록 되어 있는 사 급 자재를 5개월 정도 지연하여 공급한 사실 등에 기인한 측면이 큰 경우
			〈예시 6〉 원사업자가 수급사업자로부터 위탁내용의 확인을 요청하는 서면을 받았음에도 불구하고 위탁내용을 서면으로 확인해 주지 않고 수급사업자에게 계속 작업을 하도록 한 후 목적물 등이 위탁내용과 다르다고 하여 위탁을 취소하는 행위	
			〈예시 7〉 수급사업자가 해당 공사와 관련이 없는 다른 현장의 손해배상책임을 이행하지 아니한다는 이유로 위탁을 취소하는 행위	
			〈예시 8〉 원사업자가 수급사업자에게 금형개발을 제조위탁하면서 해당 금형으로부터 일정수량의 부품을 납품하도록 보장한다고 약정하였으나, 수급사업자의 책임으로 돌릴 사유가 없음에도 해당 부품에 대한 약정물량 중 일부만을 수령한 후 나머지에 대해서는 일방적으로 위탁을 취소하는 행위	〈참조 사례〉 원사업자가 5.1. 종금형 개발을 제조위탁하면서 수급사업자가 종금형을 개발 완료할 경우 특정 수량의 부품을 납품하도록 보장(월 20만 개 이상) 한다고 약정하였으나, 수급사업자가 금형개발을 완료하였음에도 불구하고 6.4.부터 같은 해 8월까지 일부 부품만을 납품받은 후(약 11만 개, 월평균 2만 2천

			개) 금형 반납을 요구하였으며 수급사업자가 이에 응하지 아니하자 별도 통보 없이 일방적으로 거래를 중지한 경우
		〈예시 9〉 목적물 등의 하자발생에 대한 수급사업자의 책임을 입증할 객관적인 자료가 없음에도 원사업자가 수급사업자의 기술력 부족 등을 이유로 위탁을 취소하는 행위	
		〈예시 10〉 수급사업자의 공사진행 부진을 입증할 객관적인 자료가 없고 공사현장 근로자 또는 자재·장비업자 등 협력업체의 현장 점거농성도 정상적인 공사수행에 영향을 미치지 않을 정도의 단기간에 불과하여 납기 내에 공사를 수행할 시간적인 여유가 충분함에도 원사업자가 납기 내에 완공할 가능성이 없다는 이유로 임의로 위탁을 취소하는 행위	〈참조 사례〉 원사업자가 하도급 공사의 진행 부진, 수급사업자 근로자의 현장 점거농성 등을 이유로 위탁을 해지하였으나, 수급사업자의 공사 진행이 부진하다는 객관적인 자료가 없고, 현장 농성도 지극히 짧은 기간 동안 이루어져 공사 수행에 차질을 줄 정도는 아니었으며, 공사 계약 해지 시까지 경과한 기간보다 더 긴 잔여 계약기간이 남아있어 공사를 수행할 시간적인 여유가 있었다고 인정된 경우
		〈예시 11〉 수급사업자가 부도당일까지 정상적으로 공사를 수행 중이었고, 부도이후 정상적인 공사가 어려울 경우에는 수급사업자의 연대보증사가 납기 내에 잔여공사를 추진할 수 있음에도 불구하고 원사업자가 수급사업자의 부도사실 자체만으로 부도 당일 위탁을 취소하는 행위	
		〈예시 12〉 원사업자가 위탁을 취소하면서 수급사업자에게 동의·합의를 강요하는 방법 등으로 수급사업자의 형식적인 동의·합의를 받아 위탁을 취소하는 행위	〈참조 사례〉 ①ERP 시스템을 통해 납기일 종료 후 수급사업자의 동의를 거쳐 취소하였으나, 원사업자 측의 생산물량 감소, 자재 단종, 설계변경 등을 이유로 사실상 이미 제품 생산을 완료한 시점인 납기일 종료 후에 수급사업자의 의사를 충분히 반영하지 않는 등 형식적인 동의를 받아 위탁을 취소한 경우 ②당초 정산 합의서에 패널과 가구의 납입일자를 명기하지 않았으나, 원사업자가 임의로 명기하고 날인을 강요한 후 수급사업자가 위 납기 일자에 납품하지 않았다는 이유로 후속 계약을 취소한 경우 ③원사업자가 수급사업자의 거래 관련 인감도장을 맡아 보관하면서 일방적으로 위탁취소에 합의한 것으로 사용한 경우
		〈예시 13〉 원사업자가 수급사업자에게 제조	〈참조 사례〉

			등의 위탁을 한 후 인사이동으로 부임한 원사업자의 새로운 담당자가 수급사업자의 책임으로 돌릴 사유가 없음에도 일방적으로 위탁을 취소하는 행위	원사업자가 수급사업자에게 디자인의 작성을 위탁한 후 인사이동으로 교체되어 새로 부임한 원사업자의 담당자가 자신의 마음에 들지 않는다는 이유로 지금까지의 디자인 작성 작업을 무시하고 일방적으로 위탁을 변경한 경우
			〈예시 14〉 정상적인 거래관행에 비추어 볼 때 수급사업자의 귀책사유로 보기 곤란한 사유를 위탁을 취소할 수 있는 계약조건으로 명시하고 이들 계약조건에 따라 위탁을 취소하는 행위	
		라. 부당한 위탁취소가 아닌 행위의 예시	〈예시 1〉 원사업자가 제조 등의 위탁을 한 후 수급사업자가 불과 며칠 만에 회생 절차를 신청하였고 해당 수급사업자가 자재 협력업체에게 물품 대금을 지속적으로 미지급한 사실이 있으며 미지급한 금액이 원사업자와의 위탁계약 금액에 비해 상당히 많은 등 수급사업자의 경영관리상 문제가 있는 것으로 인정되어 원 사업자가 수급사업자의 회생 절차 신청 이후 서면으로 상당한 기간을 정하여 계약 이행을 최고한 후 위탁을 취소(해지) 하는 행위 〈예시 2〉 수급사업자가 상당 기간 공사를 중단하여 원사업자가 수차례에 걸쳐 공사 재개 및 공정만해 계획 제출을 요구하고 불이행 시 계약을 해지할 수 있다는 사전 고지를 하였음에도 불구하고 수급사업자가 이를 거절하는 등 수급사업자의 자발적인 공사 재개를 기대하기 어려운 사정이 있고 납기 내공사를 완공할 가능성이 없어 위탁을 취소(해지) 하는 행위 〈예시 3〉 원사업자의 귀책사유 없이 수급사업자 일방의 사정으로 수급사업자가 공사현장 근로자 또는 자재·장비업자 등 협력업체에 대한 임금·자재·장비대금을 미지급하고 그로 인하여 정상적으로 계약 내용을 이행할 수 없	
	2. 부당한 수령거부	가. 대상행위	부당한 수령거부	원사업자가 수급사업자에게 제조 등의 위탁을 한 후 수급사업자의 책임으로 돌릴 사유가 없음에도 불구하고 제조 등의 위탁을 할 때 정한 납기 및 장소에서 목적물 등의 납품 등에 대한 수령 또는 인수를 거부하거나 지연하는 행위를 말함 다만, 원사업자가 용역위탁 가운데 역무의 공급을 위탁한 경우는 제외함
			수령	제조위탁·수리위탁·용역위탁에 있어 수급사업자가 납품 등을 한 목적물 등을 받아 원사업자의 사실상 지배하에 두게 되는 것을 말함 다만, 이전하기 곤란한 목적물 등의 경우에는 수급사업자의 납품 등에 따라

			원사업자가 검사를 시작한 때를 수령한 때로 봄
		인수	건설위탁에 있어 수급사업자의 납품 등에 따라 원사업자가 검사를 끝내는 즉시 목적물 등을 원사업자의 사실상 지배하에 두어야 하는 것을 말함
	나. 위법성의 판단기준	판단기준	원사업자가 수급사업자의 책임으로 돌릴 사유가 없음에도 불구하고 위탁을 할 때 정한 납기 및 장소에서 수급사업자로부터 목적물 등을 수령 또는 인수(이하 "수령"이라 한다)하는 것을 거부하거나 지연(이하 "거부"라 한다) 했는지 여부를 중심으로 판단하되, 위탁계약 체결 및 수령거부의 경위, 위탁계약의 내용, 수령거부한 목적물 등의 범위, 계약이행 내용 등 여러 사정을 종합적으로 고려함
		수급사업자의 책임으로 돌릴 사유	부당한 위탁취소와 마찬가지로 수급사업자의 귀책사유로 인해 계약을 이행할 수 없는 경우 또는 수급사업자가 계약 내용을 위반하여 계약목적을 달성할 수 없는 경우
		예시	①수급사업자가 일정한 기간이나 계절에 집중적으로 판매되는 목적물의 제조를 충분한 기간을 두고 위탁받았음에도 수급사업자가 자신이 조달하기로 한 원재료를 제때 조달하지 못하는 등 수급사업자의 사정으로 해당 기간이나 계절을 넘겨 납품하는 경우 ②수급사업자가 직접 조달한 원재료의 품질 불량 등으로 납품 등을 한 목적물 등의 품질·성능 등에 하자가 있어 계약의 목적을 달성할 수 없다고 인정되는 경우 ③목적물 등의 생산과정 또는 납품 등을 위한 운송과정에서 수급사업자가 제대로 관리를 하지 아니하여 목적물 등이 오손·훼손되어 계약의 목적을 달성할 수 없다고 인정되는 경우
	다. 부당한 수령거부행위의 예시	〈예시 1〉 계약서면에 위탁내용이 명확하게 기재되어 있지 않는 등 위탁내용이 불명확하여 수급사업자가	

			납품 등을 한 목적물 등의 내용이 위탁내용과 상이한지 판단하기 곤란함에도 불구하고 수령을 거부하는 행위	
			〈예시 2〉 검사기준을 정하지 아니하고도 통상의 기준보다 높은 기준을 적용하거나, 검사기준을 정하였다고 하더라도 내용이 불분명하거나 당초계약에서 정한 검사기준보다 높은 기준을 적용하여 목적물 등이 위탁내용과 다르거나 품질·성능의 하자 등을 이유로 수령을 거부하는 행위	
			〈예시 3〉 위탁시 서면으로 납기를 정하지 아니하거나 납기를 변경하면서 이를 서면으로 명확히 하지 아니하여 수급사업자가 납기를 어겼는지 여부가 분명하지 않음에도 납기지연을 이유로 수령을 거부하는 행위	
			〈예시 4〉 원사업자가 일방적으로 납기단축을 통보한 후 납기에 목적물 등을 납품하지 않았다는 이유로 수령을 거부하는 행위	〈참조 사례〉 위탁 시 발주 일로부터 6개월 후를 납기일로 정했으나, 원사업자가 갑자기 수급사업자의 사정을 고려하지 않고 일방적으로 발주 일로부터 1개월 후에 납품할 것을 지시하였고 수급사업자가 위기인에 목적물을 납품할 수 없게 되자 원사업자가 납기지연을 이유로 수급사업자가 제조한 목적물의 수령을 거부한 경우
			〈예시 5〉 원사업자가 공급하기로 되어있는 원자재 등을 늦게 공급함으로써 납기 내 납품 등이 곤란하였음에도 납기지연을 이유로 수령을 거부하는 행위	
			〈예시 6〉 원사업자가 공급한 원재료의 품질불량 또는 원사업자의 설계오류 등으로 인해 목적물 등에 하자가 발생하였음에도 불구하고 수급사업자에게 그 책임을 물어 수령을 거부하는 행위	
			〈예시 7〉 목적물 등의 하자에 대한 책임소재가 분명하지 않음에도 원사업자가 목적물 등의 하자에 대한 책임을 수급사업자가 전적으로 부담할 것을 요구하면서 수령을 거부하는 행위	
			〈예시 8〉 원사업자가 발주자로부터의 발주취소·발주중단, 발주자·외국수입업자·고객의 클레임, 원사업자의 판매부진·생산계획 변경·사양변경 등을 이유로 위탁내용대로 제조·수리·시공 또는 용역한 목적물 등의 수령을 거부하는 행위	〈참조 사례〉 ①수급사업자가 위탁을 받아 납품한 목적물 중 일부를 원사업자가 수주 실패 또는 지연 등을 이유로 당초 납기일에 수령하지 않은 경우 ②수급사업자가 위탁받은 부품의 제조를 이미 완성하였음에도 원사업자가 생산계획이 변경되었다는 이유로 수급사업자가 생산한 부품의 수령을 거부한 경우 ③수급사업자가 위탁받은 부품의 제조를 이미 완성

			하였음에도 불구하고 원사업자가 설계변경을 이유로 당초 위탁한 규격과는 다른 규격의 것을 납품할 것을 요구하면서 수급사업자가 생산한 부품의 수령을 거부한 경우 ④종합건설사 인원 사업자가 수급사업자에 대해 설계도면의 작성을 위탁했으나, 상가 건설 계획이 변경되었다는 이유로 해당 설계도면을 수령하지 않는 경우 ⑤광고 회사인 원사업자가 수급사업자에 대해 TV 광고의 제작을 위탁했으나, 광고주가 광고 발주를 취소한 자원 사업자가 이미 수급사업자가 TV 광고를 제작하여 저장한 매체를 수령하지 않은 경우
		〈예시 9〉 원사업자가 수급사업자로부터 목적물 등을 수령할 것을 요구받았음에도 보관장소 부족 등 정당하지 아니한 사유로 수령을 거부하는 행위	〈참조 사례〉 원사업자가 수급사업자에게 제조위탁하여 완성된 물량(ATM기의 외부 케이스) 1,115대 중 326대를 공장 창고의 여유 공간 부족 등을 이유로 주문서의 납기 일자로부터 최소 24일 또는 최대 404일 지연하여 수령한 경우
		〈예시 10〉 원사업자가 수급사업자의 부도 등에 따라 목적물 등의 안정적인 공급이 어렵다고 판단해서 이미 발주한 목적물 등의 수령을 임의로 거부하는 행위	
		〈예시 11〉 원사업자가 여러 품목을 제조 위탁한 경우에 일부 품목의 불량을 이유로 다른 품목에 대해서도 수령을 거부하는 행위	
		〈예시 12〉 구두로 추가 위탁을 한 후 목적물의 일부는 수령하였으나, 나머지 목적물에 대해서는 당초 서면계약서에 따른 위탁이 아니라며 위탁사실을 부인하고 수령을 거부하는 행위	
3. 부당반품	가. 대상행위	원사업자가 수급사업자로부터 목적물 등을 수령한 후에 수급사업자에게 책임을 돌릴 사유가 없음에도 불구하고 그 형식에 상관없이 수령한 목적물 등을 수급사업자에게 되돌려 보내는 행위를 총칭함 다만, 용역위탁 가운데 역무의 공급을 위탁한 경우는 제외함	
	나. 위법성 판단기준	(1)부당반품의 위법성은 원사업자가 수급사업자에게 책임을 돌릴만한 사유가 없음에도 불구하고 목적물 등을 반품한 것인지를 중심으로 판단하되 위탁계약 체결 및 반품의 경위, 반품한 목적물 등의 범위, 계약 이행 내용과 위탁할 때의 반품조건, 검사 방법, 반품에 따른 손실의 분담,	

<table>
<tr><td rowspan="4"></td><td rowspan="4"></td><td></td><td colspan="2">목적물 등의 수령부터 반품까지의 기간 등 여러 사정을 종합적으로 고려함
(2)"수급사업자의 책임으로 돌릴 사유"란 수급사업자의 귀책사유로 수급사업자가 납품 등을 한 목적물 등이 원사업자가 위탁한 내용과 다르거나 목적물 등에 하자 등이 있고 이로 인해 계약목적을 달성할 수 없는 경우를 말함</td></tr>
<tr><td rowspan="3">다. 부당한 반품행위의 예시</td><td>〈예시 1〉 원사업자가 수급사업자가 위탁내용대로 제조·수리·시공 또는 용역하여 납품 등을 한 목적물 등에 대해 발주자·외국수입업자 등 거래상대방으로부터의 발주취소·발주중단, 발주자·외국수입업자·고객의 클레임, 원사업자의 생산계획 변경·사양변경·모델단종·판매부진·재고증가·보관장소 부족 또는 소비위축·경제상황 변동 등 수급사업자의 책임과는 무관하여 정당성을 가지지 못하는 사유로 반품하는 행위(법 제10조 제2항 제1호의 거래 상대방으로부터의 발주취소 또는 경제상황의 변동 등을 이유로 목적물 등을 반품하는 행위)</td><td>〈참조사례〉
①불경기에 따른 소비위축으로 의류의 판매가 부진하자 이들 의류를 수급사업자에게 반품한 경우
②원사업자가 수급사업자로부터 수령한 방송영상물을 일정기간 계속적으로 방송 할 예정이었지만 시청률이 하락한 것을 이유로 방송을 중단하고 방송영상물이 기록된 매체(CD-ROM, USB, 플로피디스크 등)을 반품한 경우</td></tr>
<tr><td>〈예시 2〉 검사기준·방법을 정하지 아니하거나 검사기준·방법을 정하였으나 그 내용이 불분명한 상황에서 원사업자가 통상의 기준보다 높은 검사기준을 적용하거나 일방적으로 정한 검사기준을 적용하는 등 정상적인 거래관행에 비추어 볼 때 공정·타당하지 아니한 검사기준·방법을 사용하여 목적물 등을 불합격으로 판정하고 반품하는 행위(법 제10조 제2항 제2호의 검사의 기준 및 방법을 불명확하게 정함으로써 목적물 등을 부당하게 불합격으로 판정하여 이를 반품하는 행위)</td><td>〈참조 사례〉
완구제품의 제조를 위탁하면서 안전 규격에 대해 특별한 요청이 없어 국내 안전 규격에 맞추어 제조·납품하였는데, 원사업자가 EU 안전 규격에 미치지 못한다는 이유로 불합격시키고 반품한 경우</td></tr>
<tr><td>〈예시 3〉 검사 결과 목적물 등이 불합격품으로 판정된 이유가 수급사업자의 책임보다는 원사업자가 공급한 원자재·부자재, 건축자재 등 원재료의 품질불량으로 인한 것임에도 수급사업자에게 그 책임을 물어 반품하는 행위(법 제10조</td><td>〈참조 사례〉
원사업자가 공급한 원단의 품질 분량으로 인해 납품한 방수의류의 방수 성능이 검사 기준 미만일 수 밖에 없음이 확인되었음에도 이들 방수의류를 반품한 경우</td></tr>
</table>

			제2항 제3호의 원사업자가 공급한 원재료의 품질불량으로 인하여 목적물 등이 불합격품으로 판정되었음에도 불구하고 이를 반품하는 행위)	
			〈예시 4〉 수급사업자의 목적물 등의 제조 등을 위해 원사업자가 자신이 공급하기로 되어 있는 원자재·부자재, 건축자재 등을 지연하여 공급함으로써 수급사업자가 납기 내 납품 등이 곤란하였음에도 수급사업자에게 그 책임을 물어 반품하는 행위(법 제10조 제2항 제4호의 원사업자의 원재료 공급 지연으로 인하여 납기가 지연되었음에도 불구하고 이를 이유로 목적물 등을 반품하는 행위)	〈참조 사례〉 원사업자가 밸런타인데이를 겨냥하고 초콜릿 제품의 제조를 위탁하면서 카카오 페이스트를 1.24.까지 고급하기로 하였으나, 2주 후인 2.7.에 공급함으로써 수급사업자가 2.10. 잡기를 지키지 못하고 2.13. 납품하자, 납기를 준수하지 않아 초콜릿 제품의 유통·판매가 어렵다는 이유로 반품한 경우
			〈예시 5〉 원사업자가 수급사업자 이외의 제3자에게 검사를 위탁한 경우로서 수급사업자가 제3자의 검사를 필하여 납품하였음에도 이를 반품하는 행위	〈참조 사례〉 수급사업자가 원사업자와 위수탁 계약을 할 때 정한 검사기관에서 검사를 필하고 납품을 하였음에도 원사업자가 다른 검사기관에서 다시 검사를 받고 납품할 것을 요구하면서 반품한 경우
			〈예시 6〉 수급사업자의 납기지연이 있었으나 원사업자가 이를 용인한 객관적인 사실이 있었음에도 목적물 등을 수령한 후 납기지연을 이유로 반품 하는 행위	〈참조 사례〉 수급사업자가 원자재의 일시적인 품귀현상으로 약정물량의 1/2에 대해 납기를 3개월 연장해 줄 것을 요청하고 원사업자가 이를 양해하여, 수급사업자가 연장된 납기에 맞추어 납품하였으나, 그 사이 유행이 바뀌어 완제품의 판매가 부진한 자원 사업자가 당초 납기를 지키지 않았다는 이유로 일방적으로 해당 수급사업자의 목적물을 반품한 경우
			〈예시 7〉 목적물 등의 하자에 대한 책임소재가 분명하지 않음에도 원사업자가 목적물 등의 하자에 대한 책임을 수급사업자가 전적으로 부담할 것을 요구하면서 반품하는 행위	

<table>
<tr><th colspan="2">하도급법</th><th>하도급법 시행령</th><th colspan="4">기술자료 제공 요구유용행위 심사지침[시행 2020. 1. 10.]
[공정거래위원회예규 제339호, 2020. 1. 10., 일부개정], 2021. 1. 2.까지 효력</th></tr>
<tr><td rowspan="4">제12조의 3</td><td rowspan="4">①원사업자는 수급사업자의 기술 자료를 본인 또는 제3자에게 제공하도록 요구하여서는 안 됨다만, 원사업자가 정당한 사유를 입증한 경우에는 요구할 수 있음
②원사업자는 제1항 단서에 따라 수급사업자에게 기술자료를 요구할 경우에는 요구목적, 비밀유지에 관한 사항, 권리귀속관계, 대가 등 대통령령으로 정하는 사항을 해당 수급사업자와 미리 협의하여 정한 후 그 내용을 적은 서면을 해당 수급사업자에게 주어야 함
③원사업자는 취득한 수급사업자의 기술 자료에 관하여 부당하게 다음 각호의 어느 하나에 해당하는 행위를 하여서는 안됨</td><td rowspan="4"></td><td rowspan="4">II. 적용범위</td><td>1. 적용대상</td><td colspan="2">하도급법 제12조의 3(기술 자료제공 요구 금지 등)에서 규정하고 있는 원사업자의 수급사업자에 대한 기술 자료의 제공 요구 및 유용행위</td></tr>
<tr><td rowspan="2">2. 하도급 계약 체결 이전의 기술자료 제공 요구 등의 행위에 대해서도 적용되는 경우</td><td>가. 하도급 계약이 체결되는 과정에서 기술자료 제공 요구 등의 행위가 있었고, 그 이후 실제 하도급 계약이 체결된 경우</td><td>〈예시 1〉 수의계약을 통하여 하도급계약이 체결되는 경우, 정당한 사유 없이 기술 자료의 제공을 조건으로 하도급계약을 체결하고 그 기술 자료를 제공받거나 유용하는 경우

〈예시 2〉 경쟁입찰을 통하여 하도급계약이 체결되는 경우, 입찰 과정에서 참가자로부터 제안서 등의 기술 자료를 제공받거나 유용하는 경</td></tr>
<tr><td>나. 원사업자가 기존 거래와 관련되거나 또는 무관한 별도의 거래를 위해 수급사업자와 협의하는 과정에서 기술 자료 제공 요구 등의 행위를 한 경우.(이 경우 계약 체결 여부와 무관)</td><td>〈예시 1〉 원사업자가 기존 거래와 관련되거나 또는 무관한 별도의 거래에 대해 수급사업자와 수의계약을 진행하는 과정에서 수급사업자의 기술 자료를 제공받거나 유용하였지만 거래가 성립하지 않은 경우

〈예시 2〉 원사업자가 기존 거래와 관련되거나 또는 무관한 별도의 거래에 대해 경쟁입찰 과정에서 제안서 등 수급사업자의 기술 자료를 제공받거나 유용하였지만 거래가 성립되지 않은 경우

〈예시 3〉 원사업자와 수급사업자가 발주자에게 공동으로 제안서를 제출하는 과정에서 기술 자료를 제공받아 유용하였지만 거래가 성립되지 않은 경우</td></tr>
<tr><td colspan="3">이 심사지침은 원사업자의 “기술자료의 제공 요구 등의 행위” 중에서 공통적이고 대표적인 사항을 중심으로 규정한 것이므로 이 심사지침에 특별히 규정되지 아니한 것이라고 하여 하도급법 제12조의3(기술자료 제공 요구 금지 등)에 위반되지 않는 것은 아님</td></tr>
</table>

하도급법	하도급법 시행령	기술자료 제공 요구유용행위 심사지침[시행 2020. 1. 10.] [공정거래위원회예규 제339호, 2020. 1. 10., 일부개정], 2021. 1. 2.까지 효력					
1. 자기 또는 제3자를 위하여 사용하는 행위 2. 제3자에게 제공하는 행위		Ⅲ. 용어의 정의	1.기술자료	수급사업자의 합리적 노력에 의하여 비밀로 유지되고 있는 것으로서 다음 어느 하나에 해당하는 정보·자료	가. 제조·수리·시공 또는 용역수행 방법에 관한 정보·자료	"제조·수리·시공 또는 용역수행 방법에 관한 정보·자료"라 함은 제품의 제조·수리·시공 또는 용역의 완성을 위해 사용되거나 참고되는 정보 또는 그러한 정보가 기재된 유·무형물(종이, CD, 컴퓨터 파일 등 형태에 제한이 없음)을 말함 이를 판단함에 있어 "제조·수리·시공 또는 용역수행 방법"은 원사업자가 수급사업자에게 위탁한 당해 업무에 관련된 것에 한정하지 아니함	〈예시〉 작업공정도, 작업표준서(지시서), 기계 운용 매뉴얼, 기계 조작 방법, 시방서, 원재료 성분표, 배합 요령 및 비율, 소프트웨어의 테스트방법, 소스코드 또는 소스코드 관련 정보, 임상시험 계획서, 임상시험 방법 등
					나. 특허권, 실용신안권, 디자인권, 저작권 등의 지식재산권과 관련된 기술정보·자료로서 수급사업자의 기술 개발(R&D)·생산·영업활동에 기술적으로 유용하고 독립된 경제적 가치가 있는 것	나. 목 내지 다목에서 "기술 개발(R&D)·생산·영업활동에 기술적으로 유용하고 독립된 경제적 가치가 있는 것"이라 함은, 정보·자료의 보유자 혹은 다른 사업자가 그 정보·자료를 사용함으로써 기술	해당 정보·자료가 기술 개발(R&D)·생산·영업활동에 기술적으로 유용하고 독립된 경제적 가치를 가지는 것이라고 볼 수 있는 경우 〈예시 1〉현재 기술 개발(R&D)·생산·영업활동에 사용되고 있거나 가까운 장래에 사용될 가능성이 큰 경우

하도급법		하도급법 시행령	기술자료 제공 요구유용행위 심사지침[시행 2020. 1. 10.] [공정거래위원회예규 제339호, 2020. 1. 10., 일부개정], 2021. 1. 2.까지 효력					
						다. 시공 프로세스 매뉴얼, 장비 제원, 설계도면, 연구자료, 연구개발보고서 등 과목 또는 나목에 포함되지 않는 기타 사업자의 정보·자료로서 수급사업자의 기술 개발(R&D)·생산·영업활동에 기술적으로 유용하고 독립된 경제적 가치가 있는 것	개발(R&D)·생산·영업활동에 있어 기술상의 우위를 얻을 수 있거나 그 정보·자료의 취득이나 개발을 위해 상당한 비용, 시간이나 노력이 필요한 경우를 말함다만, 거래의 대상이 될 수 있을 정도로 독자적인 가치를 가지는 것에 한정되지 않고, 보유함으로써 얻게 되는 이익이 상당히 있거나 보유하기 위하여 비용이 상당히 소요되는 경우라면 이에 해당됨.	〈예시 2〉현실적으로 사용되고 있지 않다 하더라도 가까운 장래에 있어서 경제적 가치를 발휘할 가능성이 큰 경우(잠재적으로 유용한 정보) 〈예시 3〉실패한 연구데이터 등과 같이 그 자체로는 외부로 유출될 경우 그로 인해 큰 피해가 발생하지 않더라도 다른 사업자가 제품이나 기술을 개발함에 있어 이를 입수하여 사용하면 시행착오를 줄여 시간을 단축하는데 기여하는 등 참고할 만한 가치가 있거나 기타 생산 또는 영업활동에 도움이 될만한 가치가 있는 정보나 자료인 경우(소극적 정보: negativeinformation) 〈예시 4〉전체적으로는 동종업계 종사자들 사이에 널리 사용되고 있는 정보나 자료라 하

하도급법		하도급법 시행령	기술자료 제공 요구유용행위 심사지침[시행 2020. 1. 10.] [공정거래위원회예규 제339호, 2020. 1. 10., 일부개정], 2021. 1. 2.까지 효력					
								더라도 세부사항에 있어서 비공개 상태가 유지되고 있고, 그 세부사항이 외부로 유출될 경우 다른 사업자가 제품개발에 참고할만한 가치가 있거나 기타 생산 또는 영업활동에 도움이 될만한 가치가 있는 정도의 정보나 자료인 경우
							나목에서 "특허권, 실용신안권, 디자인권, 저작권 등의 지식재산권과 관련된다"함은, 어떤 지식재산권의 내용 그 자체뿐만 아니라 그 지식재산권의 내용을 발명, 고안, 창작하는 전 과정 및 그 이후에 발생하였거나 참고된 것으로서 그 지식재산권의 내용과 상당한 관련이 있는 것이라면 이에 해당됨. 지식재산권의 내용과 상당한 관련이 있는지 여부는 지식재산권을 보유한 수급사업자를 제외한 제3자가 당해 지식재산권의 내용을 이해하	〈예시〉 공정도, 공정 설명서, 작업지시서, 설계도, 회로도, 공정 또는 설비 배치도, 운용 매뉴얼, 혼합 또는 배합 요령, 소프트웨어의 테스트방법, 소스코드 또는 소스코드 관련 정보, 임상시험 계획서, 임상시험 방법 등

<table>
<tr><th colspan="2">하도급법</th><th>하도급법 시행령</th><th colspan="6">기술자료 제공 요구유용행위 심사지침[시행 2020. 1. 10.]
[공정거래위원회예규 제339호, 2020. 1. 10., 일부개정], 2021. 1. 2.까지 효력</th></tr>
<tr><td></td><td></td><td></td><td></td><td></td><td></td><td></td><td>는데 또는 당해 지식 재산권을 실시·사용하는데 필요한지 여부 등을 기준으로 판단함</td><td></td></tr>
<tr><td rowspan="3"></td><td rowspan="3"></td><td rowspan="3"></td><td rowspan="3"></td><td rowspan="3">합리적 노력에 의하여 비밀로 유지의 의미</td><td rowspan="3">관적으로 비밀로 유지·관리되고 있다는 사실이 인식 가능한 상태로서 다음 각 목의 사항들을 고려하여 판단함</td><td>가. 비밀이라고 인식될 수 있는 표시를 하거나 고지를 하였는지 여부</td><td>〈예시1〉자료에"대외비", "컨피덴셜(Confidential)","극비"등의문구를기재한경우

〈예시2〉수급사업자가임직원에게자료를회사외부로반출하여서는아니된다고지시또는명령한경우</td><td rowspan="3">고려함에 있어서 수급사업자는 기본적으로 거래상 지위가 낮아 원사업자의 기술자료 요구에 대해 비밀유지 노력에 관한 사항을 명시적 또는 직접적으로 요구할 수 없고, 원사업자에게 기술자료가 제공되면 제3자에게 노출될 가능성이 있음을 인지하더라도 이에 응할 수 밖에 없다는 현실을 고려하여야 함</td></tr>
<tr><td>나. 자료에 접근할 수 있는 대상자나 접근방법을 제한하였는지 여부</td><td>〈예시1〉임원,해당업무담당자등특정인에게만접근권한을부여한경우

〈예시2〉암호설정,시정장치,지문인식장치등으로접근을제한한경우</td></tr>
<tr><td>다. 자료에 접근한 자에게 비밀유지준수 의무를 부과하였는지 여부</td><td>〈예시1〉임직원,거래상대방등과비밀유지계약을체결하거나그들로부터비밀유지각</td></tr>
</table>

<table>
<tr><th colspan="2">하도급법</th><th colspan="2">하도급법 시행령</th><th colspan="6">기술자료 제공 요구유용행위 심사지침[시행 2020. 1. 10.]
[공정거래위원회예규 제339호, 2020. 1. 10., 일부개정], 2021. 1. 2.까지 효력</th></tr>
<tr><td></td><td></td><td colspan="2"></td><td></td><td></td><td></td><td></td><td>서를징구한경우

〈예시2〉취업규칙등 사내규정으로임직원에게비밀유지준수의무를부과한경우</td><td></td></tr>
<tr><td rowspan="4">제12조의 3 제1항, 제2항</td><td rowspan="4">①원사업자는 수급사업자의 기술 자료를 본인 또는 제3자에게 제공하도록 요구하여서는 안 됨다만, 원사업자가 정당한 사유를 입증한 경우에는 요구할 수 있음
②원사업자는 제1항 단서에 따라 수급사업자에게 기술 자료를 요구할 경우에는 요구목적, 비밀유지에 관한 사항, 권리귀속관계, 대가 등 대통령령으로 정하는 사항을 해당 수급사업자와 미리 협의하여 정한 후 그 내용을 적은 서면을 해당 수급사업자에게</td><td rowspan="4">제7조의3</td><td rowspan="4">법제12조의3 제2항에서 “요구목적,비밀유지에관한사항,권리귀속관계,대가등대통령령으로정하는사항”이란 다음각호의 사항을말함
1. 기술자료 제공요구 목적
2. 비밀유지 방법등요구대상기술자료의 비밀유지에관한사항
3. 요구대상 기술자료와관련된 권리귀속</td><td rowspan="4">Ⅳ. "기술자료 제공 요구 등"의 세부 유형 및 심사기준</td><td rowspan="4">1. 기술자료 제공 요구</td><td>가. 대상행위</td><td colspan="3">“기술자료 제공 요구”라 함은, 원사업자가 수급사업자에게 자신 또는 제3자가 사용할 수 있도록 기술자료의 제출, 제시, 개시, 물리적 접근 허용(기술자료가 전자파일(File) 등의 형태일 경우 접속·열람 허용 등을 포함한다), 기술지도, 품질관리 등 그 방법을 불문하고 자신 또는 제3자가 기술자료의 내용에 접근할 수 있도록 요구하는 행위</td></tr>
<tr><td rowspan="3">나. 위법성의 판단기준</td><td colspan="3">(1) 원사업자가 수급사업자의 기술자료를 원사업자 또는 제3자에게 제공하도록 요구하는 행위는 원칙적으로 위법. 다만 원사업자가 기술자료를 요구할 정당한 사유가 있음을 입증하는 경우 위법하지 아니함</td></tr>
<tr><td>(2) 정당한 사유에 해당될 수 있는 경우는 제조 등의 위탁목적을 달성하기 위해 수급사업자의 기술자료가 절차적, 기술적으로 불가피하게 필요한 경우를 의미하며 이를 예시하면 아래와 같음.</td><td colspan="2">〈예시 1〉 원사업자와 수급사업자가 공동으로 특허를 개발하는 과정에서 그 특허출원을 위하여 필요한 기술 자료를 요구하는 경우

〈예시 2〉 원사업자와 수급사업자가 공동으로 기술 개발약정을 체결하고 동 약정의 범위 내에서 기술 개발에 필요한 기술 자료를 요구하는 경우

〈예시 3〉 제품에 하자가 발생하여 원인 규명을 위해 하자와 직접 관련된 기술 자료를 요구하는 경우</td></tr>
<tr><td>(3) 단서에 따른 정당한 기술자료 제공 요구라 하여도 요</td><td colspan="2">〈예시〉 수급사업자가 원사업자에게 기술자료 제공시 관련 없는 내용을 삭제한 상태로 제공하는데 대하여 원사업자가 완전한 상태의 기술자</td></tr>
</table>

하도급법		하도급법 시행령		기술자료 제공 요구유용행위 심사지침[시행 2020. 1. 10.] [공정거래위원회예규 제339호, 2020. 1. 10., 일부개정], 2021. 1. 2.까지 효력			
	주어야 함		관계 4. 요구대상 기술자료의대가및대가의지급방법 5. 요구대상 기술자료의명칭및범위 6. 요구일,제공일및제공방법 6의2.요구대상기술자료의사용기간 6의3.반환또는폐기방법 6의4.반환일또는폐기일 7.그밖에원사업자의기술자료제공요구가정당함을입증할수있는사항				구 목적 달성을 위해 필요한 최소한의 범위를 넘어서는 아니됨	료의 제공을 요구하는 경우
						(4) 위 (1)의 단서에 따른 정당한 기술자료 제공 요구의 경우에도 요구 목적에 따른 제공 범위, 기술 제공 대가, 비밀준수 관련 사항, 기술의 권리 귀속 관계 등 법 시행령 제7조의3에서 규정한 사항(이하 "서면기재사항"이라 함)에 대해 수급사업자와 미리 협의한 후 이를 서면(표준서면 양식은 〈서식 1〉과 같다)으로 작성하여 교부하여야 함 동 협의가 공정하게 이루어졌는지 여부는 다음 사항을 종합적으로 고려하여 판단함	①원사업자가 기술 자료의 제공을 요구함에 있어 수급사업자의 자율적인 의사를 제약하는 등 강제성이 있거나 수급사업자를 기망하여 착오를 일으키게 하는지 ②기술 자료의 권리귀속관계, 제공 및 활용 범위 등을 반영한 정당한 대가에 대해 충분히 협의하였는지(이때"정당한 대가"는 동종 또는 유사한 것에 대해 동일 또는 근접한 시기에 정상적인 거래 관계에서 일반적으로 지급되는 대가인지를 고려하여 판단하고, 신규 기술과 같이 동종 또는 유사한 것이 존재하지 아니하거나 그것을 알 수 없는 경우에는 기술평가 전문기관의 기술가치 평가에 따라 산출한 대가를 기준으로 판단함) ③기타 정상적인 거래 관행에 어긋나거나 사회통념상 올바르지 못한 것으로 인정되는 행위나 수단 등을 사용하여 기술 자료를 요구하였는지
						(5) 정당하게 서면을 교부한 경우를 예시	〈예시 1〉 원사업자는 정당한 사유가 존재하여 수급사업자에게 기술 자료를 요구하면서 서면 기재 사항이 모두 기재된 기술 자료 요구서를 수급사업자로부터 기술 자료를 제공

<table>
<tr><th colspan="2">하도급법</th><th colspan="2">하도급법 시행령</th><th colspan="4">기술자료 제공 요구유용행위 심사지침[시행 2020. 1. 10.]
[공정거래위원회예규 제339호, 2020. 1. 10., 일부개정], 2021. 1. 2.까지 효력</th></tr>
<tr><td></td><td></td><td></td><td></td><td></td><td></td><td></td><td>받기 이전에 양사의 기명날인 또는 대표자가 서명하여 발급한 경우

〈예시 2〉 원사업자가 수급사업자에게 기술자료를 요구하면서 정당한 사유가 있어서 면기재 사항 중 일부 내용을 미리 확정하기 곤란함에 따라 그 사유와 대략적인 예정일을 기재하여 자료 요구서를 발급한 후 해당사항이 확정되면 그 사항이 기재된 서면을 지체 없이 발급한 경우

〈예시 3〉 기본 계약서, 특약 시 등에 서면 기재 사항 중 일부 사항이 기재되어 있고 개별적으로 기술 자료를 요구할 때 나머지 사항을 기재하여 기술요구서를 발급한 경우

〈예시 4〉 동일한 수급사업자에게 같은 목적으로 여러 건의 기술 자료 요구서를 발급해야 함에 따라 이를 통합하여 하나의 기술 자료 요구서를 발급한 경우</td></tr>
<tr><td rowspan="2">제12조의 3 제3항</td><td rowspan="2">③원사업자는 취득한 수급사업자의 기술 자료에 관하여 부당하게 다음 각호의 어느 하나에 해당하는 행위를 하여서는 안됨
1. 자기 또는 제3자를 위하여 사용하는 행위
2. 제3자에게 제공하는 행위</td><td rowspan="2" colspan="2"></td><td rowspan="2">2. 기술자료의 유용</td><td>가. 대상행위</td><td colspan="2">원사업자가 수급사업자로부터 취득한 기술자료를 그 취득 목적 및 합의된 사용 범위(적용 분야, 지역, 기간 등)를 벗어나 자신 또는 제3자가 이익을 얻거나 수급사업자에게 손해를 입힐 목적으로 사용하거나 자신의 계열회사, 수급사업자의 경쟁사업자 등 제3자에게 제공하는 행위. 또한 원사업자가 하도급법 제12조의3 제1항 및 제2항의 규정에 따라 취득한 기술자료뿐만 아니라 그 외의 방법으로 열람 등을 통해 취득한 기술자료를 임의로 사용하는 행위</td></tr>
<tr><td>나. 위법성의 판단기준</td><td>(1) 부당하게 기술자료를 사용·제공하는 행위에 있어서 '부당하</td><td>(2) 하도급거래의 부당성 여부는 다음 사항을 종합적으로 고려하여 판단함
①원사업자 및 제3자가 이익을 얻거나 수급</td></tr>
</table>

하도급법	하도급법 시행령	기술자료 제공 요구유용행위 심사지침[시행 2020. 1. 10.] [공정거래위원회예규 제339호, 2020. 1. 10., 일부개정], 2021. 1. 2.까지 효력		
			게'에 대한 판단은 기술자료를 자기 또는 제3자를 위하여 사용하거나 제3자에게 제공함에 있어서 그 내용, 수단, 방법 및 절차 등이 객관적이고 합리적이며 공정·타당한지 여부를 종합적으로 고려하여 판단함 이때 법 제12조의3 제2항에 따라 기술자료 요구서가 사전에 제공된 경우에는 기술자료 요구서에 적시된 기술자료의 사용 목적과 범위를 벗어나 기술자료를 사용·제공하였는지 여부를 위주로 판단함 따라서, 정당한 대가를 지급한 경우에도 합의된 사용목적과 범위를 벗어나 사용하는 행위는 하도급거래의 공정성을 침해하였다고 볼 수 있음	사업자에게 손해를 입힐 목적과 의도로 기술 자료를 사용하거나 원사업자가 제3자에게 기술 자료를 제공하는 것인지 ②특허 법 등 관련 법령에 위반하여 기술 자료를 사용하거나 사용하도록 하였는지 ③기술 자료 사용의 범위가 당해 기술의 특수성 등을 고려한 통상적인 업계 관행에 벗어나는지 ④기술 자료 사용·제공과 관련하여 태양 및 범위, 사용 대가의 유무 및 금액 등에 대하여 서면을 통하여 충분한 협의를 거쳤는지, 협의를 거쳤음에도 그 합의를 벗어나 사용하였는지 ⑤원사업자의 기술 자료 사용·제공으로 수급사업자의 사업활동이 곤란하게 되는지 ⑥정상적인 거래 관행에 어긋나거나 사회통념상 올바르지 못한 것으로 인정되는 행위나 수단 등을 사용하였는지
		다. 기술자료 유용행위의 예시	〈거래이전 단계〉	〈예시 1〉 원사업자가 최저가로 낙찰받은 수급사업자의 입찰제안서에 포함된 기술 자료를 자신이 유용하거나 자신의 계열회사나 수급사업자의 경쟁회사 등 제3자에게 유출하는 경우

하도급법	하도급법 시행령	기술자료 제공 요구유용행위 심사지침[시행 2020. 1. 10.] [공정거래위원회예규 제339호, 2020. 1. 10., 일부개정], 2021. 1. 2.까지 효력	
			〈예시 2〉 원사업자가 거래개시 등을 위해 수급사업자가 제시한 제품의 독창적인 디자인을 단순 열람한 후 이를 도용하여 자신이 직접 제품을 생산하거나 제3자에게 해당 디자인을 제공하여 제품을 생산토록 하는 경우
		〈거래 단계〉	〈예시 3〉 원사업자가 거래를 위한 부품 승인 과정에서 수급사업자로부터 공정도, 회로도 등 기술 자료를 넘겨받아 납품 가격을 경쟁시키기 위해 수급사업자의 경쟁회사에 그 기술을 제공하는 경우 〈예시 4〉 원사업자가 기술 지도, 품질관리 명목으로 물품의 제조공법을 수급사업자로부터 습득한 후 자신이 직접 생산하거나 제3자에게 수급사업자의 제조공법을 전수하여 납품하도록 하는 경우 〈예시 5〉 원사업자가 수급사업자와 기술이전 계약(기술사용 계약 등 포함)을 체결하고 기술 관련 자료를 제공받아 필요한 기술을 취득한 후 일방적으로 계약을 파기하거나 계약 종료 후 위계 약 상의 비밀유지 의무에 위반하여 그 기술을 이용하여 독자적으로 또는 제3자를 통하여 제품을 상용화하거나 무단으로 다른 기업에 기술을 공여하는 경우 〈예시 6〉 원사업자가 수급사업자와 공동으로 협력하여 기술 개발을 하면서 수급사업자의 핵심기술을 탈취한 후 공동 개발을 중단하고 자체적으로 제품을 생산하는 경우

하도급법		하도급법 시행령	기술자료 제공 요구유용행위 심사지침[시행 2020. 1. 10.] [공정거래위원회예규 제339호, 2020. 1. 10., 일부개정], 2021. 1. 2.까지 효력				
							〈예시 7〉 원사업자가 수급사업자로부터 취득한 기술에 대해 수급사업자가 출원을 하기 전에 원사업자가 선(先) 출원하여 해당 기술에 대한 특허권, 실용신안권을 선점하거나, 수급사업자가 제공한 기술을 일부 수정하여 원사업자가 선(先) 출원하는 경우 〈예시 8〉 원사
						〈거래이후 단계〉	〈예시 11〉 원사업자가 수급사업자로부터 기술자료를 제공받고 거래 종료 후 자신이 직접 생산하거나 제3자에게 전수하여 납품하도록 하는 경우

을에게는 창이 되고, 갑에게는 방패가 되는

하도급 분쟁 심플한 정리법

인 쇄 일	2020. 6. 19
발 행 일	2020. 6. 24
발 행 인	김 형 철
발 행 처	**건설경제**
소 재 지	서울 강남구 언주로 711, 12층 (논현동, 건설회관)
전 화	02-515-7320
홈페이지	www.cnews.co.kr

ISBN 979-11-88761-45-6

정 가 25,000원